"十三五"国家重点出版物出版规划项目
高等教育网络空间安全规划教材

移动互联网安全

牛少彰　童小海　韩滕跃　编著

机 械 工 业 出 版 社

移动互联网在给人们带来极大便利的同时，也带来了诸多安全问题，这些安全问题严重制约着移动互联网的应用和发展，因此需要给予足够的重视。本书主要从移动互联网安全入门、密码学基础知识、认证理论基础、安全协议、移动通信网安全、无线局域网安全、移动终端安全、移动应用软件安全、基于移动互联网的相关应用安全、移动云计算安全、移动大数据安全和移动互联网的安全管理等方面进行了介绍。本书内容全面，既有移动互联网安全的理论知识，又有相关的实用技术。本书文字流畅，表述严谨，并包括移动互联网安全方面的一些新成果。

本书可作为高等院校信息安全相关专业的本科生、研究生的教材或参考书，也可供从事信息处理、通信保密及与信息安全相关工作的科研人员、工程技术人员和技术管理人员参考。

本书配套授课电子课件等相关教学资源，需要的教师可登录 www.cmpedu.com 免费注册，审核通过后下载，或联系编辑索取（QQ：2850823885，电话：010-88379739）。

图书在版编目(CIP)数据

移动互联网安全/牛少彰，童小海，韩藤跃编著．—北京：机械工业出版社，2020.6(2024.1重印)
“十三五”国家重点出版物出版规划项目 高等教育网络空间安全规划教材
ISBN 978-7-111-65142-0

Ⅰ．①移… Ⅱ．①牛… ②童… ③韩… Ⅲ．①移动通信-互联网络-网络安全-高等学校-教材 Ⅳ．①TN929.5

中国版本图书馆 CIP 数据核字(2020)第 047103 号

机械工业出版社(北京市百万庄大街 22 号 邮政编码 100037)
策划编辑：郝建伟 责任编辑：郝建伟 李晓波
责任校对：张艳霞 责任印制：张 博

北京雁林吉兆印刷有限公司印刷

2024 年 1 月第 1 版 · 第 3 次印刷
184mm×260mm · 16 印张 · 395 千字
标准书号：ISBN 978-7-111-65142-0
定价：55.00 元

电话服务
客服电话：010-88361066
010-88379833
010-68326294

网络服务
机 工 官 网：www.cmpbook.com
机 工 官 博：weibo.com/cmp1952
金 书 网：www.golden-book.com
机工教育服务网：www.cmpedu.com

高等教育网络空间安全规划教材
编委会成员名单

前　　言

党的二十大报告中强调，要健全国家安全体系，强化网络在内的一系列安全保障体系建设。没有网络安全，就没有国家安全。筑牢网络安全屏障，要树立正确的网络安全观，深入开展网络安全知识普及，培养网络安全人才。

互联网的迅速发展改变了人们的通信方式和生活方式，使全球进入信息化时代。与此同时，互联网存在的安全问题也制约着互联网的进一步发展。当移动通信与互联网相结合，人们进入到移动互联网时代。不同于传统互联网，移动互联网摆脱了网线、地理位置的约束，使得互联网原有的提供产品服务、提升效率的价值被极大地释放出来。

移动互联网的发展非常迅速，特别是 2019 年 6 月 6 日，我国 5G 商用牌照正式发放，移动互联网应用范围将越来越广，不仅深入到社会生活的各个层面，还将对产业产生更为深远的影响。万物互联的智能数字经济已经近在眼前，移动互联网应用创新将成为抢占新一轮经济科技发展的制高点，必将重新定义商业规则，催生新的商业模式。全球各国都对移动互联网的建设和发展给予了足够的重视，并投入大量的人力物力，力图创造和发挥出移动互联网的巨大价值。

移动互联网在给人们带来极大便利的同时，也带来了诸多安全问题，例如移动终端安全、接入网络安全和应用服务安全问题。这些安全问题严重制约着移动互联网的应用和发展。如果移动互联网安全没有保障，将会严重影响移动互联网在社会生活中发挥的作用，所以需要给予移动互联网的安全足够的重视。

本书主要从密码学基础知识、移动通信网安全、移动终端安全、移动应用软件安全、移动大数据安全和移动互联网的安全管理等方面进行介绍。全书共分 12 章。第 1 章为移动互联网安全入门，主要介绍移动互联网安全的基础知识；第 2 章为密码学基础知识，主要介绍密码学中经常用到的概念、密码算法的分类等内容；第 3 章为认证理论基础，主要介绍认证理论在鉴别通信双方身份真伪、防止主动攻击方面的应用；第 4 章为安全协议，主要介绍安全协议的基本概念、常用的身份认证协议以及密钥协商、分发、更新协议等内容；第 5 章为移动通信网安全，分别对几代移动通信技术以及相关的系统安全机制进行了介绍；第 6 章为无线局域网安全，对无线局域网的概念、基本结构和标准协议以及移动 Ad Hoc 网络、蓝牙技术、WiMAX 等的安全进行了介绍；第 7 章为移动终端安全，主要介绍移动终端所搭载操作系统的技术架构和其所采用的安全机制、面临的安全风险以及相关的防护措施；第 8 章为移动应用软件安全，主要介绍移动应用软件在使用过程中面临的安全风险和采用的安全防护技术；第 9 章为基于移动互联网的相关应用安全，主要介绍移动支付、移动云服务和移动版权保护等应用技术的安全威胁和防护措施；第 10 章为移动云计算安全，主要介绍移动云计算的概念、应用场景以及移动云计算所面临的安全风险和安全防护问题；第 11 章为移动大数据安全，主要介绍移动大数据的概念、应用场景以及所面临的安全风险和相应的防护措施；第 12 章为移动互联网的安全管理，主要介绍移动互联网安全管理技术、安全标准与规范、与安全相关的政策和法规等内容。

在本书的编写过程中，博士研究生童小海和韩滕跃参与了整个书稿的撰写工作，硕士研究生李可悦、黄如强、姜鑫、李天阳、李若影、袁洋、李相相、许亮、邵兴林、王贺和高玉龙参与了书稿的整理工作。

本书的出版得到国家自然科学基金——通用技术基础研究联合基金（No. U1536121）的资助。在本书的编写过程中，机械工业出版社做了大量的工作，借此表示衷心感谢。

由于移动互联网还在飞速发展，特别是随着5G的商用，还会出现许多新的安全问题，将带来新的安全需求，因而本书中的内容还有待进一步完善。加之编者水平有限，时间仓促，书中难免有疏漏和错误之处，恳请读者批评指正。

编　者

目　　录

第1章　移动互联网安全入门

据有关调查显示，截至2017年，全球移动互联网用户规模已经超过33亿。预计到2025年，全球移动互联网用户总数将达到50亿（数据来源于2018年GSMA发布的《2018移动互联网连接状况》）。移动互联网在互联网的基础上继承了移动通信的实时性、便捷性等特点，人们通过移动终端接入互联网，进行信息交流、网上购物、金融支付等活动。

本章将介绍移动互联网的基础知识，首先对移动互联网的概念、组成、特点及其发展现状与趋势进行阐述，然后介绍当前移动互联网的架构与关键技术，最后对移动互联网安全的相关内容进行分析探讨。

1.1　移动互联网简介

移动通信技术与互联网技术的迅猛发展，为移动互联网的产生和发展奠定了良好的基础。移动互联网是这两种技术相结合的产物。移动互联网的特点主要体现在用户使用智能手机、平板计算机等移动终端设备通过蜂窝移动网络或无线网络接入互联网，可以随时随地获取网络资源和服务，使得互联网服务不再受地理位置、设备等因素的限制，而移动通信也不再只是单一地提供通信服务。移动互联网的发展非常迅速，尤其是在2009年3G牌照的正式发放，更加刺激了移动互联网行业的快速发展。如今，特别是随着2019年6月6日5G商用牌照的正式发放，移动互联网的应用范围将会越来越广，不仅会深入到社会生活的各个层面，还将对产业产生更为深远的影响。

本节将介绍移动互联网的概念、组成、特点和发展现状及趋势。

1.1.1　移动互联网的概念

从狭义的角度来说，移动互联网是一个以宽带IP为技术核心，可同时提供语音、传真、图像、多媒体等高品质电信服务的新一代开放的电信基础网络。从广义的角度来说，移动互联网是指将互联网提供的技术、平台、应用以及商业模式，与移动通信技术相结合并用于实践活动的统称。

移动互联网将移动通信网与互联网合二为一，是移动通信网和互联网从技术到业务的融合。移动互联网的核心是互联网，而移动互联网又是互联网的补充和延伸，同时也继承了移动通信网实时性、便捷性和可定位的特点。用户使用手机、平板计算机或其他移动终端设备，通过3G、4G、5G或WLAN等无线移动网络，在移动状态下可随时随地访问互联网以获取信息，使用商务、娱乐等各种网络服务。

1.1.2　移动互联网的组成

移动互联网是移动通信网与互联网融合的产物，继承并整合了移动通信网的随时随地随身的特性和互联网分享、开放、互动的优势。在移动互联网中，电信运营商提供无线接入，为大量的移动互联网终端用户提供具有移动特征的互联网业务，互联网企业提供各种成熟的应用服务。

综上可知，移动互联网由 3 部分组成：移动互联网终端、移动通信网和互联网，如图 1-1 所示。

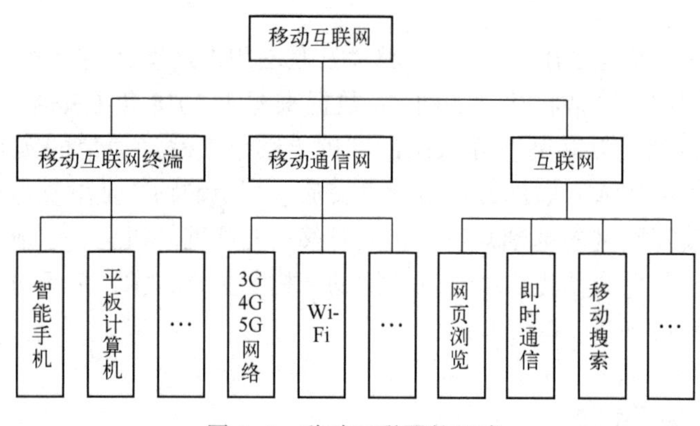

图 1-1　移动互联网的组成

接下来，将对这 3 个组成部分分别进行说明。

1. 移动互联网终端

移动互联网终端是指通过无线通信技术接入互联网的终端设备，例如智能手机、平板计算机等，其主要功能是移动上网。无线通信技术只是移动互联网蓬勃发展的动力之一，而移动互联网终端能够满足人们对便携和随时上网的需求，所以移动互联网终端的兴起是刺激移动互联网迅猛发展的重要因素。

常见的移动互联网终端有智能手机和平板计算机，智能手机主要以 Android 系统的手机和苹果公司的 iPhone 系列手机为主，平板计算机主要以 iPad 系列与 Android 系统的平板为主。这两种类型的终端也代表了当前移动互联网终端的发展方向。移动互联网终端形式多样，现如今更加注重和追求用户体验。移动互联网终端作为移动互联网的核心之一，其多样化的发展与更多更好的移动应用的开发，促进了移动互联网的普及，并推动着移动互联网向前发展。

2. 移动通信网

移动通信网是指在移动用户之间或移动用户与固网用户之间所搭建的无线电通信网。移动通信网是通信网的一个重要分支，由于无线通信具有移动性、自由性，以及不受时间、地点的限制等特性，打破了传统互联网的物理连接的限制。移动互联网通过无线网络将网络信号覆盖延伸到每个角落，让人们能够随时随地接入所需的移动应用服务。

目前，人们熟知的移动互联网接入网络有 GPRS、Wi-Fi、3G、4G 和 5G 等。这里以已经得到普及的 3G 网络为例做一介绍。3G 网络是第三代移动通信技术，是使用支持高速数据传输的蜂窝移动通信技术的线路和设备铺设而成的通信网络。3G 网络能够同时传送音频和数据信息，传输速率一般在几百 kbit/s（千比特/每秒）以上。3G 的主要业务包括：无线宽带上网、手机电视以及视频通话等。随着科技的不断发展，速度更快、技术更先进的 5G 网络已经开始商业化，并将在未来几年逐渐得到普及和应用。

3. 互联网

互联网，是网络与网络之间通过连接形成的互联网络。这些网络以一组通用的协议相连，形成逻辑上单一而巨大的全球性网络。在这一网络中有种类繁多的服务器、计算机终端和以路由器为代表的网络连接设备以及各种连接链路。

移动互联网将移动通信网络与互联网融合为一体。互联网的技术、应用、平台、商业模式与移动通信技术相结合，使得移动终端可以随时随地接入并访问互联网，而互联网的便捷、高效等特点，也融入到了移动互联网之中。与此同时，互联网面临的安全问题，也出现在了移动互联网之中。

1.1.3 移动互联网的特点

移动互联网是一种基于用户身份认证、环境感知、终端智能和无线技术的互联网应用业务集成。与传统的互联网不同，它将互联网的各种应用业务通过一定的变换在各种用户终端上进行展现，用户可以根据自己的需求在终端上对各种业务进行定制。移动互联网的特点可以归纳为 4 点：移动性、个性化、私密性和融合性。

1. 移动性

移动性的特点是相对于传统互联网来说的，传统的互联网通常需要网线的接入，这极大地限制了人们获取互联网服务。移动终端体积小、重量轻、便于随身携带，并且可以随时随地接入互联网。通过移动终端上搭载的各种各样的 App，人们可以方便快捷地获取所需要的服务，例如网上交易、信息查询、远程视频会议等。当移动终端连接网络时，可以为用户提供精准的位置信息，例如各种地图导航 App，人们通过使用它们来进行导航并到达想要去的地方。移动互联网的移动性改变了人们的生活方式，提高了人们的生活质量。

2. 个性化

移动互联网创造了一种全新的个性化服务理念和商业运作模式，可以更为充分地实现个性化的服务。对于不同用户群体或个人的偏好和需求，移动互联网为他们量身定制出多种差异化的信息，并通过不受时空地域限制的渠道，随时随地传送给他们。终端用户可以自由地控制所享受到的网络服务的内容、时间和方式。

3. 私密性

传统的互联网不针对某个用户而设置，只要是接入网络的用户，获取到的资源都是相同的。而移动通信原本就是针对每个不同的用户设定相应的服务，使用移动互联网业务的用户一般对应着一个具体的移动话音用户。移动通信与互联网的结合使得每个用户可以在其私有的移动终端上获取互联网服务，因此移动互联网业务也具有一定的私密性。移动通信技术中使用的保密技术与互联网的安全认证以及签名等协议的结合，使得移动互联网的私密性特征体现得更为明显。

4. 融合性

移动通信业务与互联网业务的融合使得手机不仅仅只是移动话音业务的载体，也成为其他各种功能的载体。例如，人们可以通过手机来查看天气预报、网购和地图导航。人们对于手机这个移动终端的定义也不再局限于打电话、发短信，而是一个可以随时随地接入互联网的移动终端设备。

虽然移动互联网具有其独特的优势，但是并不能完全代替传统互联网。移动终端具有轻巧、便携的特点，但在这样的设备上进行大量的信息输入、文字编辑的工作是非常困难的。所以，在办公室等工作场景下，人们更倾向于使用传统互联网；而在沟通、交流、分享、娱乐等情形下，人们更倾向于使用移动互联网。移动互联网与传统互联网相辅相成，共同组成了现代社会生活中不可缺少的一部分。移动互联网与传统互联网的区别主要有以下几点。

1）移动上网更加便利。移动终端通信的基本功能体现了移动设备方便、快捷的特点。而延续这一特点，移动通信用户不会在移动设备上采取复杂的类似 PC 端输入的操作。所以，终端用户更倾向于通过在设备上的上下左右摇摆以及手指对屏幕的触动进行功能选项的操作。

2）移动终端办公目前还无法替代 PC 办公。目前，移动终端的信息下载量和编辑处理能力要远远低于 PC 端。因此，移动终端更适合解决输入信息量不是很大的问题，如在线沟通、信息获取等。如果要进行大量繁复的信息下载、数据编辑工作，PC 端是更适合的工具。

3）移动互联网有着传统互联网无法比拟的优势。例如，在物联网方面，移动终端可以连接家用设备、车载系统，并担当智能家电的客户端操作设备。物联网应用的发展，为移动互联网业务开拓了更加广阔的市场前景。

1.1.4 移动互联网的发展现状及趋势

1. 移动互联网的发展现状

进入 4G 时代后，从用户群体结构到业务分类变化都已经趋于稳定，数据业务成为运营商的业务主体。宽带网络和移动网络的用户数逐渐趋于饱和，增量市场带来的扩张和增长已经不是当下及未来的主要动力，而基于互联网和物联网的应用新领域发展将是未来运营商、企业竞争的主要焦点。时至今日，移动通信已成为人们日常生活必不可少的一部分，基于移动互联网的流量消费已经成为生活的必需。

在 2017 年年初，中国移动、中国电信与中国联通 3 家运营商都宣布了各自的发展战略，力图加快完善 4G 网络，提升用户体验。中国移动凭借拥有数量最大的 4G 用户再次巩固了移动宽带运营商的领先地位。中国电信与中国联通在经历了 4G 的发展初期之后，通过不断吸收发展用户，和中国移动形成了有效良好的竞争局面。

关于 5G 网络的发展，工业和信息化部（简称工信部）发布的《信息通信行业发展规划（2016-2020）》明确提出，我国将于 2020 年启动 5G 商用服务。根据工信部等部门提出的 5G 推进工作部署以及三大运营商的 5G 商用计划，我国已于 2017 年展开 5G 网络第二阶段测试，2018 年进行大规模试验组网，并在此基础上于 2019 年启动 5G 网络建设。事实上，为了加快 5G 的发展，2019 年 6 月 6 日，工信部已正式向中国电信、中国移动、中国联通和中国广电发放了 5G 商用牌照，使得 2019 年成为中国的 5G 商用元年，早于发展规划。

2. 移动互联网的发展趋势

上到国家战略，下到各行业巨头商业布局，以及移动终端最终消费者，都在憧憬着享受移动互联网产业发展带来的种种便利。随着技术的不断更新和应用，移动互联网会影响到社会和生活的方方面面，并使之发生翻天覆地的变化。5G 将重新定义商业规则，消费互联网和工业互联网将加速发展，大数据和人工智能等技术成为发展的关键。5G 将在消费领域和产业领域开拓新应用，并出现我们现在还想象不到的新生态。移动互联网的发展趋势可以通过以下几个方面进行总结。

1）移动互联网产业将继续快速增长，整体规模实现跃升。移动互联网正在成为我国主动适应经济新常态、推动经济发展提质增效升级的新驱动力。移动互联网行业以创新驱动发展，以生产要素综合利用和经济主体高效协同实现了内生式增长，发展势头强劲。我国移动互联网市场迎来了发展高峰期，移动网上购物、移动支付等领域都获得了较快增长。其中，移动网上购物已成为扩大国内消费市场的主要驱动力。未来，随着5G的普及，移动互联网经济整体规模将持续走高，移动互联网平台服务、信息服务等领域不断涌现的创新业态将推动移动互联网产业走向应用与服务深度融合的发展阶段。

2）移动互联网将向传统产业加速渗透，产业互联网将继续延伸并深入发展。大数据、云计算、物联网、移动互联网技术的创新演进正在不断拓宽企业的业务和能力边界，推动移动互联网应用服务向企业级消费延伸。传统制造业也将拥抱移动互联网，深化移动互联网在企业运营各环节中的应用，着力推动企业互联网转型升级。新技术将渗透并扩散到生产服务业的各个环节，重构传统企业的移动端业务模式，催生出各具特色的服务新业态，加快对农业、医疗、教育、交通、金融等领域的业务改造。移动互联网利用智能化手段，将线上和线下进行紧密结合，实现信息交互、网络协同，有效改善和整合企业的研发设计、生产控制、供应链管理等环节，加快生产流程创新与突破，推动产业互联网的智能化、协同化变革，实现了大规模工业生产过程、产品和用户的数据感知、交互与分析，以及企业在资源配置、研发、制造、物流等环节的实时化、协同化、虚拟化。依托移动互联网的产品会越来越多，互联网行业将进入“精耕细作”阶段，低端服务产品逐渐被淘汰。5G将成为各行各业创新发展的推动者，通过5G与工业、交通、农业等垂直行业的广泛、深度融合，可以催生更多创新应用和业态。如果说4G是改变生活，那么5G则是改变产业。

3）移动互联网应用创新将促进商业模式多元化，新业态将拓展互联网产业的增长新空间。随着移动互联网的崛起，一批有别于传统行业的新型企业开始成长壮大，也给整个市场带来了全新的概念与发展模式，打破了故有的市场格局。

互联网思维受到热捧，新的商业模式层出不穷。外卖、共享单车、网络直播等全新商业模式从无到有，迅速发展成为具有一定规模的产业。5G的到来无疑是一场甘霖，万物互联的智能数字经济已经近在眼前，移动互联网应用创新将成为抢占新一轮经济和科技发展的制高点，必将重新定义商业规则，催生出新的商业模式。移动互联网业务的特点为商业模式的不断创新提供了广阔的空间。在未来，商业模式创新将带给移动互联网产业更加蓬勃的发展。

1.2 移动互联网架构与关键技术

从本节开始，将对移动互联网的主要技术内容进行介绍，包括总体架构以及移动互联网所采用的关键技术，使读者对移动互联网有进一步的认知和了解。

1.2.1 移动互联网的总体架构

移动互联网是移动通信与互联网融合的产物，移动互联网继承了移动通信随时随地接入的特点和互联网分享、开放、互动的优势。开放系统互联（Open System Interconnect，OSI）

参考模型是ISO组织在1985年研究的网络互联模型，该模型定义了网络互联的7层框架：物理层、数据链路层、网络层、传输层、会话层、表示层和应用层。

因为移动互联网是互联网和移动通信网络的结合，其分层与互联网略有不同，移动互联网的体系架构分为4个部分：移动终端、移动子网、接入网、核心网。

移动互联网的总体架构如图1-2所示，核心网即互联网，移动终端可以通过移动通信网、Wi-Fi方式接入到相应的通信网络（即移动子网）中，并通过接入网来连接核心网。

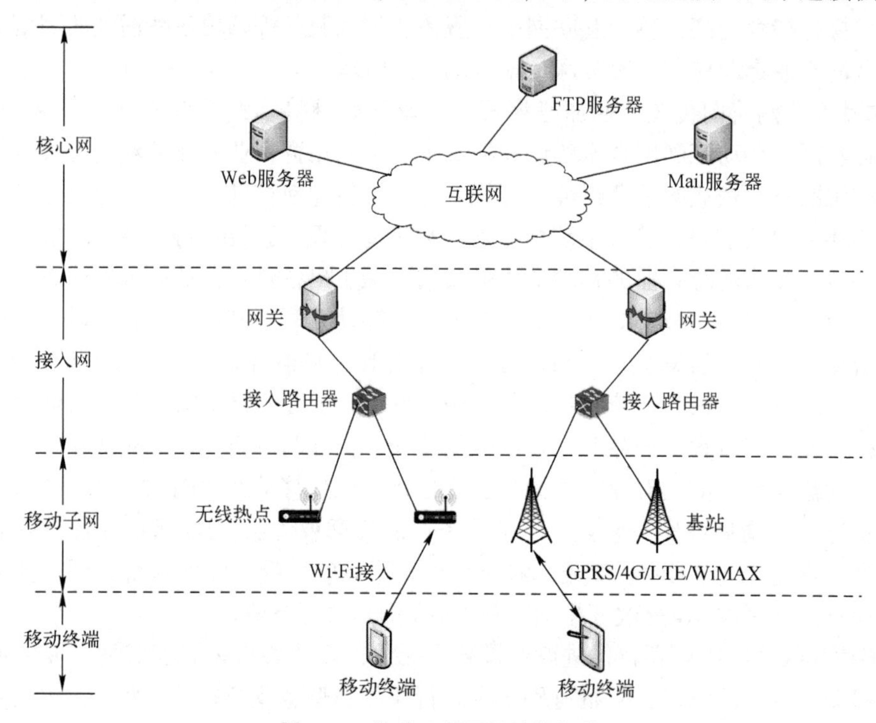

图1-2　移动互联网的总体架构

1.2.2　移动互联网的关键技术

移动互联网的关键技术包括：蜂窝移动通信技术、移动网络接入技术、移动IP技术、IPv4与IPv6技术、智能终端技术。

1. 蜂窝移动通信技术

蜂窝移动通信是采用蜂窝无线组网方式，在终端和网络设备之间通过无线通道连接起来，进而实现用户在移动中的相互通信。其主要特征是终端的移动性，并具有越区切换和跨本地网自动漫游功能。

蜂窝移动通信网由基站子系统和移动交换子系统等设备组成，对外提供话音、数据、视频图像等业务。基站是指在一定的无线电覆盖区域内，通过移动通信交换中心与移动电话终端之间进行信息传递的无线电收发信电台。一般情况下，某个区域内的多个基站可相互组成一个蜂窝状的网络，通过控制收发台之间的信号传送和接收来达到移动通信信号的联通。

2. 移动网络接入技术

移动互联网的网络接入技术主要包括：移动通信网络、无线局域网以及其他接入网络技术。

移动通信网络经历了1G、2G、3G和4G时代，而且目前已经开始部署5G网络。5G网络预计的目标是：相较于4G网络，实现数据流量增长1000倍，用户数据传输速率提升100倍，速率提升至10 Gbit/s以上。

无线局域网（Wireless Local Area Network，WLAN）利用无线技术在空中传输数据、话音和视频信号。WLAN的实现协议有很多，其中最为著名也是应用最为广泛的是无线保真技术——Wi-Fi，它实际上是提供了一种让各种终端都能使用无线网络进行互联的技术，为用户屏蔽了各种终端之间的差异性。

其他的接入网络技术，包括NFC、蓝牙等。

3. 移动IP技术

IP（Internet Protocol）要求所有加入互联网的网络节点有一个统一格式的地址，简称IP地址。在互联网上，每个网络节点和每一台移动终端都被分配了一个IP地址，这个IP地址在整个互联网中是唯一的。IP地址是用于全球设备识别的通信地址。

移动IP是移动通信与IP的深层融合，也是对现有移动通信方式的深刻变革，它将真正实现话音和数据的业务融合，它的目标是将无线话音和无线数据综合到IP这个技术平台上进行传输。

我们在连接互联网时，需要使用固定的IP地址和TCP端口号进行相互通信，在通信期间这些IP地址和TCP端口号必须保持不变，否则IP主机之间的通信将无法继续。而移动IP的基本问题是IP主机在通信期间可能会移动，它的IP地址也会经常发生变化，最终将导致通信中断。

为解决这一移动IP问题的基本思路，借鉴了蜂窝移动通信技术，它使用漫游、位置登记、隧道和鉴权等技术，从而使移动节点使用固定不变的IP地址，一次登录即可实现在任意位置上保持与IP主机的单一链路层连接，使通信得以持续进行。

4. IPv4和IPv6协议

互联网采用的是TCP/IP协议簇，IP作为TCP/IP协议簇中的网络层协议，是整个协议簇中的核心协议。通过合并语音网关和数据网关，4G网络实现了全IP化。所以，互联网所采用的IP会直接影响到移动互联网的发展。

IPv4是网际协议开发过程中的第4个版本，也是目前部署最广泛的网际协议版本。理论上，IPv4可供分配的IP地址数量是2^{32}，大约有43亿个。但实际中，由于组播网段地址等限制，能够直接提供给公网使用的IPv4地址也就大大减少了，无法满足全球互联网和移动互联网快速发展的需要。

IPv6是国际互联网工程任务组（Internet Engineering Task Force，IETF）为了缓解IP地址分配不足而设计的用于替代现行IPv4的下一代协议。理论上，IPv6可以提供的地址数量是2^{128}，几乎是用之不竭的。在协议设计上，IPv6简化了报文首部格式，加快了报文转发，提高了吞吐量；身份认证和隐私保护是IPv6的主要特性，而且IPv6允许协议继续增加新的功能，使之适应未来的技术发展。

5. 智能终端技术

移动智能终端搭载了操作系统，同时拥有接入互联网的能力，可以根据用户的需求定制各种功能。智能终端技术的兴起为移动互联网的普及起到了重要作用。人们可以自行在移动终端上安装所需的应用软件、游戏等第三方服务商提供的程序，通过此类程序来不断对手机的功能进行扩充，并可以通过移动通信网络来实现无线网络接入，用户可以随时随地访问互联网并获取所需的资源。

1.3 移动互联网安全

移动互联网的高速发展，移动终端的多媒体化、智能化变革以及移动终端的互联网标准协议的形成，使得用户在移动状态下使用互联网的需求成为现实。在这样的背景下，移动互联网业务得以蓬勃发展，但随之而来的安全问题也日益突出。本节将首先回顾无线通信的历史，对无线通信的基本技术进行介绍，然后对无线通信的安全问题进行分析，最后在此基础上对移动互联网的安全体系架构展开探讨。

1.3.1 无线通信的历史

无线通信（Wireless Communication）是通信技术的一个分支，是指多个节点间不经由导体或缆线传播进行的远距离传输通信。

无线通信已经有一百多年的历史。1895 年，意大利人马可尼首次成功收发无线电电报。4 年后，他成功进行了英国至法国之间的电报传送。1902 年，他又首次用无线电进行横跨大西洋的通信。这一发明使双方可以通过彼此发送用模拟信号编码的字母数字符号来进行通信。一个世纪以来，无线通信技术的发展为人类带来了无线电、电视、通信卫星和移动电话，使得几乎所有类型的信息都可以发送到世界的各个角落。

通信卫星是在 20 世纪 60 年代首次发射的，那时它们仅能处理 240 路语音话路。今天的通信卫星承载了大约 1/3 的语音流量，以及国家间的所有电视信号。由于早期的运行轨道较高，通信卫星处理的信号一般都会有 0.25 s 的传播延迟。新型的卫星是运行在低地球轨道上的，因此信号延迟较小，这类卫星可用于提供诸如互联网接入的数据服务。

无线网络技术发展出了无线局域网（WLAN）和无线城域网（如 WiMAX），传输过程无需电缆设备。在技术发展过程中，IEEE 开发出了 802.11 无线局域网标准，对规则和协议进行了规范统一。

蜂窝移动电话是无线电报的现代对等技术，它提供了双向通信。第一代无线电话使用的是模拟技术，这种设备笨重而且覆盖范围不规则，然而它们成功地向人们展示了移动通信的便捷。现在的无线设备已经采用了数字技术，与模拟网络相比，数字网络可以承载更多的信息量并提供更好的接收性能和安全性。此外，数字技术可以带来丰富多彩的业务，无线设备可以使用更高的速率连接到互联网。

1985 年，第一代移动通信系统诞生。接着，GSM 和 IS-95 技术标准开始流行。到 2000 年后，3G（第三代移动通信系统）开始快速发展。同时，无线局域网技术也开始成熟起来。3GPP 和 3GPP2 分别在 2004 年底和 2005 年初开始了 3G 演进技术 E3G 的标准化工作。WiMAX 的提出和推进，E3G 标准化的启动和加速，使得无线移动通信领域呈现明显的宽带化和移动化发展趋势，即宽带无线接入向着增加移动性方向发展，而移动通信则向着宽带化方向发展。2013 年，4G（第四代移动通信系统）正式商用并被人们熟知。根据工信部等部门提出的 5G 推进工作部署以及三大运营商的 5G 商用计划，我国已于 2017 年展开 5G 网络第二阶段测试，并于2018年进行大规模试验组网。2019年6月，工业和信息化部向中国电信、中国移动、中国联通和中国广电发放5G商用牌照，正式开启了中国的5G商用服务。未来，我国将形成容量大、网速高、管理灵活的新一代骨干传输网，建成较为完善的商业卫星通信服务体系，使网络通达性能显著增强。

1.3.2 无线通信基本技术

无线通信使得多个节点间可以不经由导体或缆线进行远距离传输通信，人类的通信历史进入到一个崭新的阶段。在无线通信中主要采用了以下几种技术。

1. 射频技术

射频（Radio Frequency，RF）指的是可以辐射到空间并具有远距离传输能力的高频电磁波，频率范围为300 kHz～30 GHz。在电磁波频率低于100 kHz时，电磁波会被地表吸收，不能形成有效的传输，当电磁波频率高于100 kHz时，电磁波可以在空气中进行传播，并经大气层外缘的电离层反射，形成远距离传输能力。

发射机将电信息源（模拟或数字的）用高频电流进行调制（调幅或调频），形成射频信号，经过天线发射到空中；远距离的接收机将射频信号接收后进行反调制，还原成电信息源，这一过程称为无线传输。

第一代移动电话就是一个模拟无线通信应用，它们都使用射频来承载不同格式的信息。目前使用的移动电话大多数是第四代移动电话，是数字无线通信的应用。

2. 无线传输介质

传输介质是连接通信设备，为通信设备之间提供信息传输的物理通道，是信息传输的实际载体。从本质上讲，无线通信和有线通信中的信号传输，实际上都是电磁波在不同介质中的传输过程。

无线传输有两种基本的构造类型：定向的和全向的。在定向的结构中，发送天线将电磁波聚集成波束后发射出去，所以发送和接收天线必须精准校对。在全向的结构中，发送信号沿所有方向传输，可以被多数天线接收到。

在计算机网络中，无线传输可以突破有线网的限制，利用空间电磁波实现站点之间的通信，可以为广大用户提供移动通信。常用的无线传输介质有：无线电波、微波和红外线等。

3. 无线通信技术

常见的无线通信技术分两种：近距离无线通信技术和远距离无线传输技术。

（1）近距离无线通信技术

近距离无线通信技术是指通信双方通过无线电波传输数据，并且传输距离在较近的区域内，其应用范围非常广泛。近年来，应用较为广泛而且具有较好发展前景的近距离无线通信技术有：蓝牙（Bluetooth）、Wi-Fi和近场通信（NFC）。

蓝牙技术能够在10 m的半径范围内实现点对点或一对多的无线数据和声音传输，其数据传输带宽可达1 Mbit/s。蓝牙技术可以广泛应用于局域网络中各类数据及语音设备，如PC、打印机、移动电话等，实现各类设备之间随时随地进行通信。

Wi-Fi是一种基于802.11协议的无线局域网接入技术。它突出的优势在于它有较广的局域网覆盖范围，其覆盖半径可达100 m左右。相比于蓝牙技术，Wi-Fi覆盖范围较广，传输速度更快，可达11 Mbit/s（802.11b）或54 Mbit/s（802.11a），而且无须布线，适合高速数据传输和移动办公的业务需要。

NFC 是一种新的近距离无线通信技术，由 13.56 MHz 的射频识别（RFID）技术发展而来，它与目前广为流行的非接触智能卡 ISO14443 所采用的频率相同，这就为所有的消费类电子产品提供了一种方便的通信方式。NFC 采用幅移键控（ASK）调制方式，其数据传输速率一般为 106 kbit/s 和 424 kbit/s 两种。NFC 的主要优势是：距离近、带宽高、能耗低，与非接触智能卡技术兼容，其在门禁、公共交通、手机支付等领域有着广阔的应用价值。

（2）远距离无线传输技术

目前偏远地区广泛应用的无线通信技术主要有：GPRS/CDMA、扩频微波通信、卫星通信等。

通用无线分组业务（General Packet Radio Service，GPRS）是由中国移动开发运营的一种基于 GSM 通信系统的无线分组交换技术，是介于第二代和第三代移动通信系统之间的技术。它通过将数据封装成许多独立的数据包，再将这些数据包一个一个传送出去，其优势在于有数据需要传送时才会占用频宽，有效提高了网络的利用率。GPRS 网络同时支持电路型数据和分组交换数据，从而使 GPRS 网络能够方便地和互联网相连，相比原来的 GSM 网络的电路交换数据传送方式，GPRS 的分组交换技术具有实时在线、按量计费、高速传输等优点。

码分多址（Code Division Multiple Access，CDMA）技术是一种由中国电信运营的基于码分技术和多址技术的新无线通信系统，其原理基于扩频技术。

扩频微波（即扩展频谱通信技术），是指传输信息所用信号的带宽远大于信息本身带宽的一种通信技术。它的基本原理是将所传输的信息用伪随机码序列（扩频码）进行调制，伪随机码的速率远大于传送信息的速率，这时发送信号所占据带宽远大于信息本身所需的带宽，实现了频谱扩展，同时发射到空间的无线电功率谱密度也有大幅度的降低。在接收端则采用相同的扩频码进行相关解调并恢复信息数据。其主要特点是：抗噪能力较强，抗干扰能力较强，抗衰落能力强，易于多媒体通信组网，传输距离远、覆盖面广，具有良好的安全通信性能。

卫星通信是指利用人造地球卫星作为中继站来转发无线电信号，从而实现在多个地面站之间进行通信的技术，它是地面微波通信技术的继承和发展。卫星通信系统通常由两部分组成，分别是卫星端、地面端。卫星端在空中，主要用于将地面站发送的信号放大再转发给其他地面站。地面站主要用于对卫星的控制、跟踪以及实现地面通信系统接入卫星通信系统。卫星通信的特点：覆盖范围广、工作频带宽、通信质量好、不受地理条件限制、成本与通信距离无关。其主要应用在国际通信、国内通信、军事通信、移动通信和广播电视等领域。卫星通信的主要缺点是通信具有一定的时间延迟。

1.3.3 无线通信的研究机构和组织

无线通信的研究机构和组织主要负责制定各种通信标准，促进各种电信业务的研发和合理使用，并协调各国相关组织的工作，从而保证全球范围内的无线通信系统的互联互通。下面对这些研究机构和组织做简单介绍。

1. 中国通信标准化协会

中国通信标准化协会（China Communications Standards Association，CCSA）于 2002 年

12 月 18 日在北京成立。该协会是由国内企事业单位自愿联合组织起来、经业务主管部门批准、国家社团管理机关登记、开展通信技术领域标准化活动的非营利性法人社会团体。该协会由会员大会、理事会、技术专家咨询委员会、技术管理委员会、若干技术工作委员会（Technical Committee，TC）和分会、秘书处构成。其中，TC5 是无线通信技术工作委员会，TC8 是网络与信息安全工作委员会。该协会的主要任务是为了更好地开展通信标准研究工作，把通信运营企业、制造企业、研究单位、高等院校等关心标准的企事业单位组织起来，按照公平、公正、公开的原则制定标准，进行标准的协调、把关，把高技术、高水平、高质量的标准推荐给政府，把具有我国自主知识产权的标准推向世界，支撑我国的通信产业，为世界通信做出贡献。

2. 国际电信联盟

国际电信联盟（International Telecommunication Union，ITU）于 1865 年在巴黎成立，原名国际电报联盟（International Telegraph Union，ITU），1934 年 1 月 1 日起正式改称为国际电信联盟。ITU 是世界各国政府的电信主管部门之间协调电信事务的一个国际组织，它研究制定有关电信业务的规章制度，通过决议提出推荐标准，收集有关情报。ITU 的目的和任务：维持和发展国际合作，以改进和合理利用电信，促进技术设施的发展及其有效运用，以提高电信业务的效率，扩大技术设施的用途，并尽可能使之得到广泛应用，协调各国的活动。

3. 美国联邦通信委员会

美国联邦通信委员会（Federal Communications Commission，FCC）于 1934 年成立，是美国政府下属的一个独立机构，直接对国会负责。FCC 通过控制无线电广播、电视、电信、卫星和电缆来协调国内和国际的通信。为确保与生命财产有关的无线电和电线通信产品的安全性，FCC 的工程技术部（Office of Engineering and Technology）负责委员会的技术支持，同时负责设备认可方面的事务。许多无线电应用产品、通信产品和数字产品要进入美国市场，都需要提前获得 FCC 的认可。

4. 欧洲邮电通信管理协会

欧洲邮电通信管理协会（Conference of European Post and Telecommunication Administrations，CEPT）于 1959 年成立。CEPT 着重于商业合作、法规制定和技术标准颁布。1988 年 CEPT 决定成立欧洲电信标准协会（European Telecommunications Standards Institute，ETSI），该协会是一个非盈利性的欧洲地区性电信标准化组织，总部设在法国尼斯。其宗旨是贯彻欧洲邮电管理委员会（CEPT）和欧盟委员会（CEC）确定的电信政策，满足市场各方面及管理部门的标准化需求，实现开放、统一、竞争的欧洲电信市场并及时制定高质量的电信标准，以促进欧洲电信基础设施的融合；确保欧洲各电信网之间的互通；确保未来电信业务的统一；实现终端设备的相互兼容；实现电信产品的竞争和自由流通；为开放和建立新的泛欧电信网络和业务提供技术基础；并为世界电信标准的制定做出贡献。ETSI 的标准化领域主要是电信业，并涉及与其他组织合作的信息及广播技术领域。ETSI 目前有来自 47 个国家的 457 名成员，涉及电信行政管理机构、国家标准化组织、网络运营商、设备制造商、专用网业务提供者、用户研究机构等。

5. 美国电气电子工程师学会

美国电气电子工程师学会（Institute of Electrical and Electronics Engineers，IEEE）于

1963 年由美国电气工程师学会（AIEE）和美国无线电工程师学会（IRE）合并而成，是美国规模最大的专业学会。它由大约十万名从事电气工程、电子和有关领域的专业人员组成，分设 10 个地区和 300 个地方分部。在电气及电子工程、计算机及控制技术领域中，IEEE 发表的文献占了全球将近 30%。IEEE 每年会主办或协办 300 多场技术会议。IEEE 的标准制定内容有：电气与电子设备、试验方法、元器件、符号、定义以及测试方法等。

6. Wi-Fi 联盟

Wi-Fi 联盟成立于 1999 年 8 月，总部设在美国得克萨斯州奥斯汀市。联盟一直致力于推动无线局域网（WLAN）的发展，希望通过不断改进这种普遍而可靠的技术，充分发掘其发展潜能。其会员涵盖了无线局域网的整个产业链，其中包括计算机和网络设备制造商、半导体制造商、系统集成商、软件公司、电信运营商和服务供应商，以及消费产品制造商等。Wi-Fi 联盟旨在通过对基于 IEEE 802.11 标准的产品进行互操作性测试，并将 Wi-Fi 功能推广到家庭和企业的消费者，从而促进 Wi-Fi 行业的发展。

1.3.4 无线通信安全历史

无线通信技术经历了从无到有、再到迅速发展的过程。移动通信技术从基于模拟蜂窝系统的第一代发展到了当前的基于全 IP 技术的第四代（4G），无线局域网技术也从最初的 802.11 标准，发展到了 802.11i 标准。伴随着无线通信技术的发展，无线通信的安全技术也在不断地发展和完善。但从总体的发展态势上来看，无线通信安全技术的发展滞后于无线通信技术。

1. 移动通信方面

第一代移动通信系统几乎没有采取安全措施，移动台把其电子序列号（ESN）和网络分配的移动台识别号（MIN）以明文方式传送至网络，若二者一致，就可实现用户的接入。这时，用户面临的最大威胁是自己的手机有可能被克隆，而且手机克隆也给运营商造成了巨大的经济损失。

第二代数字蜂窝移动通信系统采用了基于私钥密码算法的安全机制，通过系统对用户进行鉴权来防止非法用户使用网络，通过加密技术来防止无线信道遭到窃听，但在身份认证及加密算法等方面仍然存在着许多安全隐患。以 2G 的 GSM 为例，用户的 SIM 卡和鉴权中心共享的安全密钥可以在很短的时间内被破译，从而导致 SIM 卡被克隆；另一方面，GSM 系统只对空中接口部分（即移动终端和基站之间）进行加密，在固定网中的信息以明文方式进行传输，而且 GSM 网络没有提供对数据的完整性保护；同时，GSM 系统不支持双向认证。

针对以上问题，3G（第三代移动通信系统）在设计的时候，就加强了安全机制，提出了一套完整的移动通信安全体系，用以增强移动通信系统安全。与第二代移动通信系统相比，3G 通信系统的技术改进主要有以下几项。

1）重新设计了安全算法，密钥长度增加到 128 bit，以提高其安全性。

2）支持双向认证。

3）提供对传输数据和控制信息的完整性保护。

4）提出了固定网的信息安全措施。

5）向用户提供可随时查看自己的安全模式及安全级别的可视化操作。

随着互联网的普及和在线内容越来越丰富，很多服务可以通过适当的技术提供给移动终端设备。4G 技术（第四代移动通信系统）应运而生，其重点是增加数据和语音容量并提高整体体验质量。WiMAX 和 LTE 是提供 4G 技术的两个系统，两者都基于类似的技术，但全球的运营商更倾向于使用 LTE。4G 推出了全 IP 系统，彻底取消了电路交换技术，它使用 OFDMA 来提高频谱效率，MIMO 和载波聚合等新的 4G 组件进一步提高了整体网络容量。随着带宽量的增加和延迟的减少，4G 可以提供诸如 LTE 语音（VoLTE）和 Wi-Fi 语音（VoWi-Fi）等许多附加服务，如图 1-3 所示。

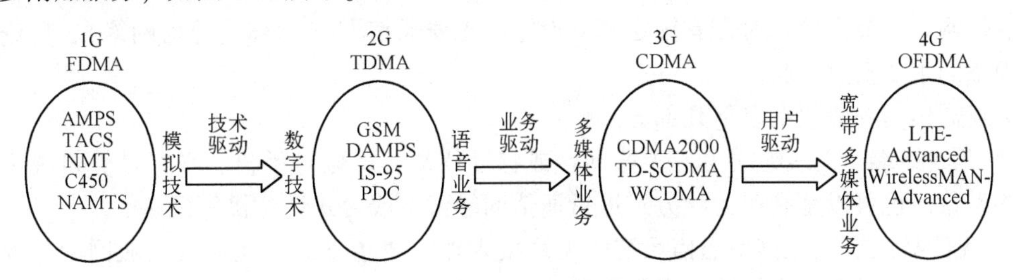

图 1-3　移动通信技术演进示意图

5G 技术已经开始逐步投入商用。5G 可以增强移动设备的用户体验度和整个通信技术生态系统，包括物联网（IoT）、移动车辆（V2X）和增强型移动宽带（eMBB）体验。它标志着很多垂直行业如医疗、农业、汽车等领域的融合。其网络架构也发生了改变，使其更简单、更高效。另一个对 5G 的重要补充是支持超可靠、低延迟通信（URLLC）设备，该设备可以应用于远程手术和工业自动化。

5G 可以促进 SDN 和虚拟化技术的发展，推动创建一个操作灵活且可编程的网络。它试图最小化接入网和核心网以及具有网络功能的软硬件组件之间的依赖关系。5G 还引入了网络切片功能，通过网络切片，物理网络基础设施可划分多个虚拟网络，使运营商能够为特定的用户群提供特定类型的服务支持。网络切片可以帮助运营商为不同的需求分配不同的资源。另一个重要方面是多连接性，它能够支持由同一个网络从无线到核心服务的不同接入类型，包括 5G、LTE、Wi-Fi 甚至固定接入。网络切片和多连接可确保 5G 成为可满足多种服务需求的单一网络基础设施。

2. 无线局域网方面

在无线局域网标准中，最早出现的是 IEEE 802.11 标准，规定了数据加密和用户认证的有关机制。但研究表明，这些机制存在很大的缺陷，需要对该标准进行改进和完善。

之后出现的 802.1x 标准在原标准的基础上增强了身份认证机制，并且设计了动态密钥管理机制。随后在 2004 年，加强了无线局域网安全性的 802.11i 规范得到了 IEEE 的批准。802.11i 标准最主要的内容是采用 AES 算法代替了之前版本所使用的 RC4 算法。

后来，Wi-Fi 联盟又联合 802.11i 专家组共同提出了 WPA 标准。WPA 相当于 802.11i 标准的一部分。WPA 标准成为 802.11i 标准发布以前采用的无线局域网安全过渡方案。它兼容已有的 WEP 和 802.11i 标准。与此同时，我国针对无线局域网的安全问题，参考无线局域网的国际标准，提出了自己的安全解决方案 WAPI。WAPI 主要给出了技术解决方案和规范要求。

在无线通信的最初阶段，无线安全并没有受到足够的重视，研究人员更关心的是通信性能的提高、系统容量的增大、终端处理能力的提高和价格的降低。随着各种各样的无线通信技术得到了充分的发展，研究人员开始面对各种各样的安全挑战：移动终端设备上的数据保护变得越来越困难，使用移动设备进行交易时的数据和资产面临安全风险，无线环境下的恶意攻击变得越来越频繁。这些现实情况的出现，对无线通信安全提出了更高的要求。

1.3.5 无线通信网的安全威胁

无线通信网络分带有固定基础设施的无线通信网、可移动的无线通信网和无基础设施的无线通信网。本节主要针对带有固定基础设施的无线通信网（如移动通信网络），讨论这类网络面临的主要安全威胁。

无线通信网一般包括以下几部分。

1）无线终端。无线终端也称为移动台或移动终端，可以是手机、平板计算机等可移动的终端设备，也可以是利用无线方式进行通信的笔记本或台式计算机等设备。

2）无线接入点。在移动通信系统中无线接入点主要指基站，在无线局域网中主要指无线路由器，这些设备负责接收和发送无线信号。

3）网络基础设施，主要是指满足通信基本要求的各种硬件与服务的总称。在移动通信系统中主要是指包括基站、交换机在内的基本通信设备及其软件。

4）空中接口，指的是无线终端和无线接入点之间的接口，它是任何一种移动通信系统的关键模块之一，也是其“移动性”的集中体现。

根据受到攻击的位置不同，无线通信系统的安全威胁分无线链路威胁、服务网络威胁和终端威胁。而根据受到攻击破坏的安全服务种类，无线通信系统的安全威胁又分与鉴权和访问控制相关的威胁、与机密性相关的威胁及与完整性相关的威胁等。根据威胁的对象不同，还可以将移动通信系统面临的威胁分为 4 类：对传递信息的威胁、对用户的威胁、对通信系统的威胁、对移动终端应用的威胁。下面将对这 4 类安全威胁分别做介绍。

1. 对传递信息的威胁

这类威胁是针对通信消息的直接威胁，主要包括窃听、篡改和抵赖。

（1）窃听

在无线通信网络中，通信信道是信息内容的传递通道，是一个相对开放的空间。因此，在通信过程中，如果不法分子使用一定的技术和设备，就可以对通信内容进行窃听，从而影响或破坏他人通信的保密性和安全性。

（2）篡改

在无线通信网络中，篡改指的是通过非法手段，截取通信信息，并将截获的信息进行修改，再发送给接收者。一般情况下，篡改信息的目的主要有两个：一是通过非法篡改信息，欺骗原来信息接收者对信息的信任，从而达到个人目的；二是通过对合法用户的通信内容进行修改，以此破坏信息发送者与信息接收者之间的良好关系，从而达到非法目的。

（3）抵赖

抵赖是指通信一方否认自己参与通信的行为，可具体分为接收抵赖和源发抵赖。其中，接收抵赖是指接收到信息的一方否认他接收到了信息；源发抵赖是指发送信息的一方否认发送了信息。在公共网络和私有网络，如果用户之间无法相互信任，则存在这种威胁。

这种威胁可以采用密码安全机制来防止。发送者具有不可否认的证据，证明接收者接收到了数据，或者接收者具有不可否认的证据，证明发送者发送了数据。这种证据能够被用来向第三方进行证明。在大多数情况下，一般都由一个可信中心来记录所有的通信过程，以应对可能发生的抵赖行为。

2. 对用户的威胁

这类威胁不是针对某个单独的消息，而是直接对系统中的用户构成威胁。它又可分为：流量分析和监视。

流量分析是指分析网络中的通信流量，包括消息长度、接收者和发送者的标识等，进行这种攻击的方法通常与侦听的方法相同。防止流量分析的方法是对消息内容和控制信息进行加密。

监视是指监视一个特殊用户的行为。攻击者主要是为了了解该用户的行为习惯、个人信息或具有哪些优先权。另外，监视还包括系统的用户或运行人员收集其他用户的信息。防止监视的主要措施是使用假名来实现匿名发送和接收。

3. 对通信系统的威胁

这类威胁包括直接针对整个系统或系统一部分的威胁，可分为拒绝服务和资源的非授权访问。

拒绝服务是指非法攻击者通过发送服务请求或干扰信息来故意削弱系统的服务能力，使系统无法正常继续提供服务。攻击者可能通过删除经过某个特殊接口的所有消息、使某个方向或双向的消息产生延迟、发送大量的消息导致系统溢出等操作导致系统拒绝向正常用户提供服务。

资源的非授权访问，是指没有相应访问权限的攻击者非法访问并使用系统资源。防止这类威胁的方法是对用户进行身份识别、合理设计管理员的访问权限和实施强制的访问控制等。

4. 移动终端应用的威胁

这类威胁主要是指恶意软件，具备一定的正常功能，一般在用户不完全知情和认可的情况下强行安装到用户的移动终端中，或者一旦安装就无法正常卸载和删除。恶意软件会利用一些非法的小广告来吸引用户下载应用程序或是伪装成非法视频播放器。感染此类病毒后，移动终端的网页会被恶意广告劫持、迅速消耗掉移动终端的话费或盗取用户的资金。

1.3.6 移动通信系统的安全要求

目前，移动通信系统（包括 3G、4G 等）的基本安全需求一般包括以下几项。

1）通信系统应能唯一地标识用户。

2）通信系统应能保密地传输数据、身份和控制信息，并确保信息的完整性。

3）通信系统应提供双向认证。既要确保只有合法用户可以使用网络，又要确保用户所访问的网络是值得信任的。

4）通信系统应保证传输信息的不可否认性。

通信系统一般都需要具有调度功能。通信系统的调度台应具有以下几项功能。

1）认证功能：对调度台用户身份、组成员身份和连接链路进行认证。

2）保障通信机密性：确保组成员无法绕过安全模块，从而保证本组通信的机密性，同时需要确保调度控制信息的机密性。

3）保障通信完整性：确保组成员无法绕过安全模块，从而保证本组通信的完整性。

1.3.7 移动互联网的安全架构

移动互联网的高速发展，移动终端的多媒体化、智能化和移动终端的互联网标准协议的形成，使用户在移动状态下使用互联网的需求成为现实。在这样的背景下，移动互联网业务得以蓬勃发展，但随之而来的安全问题也日益突出。

移动互联网是在传统互联网的基础上发展而来的，其安全问题存在相似性。与传统互联网相比，移动互联网具有移动性、私密性和融合性的特点，要保证移动互联网的安全性，就是要确保这几个特性的安全性。

根据移动互联网的上述特点，可以构建出移动互联网的安全架构，如图 1-4 所示。

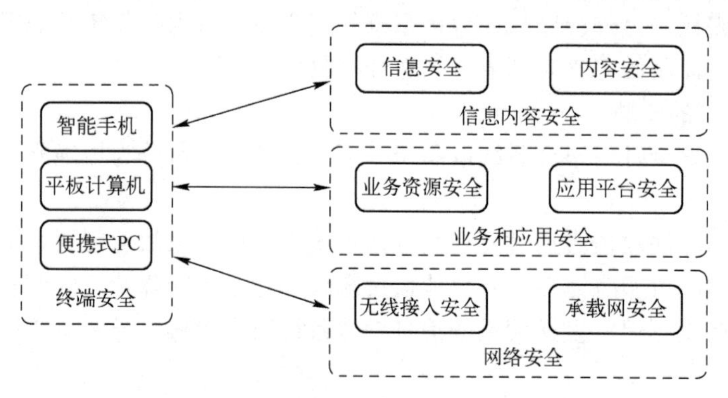

图 1-4 移动互联网安全架构

移动互联网的安全依次包括：终端安全、网络安全、业务和应用安全、信息内容安全。

1. 终端安全

移动终端作为个人信息和业务创新的载体，是移动互联网区别于传统互联网最重要的环节之一，其安全问题贯穿并影响了移动互联网安全的各个环节。

2. 网络安全

移动互联网的接入方式多种多样，因此网络安全也呈现出不同的特点。移动互联网较传统互联网的网络结构封闭，便于管理和控制。网络安全的特殊性主要表现在网络结构、协议及其网络标识等方面。

3. 业务和应用安全

业务复制是目前传统互联网业务发展的特点，而融合“移动性”特点的业务创新则是移动互联网业务发展的方向。因此，其业务系统环节会更多，应用涉及的用户及服务器的信息也会更多，信息安全问题比传统互联网更为复杂。由于移动互联网用户基数大，节点自组织能力强，同时涉及大量的私密信息和位置信息，因此有可能引发大规模的攻击和信息发掘，包括拒绝服务攻击及对于特定群组敏感信息的收集等。

4. 信息内容安全

与传统互联网相比，移动互联网的恶意信息传播方式更加多样化，具有即时性、群组的精确性等。随着移动互联网业务的发展，移动终端携带了大量的私密信息、位置信息和社会关系，承载了越来越多的支付功能。因此，其安全问题应该引起人们足够的重视。加之移动终端用户群巨大，所以在移动互联网上发起的攻击在规模上可能超过传统互联网，攻击造成的损失也会更加严重。

本章小结

本章从“移动互联网是移动通信与互联网技术的结合”这一概念出发，介绍了移动互联网的组成，分析总结了移动互联网的移动性、个性化、私密性和融合性等主要特点，并阐述了移动互联网的发展现状和未来的发展趋势。之后，在描述移动互联网架构的基础上，总结了移动互联网所采用的几项关键技术：蜂窝移动通信技术、移动网络接入技术、移动 IP 技术、IPv4 与 IPv6 协议和智能终端技术。随后，本章讲述了无线通信的发展历史，从无线电报开始，随着科学和工程技术的不断进步，一直演进到今日广泛普及的 4G 移动通信系统和即将到来的 5G 技术。在这一背景基础上，本章罗列了无线通信的基本技术和主要的研究机构和组织。最后，在讲述了无线通信安全历史之后，对无线通信网络的主要安全威胁和移动通信系统的基本安全要求进行了总结，并对移动互联网安全进行了分析，构建了基本的安全架构。

习题

1. 移动互联网的基本组成是什么？
2. 移动互联网使用的关键技术有哪些？
3. 移动互联网具有哪些特点？
4. 请简要说明移动通信系统面临哪些安全威胁。
5. 请简述移动互联网的总体架构。
6. 根据移动互联网的特点，如何对移动互联网安全威胁进行分类？

第 2 章　密码学基础知识

移动互联网的安全体系涉及的保密性和有效性等基本要求都是建立在密码学原理之上的。因此，为了更好地深入理解移动互联网安全，需要对密码学的相关知识有一定的了解和掌握。

本章将首先介绍密码学中经常用到的概念、密码算法的分类等内容，并详细介绍移动互联网中经常用到的属于对称密码算法中的流密码算法以及常用的几种公钥密码算法。

2.1　密码学的基本概念

密码学是一个非常庞大而复杂的信息处理系统，涉及信息的机密性、完整性、认证性、不可否认性等许多方面。密码学中加密和解密信息的主要目的是使得授权人员以外的人无法读取信息。

被加密的消息称为明文，明文经过加密变换成为另一种形式，称为密文。对明文进行加密操作时所采用的一组规则称为加密算法，对密文进行解密操作时所采用的一组规则称为解密算法。加密算法和解密算法都依赖于一组秘密参数，分别称为加密密钥和解密密钥。加密算法和解密算法统称为密码算法。密码算法可以根据密钥的特点分为对称密钥算法和非对称密钥算法。对称密钥算法也称为私钥密码算法，非对称密钥算法也称为公钥密码算法。

在消息传输或处理系统中，除了合法的用户以外，还存在通过各种方法窃取机密信息的攻击者，他们通过分析已经得到的算法信息和截获的信息，推断出密钥或明文，这一过程称为密码分析。如果攻击者通过一定的明文和密文信息能够获得密钥信息，那么密码就是不安全的。根据密码分析者对明文和密文掌握的程度，攻击方式可以分为 5 种：唯密文攻击、已知明文攻击、选择明文攻击、选择密文攻击、选择文本攻击。

2.1.1　保密通信模型

在不安全的信道上实现安全的通信是密码学研究的基本问题。消息发送者对需要传送的消息进行数学变换处理，然后在不安全的信道上进行传输，接收者在接收端通过相应的数学变换处理得到信息的正确内容，而信道上的消息截获者，虽然可能截获到数学变换后的消息，但无法得到消息本身。图 2-1 展示了一个基本的保密通信模型。

一般情况下，在密码算法具体实现过程中，加密密钥和解密密钥是成对使用的，而且是一一对应的关系。根据由加密密钥得到解密密钥的算法复杂度的不同，密钥算法又可分为对称密钥算法和非对称密钥算法。

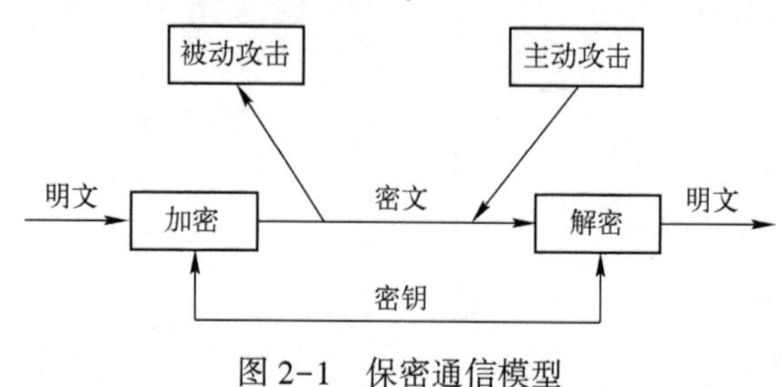

图 2-1　保密通信模型

2.1.2 密码算法分类

密码算法的分类方法有很多。按照是否能进行可逆的加密变换，密码算法可以分为单向函数密码算法和双向函数密码算法。如果根据对明文信息的处理方式不同，密码算法可以分为序列密码算法和分组密码算法。典型的密码算法的分类方法是按照密钥的使用策略的不同将其分为对称密码算法和非对称密码算法。下面将分别介绍对称密码算法和非对称密码算法以及典型的加解密算法，并对典型的序列密码算法和分组密码算法做简要介绍。

对称密码算法是一种传统密码算法。在对称加密系统中，加解密过程采用相同的密钥，即使二者不同，也能够由其中的一个很容易地推导出另一个，所以对称密码算法也称为私钥密码算法。对称密码算法的优点是运算速度比较快、具有很高的吞吐率、使用的密钥长度相对较短、密文与明文的长度相同或扩张较小，是目前用于信息加密的主要算法。对称密码算法的缺点是密钥的分发需要安全通道、密钥量大、难管理、不能解决不可否认的问题。

非对称密码算法也称为公钥密码算法，在这种密码算法中，加密密钥和解密密钥是不同的，加密密钥是公开的而且由加密密钥去推导解密密钥是不可行的。非对称密码算法简化了密钥分发和管理过程。由于在对称密码算法中，加解密密钥相同，通信双方必须妥善保管他们共同的密钥，从而保证数据的机密性与完整性。当用户数量庞大且分布很广时，密钥的分发和保存就成为问题，密钥的安全性严重影响着加密系统的安全性。在非对称密码算法中，如果两个用户要交换数据，发送方会用接收方的公钥对数据进行加密，接收方则用自己的私钥来解密。这一过程中，公钥是可以公开的，用户只要保管好自己的私钥即可，因此加密密钥的分发将变得十分简单。与对称密码算法相比，非对称密码算法的缺点是加密解密的算法一般比较复杂，密钥对的生成与加解密速度也比较慢；同等安全强度下，非对称密码算法需要的密钥位数要多一些。因此，实际网络系统中的加密普遍采用非对称和对称密码相结合的混合加密算法，即加解密时采用对称密码，密钥传送则采用非对称密码。这样既解决了密钥管理的难题，又提升了加解密的速度。

非对称密码算法在密钥分发和管理、鉴别认证、不可否认性等方面均有广泛应用。典型的非对称密码算法有 RSA、椭圆曲线密码算法（ECC）、ElGamal 公钥加密算法和 NTRU 公钥加密算法等。

序列密码一次只对明文消息的单个字符进行加解密变换。分组密码将明文消息编码表示后的二进制序列划分成固定大小的组，每组分别在密钥控制下进行加解密变换。典型的分组密码算法有数据加密标准（Data Encryption Standard，DES）算法及其变形三重 DES（Triple DES）、广义 DES（GDES）、AES（Advanced Encryption Standard）、RC6 和 IDEA 算法等。典型的序列密码算法有 RC4、A5 和 HC 算法等。

2.1.3 古典密码简介

密码学的发展历史大致分为 3 个阶段：古典密码时期、近代密码时期和现代密码时期。古典密码历史悠久，主要分为替换密码和换位密码两种。替换密码，即明文中每一个字符被替换成密文中的另外一个字符。换位密码也称为置换密码，即明文的字母保持不变，但打乱其顺序。尽管这些密码大都比较简单，但在今天仍有参考价值。

对称密码算法就可以看作是古典密码算法的延伸。在本节中，我们将举例介绍两种典型的古典密码。

1. 凯撒密码

凯撒密码作为一种古老的对称加密算法，在古罗马的时候就已经很流行，它的基本思想是：通过把字母移动一定的位数来实现加密和解密。

比如，Alice 要将明文“mobile internet security”加密成密文，传送给 Bob。为了运算方便，先把字母进行数字化。图 2-2 展示了字母与数字的映射关系。

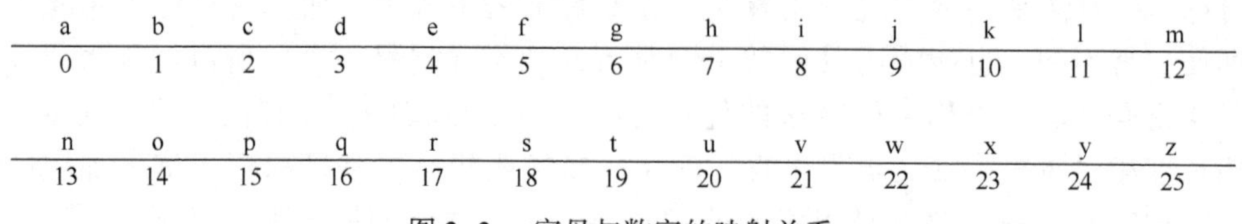

a	b	c	d	e	f	g	h	i	j	k	l	m
0	1	2	3	4	5	6	7	8	9	10	11	12

n	o	p	q	r	s	t	u	v	w	x	y	z
13	14	15	16	17	18	19	20	21	22	23	24	25

图 2-2　字母与数字的映射关系

加密过程如下。

1）Alice 先将明文“mobile internet security”中的字母根据图 2-2 的映射关系转换为数字：(12，14，1，8，11，4，8，13，19，4，17，13，4，19，18，4，2，20，17，8，19，24)。

2）加密之前，双方需要协商一个密钥。于是 Alice 与 Bob 商定加密方式为明文字母后移 6 位，即加密密钥及解密密钥同为 $K=6$。

3）开始加密：将明文字母映射得到的数字代入加密函数 $E(m)=m+6 \pmod{26}$ 中计算得到：(18，20，7，14，17，10，14，19，25，10，23，19，10，25，24，10，8，0，23，14，25，4)，然后把这些数字根据图 2-2 的映射关系替换成字母即可得到密文（s，u，h，o，r，k，o，t，z，k，x，t，k，z，y，k，i，a，x，o，z，e），这就是加密后的结果。

4）解密其实就是上述加密过程的逆过程：Bob 收到密文“suhorkotzkxtkzykiaxoze”，然后将密文按照图 2-2 的映射关系转换为：（18，20，7，14，17，10，14，19，25，10，23，19，10，25，24，10，8，0，23，14，25，4）。使用解密函数 $D(c)=c-6 \pmod{26}$ 将密文转换后的数字代入计算，得到（12，14，1，8，11，4，8，13，19，4，17，13，4，19，18，4，2，20，17，8，19，24），即可还原出明文“mobile internet security”。

凯撒密码继续扩展就可以得到移位密码，其与置换密码是现代密码学的基石。移位密码可以用数学表达式表示为：$E(m)=ax+b$，其中 a 和 b 为整数且 a 与 26 互质。从式中可以看出，移位密码其实就是在凯撒密码中增加一个系数。

2. 置换密码

置换密码是通过简单的换位来达成加密。比如，Alice 想用置换密码来加密与 Bob 传递信息，事先约定密钥为一串字母“KEYWORD”。图 2-3 所示，把 A 到 Z 中前面的字母用 KEYWORD 替换，后面又补充了 A 到 Z（去掉了 KEYWORD 中重复的字母）。这样就形成了加解密的字母置换表，实际中 A 到 Z 可以置换成任意的字母。这个字母置换的过程其实就是加密。

相应的解密过程的字母置换表就如图 2-4 所示，将 A 替换成 H，B 替换成 I，依此类推即可实现解密。

$$f=\begin{pmatrix}\text{ABCDEFGHIJKLMNOPQRSTUVWXYZ}\\ \text{KEYWORDABCFGHIJLMNPQSTUVXZ}\end{pmatrix}$$

图 2-3　加密过程的字母置换表

$$f^{-1}=\begin{pmatrix}\text{ABCDEFGHIJKLMNOPQRSTUVWXYZ}\\ \text{HIJGBKLMNOAPQRESTFUVWXDYCZ}\end{pmatrix}$$

图 2-4　解密过程的字母置换表

现在，Alice 想传递的信息明文是：M＝“MONOALPHABETTICSUBSTITUTIONCIPHER”，要使用上面的置换密码加密，对照图 2-3 所示的加密过程的字母置换表就可以得到密文：C＝“HJIJKGLAKEOQBYPSEPQBQSQBJIYBLAON”。如果需要对密文 C 进行解密，对照图 2-4 所示的解密过程的字母置换表就可以得到明文 M。

2.1.4　密码算法的安全性

本节将从信息论和复杂度理论的角度来描述密码算法的安全性。对于所有的密码算法，安全性都是其重要的评价标准。这里所说的“安全性”，是指该密码系统对于破译攻击的抵抗力强度。密码学家一直在寻求刻画密码算法安全性的理论证明方法，目前评价密码算法安全性的方法有两种：无条件安全和有条件安全。无条件安全又称为理论上安全性，有条件安全又称为实际安全性。很多密码算法的安全性并没有在理论上得到严格证明，只是在算法思想得到实现之后，经过众多密码专家多年来的攻击都没有发现其弱点，没有找到破译它的有效方法，从而认为它在实际上是安全的。

我们定义一个五元组（P，C，K，$E_k()$，$D_k()$）来表示一个密码系统，其中 P、C 和 K 分别代表明文空间、密文空间和密钥空间，$E_k()$代表加密函数，$D_k()$代表解密函数。针对这一系统，若具有理论安全性，即具有完善保密性或无条件安全性，那么就意味着明文随机变量 P 和密文随机变量 C 相互独立。

为了用数学语言描述密码算法的保密性，下面假定明文 P、密文 C、密钥 K 都是随机变量；$H(\cdot)$表示熵；$H(\cdot\mid\cdot)$表示条件熵；$I(\cdot;\cdot)$表示互信息。由于 $C=E_k(P)$；$P=D_k(C)$。因此，（P，K）唯一地确定了 C，而（C，K）也唯一地确定了 P。用信息论的语言可表示为：

$$H(P\mid CK)=0$$

$$H(C\mid PK)=0$$

如果式 $I(P;C)=0$ 成立，即 P 与 C 相互独立，此时我们称密码算法是理论上安全的，根据信息论的原理，可以推导出对于完善保密的密码算法必然满足

$$H(K)\geqslant H(P)$$

这一结论表明，对于完善保密的密码算法，其密钥的不确定性要不小于明文消息的不确定性。比如，当明文 P 是 n 位长的均匀分布随机变量，为了达到完善保密，密钥 K 的长度必须至少是 n 位；而且，为了用 n 位长的密钥达到完善保密，密钥也必须是均匀分布的随机变量。这就意味着完善保密的密码算法需要消耗大量的密钥。

1949 年，信息论创始人香农（Shannon）证明了“一次一密”算法，即密钥长度和明文长度一样长的密码算法是无条件安全的，具体证明过程可参考查看现代密码学的书籍，这里不做详细论述。例如，当明文 P 与密钥 K 是同长度同分布的随机变量，加密算法为 $C=P\oplus K$，其中$\oplus$为逐位异或运算。由于$\oplus$是群运算，那么密文 C 也是具有同样长度和分布的随机变量，且 P 和 C 相互独立，这就构成了一种理论上安全的密码算法。但在“一次一密”算法中，通信双方必须保证在每一次传递秘密消息时，所用的密钥对于攻击者来说都是完全未

知的。也就是，每当传递一个新的消息，必须首先更换密钥，这种密码算法如果被正确使用，它就是理论上不可破译的。但是，由于密钥生成比较困难且不能重复使用，而密钥分发又是一个非常复杂的问题，这就限制了它的商用价值。

密码算法还有一种安全称为“计算上是安全的”，即指破解此密码系统是可行的，但是使用已知的算法和现有的计算工具不可能完成攻击所需的计算量。计算安全性是将密码算法的安全性问题与公认的数学难题挂钩，例如，密钥求解问题和某个 NP 问题。在实际场景中考虑密码算法安全性时，还需考虑破解一个密码系统所花费的成本不能超过被加密信息本身的价值，且破译的时间不能超过被加密信息的有效生命周期。密码算法是安全体系的基石，而密码算法的安全性依赖于密钥的安全性。从前面的介绍可知，某系统的保密强度能达到理论上的不可破译是最好的，否则也要求能达到实际的不可破译性，即破译该系统所付出的代价大于破译该系统后获得的收益。

2.2 对称密码算法

在对称密码算法中，加密密钥和解密密钥相同，或者通过其中一方可以推导出另一方，并且需要通信的双方保管所使用的密钥。它是密码学中常见的一种密码算法。对称密码算法包括分组密码和序列密码两种类型。分组密码与序列密码是密码学中两种重要的密码算法，两者之间对信息加密的方式不同，各自的优势也不同，所以有不同的应用领域。

本节将分别讨论分组密码和序列密码，并介绍典型的应用算法。

2.2.1 分组密码

分组密码是现代密码学的一个重要分支。分组密码的加解密速度快、安全性好并得到许多密码芯片的支持，故在计算机通信和信息系统安全领域有广泛的应用，主要用于实现数据加密、数字签名、认证和密钥管理。根据加密算法的不同，分组密码分为对称分组密码和非对称分组密码。下面我们将介绍对称分组密码，并简要介绍一些典型的分组密码算法。

1. 分组密码概述

分组密码（Block Cipher），也称块密码，是将明文消息编码表示后的数字序列划分成固定大小的分组，然后在密钥的控制下对各组分别进行加密变换，从而获得等长的二进制序列的一类算法。块的大小由加密变换的输入长度确定，通常为 64 的倍数。

在现代分组密码中，两个重要的思想就是扩散和混乱。扩散，是指要将算法设计成明文中每一位的变化尽可能多地影响到密文输出序列的变化，以便隐藏明文的统计特性，我们可以形象地将其描述为“雪崩效应”。混乱，是指在加解密变换过程中明文、密钥以及密文之间的关系要尽可能地复杂化，以防密码破译者通过建立并求解一些方程来进行破译。

分组密码与序列密码的不同之处在于：序列密码算法是对序列中的每一个位或者每一个字符进行加密，而分组密码则是以由若干位组成的组为单位进行加密变换，如图 2-5 所示。

分组密码的加密过程如下。

1）将明文分成 m 个明文组 M_1，M_2，…，M_i，…，M_m。

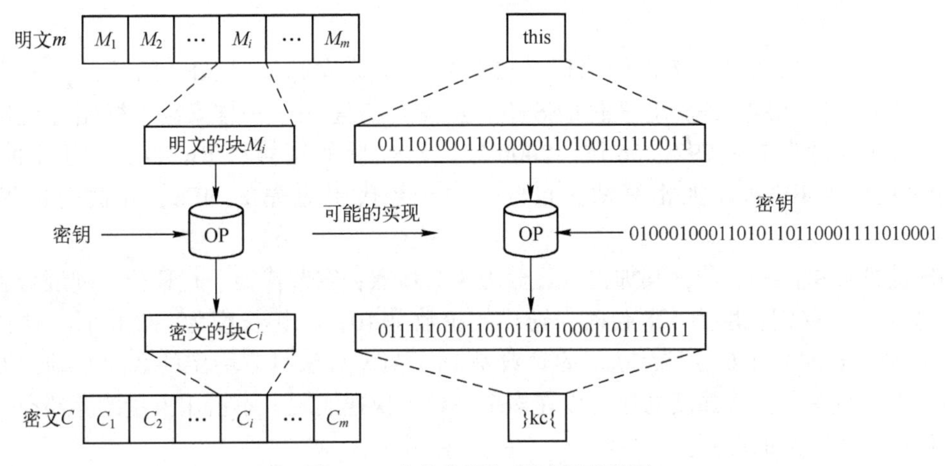

图 2-5 分组密码加密过程示意图

2）对每个明文分组分别作相同的加密变换，从而生成 m 个密文组 C_1，C_2，…，C_i，…，C_m。在图 2-5 所示的加密过程中，分组密码以 32 位为一个分组对明文进行划分，明文单词“this”经过加密变换后得到密文“} kc {”。这些加密算法是对整个明文进行操作的，即除了其中的文字以外，还包括空格、标点符号和特殊字符等。

分组密码的解密过程和加密过程类似，进行的操作和变换也只是对应于加密过程的逆变换。首先将收到的密文分成 m 个密文分组 C_1，C_2，…，C_i，…，C_m，它在相同的密钥作用下，对每个分组执行一个加密的逆变换，解密得到对应的明文分组 M_1，M_2，…，M_i，…，M_m。

2. 典型的分组密码算法

接下来，将介绍一些历史上得到广泛应用的典型分组密码算法。

（1）DES 算法

DES 算法的产生可以追溯到 1972 年，美国国家标准局（National Bureau of Standards，NBS），即现在的国家标准和技术研究院（National Institute of Standards and Technology，NIST）启动了一个研究加密算法的项目，目的是为了对计算机和计算机通信中的数据进行保护。很多公司参与到这一项目中并提供了一些建议，最后，IBM 公司的 Lucifer 加密系统胜出。到 1976 年底，美国联邦政府决定使用这个算法，并对其进行了一些改动，将其更名为数据加密标准（DES）。不久之后，其他组织也认可并开始采用 DES 作为加密算法。之后的 20 多年，DES 成为很多应用程序选用的加密算法。但是随着计算机计算能力的提升，DES 的安全性逐渐变弱，之后被高级加密标准（Advanced Encryption Standard，AES）所取代。虽然 DES 被取代了，但它的设计思想对现代密码学的发展具有深远的意义。

DES 是一种使用密钥加密的分组算法，加密和解密密钥相同，处理单位是位，其分组长度为 64 位，初始密钥长度为 64 位，含有 8 个奇偶校验位，故密钥有效长度为 56 位。其加密过程分为 4 步，即选择扩展运算、子密钥异或、选择压缩运算和置换运算。在计算能力得到大大提高之后，DES 的密钥长度和分组长度显得过短，可以被穷举攻破。为了能够充分利用已有的 DES 软硬件资源，多重 DES 开始得到应用。多重 DES 是使用多个密钥，利用 DES 对明文进行多次加密。使用多重 DES 可以增加密钥量，大大提高抗穷举攻击的能力。

（2）AES 算法

1997 年，美国 ANST（美国国家标准协会）向全球发起征集 AES 的活动，并且成立了 AES 工作小组，要求 AES 比三重 DES 快，至少与三重 DES 一样安全，数据分组长度为 128 位，密钥长度为 128/192/256 位。2000 年，NIST 将候选算法 Rijndael 选为新的 AES，故 AES 也被称为 Rijndael 加密算法。自此，AES 替代了原先的 DES，并被全世界广泛使用。

AES 的处理单位是字节，其加密过程分为 4 个步骤：字节代换、行移位、列混合和轮密钥加。当 AES 的密钥长度为 128 位时，迭代的轮数是 10；密钥长度为 192 位时，迭代的轮数是 12；密钥长度为 256 位时，迭代的轮数是 14。AES 算法具有稳定的数学基础，没有算法弱点，而且抗密码分析强度高，可以在多个平台上快速实现，不占用大量的存储空间和内存，所以得到了广泛的应用。

（3）IDEA 算法

国际数据加密算法（International Data Encryption Algorithm，IDEA），是最强大的加密算法之一。IDEA 是上海交通大学教授来学嘉与瑞士学者 James Massey 联合提出的，它在 1990 年被正式公布并在之后得到增强。这种算法是在 DES 算法的基础上发展而来的，类似于三重 DES。由于 DES 的密钥长度太短，IDEA 的密钥长度增加到 128 位，较长的密钥使得今后若干年内 IDEA 都是安全的。

尽管 IDEA 很强大，但它不像 DES 那么普及，原因主要有两个：第一，IDEA 受到专利保护而 DES 不受专利保护，IDEA 需要先获得许可证之后才能在商业应用程序中使用；第二，DES 具有比 IDEA 更长的历史和跟踪记录。

2.2.2 序列密码

序列密码具有实现简单、加密和解密速度快、安全性能较好、没有或少有差错传播等优点。由于序列密码具有的优势，它可以适用于资源受限、体积小、运算速度高的应用场景。蓝牙加密算法和手机加密算法中就有序列密码的应用。接下来，将对序列密码进行详细介绍。

1. 序列密码概述

序列密码又称为流密码，它的起源可以追溯到 20 世纪 20 年代的 Vernam 密码，是一种对称密码算法。序列密码将明文消息字符串在密钥流的控制下逐位进行加密和解密，所以具有加解密速度快、实现简单、便于硬件实施、没有或只有有限的错误传播的特点。因此，在实际应用中，特别是在专用或机密机构中，序列密码保持着一定的优势。序列密码典型的应用领域包括无线通信、外交通信等。

序列密码通过将明文或密文划分成字符或基本单元（如 0、1 数字），再分别与密钥流作用来进行加密或解密。序列密码算法的设计关键在于密钥序列产生器，它可以使生成的密钥序列具有不可预测性。根据通信双方使用的密钥是否相同，序列密码可以是对称密钥算法下的，也可以是公钥密码算法下的。本节的重点是介绍对称密钥算法，如果没有特殊说明，下面讨论的序列密码都属于对称密钥。

序列密码一般包含以下几个组成部分：明文序列 m_i、密钥序列 k_i、用于控制密钥序列产生器的种子密钥 K 和密文序列 c_i。在序列密码中，加解密运算是简单的模 2 加运算，其安全性强度主要取决于密钥序列的随机性。序列密码的加解密过程如图 2-6 所示。

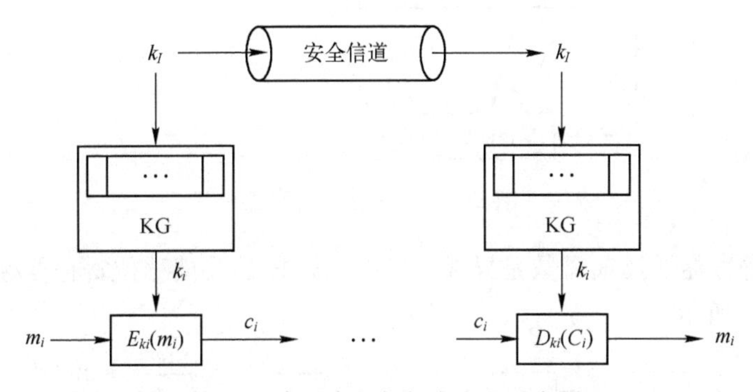

图 2-6　序列密码加解密过程示意图

在图 2-6 中，KG 是密钥流生成器，它主要分为两部分：驱动部分和组合部分。驱动部分一般使用线性反馈移位寄存器（Linear Feedback Shift Register，LFSR），用于产生控制生成器的状态序列，并控制生成器的周期和统计特性。组合部分主要负责对驱动部分的各输出序列进行非线性组合。在数据通信时，长时间通过安全信道传递密钥流在实际应用中很难实现，所以大多数序列密码算法都采用“种子密钥”的方式来构造伪随机序列。此时，密钥流生成器的工作是根据较短的“种子密钥”来构造统计性能良好的伪随机序列。在这种情形下，密钥序列元素 k_i 的产生是由第 i 时刻密钥流发生器中记忆元件（存储器）的内部状态 σ_i 和种子密钥 k 共同决定的，一般可以写作：$k_i=f(k,\sigma_i)$。

假设待加密消息流（明文流）为：

$m=m_1m_2\cdots m_i\cdots \qquad m_i\in M$

密钥流为：

$k=k_1k_2\cdots \qquad k_i\cdots k_i\in K$

加密后的密文流为：

$c=c_1c_2\cdots c_i\cdots \qquad c_i\in C$

则加密算法可以表示为：

$c=c_1c_2\cdots c_i\cdots=E_{k1}(m_1)E_{k2}(m_2)\cdots E_{ki}(m_i)\cdots$

解密算法可以表示为：

$m=m_1m_2\cdots m_i\cdots=D_{k1}(c_1)D_{k2}(c_2)\cdots D_{ki}(c_i)\cdots$

若 $c_i=E_{ki}(m_i)=m_i\oplus k_i$，则称这类序列密码为加法序列密码。

2. 反馈移位寄存器

为了更好地理解序列密码的工作原理，下面对反馈移位寄存器做简单介绍。反馈移位寄存器由 n 位的寄存器（称为 n 级移位寄存器）和反馈函数（Feedback Function）组成。移位寄存器序列的理论由挪威的密码学家 Ernst Selmer 于 1965 年提出。移位寄存器用来存储数据，当受到脉冲驱动时，移位寄存器中所有位右移一位，最右边移出的位是输出位，最左端的一位由反馈函数的输出来填充，此过程称为进动一拍。反馈函数 $f(a_1,\cdots,a_n)$ 是 n 元 $(a_1,\cdots,a_n)$ 的布尔函数。移位寄存器根据需要不断地进动 m 拍，便有 m 位的输出，形成输出序列 $o_1\,o_2\cdots\,o_m$，如图 2-7 所示。

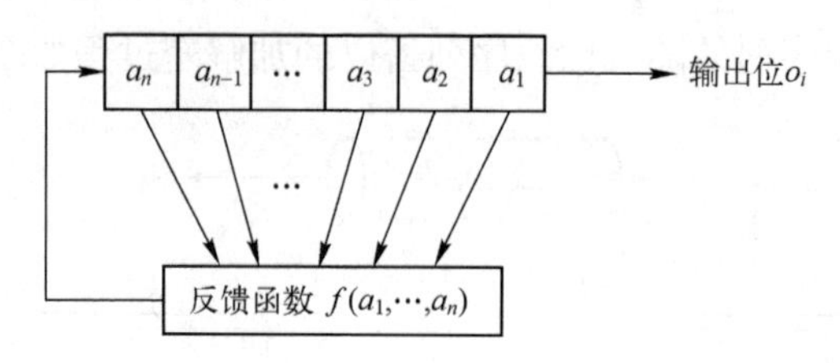

图 2-7　反馈移位寄存器

当反馈移位寄存器的反馈函数是异或变换时，这样的反馈移位寄存器称作线性反馈移位寄存器，如图 2-8 所示。

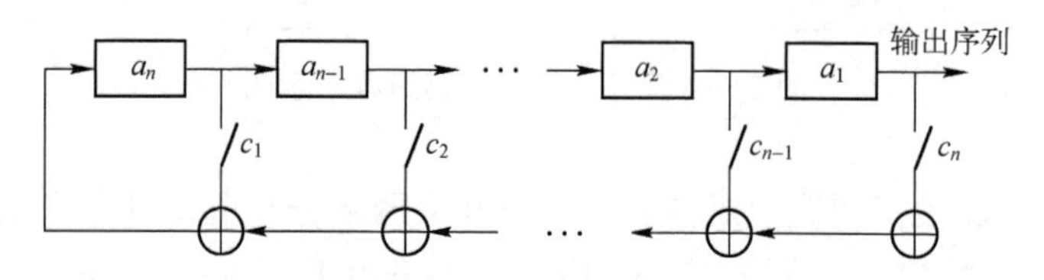

图 2-8　n 级线性反馈移位寄存器模型

图 2-8 所示的是一个 n 级线性反馈移位寄存器的模型，移位寄存器中存储器的个数称为移位寄存器的级数，移位寄存器存储的数据是寄存器的状态，状态的顺序从左到右依次为从最高位到最低位。在所有状态中，$(a_1,a_2,\cdots,a_n)$叫初态，并且从左到右依次称为第一级、第二级、…、第 n 级，也称为抽头 1、抽头 2、抽头 3、…、抽头 n。n 级线性反馈移位寄存器主要是用来产生周期大、统计性能好的序列，可以产生 2^{n-1}个有效状态。

非线性组合部分主要是增加密钥流的复杂程度，使密钥流能够抵抗各种攻击（对流密码的攻击手段主要是对密钥流进行攻击）。这样，以线性反馈移位寄存器产生的序列为基序列，经过不规则采样、函数变换等操作（即非线性变换），就可以得到安全又实用的密钥流。不规则采样是在控制序列作用下，对被采样序列进行采样输出，得到的序列称为输出序列。控制序列的控制方式有钟控方式和抽取方式等，函数变换有前馈变换和有记忆变换等。下面简单介绍两种具有代表性的序列模型。

（1）钟控模型

图 2-9 展示了一种钟控发生器的模型。当 LFSR-1 输出 1 时，时钟信号被采样，即能通过“与门”，并驱动 LFSR-2 进动一拍；当 LFSR-1 输出 0 时，时钟信号不被采样，即不能通过“与门”，此时 LFSR-2 不进动，重复输出前一位。

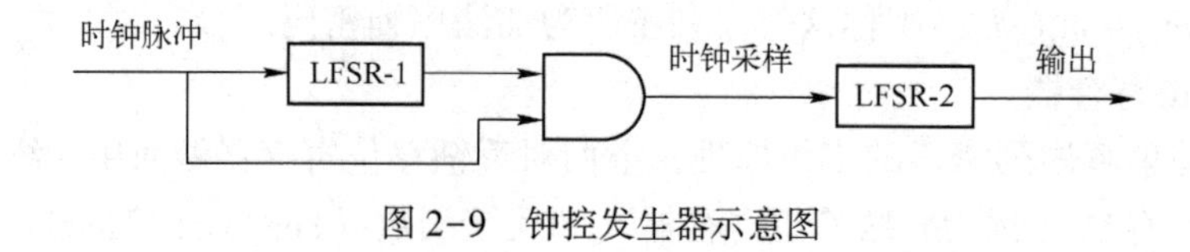

图 2-9　钟控发生器示意图

（2）前馈模型

Geffe 发生器是前馈序列的一种典型模型，如图 2-10 所示。其前馈函数 $g(x)=(x_1x_2)\oplus(x_2x_3)$为非线性函数，即当 LFSR-2 输出 1 时，$g(x)$的输出位是 LFSR-1 的输出位；当 LFSR-2 输出 0 时，$g(x)$的输出位是 LFSR-3 的输出位。

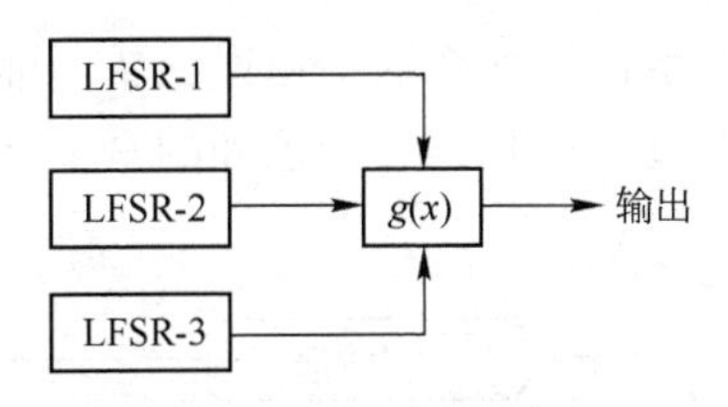

图 2-10 Geffe 发生器示意图

序列密码通常分为同步序列密码和自同步序列密码两类。若密钥序列的产生独立于明文消息和密文消息，这样的序列密码称为同步序列密码。分组密码的输出反馈模式（OFB）就是同步序列密码的一个例子。若密钥序列的产生是密钥及固定大小的以往密文位的函数，这样的序列密码称为自同步序列密码或非同步序列密码，分组密码的密文反馈模式（CFB）就是自同步序列密码的一个例子。

（1）同步序列密码

图 2-11 所示，k_i表示密钥流，c_i表示密文流，m_i表示明文流。在同步序列密码中，密钥流的产生完全独立于消息流（明文流或密文流）。在这种工作方式下，如果传输过程中丢失一个密文字符，发送方和接收方就必须使他们的密钥生成器重新进行同步，这样才能正确地加/解密后续的序列，否则加/解密将失败。

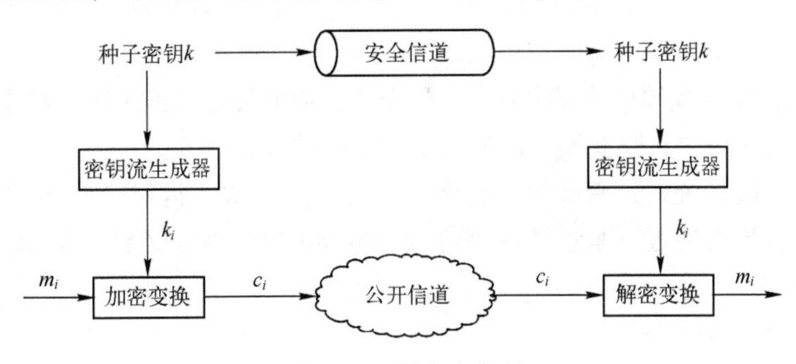

图 2-11 同步流密码

图 2-11 所示的操作过程可以用以下函数描述。

$$\begin{cases}\sigma_{i+1}=F(\sigma_i,k)\\k_i=G(\sigma_i,k)\\c_i=E(k_i,m_i)\\m_i=D(k_i,c_i)\end{cases}$$

其中，σ_i 表示密钥流生成器的内部状态，F 是状态转移函数，G 是密钥流 k_i 产生函数，E 是同步流密码的加密变换，D 是同步流密码的解密变换。

由于同步流密码各操作位之间相互独立，因此，应用这种方式进行加解密时不会有错误传播。如果在操作过程中产生一位错误，也只会影响一位，不影响后续位，这是同步流密码的一个重要特点。

（2）自同步流密码

与同步流密码相比，自同步流密码是一种有记忆变换的密码，如图 2-12 所示。自同步流密码的每一个密钥字符是由前面 n 个密文字符参与运算推导出来的，其中 n 为定值。如果在传输过程中丢失或更改了一个字符，那么这一错误就要向前传播 n 个字符。因此，自同步流密码会出现错误传播现象。不过，在收到 n 个正确的密文字符之后，密码自身会实现重新同步。

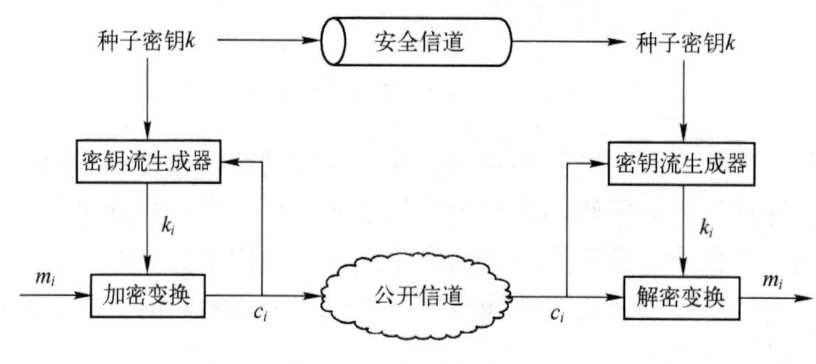

图 2-12　自同步流密码

图 2-12 所示的操作过程可以用以下函数进行描述。

$$\begin{cases}\sigma_{i+1}=F(\sigma_i,c_i,c_{i-1},\cdots,c_{i-n+1},k)\\ k_i=G(\sigma_i,k)\\ c_i=E(k_i,m_i)\\ m_i=D(k_i,c_i)\end{cases}$$

式中，σ_i 表示密钥流生成器的内部状态，c_i是密文，F 是状态转移函数，G 是密钥流 k_i 产生函数，E 是同步流密码的加密变换，D 是同步流密码的解密变换。

在自同步流密码系统中，密文流参与密钥流的生成，这使得对密钥流的分析会很复杂，从而导致对自同步流密码进行系统性的理论分析也会非常困难。因此，目前应用较多的流密码是同步流密码。

3. 典型的序列密码算法

序列密码的算法很多，比较典型的有 A5 算法、RC4 算法、HC 算法和 Rabbit 算法等，这些序列密码的设计思想各有特点，本节主要对 A5 算法进行介绍。

A5 算法是 GSM 系统中主要使用的序列密码加密算法，用于加密移动终端与基站之间传输的信息。该算法可以描述为由 22 位长的参数（帧号码，F_n）和 64 位长的参数（会话密钥，K_c）生成两个 114 位长的序列（密钥流）的黑盒子。这样设计的原因是 GSM 会话每帧含 228 位，通过与 A5 算法产生的 228 位密钥流进行异或来达到保密。A5 算法主要有 3 种版本：A5/1 算法限制出口，保密性较强；A5/2 算法没有出口限制，但保密性较弱；A5/3 算法则是更新的版本，它基于 KASUMI 算法，但尚未被 GSM 标准所采用。如果没有特殊说明，下面介绍的 A5 算法都是指 A5/1 算法。

A5 算法是一种典型的基于线性反馈移位寄存器的序列密码算法，构成 A5 加密器主体的 LFSR 有 3 个，组成了一个集互控和停走于一体的钟控模型。其主体部分由 3 个长度不同的线性移位寄存器（A、B、C）组成，其中 A 有 19 位，B 有 22 位，C 有 23 位，它们的移位方式都是由低位移向高位。每次移位后，最低位就要补充一位，补充的值由寄存器中的某些抽头位进行异或运算的结果来决定，比如：运算的结果为“1”，则补充“1”，否则补充“0”。在 3 个 LFSR 中，A 的抽头系数为：18，17，16，13；B 的抽头系数为：21，20，16，

12；C 的抽头系数为：22，21，18，17。3 个 LFSR 输出的异或值作为 A5 算法的输出值。A5 加密器的主体部分如图 2-13 所示。

在图 2-13 中，A 的生成多项式为

$$f_A(x)=x^{19}+x^{18}+x^{17}+x^{14}+1$$

B 的生成多项式为

$$f_B(x)=x^{22}+x^{21}+x^{17}+x^{13}+1$$

C 的生成多项式为

$$f_C(x)=x^{23}+x^{22}+x^{19}+x^{18}+1$$

由此可见，3 个线性反馈移存器的生成多项式均为本原多项式。

这 3 个加密器的移位是由时钟控制的，且遵循“少数服从多数”的原则，即从每个寄存器中取出一个中间位（图 2-13 中的 x、y、z，位置分别为 A、B、C 的第 9、11、11 位）并进行判断，若在取出的 3 个中间位中至少有两个为“1”，则为“1”的寄存器进行一次移位，而为“0”的不进行移位。反之，若 3 个中间位中至少有两个为“0”，则为“0”的寄存器进行一次移位，而为“1”的不进行移位。显然，这种机制保证了每次至少有两个 LFSR 被驱动移位。

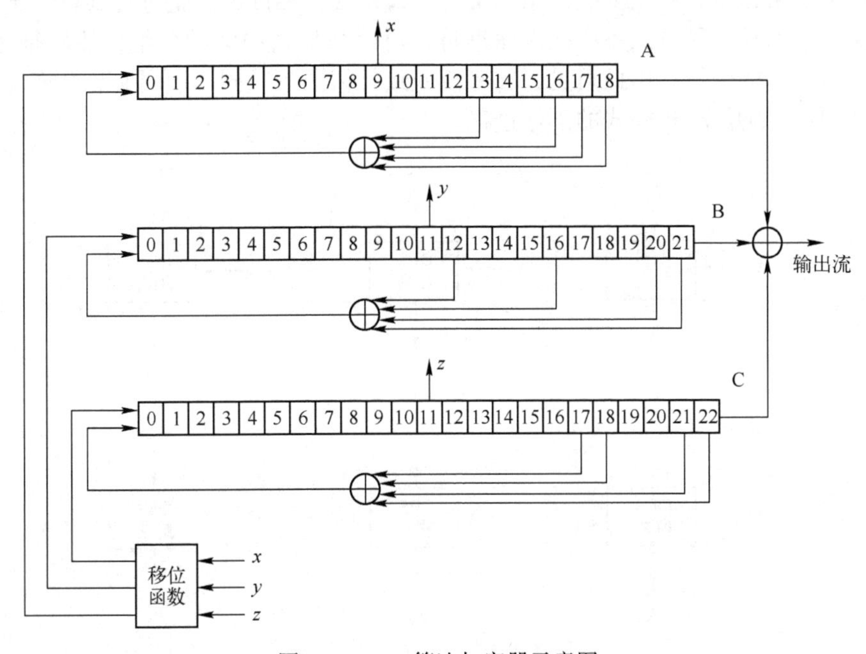

图 2-13　A5 算法加密器示意图

A5 算法的初始密钥长度为 64 位。为了对该算法进行攻击，已知明文攻击法只需要确定其中两个寄存器的初始值就可以计算出另一个寄存器的初始值，这说明攻击 A5 算法一般要用 2^{40} 次尝试来确定两个寄存器的结构，而后从密钥流来决定第三个 LFSR。A5 算法设计巧妙、效率高，可以通过所有已知的统计校验标准。其唯一的缺点是移位寄存器的级数较短，其最短循环长度为 $4/3*2^k$（k 是最长的 LFSR 的级数），总级数为 19+22+23=64，这样就可以用穷尽搜索法来破译。而且目前，A5 算法已经被攻破。如果能够采用更长的、抽头更多的线性反馈移位寄存器，A5 算法会更加安全。

2.2.3 密码的工作模式

分组密码算法每次加密的明文数据的大小是固定的。通常明文的长度会超过分组密码的分组长度，此时就需要对分组密码算法进行迭代，迭代的方法就称为分组密码的工作模式。密码工作模式通常是基本密码、一些反馈和一些简单运算的组合。

常用的分组密码的工作模式有 5 种，即电子密码本模式、密文分组链接模式、密文反馈模式、输出反馈模式和计数器模式。其中，密文反馈模式可以看作是序列密码的工作模式，输出反馈模式是将分组密码作为同步序列密码算法来运行的一种方法。接下来，本节将详细介绍这 5 种密码工作模式及其工作过程。

1. 电子密码本模式

电子密码本模式（Electronic Code Mode，ECB）是使用分组密码算法的最简单方式之一，即该模式只能加密长度等于密码分组长度的单块数据，若要加密变长数据，则数据必须先被划分为一些单独的密码块。

$$y_i = \mathrm{DES}_k(x_i)$$

上式中的 x_i 表示分组后的第 i 个明文块，y_i 表示加密后的密文块。在该模式下，每个分组独立进行加解密运算，一次处理一组明文块，每次使用相同的密钥进行加密，不同分组间没有任何关联。而且这种方式不必按次序进行，可以先加密中间的分组，然后是尾部分组，最后再加密最开始的分组。由此可见，在密钥一致的情况下，同一段明文总会产生一样的密文。图 2-14 展示的是 ECB 模式的工作过程。

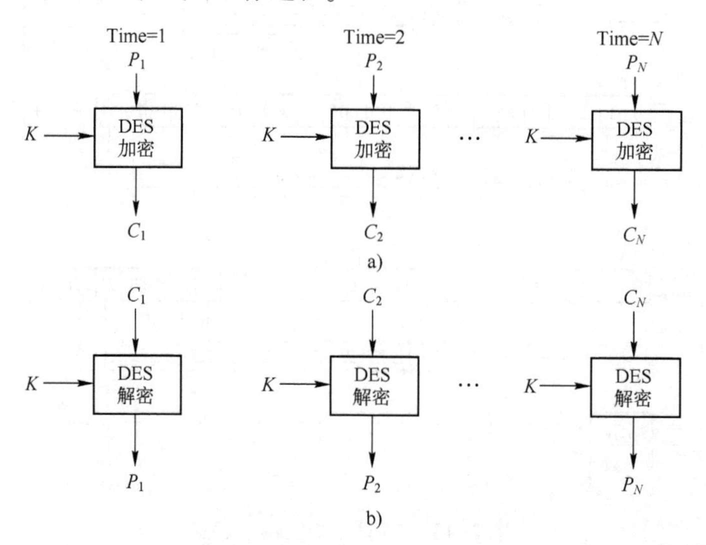

图 2-14　ECB 模式的工作过程
a）加密　b）解密

在安全性方面，ECB 模式的特点是：一段消息若有几个相同的明文组，那么密文也将出现几个相同的密文分组。对于很长的消息，该模式可能就不安全了。通常消息的开头和结尾都会被格式化，其中包含了关于发送者、接收者和日期等信息，这些信息会趋向于在不同消息的同一位置出现，密码分析者可以获得很多信息。然后，他就可以对明文发起统计攻击，而不用考虑密文分组的长度。如果消息是非结构化的，密码分析者可能利用这些规律性特征来进行破译。

所以，ECB 模式特别适合于数据较少的情况，比如加密密钥。如果想安全传输一个 DES 或 AES 密钥，ECB 模式是比较合适的。

2. 密文分组链接模式

为了克服 ECB 模式的上述弱点，需要将重复的明文分组加密成不同的密文分组。满足这一要求的简单方法就是使用密文分组链接模式（Cipher Block Chaining，CBC）。链接是将一种反馈机制加入到分组密码中，加密算法的输入是当前的明文组和上一个密文组的异或结果，而使用的密钥是相同的。这就相当于将所有的明文组链接起来。加密算法的每次输入与本明文组没有固定的关联。因此，如果有重复的明文组，加密之后也看不出来。

图 2-15 展示了 CBC 模式的工作过程，其中初始向量为 IV，密钥为 K。第一个明文分组被加密后，其结果被存储在反馈寄存器中，在下一明文分组进行加密之前，它将与保存在反馈寄存器中的前一个分组的密文进行异或并作为下一次加密的输入。同样地，加密后的结果仍然保存在反馈寄存器中，直到最后一个分组加密后直接输出。由此可见，每一分组的加密都依赖于所有前面的分组。

在解密时，每个密文组分别进行解密，再与上一分组进行异或就可以恢复出明文。

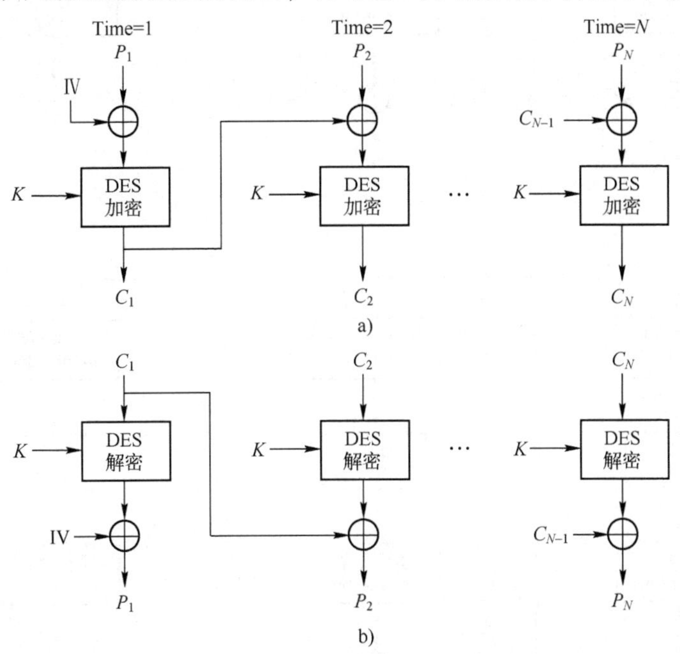

图 2-15　CBC 模式的工作过程

a）加密　b）解密

从上述的工作原理可以看出，由于链接反馈机制的存在，CBC 模式对线路中的差错比较敏感，会出现错误传播。密文中的小错误会转变为明文中很大的错误。在分组中出现错误后，紧接着第二分组的分组就不再受到错误影响，所以 CBC 模式的错误传播是有限的，它具有自恢复（Self-Recovering）能力。

虽然 CBC 模式的一个密文分组出错会影响两个分组的正确解密，但系统可以恢复并使后面的分组都不受影响。尽管 CBC 能很快将位错误进行恢复，但它却不能恢复同步错误。如果密文流中增加或丢失一位，那么所有后续分组都要移动一位，并且解密将全部是错误的。所以，任何使用 CBC 的加密系统都必须确保分组结构的完整性。

3. 密文反馈模式

密文反馈模式（Cipher Feedback Block，CFB）是分组密码算法用于自同步序列密码算法的一个实例。典型的流密码输入某个初始值和密钥，然后输出位流，这个位流再和明文位进行异或运算。而在 CFB 模式里，与明文异或的位流是与明文相关的。

图 2-16 展示了 CFB 模式的工作过程。若设分组长度为 n 位，初始向量为 IV（n 位），密钥为 K，则 j 位（bit）的 CFB 模式下（j 在 $1\sim n$ 之间），加密过程如下。

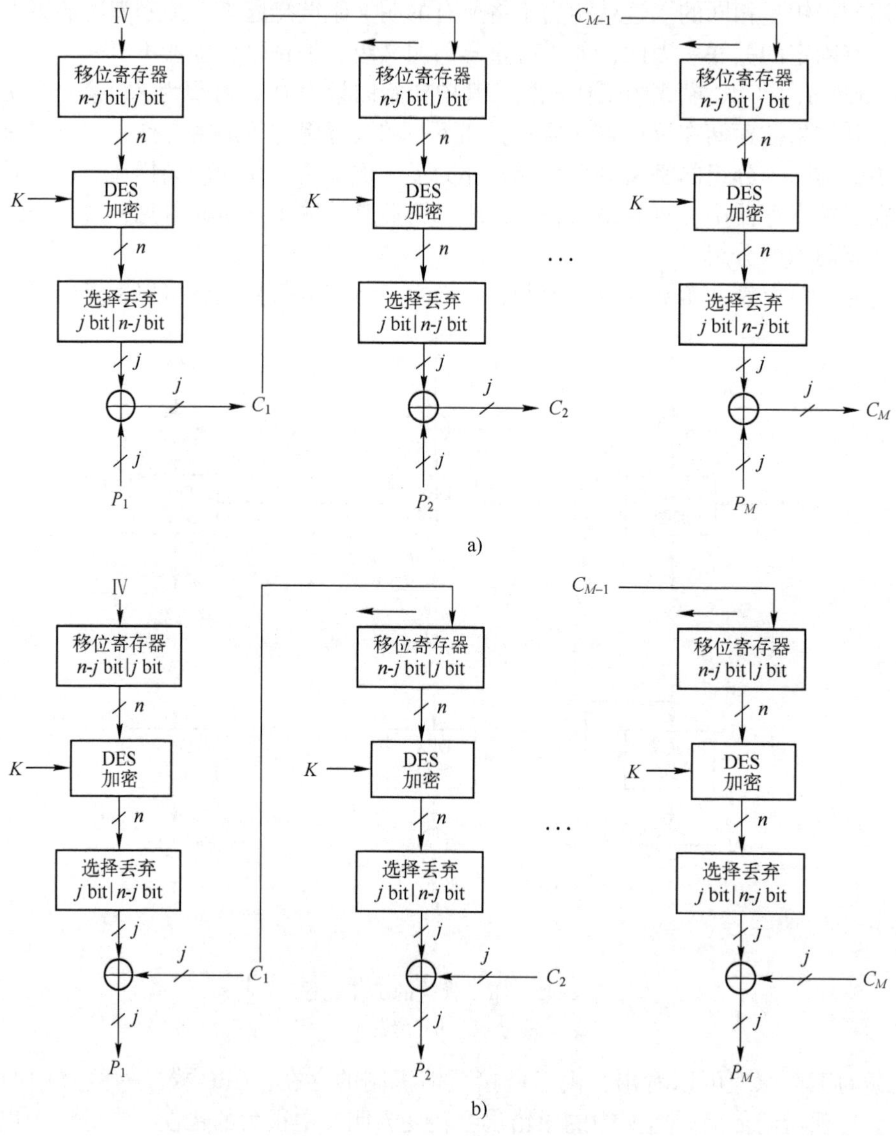

图 2-16　CFB 模式的工作过程

a）加密　b）解密

1）设一个 n 位长的队列，队列初始值为 IV，并把明文消息分成 M 个 j 位的比特块。

2）依次对每个 j 位比特块明文 P_j 进行以下操作：用密钥 K 加密队列，把该密文最左端的 j 位与 j 位比特块明文 P_j 进行异或，即可获得其 j 位比特块的密文 C_j；然后把该 j 位比特块

密文 C_j 放入队列的最右端，并丢弃队列最左端的 j 位。

3）最后把全部 j 位比特块密文 $C_1 \cdots C_M$ 依次连起来，即可得到消息密文 C。

在 CFB 模式中，明文的一个错误就会影响所有后面的密文和解密过程。同样地，密文里单独一位的错误会引起明文的一个单独错误。除此之外，错误进入移位寄存器，导致密文变成无用的信息，直到该错误从移位寄存器的另一端移出，这会使加密明文产生更大的错误。

CFB 模式对同步错误来说是可以自我恢复的。错误进入移位寄存器，就可以造成数据毁坏，直到它从另一端移出寄存器为止。

4. 输出反馈模式

输出反馈模式（Output Feedback Block，OFB）是将分组密码作为同步序列密码算法来运行的一种方法，如图 2-17 所示。在 OFB 模式中，密码算法的输出会反馈到密码算法的输

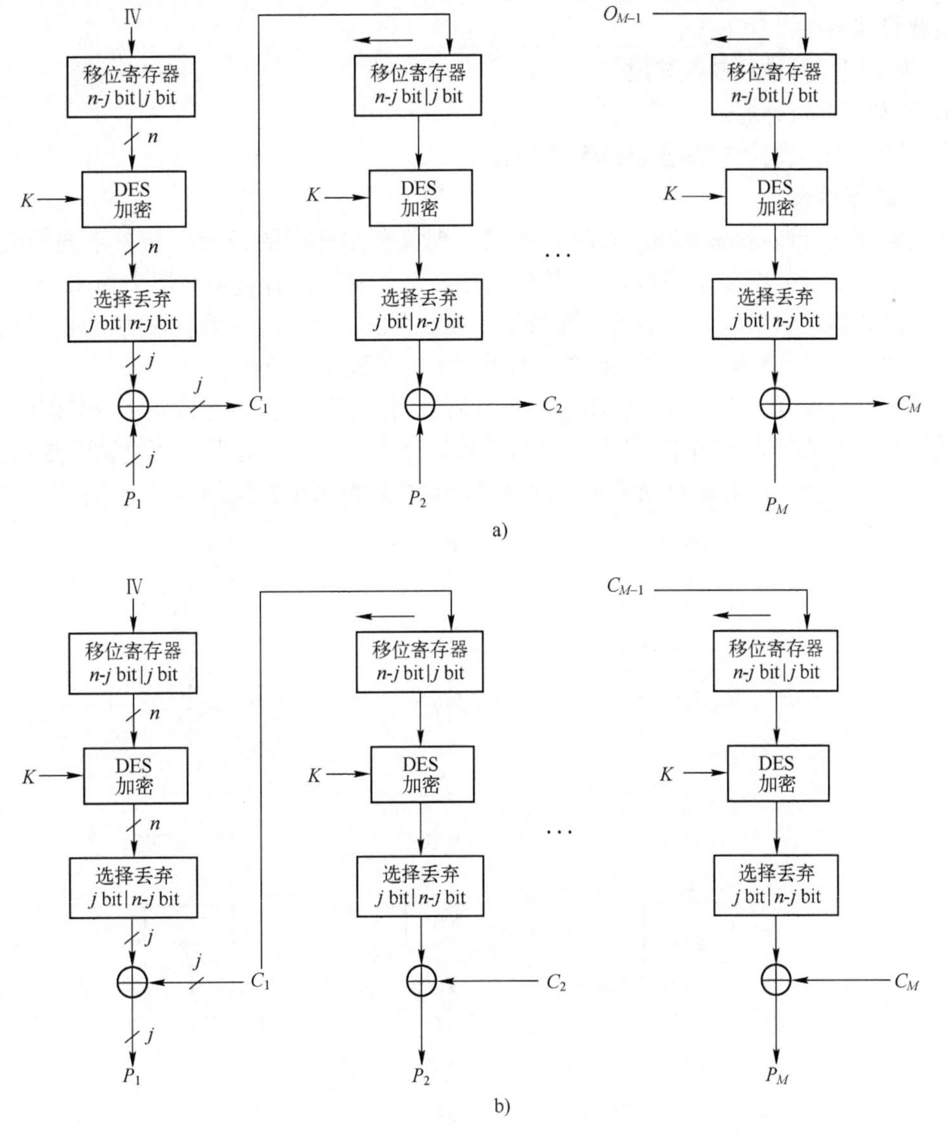

图 2-17　OFB 模式的工作过程

a）加密　b）解密

入中。OFB 模式并不是通过密码算法对明文直接加密，而是通过将明文分组和密码算法的输出进行异或来产生密文分组，但 OFB 是将前一个 j 位输出分组送入队列最右边位置。解密是加密的一个逆过程。在 OFB 模式的加解密过程中，分组算法都以加密模式使用。由于反馈机制独立于明文和密文，这种方法有时也被称为“内部反馈”。

OFB 模式有一个很好的特性就是大部分工作可以离线进行，甚至可以在明文存在之前。当消息最终到达时，它可以与算法的输出进行异或运算，从而产生密文。

OFB 模式的优点如下。

1）明文模式可以得到隐藏。

2）分组密码的输入是随机的。

3）可以及时加密传送小于分组的数据。

OFB 模式的缺点如下。

1）明文很容易被控制或篡改。

2）不利于并行计算。

3）任何对密文的改变都会直接影响明文。

5. 计数器模式

计数器模式（Counter Mode，CTR）采用与明文分组相同的长度来加密不同的明文组，该模式的工作过程如图 2-18 所示。在该模式中，分组密码没有直接被用来加密明文，而是用于加密计数器的输出。计数器首先被初始化为一个值，然后随着消息块的增加，计数器的值会依次递增 1，计数器加 1 后与明文分组进行异或得到密文分组。

使用计数器模式，不需要先生成前面所有的密钥位就可以直接生成第 j 个密钥位 S_j。通过手动设置计数器到第 j 个内部状态，然后就可以产生该位。这对保障随机访问数据文件的机密性会非常有用，不需要解密整个文件就可以直接解密某个特殊的数据分组。

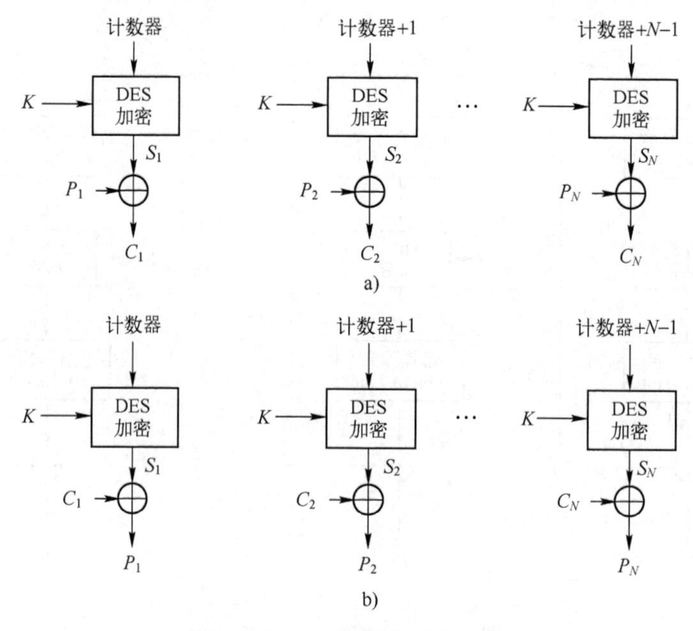

图 2-18　CTR 模式的工作过程

a）加密　b）解密

CTR 模式的同步和错误扩散特性与 OFB 模式完全一样。由于没有反馈，CTR 模式的加密和解密能够同时进行，这是 CTR 模式比 CFB 模式和 OFB 模式优越的地方。

2.3 公钥密码算法

对称密码算法在密钥分配方面面临着管理和分发的困难，而且对称加密算法无法实现抗抵赖的要求，公钥密码算法的出现解决了这一难题。1976 年，Diffie 和 Hellman 首次提出了公开密钥加密算法，在密码学的发展史上具有里程碑式的意义。之后，Rivest、Shamire 和 Adleman 提出了第一个比较完善的公钥密码算法，即著名的 RSA 算法。

公钥密码算法提出了“公私密钥对”的概念，这一对“互补”的密钥能够提供身份认证和抗否认等安全保障，并且使得安全的密钥交换成为可能。目前，已经出现的多数非对称密码算法所依赖的数学难题大致有：大整数因式分解、离散对数、多项式求根、背包问题、二次剩余问题和模 n 的平方根问题等。这里所说的数学难题指的是不存在一个计算该问题的有效方法，或者说在目前和以后足够长的时间里，计算该问题都是不可行的，要花很长的时间，这就大大增加了密码破译的成本。

常见的公钥密码算法有：RSA、ElGamal 公钥密码算法、椭圆曲线公钥密钥算法（ECC）、NTRU 公钥加密算法和 Rabin 公钥加密算法等。一些算法如著名的背包算法等都已经被破译，比较安全的公开密钥算法主要有：RSA 及其变种 Rabin 算法，以及基于离散对数难题的 ElGamal 算法和椭圆曲线算法。

2.3.1 公钥密码基本概念

在对称密码算法中，解密密钥与加密密钥相同或者由加密密钥可以推导出解密密钥，但在公钥密码算法中，解密密钥和加密密钥是不同的。这不仅仅体现在形式上，还体现在从其中的一个难以推导出另外一个，这就从根本上决定了公钥密码算法的加密密钥与解密密钥是可以分离的。公钥密码算法解决了密钥的管理和分发问题，每个用户都可以公开自己的公钥，并由用户自己保存私钥，不被他人获取。

公开密钥算法与对称加密算法显著的不同是用一个密钥进行加密，而用另一个不同但是相关的密钥进行解密。

A 加密：$X\text{->}Y, Y=E(\text{PuB}(X))$　　A 用 B 的公钥 PuB 对明文 X 进行加密得到 Y

B 解密：$Y\text{->}X, X=D(\text{PrB}(Y))$　　B 用自己的私钥 PrB 对密文 Y 进行解密获得 X

上式中，X 表示明文，Y 表示加密后的密文，E 表示加密，D 表示解密。PuB 是 B 的公钥，该密钥是公开的，A 使用此密钥加密数据传给 B；PrB 是 B 的私钥，由 B 保存且不能被外人所知，B 使用此密钥解密 A 用 PuB 加密过的数据。PuB 和 PrB 是相互关联的，而且是成对出现的。

公钥密码算法的另一个特性是，仅仅知道密码算法和加密密钥而想确定解密密钥，在计算上是不可能的。显然，PuB 和 PrB 虽然相关，但是由 PuB 不能推导出 PrB，否则将无安全性可言。

公钥密码算法大多数都是基于困难问题的。正如把盘子打碎成数千个碎片很容易，但是把所有这些碎片再拼成一个完整的盘子就很难了。类似地，将许多大素数相乘比将其乘积的结果进行因式分解要容易得多。

2.3.2 RSA 密码算法

在实际中，求一对大素数的乘积很容易，但要对这个乘积进行因式分解则非常困难，因此，可以把一对大素数的乘积公开作为公钥，而把素数作为私钥，从而把使用公钥将密文恢复成明文的难度等价于分解两个大素数之积。

还有基于 RSA 算法建立的签名算法，由于计算能力的不断提高，RSA 的密钥长度也在不断提升，从 512 增加到 1024、2048、4096。

RSA 算法的密钥产生和加解密过程如下所述。其中，m 表示明文，c 和 s 表示密文。

1. 密钥的产生过程

1）独立选取两个大素数 p 和 q（各为 100~200 位十进制数字，根据需要的密钥长度进行选择）。

2）计算 $n=p*q$，其欧拉函数值 $\phi(n)=(p-1)(q-1)$。

3）随机选取一个整数 e，满足 $1 \leqslant e < \phi(n)$，并使最大公约数 $\gcd(\phi(n), e)=1$。

4）在模 $\phi(n)$ 下，计算 e 的逆：$d=e^{-1} \bmod (p-1)(q-1)$。

5）以 n，e 为公钥，d 为私钥（p，q 不再需要，可以销毁）。

2. RSA 算法用于加密和解密

1）加密过程：$c=m^e \bmod n$。

2）解密过程：$m=c^d \bmod n$。

3. RSA 算法用于数字签名和验证

1）签名过程：$s=m^d \bmod n$。

2）验证过程：$m=s^e \bmod n$。

RSA 算法的安全性是基于大整数分解的困难性假定。如果能分解 $n=p*q$，就可以立即获得 $\phi(n)=(p-1)(q-1)$，从而计算得到 d。

2.3.3 椭圆曲线密码算法

椭圆曲线密码算法是另外一类重要的公钥密码算法，它是基于椭圆曲线上的离散对数问题。我们首先对椭圆曲线的概念及椭圆曲线中的运算做简要介绍。

1. 椭圆曲线概念

所谓椭圆曲线是指由韦尔斯特拉（Weierstrass）方程

$$E: y^2+axy+by=x^3+cx^2+dx+e$$

所确定的曲线，其中的参数 a，b，c，d，e 以及变量 x 和 y 都属于 F，F 是一个域，可以是有理数域、复数域或是有限域 $GF(p)$，椭圆曲线是其上所有点（x，y）的集合，再加上一个无限远点。这个无限远点是椭圆曲线的一个特殊点，记为 O，也称为无穷远点，它并不在椭圆曲线 E 上，如图 2-19 所示。

对椭圆曲线上的加法运算定义：设 P 和 Q 两点是椭圆曲线上的两点，通过这两点的直线与曲线交于第三点 R，该点的 x 轴对称点 R' 即为 P 和 Q 之和，图 2-20a 可以清楚地说明该过程；当 $P=Q$ 时，则通过这点作曲线的一条切线，这条切线与曲线的交叉点 R 的 x 轴对称点 R' 则为 P 和 Q 之和，如图 2-20b 所示。

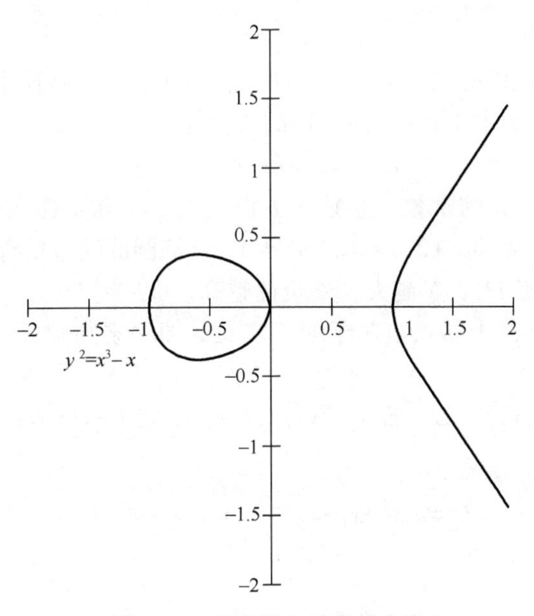

图 2-19 实数域上的椭圆曲线

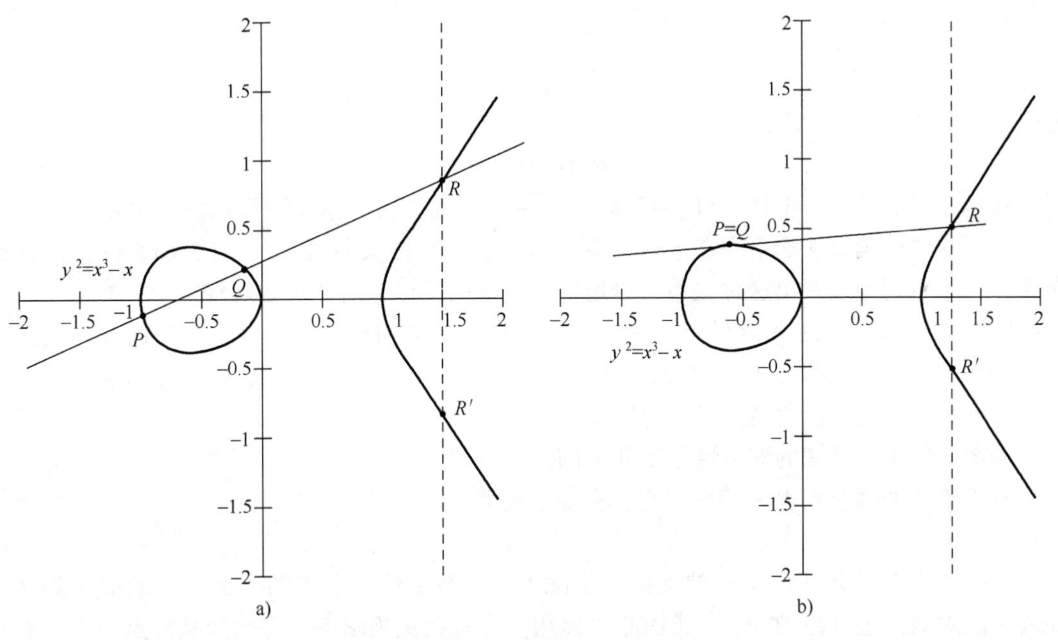

图 2-20 椭圆曲线的加法运算

a）P 与 Q 为椭圆曲线上的两点时 b）P 与 Q 为同一点时

椭圆曲线的加法运算特性归纳如下。

1）封闭性：两点相加的结果是曲线上的另一点。

2）结合性：$(P+Q)+R=P+(Q+R)$。

3）交换性：$P+Q=Q+P$。

4）单位元素：存在加法单位元素 O，使得 $P=P+O=O+P$。

5）存在逆元素：曲线上每一点都有逆元素，其逆元素对称于 x 轴，单位元素为其本身的逆元素。

在密码学中，普遍使用有限域上的椭圆曲线，即在前面的椭圆曲线方程中，所有的系数都属于某个有限域 $GF(p)$ 中的元素，最常用的方程为

$$E: y^2 = x^3 + ax + b(\bmod p)$$

其中，p 是一个大于 3 的素数，参数 a, b 以及变量 x 和 y 都属于有限域 $GF(p)$，即从 $\{0,1,\cdots,p-1\}$ 中取值，且 $4a^3+27b^2(\bmod p)\neq 0$。该椭圆曲线包括有限个点数 N（称为椭圆曲线的阶，包括无穷远点 Ω），N 越大，安全性越高。

定理 2.3.1 椭圆曲线上的点集对于如下定义的加法规则构成一个阿贝尔（Abel）群。此加法运算的定义如下。

设 $P(x_1,y_1), Q(x_2,y_2)\in E$，若 $x_2=x_1, y_2=-y_1$，则 $P+Q=O$；否则，$P+Q=(x_3,y_3)$，其中

$$x_3 = a\,\lambda^2 - x_1 - x_2,\quad y_3 = \lambda(x_1 - x_3) - y_1$$

且

$$\lambda = \begin{cases} \dfrac{y_2-y_1}{x_2-x_1} & \text{若 } P\neq Q \\ \dfrac{3\,x_1{}^2+a}{2\,y_1} & \text{若 } P=Q \end{cases}$$

此外，对于所有的 $P\in E$ 有

$$P+O=O+P=P$$

在这样一个阿贝尔群中，P 的逆元为（$x_1,-y_1$），写作$-P$。这个阿贝尔群记作 $E_p(a, b)$。

椭圆曲线密码算法的重点在于一个点 P 及其在这个阿贝尔群上的 k 倍（即 kP）之间的关系。为了直观地表现出这种关系，借用实数域上的图形来对此加以解释。

图 2-20b 所示，$2P$ 所在的点为 R，即经过 P 作一条切线，该切线与椭圆曲线相交的点沿 x 轴对称的那一点即为 $2P$ 所在的位置。那么 $3P$ 则为 $R+P$，即连接 P 和 R 与曲线的交点关于 x 轴的对称点，依此类推可以得出 kP。

椭圆曲线密码算法的安全性基于如下的问题。

对于给定的两个点 P 和 Q，它们存在如下关系。

$$P=kQ$$

一个外人在拥有点 P 和 Q 的坐标的情况下，计算 k 值是困难的，这一问题被称为椭圆曲线离散对数问题（ECDLP）。ECDLP 可以用穷尽查找法来求解，即已知条件点 P 和 Q，将 P 不断自加，直至到达 Q 点。如果 k 值很大，解决这一问题就十分困难了。

在 ECDLP 的基础上，如何对明文、密文及密钥进行处理以使它们构成一个在模 P 上的加密系统的方法有多种，不同的方法可以构成不同的加密算法。下面给出其中的一种算法。

2. 椭圆曲线密码算法

基于前面所定义的阿贝尔群，现在只给出一种椭圆曲线密码算法的描述，这里不对其有效性进行详细证明。

假设发送方为 A，接收方为 B，A 需要将消息加密后传送给 B。那么，首先需要考虑如何用椭圆曲线来生成 B 的公私密钥对，可以分为以下 3 步。

（1）构造椭圆群

设 $E:y^2=x^3+ax+b(\bmod p)$ 是 $GF(p)$ 上的一个椭圆曲线（$p>3$），首先构造一个群 $E_p(a,b)$。

（2）挑选生成元点

挑选 $E_p(a,\ b)$ 中的一个生成元点 $G=(x_0,y_0)$，G 应满足使 $nG=O$ 成立的最小的 n 是一个大素数。

（3）选择公私密钥

选择整数 $k_{\mathrm{B}}(k<n)$ 作为私钥，然后产生其公钥 $P_{\mathrm{B}}=k_{\mathrm{B}}G$，则 B 的公钥为（$E$，$n$，$G$，$P_{\mathrm{B}}$），私钥为 k_{B}。

下面介绍如何利用公私密钥对进行加解密的运算（以下的运算都是在 mod p 下进行的）。

（1）加密过程

1）发送方 A 将明文消息编码成一个数 $m<p$，并在椭圆群 $E_p(a,b)$ 中选择一点 $P_t=(x_t,y_t)$。

2）发送方 A 计算密文：$C=mx_t+y_t$。

3）发送方 A 选取一个保密的随机数 r（$0<r<n$），并计算 rG。

4）依据接收方 B 的公钥 P_{B}，计算 P_t+rP_{B}。

5）发送方 A 对 m 进行加密，得到数据 $C_m=\{rG,P_t+rP_{\mathrm{B}},C\}$。

（2）解密过程

接收方 B 在收到 A 发来的加密数 $C_m=\{rG,P_t+rP_{\mathrm{B}},C\}$ 之后，进行如下操作。

1）使用自己的私钥 k_{B} 计算

$$P_t+rP_{\mathrm{B}}-k_{\mathrm{B}}(rG)=P_t+r(k_{\mathrm{B}}G)-k_{\mathrm{B}}(rG)=P_t$$

2）接收方 B 计算：$m=(C-y_t)/x_t$，得到明文 m。

从上面的描述可以看出，如果攻击者想从密文 C 得到明文 m，就必须知道 r 或 k_{B}，但是，已知 rG 或 P_{B} 求得 r 或 k_{B}，都必须去解决椭圆曲线上的离散对数问题。因此，在现有的计算条件下，椭圆曲线密码算法是安全的。与其他算法相比较，椭圆曲线密码具有两个优点：一是算法的密钥长度短，对于带宽和存储的要求比较低，运算效率高，适合在智能卡等计算与存储资源都有限的硬件设备上使用；二是所有用户可以选择使用同一基域 F 上的不同曲线 E，从而可以让所有用户使用相同的硬件来完成域算术。

3. 椭圆曲线密码算法的安全性

相对于基于有限域乘法群上的离散对数问题的密码算法，椭圆曲线密码算法的安全性是基于椭圆曲线上的离散对数问题，目前这一方法还没有发现明显的弱点，但也有一些这方面的研究思路，如利用一般曲线离散对数的攻击方法以及针对特殊曲线的攻击方法等。

为了保证椭圆曲线密码算法的安全性，就需要选取安全的椭圆曲线。用于建立密码算法的椭圆曲线的主要参数有 p、a、b、G、n 和 h，其中 p 是域的大小，取值为素数或 2 的幂；a、b 是方程的系数，取值于 $GF(p)$；G 为生成元点；n 为点 G 的阶；还定义了参数 h 为椭圆曲线上所有点的个数 N 除以 n 所得的结果。为了较好地建立一个椭圆曲线算法，需要大致满足如下几个条件。

1）p 的取值应尽可能大，但数值越大，计算时所消耗的时间也越多，为满足目前的安全要求，p 的位数可为 160 位。

2）n 为大素数，并且应尽可能大。

3）$4a^3+27b^2 \neq 0(\bmod p)$。

4）为保证 n 的取值足够大，需满足 $h \leqslant 4$。

5）不能选取超奇异椭圆曲线和异常椭圆曲线这两类特殊的椭圆曲线。

由于椭圆曲线的离散对数问题被公认为比整数的因式分解以及有限域的离散对数问题还要困难得多。因此，对于它的密钥长度的要求可以大大降低，这也是该算法能够高效运行的一个原因。通常而言，160 位的椭圆曲线密钥的安全强度就能达到 1024 位 RSA 算法的安全强度，这也使其成为目前已知的公钥密码算法中安全强度最高的算法之一。

2.3.4 NTRU 公钥密码

传统公钥算法在无线通信安全领域的使用还不是很广泛，主要原因是移动终端上的计算和存储资源的限制，使得这些算法在移动终端上的运行速度难以满足某些应用的要求。因此，对快速公钥系统的研究是当前公钥系统研究的一个热点。

1. NTRU 概述

NTRU（Number Theory Research Unit）是一种基于多项式环的加密系统，其加解密过程是基于环上多项式代数运算和对数 p 及 q 的模约化运算，只使用了简单的模乘法和模求逆运算，因此它的加解密速度快，密钥生成速度也快，而且 NTRU 是迄今为止唯一的增加格的维数而不损害其实用性的格密码算法。它很好地解决了公钥密码算法的最大瓶颈——速度问题，使其适用于安全性要求、体积、成本、内存及计算能力等受限的电子设备。近年来，NTRU 算法引起了许多密码学家的讨论，它是目前为止已知的速度最快的公钥密码算法之一。

NTRU 是 1995 年由 J. Hoffstein、J. Pipher 和 J. Silverman 发明的一种密码算法。在数学上，NTRU 比 RSA 和 ElGamal 密码还要复杂。由于它的复杂性和出现的时间相对较短，国内外密码学界针对 NTRU 的安全性研究仍在继续。NTRU 也存在一些缺点，比如它虽然能够实现概率加密却存在解密失败的问题，虽然人们对它进行了改进，然而这也大大损伤了该算法的简洁性。另外，与 RSA 和 ECC 算法相比，NTRU 算法需要更大的带宽和更大的密钥空间。例如，对应于公钥长度为 1024 位的 RSA 算法，NTRU 的公钥长度是 RSA 的两倍。但是，这种差异会随着安全级别的增大而降低。

虽然密码学界对 NTRU 进行了各种各样的攻击，但是这些都没有对它造成致命的威胁。据密码学家表示，只有当量子计算机得到应用时，NTRU 密码算法才有可能被破解，而那时 RSA 和普通的 ElGamal 密码已经被破解了。

2. NTRU 的理论基础

Diffie 和 Hellman 提出应利用计算的复杂性来设计加密算法，并指出可利用格理论以及 NPC 问题构造密码系统。此后的各种公钥系统设计均遵循这一原则，而 NTRU 算法正是基于格理论在密码学上的重要应用。

格在不同的领域有不同的定义。在代数系统中，格通常定义为：设 $<L, \leqslant>$ 是一个偏序集，如果对任意 $a,b \in L$，$\{a,b\}$ 都有最大下界和最小上界存在，则称 $<L, \leqslant>$ 是格，这时

<L，≤>可简写成 L。

而 NTRU 系统中所涉及的格的概念不同于上述的代数格，而是一个定义在 n 维欧式空间上的离散子群。设 R^m是一个 m 维的欧式空间，则 $R^m(m \geqslant n)$是由 n 个线性无关的向量 a_1，$a_2,\cdots,a_m$的所有整数线性组合的集合。

$L(a_1,a_2,\cdots,a_m)=\{\sum x_i a_i : x_i \in Z\}$构成了 R^m的一个格。$B=(a_1,a_2,\cdots,a_m)$称为格 L 的一组基，维数为 m，秩为 n。若 $m=n$ 则称格 $L(a_1,a_2,\cdots,a_m)$是满维的。

简单来说，NTRU 是基于高维格中寻找一个短向量的困难问题（SVP），即给定一个多项式 $h(x)=F_q * g(x) (\bmod\ q)$，其中 F_q是多项式 $f(x)$在模 q 时的逆元，$f(x)$和 $g(x)$的系数相对于 q 来说是小的，在适当参数设置下，如果仅知道 $h(x)$，恢复出多项式 $f(x)$或 $g(x)$是困难的。

3. NTRU 算法描述

NTRU 密码算法的工作过程如下。

（1）密钥生成

在 NTRU 公钥密码算法中，接收方需要生成一组公/私密钥对。具体步骤如下：

1）选择公开参数。选择正整数参数 N、p、q，其中 p、q 不必为素数，但是它们必须互素，且满足 $\gcd(N, pq)=1$。

2）选择多项式 $f(x)$和 $g(x)$。由接收方选择两个小系数多项式 $f(x)$和 $g(x)$，其中模 q 的随机多项式的系数一般随机地分布在区间$[0,q]$上，而所谓的小系数多项式的系数相对于模 q 的随机多项式要小得多。接收方需要对多项式 $f(x)$和 $g(x)$保密，因为任何一个多项式信息泄露都可能导致密文被破解。

3）计算逆元 $F_p(x)$和 $F_q(x)$。接收方计算多项式 $f(x)$在模 p 和模 q 时的逆元 $F_p(x)$和 $F_q(x)$，即 $F_p(x) * f(x)=1(\bmod\ p, \bmod\ x^N-1)$和 $F_q(x) * f(x)=1(\bmod\ q, \bmod\ x^N-1)$。如果 $f(x)$的逆元不存在，接收方需要重新选取 $f(x)$。

4）计算公钥。计算 $h(x)=F_q(x) * g(x)(\bmod\ q, \bmod\ x^N-1)$，多项式 $f(x)$和 $F_p(x)$为私钥，$h(x)$为公钥。

（2）加密过程

假设发送者发送一条明文消息 $m(x)$给接收者，$m(x)$是次数为 $N-1$ 的多项式，具有模 p 约简的系数（可以理解为系数的范围在（$-p/2$，$p/2$）内）。发送方随机选择一个次数为 $N-1$ 的多项式 $r(x)$进行计算得到

$$c(x)=pr(x) * h(x)+m(x)(\bmod\ q, \bmod\ x^N-1)$$

然后将其发送给接收方。

（3）解密过程

假设接收者收到加密消息 c，首先计算多项式 $a(x)$

$$a(x)=f(x) * c(x)(\bmod\ q, \bmod\ x^N-1)$$

接着计算

$$d(c)=F_p(x) * a(x)(\bmod\ p, \bmod\ x^N-1)$$

$d(c)$就是解密后的明文。

（4）说明

这里的加法+，是通常的多项式加法。这里的乘法 *，是比较特殊的乘法。设 R 为关于

x 的多项式的集合，具有整数系数和严格比 N 小的次数，乘法 $*$ 表示

$$x^i * x^j = x^{i+j(\mathrm{mod}\,N)}$$

也就是

$$\left(\sum_{0\leqslant i<N} a_i x^i\right) * \left(\sum_{0\leqslant j<N} b_j x^j\right) = \sum_{i,j} a_i b_j x^{i+j(\mathrm{mod}N)} = \sum_{0\leqslant k<N}\left(\sum_{i+j=k(\mathrm{mod}N)} a_i b_j\right) x^k$$

该乘法依然满足交换律、结合律和分配律。此外，算法还会涉及模 p 约简和模 q 约简运算，这是指分别对多项式的系数做模 p 或 q 的约简。可以写作

$$f(x)(\mathrm{mod}\ p)=\text{系数经过模 } p \text{ 约简的多项式} f(x)$$

$$f(x)(\mathrm{mod}\ q)=\text{系数经过模 } q \text{ 约简的多项式} f(x)$$

（5）解密原理

因为 $a(x)=f(x) * c(x)(\mathrm{mod}\ q,\mathrm{mod}\ x^N-1)$

$$=f(x) * (pr(x) * h(x)+m(x))(\mathrm{mod}\ q,\mathrm{mod}\ x^N-1)$$

$$=f(x) * (pr(x) * F_q(\mathrm{x}) * g(x)+m(x))(\mathrm{mod}\ q,\mathrm{mod}\ x^N-1)$$

$$=f(x) * pr(x) * F_q(x) * g(x)+f(x) * m(x))(\mathrm{mod}\ q,\mathrm{mod}\ x^N-1)$$

$$=f(x) * F_q(\mathrm{x}) * pr(x) * g(x)+f(x) * m(x))(\mathrm{mod}\ q,\mathrm{mod}\ x^N-1)$$

$$=1 * pr(x) * g(x)+f(x) * m(x))(\mathrm{mod}\ q,\mathrm{mod}\ x^N-1)$$

$$=pr(x) * g(x)+f(x) * m(x))(\mathrm{mod}\ q,\mathrm{mod}\ x^N-1)$$

考虑到多项式 $pr(x) * g(x)+f(x) * m(x)$，只要参数选取适当，几乎可以确保多项式 $pr(x) * g(x)+f(x) * m(x)$ 每一项的系数都在 $(-q/2,q/2)$ 区间上，即

$$a(x)= pr(x) * g(x)+f(x) * m(x)\ (\mathrm{mod}\ x^N-1)$$

将 $a(x)$ 再 mod p 得到

$$a(x)= f(x) * m(x)\ (\mathrm{mod}\ p,\mathrm{mod}\ x^N-1)$$

则解密操作后可以得到

$$d(c)=F_p(x) * a(x)\ (\mathrm{mod}\ p,\mathrm{mod}\ x^N-1)$$

$$=F_p(x) * f(x) * m(x)(\mathrm{mod}\ p,\mathrm{mod}\ x^N-1)$$

$$=1 * m(x)(\mathrm{mod}\ p,\mathrm{mod}\ x^N-1)$$

$$=m(x)$$

本章小结

移动互联网是无线通信与互联网的结合，所以移动互联网安全也必然涉及两者的安全体系。移动互联网的安全体系涉及的保密性和有效性等基本要求都是建立在密码学原理之上的。因此，本章对密码学的相关知识进行了介绍。

根据密钥策略的不同，密码体系可以分为对称密码算法和非对称密码算法。对称密码算法的加解密过程采用相同的密钥，可以由其中的一个推导出另一个。而在非对称密码算法中，加密密钥是公开的而且不能推导出解密密钥。非对称密码算法简化了密钥的分发和管理过程。常见的公钥密码算法有：RSA、ElGamal 公钥密码算法、椭圆曲线公钥密码算法（ECC）和 NTRU 公钥加密算法。由于移动互联网的移动、快速等性能需求，具有效率高、算法简单、系统开销小、适合加密大量数据等优点的对称密码算法被应用于移动互联网领

域。对称密码算法又可分为分组密码和序列密码。序列密码将明文消息字符串在密钥流的控制下逐位进行加密和解密，所以具有实现简单、加解密速度快、便于硬件实施以及没有或只有有限的错误传播等特点。因此，序列密码在无线通信等领域得到了广泛的应用。

习题

1. 根据公钥和私钥是否可以互相推导，可以将密码算法分为哪几类？
2. 密码学的发展分为哪几个阶段？
3. 请列举常见的分组密码算法主要有哪些。
4. 请列举常见的序列密码算法主要有哪些。
5. 在无线通信网络中常用的序列密码属于哪一类密码算法？
6. 常见的公钥密码算法有哪些？

第 3 章　认证理论基础

如果某人想与身处异地的另一个人进行通信，这一过程中需要解决两个问题：如何鉴别双方的真实身份，以及如何保障通信信息的机密性。第 2 章通过引入密码机制，对传送的机密信息进行了保护。本章将要介绍的认证理论就是一种用于鉴别通信双方的身份真伪、防止主动攻击的重要技术。

3.1　认证的概念

网络系统安全要考虑两个方面。一方面，用密码保护传送的信息使其不被破译；另一方面，是防止对手对系统进行主动攻击，如伪造、篡改信息等。

认证（Authentication）就是一种防止主动攻击的重要技术，它对于开放网络中的各种信息系统的安全性有重要作用。认证的主要目的有两个：第一是实体认证，即验证信息的发送者是真的，而不是冒充的，这包括信源、信宿等的认证和识别；第二是消息认证，即验证信息的完整性，确保数据在传输或存储过程中没有被篡改、重放或延迟。

保密和认证是信息系统安全的两个方面，但二者是两个不同属性的问题，认证不能自动地提供保密性，而保密性也不能自然地提供认证功能。

图 3-1 展示了一个认证系统的模型。在这个系统中，发送方（信源 S）通过一个安全信道将消息发送给接收方（信宿 D），接收方不仅想收到消息本身，而且还要验证消息是否来自合法的发送方以及消息是否被篡改过。系统中的密码分析者（窜扰者 T）不仅可以截留并分析信道中传送的密文，而且还可以伪造密文发送给接收方进行欺诈。

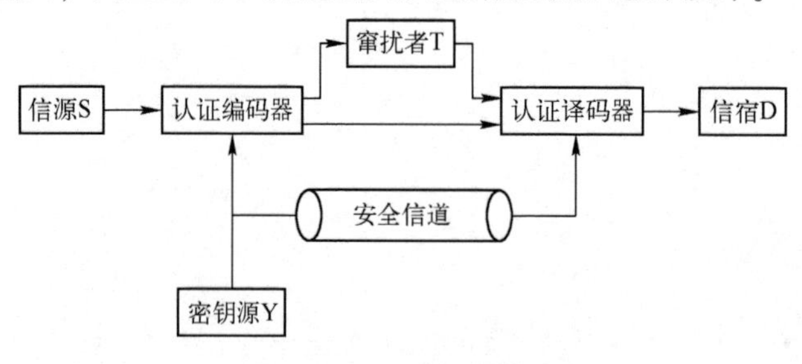

图 3-1　认证系统模型

信宿 D 对信源 S 进行实体认证的目的是 S 要让 D 相信“他是 S”，那么双方需要做到如下 3 个方面。

1）双方在诚实的情况下，S 能够让 D 成功地识别自己，即在协议完成时 D 接受了 S 的身份。

2）D 不能重新使用自己与 S 识别过程中的通信信息来伪装成 S，并向第三方 T 证明自己是 S。

3）除了 S 以外的第三方 T 以 S 的身份执行该协议，不能让 D 相信 T 是 S。

在无线通信系统中，参与实体认证的双方一般是指移动终端和网络系统。实体认证协议是一个实时的过程，即协议执行时证明者确实在实际地参与，并自始至终地执行协议规定的动作。

实体认证可分为弱认证和强认证两种类型。弱认证是指使用口令或口令驱动的密钥来证明实体的身份；强认证是通过向验证者展示与证明者实体有关的秘密知识来证明自己的身份，而且在协议的执行过程中，即使通信线路被完全监控，对手也不会从中得到关于证明者秘密的信息。

消息认证的目的在于如何让接收报文的接收方来鉴别报文的真伪，消息认证的内容应包括如下信息。

1）证实消息报文的信源和信宿。

2）报文内容是否遭到过篡改。

3）报文的序号和时间栏没有错误。

消息认证只在通信双方之间进行，不允许第三方进行上述认证，而且认证不一定是实时的。

3.2 Hash 函数

Hash 函数，也称为散列函数、哈希函数、杂凑函数，是现代密码学中另外一类重要的函数，它能够将任意长的字符串 M 映射成一个较短的定长字符串 L，这一特性使其在数字签名和消息的完整性校验等方面有着重要的应用。Hash 函数主要分为两类：一类是有密钥控制的 Hash 函数，即基于 Hash 函数的消息认证码；另一类是不带有密钥的 Hash 函数，用于产生消息摘要。

本节将介绍 Hash 函数的基本概念、基本用法、安全性以及常见的 Hash 函数，包括 MD4 和 MD5 算法以及 SHA 系列的安全 Hash 算法。

3.2.1 Hash 函数的概念

1. Hash 函数的基本概念

Hash 函数的输入长度是可变的，返回一个固定长度串，这个串被称为输入信息的 Hash 值，也称为消息摘要。计算给定输入内容的 Hash 值是简单的，但给定某个 Hash 值，求其输入内容是比较困难的，即 Hash 函数是单向函数。Hash 函数 H 一般满足下列性质。

1）函数 H 是公开的，其输入内容可为任意长度。

2）函数 H 的输出长度固定。

3）不同的输入内容不能产生相同的函数值（即无碰撞性）。

4）无法根据函数值推导出输入的内容。

Hash 值的长度由具体的 Hash 函数确定，例如 MD4 算法的输出为 128 位，SHA-1 的输出为 160 位。

2. Hash 函数的通用结构

图 3-2 展示了 Hash 函数的一种通用结构，目前包括 MD5、SHA-1 等被广泛使用的 Hash 函数都采用这种结构。

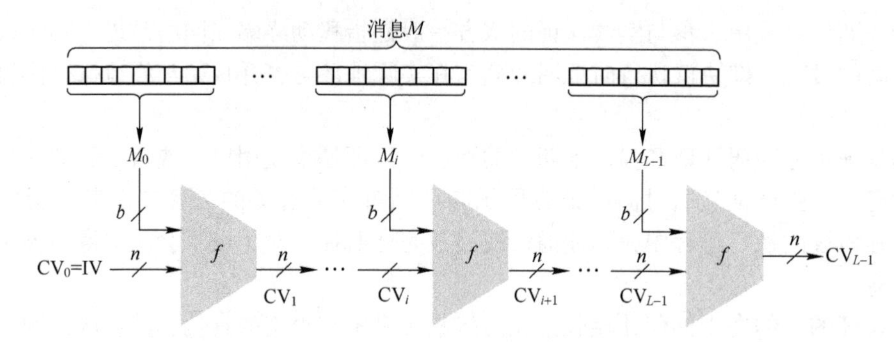

图 3-2　Hash 函数的通用结构

在图 3-2 中，Hash 函数的具体工作过程如下。

1）先把原始消息 M 分成 L 个固定长度为 b 的分组 M_i（$1\leqslant i\leqslant L$），如果最后一个分组长度不够，需要将它填充成长度 b。

2）将 CV_0的初始值设定为 IV。

3）重复使用压缩函数 f，每次按次序将原始消息的分组 M_i与上一级压缩函数的输出值 CV_{i-1}作为输入，并产生一个固定长度为 n 的输出，即 $\mathrm{CV}_i=f(\mathrm{CV}_{i-1},M_{i-1})$，其中 $1\leqslant i\leqslant L$。

4）最后一个输出值 CV_i作为 Hash 值，即 $H(M)=\mathrm{CV}_L$。

3. Hash 函数的基本用法

Hash 函数与对称加密算法、公钥加密算法以及数字签名算法结合使用，可以实现有效的保密与认证等安全功能。图 3-3 展示了 Hash 函数的 6 种应用方法。

图 3-3a 可以实现保密性和认证，发送方 A 将消息 M 与其 Hash 值 $H(M)$连接，用对称密码算法加密后发送至接收方 B。接收方用与发送方共享的密钥 K 对密文解密后得到 M'和 $H(M)$，而后计算 M'的 Hash 值 $H(M')$，通过比较 $H(M)$和 $H(M')$来完成对消息 M 的认证。

图 3-3b 只提供了认证，未对消息 M 进行保密，只对消息的 Hash 值进行了加解密变换。

在图 3-3c 中，发送方 A 采用公钥密码算法，用 A 自己的私钥 PR_a对消息 M 的 Hash 值进行签名得到 $\mathrm{E}(PR_a,H(M))$，而后与 M 连接后发出，接收方 B 用 A 的公钥 PU_a对 $\mathrm{E}(PR_a,H(M))$进行解密得到 $H(M)$，再与 B 自己由接收消息 M'计算得到的 $H(M')$进行比较来实现认证。该方案提供了认证和数字签名，称作签名-哈希方案。这个方案用对消息 M 的 Hash 值签名来代替对任意长消息 M 本身的签名，大大提高了签名速度和有效性。

在图 3-3d 中，发送方 A 发送给接收方 B 的信息是 $\mathrm{E}(K,[M\,||\,\mathrm{E}(PR_a,H(M))])$，是在图 3-3c 的方案基础上增加了对称密钥加密保护，可提供认证、数字签名和保密性。

图 3-3e 是在哈希运算 H 中增加了通信双方共享的秘密值 S，加大了对手攻击的困难性。但是，它仅仅提供了认证。

图 3-3f 是在图 3-3e 的方案基础上增加了对称密钥加密保护，可以提供保密性和认证。

4. 针对 Hash 函数的攻击方法

Hash 函数的安全性在于良好的单向性以及对碰撞的有效避免，通过 Hash 值来求得原消息是非常困难的，寻找两组消息使其 Hash 值相同也是非常困难的。对于 Hash 函数的攻击，其主要目标是用相同 Hash 值的非法消息来代替合法消息，以此来伪造信息。

目前，对 Hash 函数较有效的攻击方法是生日攻击和中途相遇攻击，这两种方法对 Hash

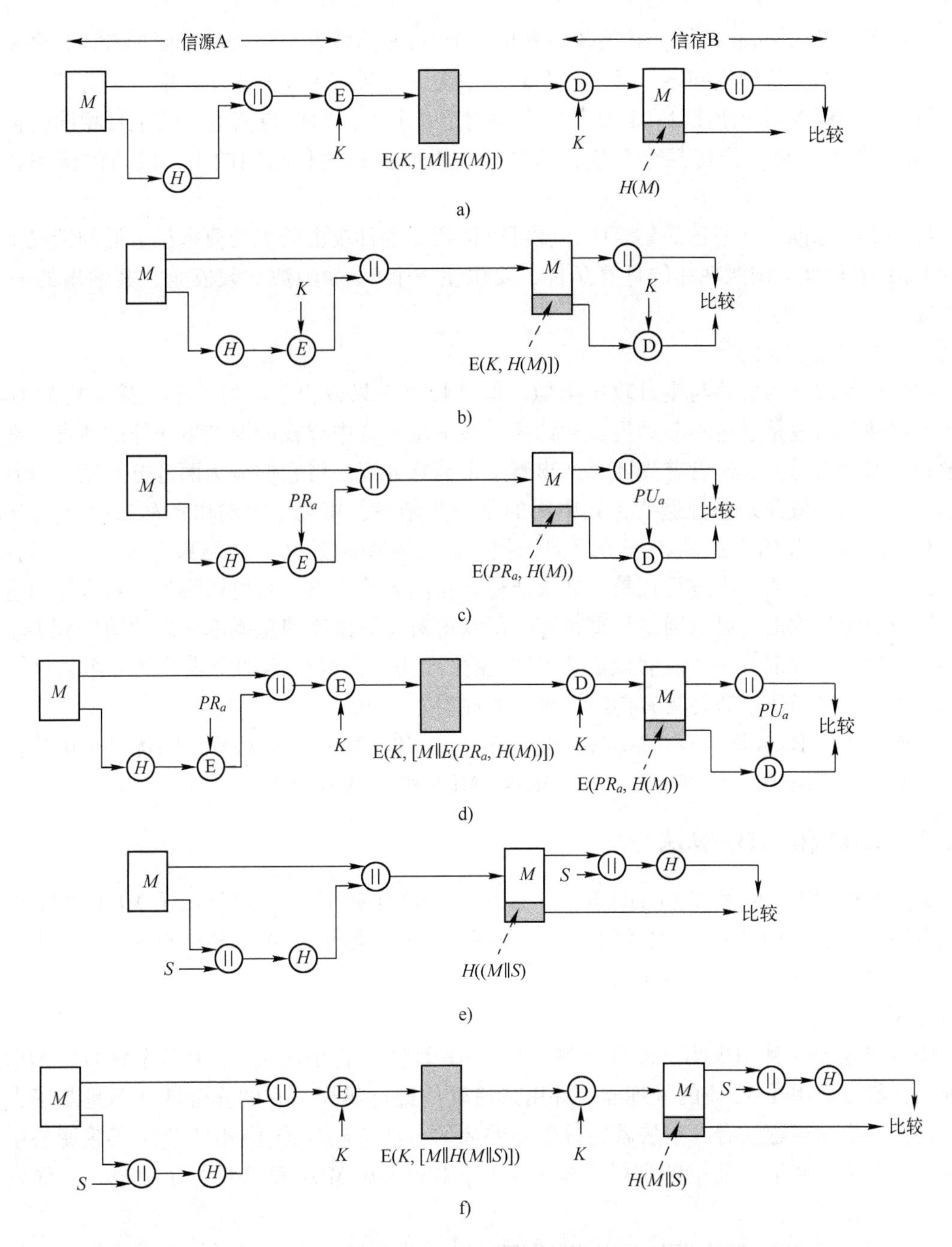

图 3-3　Hash 函数的基本用法

a）应用方法 1　b）应用方法 2　c）应用方法 3　d）应用方法 4　e）应用方法 5　f）应用方法 6

值为 128 位的 Hash 函数在理论上是有效的，但是当 Hash 值超过 160 位时，在计算上就是不可行的，所以目前使用 Hash 值大于 160 位以上的 Hash 函数是较为安全的。下面将介绍这两种针对 Hash 函数的攻击方法。

（1）生日攻击

生日攻击是指为了寻找到能够发生碰撞的消息而在消息空间中进行搜索的一种攻击方

式。它适用于任何Hash函数，并被作为衡量一个Hash函数安全与否的重要参考。它来源于概率论上著名的生日悖论问题，即在一个教室中至少需要有多少个学生才能保证有两个学生的生日相同的概率不小于1/2。若从某些人中指定一个人，则他与其他人的生日相同的概率为1/365，但是如果不指定某个日期，从这些人里面找到生日相同的人，成功的概率就大得多。

将生日问题推广到消息的集合中，就可以得到在生日攻击的成功概率尽量低的情况下所需的Hash值长度。按照现在的计算条件，要想使一个Hash函数比较安全，其输出的Hash值长度不应小于128位。

（2）中间相遇攻击

中间相遇攻击的思路与生日攻击类似，但这种攻击只适合于具有分组链接结构的Hash函数。这种攻击也是通过不断地搜索和计算，在消息集合中寻找能够产生碰撞的消息。在进行中间相遇攻击时，攻击者首先随意选出若干个消息分组，将它们分为两部分。然后对其中的第一部分从初值开始进行迭代，到中间的某一步结束，得到I个输出；第二部分从Hash值（任意选定）开始用逆函数进行反向迭代，也是到中间的某一步结束，得到J个输出。最后，对这两部分的输出进行比较，如果能得到相同的输出值，就可以得到一对碰撞消息。

类似于生日攻击，可以通过计算得到为了获得对应的碰撞消息概率所需的消息数$I+J$的大小。通过研究发现，为了能够抵抗选择明/密文攻击，需要分组加密函数的分组长度不小于128位，同时函数还需要具有伪随机置换的性质。

目前常用的Hash算法有：MD4、MD5、SHA-1和SHA-2。这些算法的优点是运算速度要比对称密码算法快。下面将逐一介绍MD4、MD5和SHA-1算法。

3.2.2 MD4和MD5算法

美国麻省理工学院教授Ronald Rivest分别于1990年和1991年设计出了MD4和MD5两种信息摘要算法。MD5是在MD4的基础上发展而来的，虽然比MD4稍微晚一些，但更加安全。下面对这两种算法做详细介绍。

1. 算法简介

MD4算法是一种用来测试信息完整性的Hash算法。它是通过32位操作数的位操作来实现的，所以适用在32位的处理器上并用高速软件进行实现。它的安全性并不是基于大数分解这样的数学难题，有人很快就用分析和差分的方法成功攻击了MD4算法三轮变换中的两轮，证明了它并不像期望的那样安全。于是，Rivest对MD4算法进行了改进，从而发明了MD5算法。

MD5算法是MD4的改进版本。消息在初始化处理之后，需要对附加位进行填充。消息首先被拆成若干个512位的分组，其中最后一个分组是“消息尾部+1和0组成的填充字节+64位消息长度”，以确保不同长度的消息在填充后不相同。之后，MD5将每一个512位分组又划分为16个32位子分组。

接下来，每个512位消息分组就以16个32位字的形式进入算法的主循环，512位消息分组的个数决定了循环的次数。图3-4所示，MD5的主循环有4轮，每轮进行16次操作，每一轮的操作过程相似。每次操作对a、b、c、d中的3个做一次非线性函数运算，并将所得结果加上第4个变量、一个子分组和一个常数。再将所得结果向右循环移动一位，并加上

a、b、c、d 中的一个。最后，用该结果取代 a、b、c、d 中的一个。MD5 算法的输出由 4 个 32 位分组组成，将它们级联形成一个 128 位的 Hash 值。

64 位的消息长度限制导致了 MD5 的安全输入长度必须小于 2^{64} 位，因为大于 64 位长度的信息会被忽略。4 个 32 位寄存器字 a、b、c、d 被称为链接变量，将始终参与运算并形成最终的 Hash 结果。

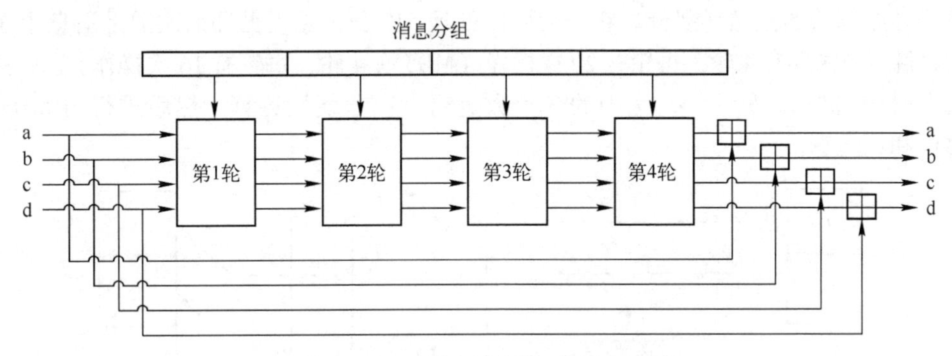

图 3-4　MD5 算法的主循环过程示意图

2. MD5 算法的安全性

对于任何一个 Hash 函数来说，碰撞都是不可避免的，从一个规模较大的集合映射到一个规模较小的集合，必然会出现相同的情况。所以，对 Hash 函数而言，应该具有的特性是碰撞阻力，即实践过程中难以发生，而并非避免碰撞。

Rivest 猜想对于 128 位的 Hash 值来说，MD5 的强度已经达到了最大。理论上，要执行 2^{64} 次运算才能找出具有相同 Hash 值的两个消息，现在需要执行 2^{128} 次运算才能找到某个固定散列值的原消息。然而，2004 年山东大学的王小云等人成功地找出了 MD5 算法的碰撞。发生碰撞的消息是由两个 1024 位长的串 M、N 构成，用 $M_i \| N_i$ 表示 $M \| N$ 的碰撞。在 IBM P690 上找到 M 和 M_i 的时间大约为 1 h，找到 M 和 M_i 之后，则只需 15 s 至 5 min 就可以找出 N 和 N_i。

3.2.3　安全 Hash 算法

1. 安全 Hash 算法（SHA）的发展过程

1993 年，美国国家标准与技术研究院（NIST）公布了安全散列算法 SHA-0。1995 年，NIST 又公布了改进后的版本 SHA-1，其设计上模仿了 MD5 算法，接受任意长度的输入消息，但生成的是 160 位的消息摘要，抗穷举搜索的能力更强。2001 年，NIST 公布 SHA-2 作为联邦信息处理标准，包含 SHA-224、SHA-256、SHA-384、SHA-512 等 6 个算法，分别生成 224 位、256 位、384 位和 512 位的 Hash 值。2008 年，NIST 启动了安全 Hash 函数 SHA-3 的评选。2012 年 10 月，Guido Bertoni、Joan Daemen、Michael Peeters 和 Gilles Van Assche 设计的密码学函数族 Keccsk 被选中，被公布为新的 Hash 函数标准。

接下来对 SHA-1 算法做简单介绍。

2. SHA-1 算法

SHA-1 算法首先将消息填充为 512 位的整数倍。填充方法与 MD5 完全一样：先添加一个 1，然后填充尽量多的 0 使其长度为 512 的倍数刚好减去 64 位，最后 64 位表示消息填充前的长度。

SHA-1 算法有 5 个 32 位变量（而 MD5 仅有 4 个），先对它们进行初始化：h_0 = 0x67452301、h_1 = 0xEFCDAB89、h_2 = 0x98BADCFE、h_3 = 0x10325476、h_4 = 0xC3D2E1F0。完成初始化之后，将这 5 个变量复制到另外的变量中：h_0到 a，h_1到 b，h_2到 c，h_3到 d，h_4到 e。

然后开始算法的主循环部分。它一次可以处理 512 位消息，循环的次数是消息中 512 位分组的数目。主循环有 4 轮，每轮有 20 次操作（MD5 有 4 轮，每轮有 16 次操作）。图 3-5 所示，每次操作选取 a、b、c、d、e 中的 3 个数进行一次非线性运算，然后进行与 MD5 中类似的移位和加运算。

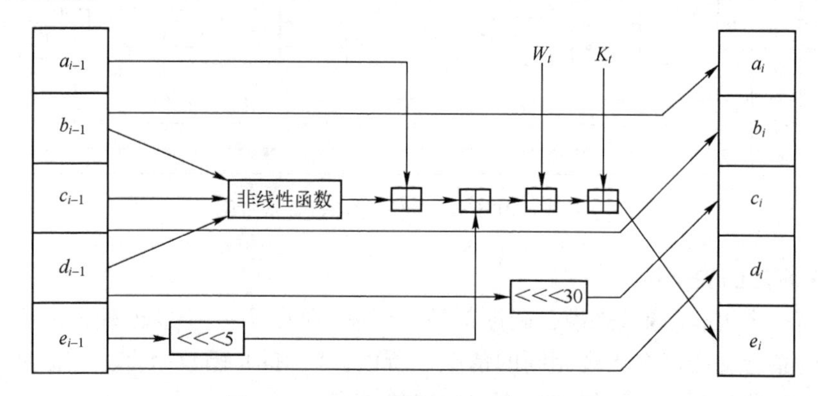

图 3-5　SHA-1 算法的一次运算过程

在这之后，a、b、c、d、e 分别加上 h_0、h_1、h_2、h_3、h_4，然后让下一个消息分组继续运行算法。最后，SHA-1 算法的输出结果由 h_0、h_1、h_2、h_3和 h_4级联而成。

3. 针对 SHA 系列算法的攻击进展

1997 年，王小云首次使用“比特追踪法”分析 SHA-0 算法，并在理论上攻破了 SHA-0 算法。随后，在 2004 年 CRYPTO 的 Rump 会议上，王小云、冯登国、来学嘉和于红波宣布了攻击 MD5、SHA-0 和其他 Hash 函数的初步结果。2005 年 2 月，王小云和殷益群、于红波等人发表了攻破 SHA-0 的算法，只需要 2^{39}次计算就能找到碰撞，对 SHA-1 的攻击只需要 2^{69}次计算就能找到一组碰撞。之后，在 2005 年 8 月的 CRYPTO 会议接近尾声时，王小云、姚期智、姚储枫再次发表了攻破 SHA-1 的算法，可以通过 2^{63}次计算找到碰撞。

目前，针对 SHA-2 的攻击算法也已经出现，这里不做详细介绍，有兴趣的读者可查阅相关资料。

3.3　消息认证函数

消息认证机制在功能上分为上下两层：下层含有可以产生认证符的消息认证函数，而认证符是一个用来认证消息的值；上层是协议，作用是将该消息认证函数作为原语使接收方可以验证消息的真实性。

用来产生认证符的消息认证函数可分为以下 3 类。

1）消息加密函数。它是用整个消息加密后的密文作为对消息的认证。

2）消息认证码（MAC）。它是一个对信源消息进行编码并用生成的定长值作为认证符的函数。

3）Hash 函数。它是公开的，可以将任意长的消息映射成具有固定长度的信息，并以该信息作为认证符。

接下来将介绍消息加密函数和消息认证码。

3.3.1 消息加密函数

消息加密本身提供了一种认证手段，即在认证中主要采用消息加密函数。按照采用的加密算法的不同，它一般分为两类：对称密钥加密函数和公开密钥加密函数。

图 3-6 展示了采用消息加密函数的认证过程，A 为发送方，B 为接收方。B 接收到消息后，通过解密来判断消息是否来自 A、消息是否完整以及有无篡改。

图 3-6a 中使用了对称密码算法。当只有 A 和 B 知道密钥 K 时，因为没有其他人能够解密出报文的明文，该过程即提供了保密性。

图 3-6b 中使用了公钥密码算法，提供了保密性，但不能提供认证，因为任何第三方都可以使用 B 的公钥 PU_b 来加密报文，并谎称报文是来自 A 的。

为了能够提供认证，可以让 A 使用它自己的私钥 PR_a 对报文进行加密，并让 B 用 A 的公钥 PU_a 进行解密。图 3-6c 所示，该过程提供了认证，而且与常规加密的过程是相同的。同时，这种方式需要明文中具有某种内部结构，接收者才能区分正常的明文和随机的比特串。另外，这种结构也提供了数字签名，因为只有 A 拥有私钥 PR_a 才可以生成密文。

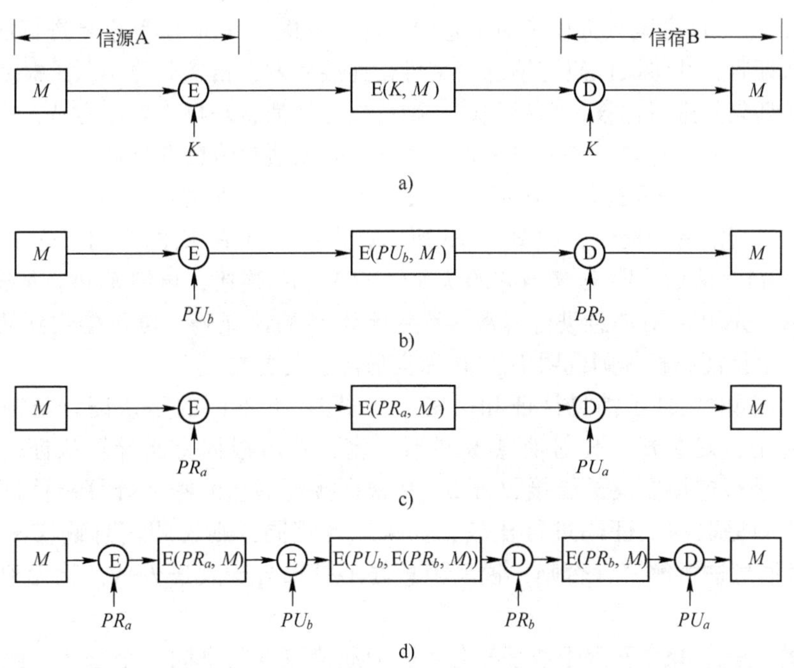

图 3-6　采用消息加密函数的认证方式

a）对称加密：保密性和认证　b）公钥加密：保密性　c）公钥加密：认证和签名

d）公钥加密：保密性、认证和签名

虽然图 3-6c 中的方案提供了认证和签名，但没有提供保密性。如果需要再提供保密性，如图 3-6d 所示，那么 A 可以先用自己的私钥 PR_a对报文进行加密，即可提供数字签名，然后再用 B 的公钥 PU_b来加密，以此来提供保密性。

3.3.2 消息认证码 MAC

消息认证码（Message Authentication Code，MAC）是一种实现消息认证的方法，利用密钥来生成一个固定长度的小段信息并附加在消息之后，可以用来防止攻击者恶意篡改或伪造消息。在这种方法中，若发送方 A 准备向接收方 B 发送消息，则 A 就计算 MAC，它是消息和密钥的函数，即

$$\mathrm{MAC}=\mathrm{C}(K,M)$$

上式中，M 是输入消息，C 是 MAC 函数，K 是仅由收发双方共享的密钥，MAC 为消息认证码。

消息和 MAC 一起被发送给接收方。接收方对收到的消息用相同的密钥 K 进行计算，就得到 MAC′，并将接收到的 MAC 与其计算出的 MAC′进行比较。假定只有收发双方知道该密钥，那么若接收到的 MAC 与计算出的 MAC′相等，则

1）接收方可以确信消息没有被改变。

2）接收方可以确信消息来自真正的发送方。

3）如果消息中包含序列号（如 TCP 的序列号），则接收方可以确信消息顺序是正确的。

MAC 函数类似于加密函数，但不需要可逆性。因此，在数学上 MAC 函数比加密算法被攻击的弱点要少。

图 3-7a 所示，该方案只提供了对消息的认证，发送方 A 先对消息 M 进行加密，然后根据密文计算认证码，并将认证码与消息密文进行连接后发送给接收方 B。B 根据接收到的消息密文计算认证码并进行比较，如果相同，则可以确认消息来自于发送方 A，然后对消息进行解密；否则，说明消息并不是来自于发送方 A，就无须对消息进行解密。

图 3-7a 描述的过程只提供了认证，并没有提供保密。保密性可以通过对使用 MAC 函数之后的报文进行加密来提供，如图 3-7b 所示。发送方 A 在 K_1的作用下先生成了对 M 的认证码 $\mathrm{C}(K_1,M)$，然后将明文 M 与它的认证码 $\mathrm{C}(K_1,M)$连接，再用 K_2进行加密。接收方 B 接收到消息后，先用 K_2对消息进行解密，然后计算 M 的认证码，再与接收到的认证码进行比较，如果两个认证码相等则说明消息 M 确实来自于发送方 A。

图 3-7c 也同时实现了消息认证和保密，与图 3-7b 不同的是认证码与密文进行了连接。具体过程是，发送方 A 先对消息 M 进行加密，然后根据密文计算认证码，并将认证码与消息密文进行连接后发送给接收方 B。B 根据接到消息的密文计算出认证码，并与从 A 发来的报文中提取的认证码进行比较，如果二者相同，则说明消息确实来自于发送方 A，然后再对消息进行解密；否则，说明消息并不是来自于发送方 A，就无须对消息进行解密。

需要注意的是，MAC 不等于数字签名，因为通信双方共享同一个密钥。此外，MAC 拥有固定的长度。

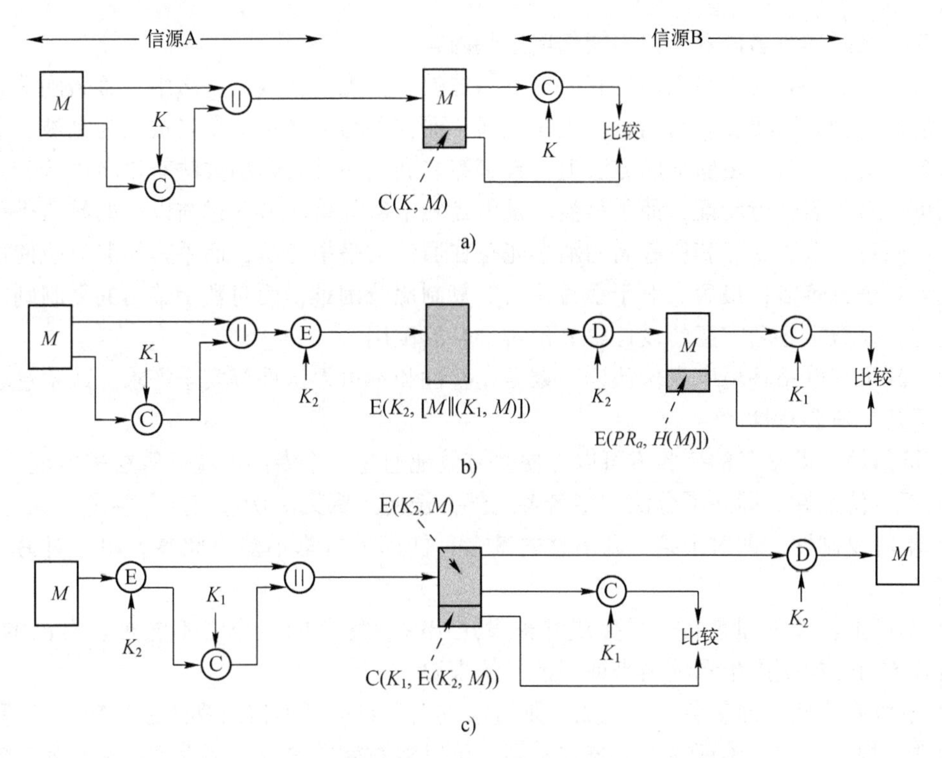

图 3-7　MAC 的基本用法

a）消息认证　b）消息认证和保密：与明文有关的规定　c）消息认证和保密：与密文有关的认证

3.4　数字签名

在通信网络安全中的密钥分配、认证以及电子商务系统中，信息除了需要保证机密性以外，还需要满足完整性、可认证性、不可否认性以及匿名性等基本安全要求。数字签名作为这些基本安全要求的实现手段之一，在现代密码学中具有重要的意义。本节将首先阐述数字签名的基本概念，然后介绍 ElGamal、RSA 和 DSS 等常用的数字签名算法。

3.4.1　基本概念

数字签名（又称公钥数字签名）类似于写在纸上的普通物理签名，但使用了公钥加密领域的技术进行实现。签名信息是采用一套规则和一系列参数通过某种运算得到的，通过它可以鉴别认证签名者的身份并验证电子文档或数据的完整性。一套数字签名机制通常需要定义两种互补的运算，一种用于签名，另一种用于验证。

随着计算机和通信网络的发展，人们希望通过电子设备实现快速、远距离的交易，由于在传输过程中存在不安全因素，数字签名方法便应运而生，并开始广泛应用于商业通信系统，如电子邮件、电子商务和电子政务等。

数字签名与手写签名有相似之处，它们都需要满足下列条件：接收方能够确认或证实发送方的签名，但不能伪造；发送方发出带有签名的内容给接收方后，就不能再否认它所签发的内容；接收方对已收到的签名内容不能否认，即需要有收报认证；必要时，第三方可以确认收发双方之间的签名内容，但不能伪造这些内容。

同时，数字签名与手写签名也有许多不同之处。首先，在数字签名中，签名同消息是分开的，需要一种方法将签名与消息绑定在一起，而在手写签名中，签名被认为是被签名消息的一部分；其次，在签名验证的方法上，数字签名利用一种公开的方法对签名进行验证，任何人都可以对签名进行验证，而手写签名是由经验丰富的接收者通过与以往的签名进行比对来验证；而且，数字签名和所签名的消息能够在通信网络中传输，而手写签名只能使用传统的安全方式进行传输；最后，对于手写签名的复制比较困难，而对数字签名的复制则非常容易。因此，在数字签名方案的设计中要预防签名的重用。

为了满足在网络环境中身份认证、数据完整性和不可否认性等安全需求，数字签名必须具有以下几个重要特性。

1）可信性。即签名的接收方可以方便并有效地通过一个专门的验证算法来验证真伪。

2）不可伪造性。即除了合法的签名者之外，任何人都无法伪造出这一签名。

3）不可复制性。即对于某一条消息的签名，任何一方都不能将此签名用作对另一条消息的签名。

4）不可抵赖性。即签名一旦生成并被发送出去，签名的生成者不能否认自己的签名，因为接收方可以向别人出示签名来证明消息的来源。

5）不可修改性。即签名一旦完成，则对被签名消息的任何修改都能够被轻易发现。

通常，根据接收方验证签名的方式不同，可以将数字签名分成两大类——真数字签名和仲裁数字签名。真数字签名就是签名的接收方在收到签名之后能够独立地验证签名的真伪而不必借助于其他任何人；仲裁数字签名则是指接收方不能独立完成签名的验证，而是需要与一个可信的第三方（即仲裁者）合作来完成验证。

根据数字签名实现方法的不同，又可以将数字签名分为采用对称加密算法的数字签名和采用公钥加密算法的数字签名。采用对称加密算法的数字签名技术需要签名的生成方和验证方都持有相同的（或者是可以互相推导的）签名密钥来完成签名生成和验证的过程。这种方式容易导致所持有的密钥外泄，并存在伪造的可能，因此其安全性并不高。而采用公钥加密算法的数字签名由于任何人都无法从公钥推导出私钥，因此密钥外泄的可能性要低很多。当然，这类数字签名技术的运行速度要比采用对称加密算法的数字签名慢得多。

图 3-8 展示了一个采用公钥加密算法的数字签名算法的原理示意图。

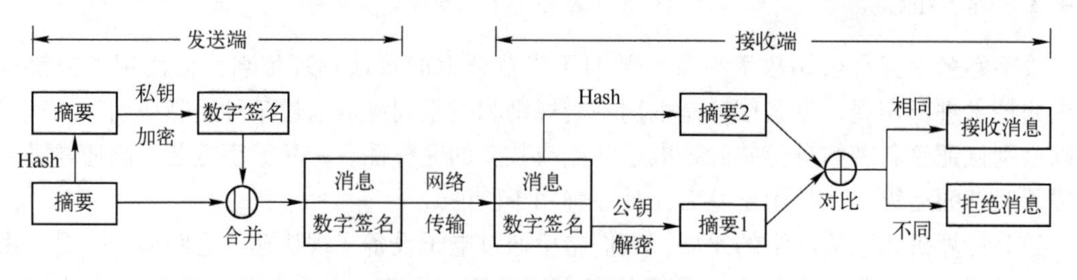

图 3-8　数字签名原理示意图

由图 3-8 可知，采用公钥加密算法的数字签名的具体运行过程如下。

1）发送端首先对所要发送的消息数据采用 Hash 函数进行运算并获得其消息摘要，然后使用私钥对这段摘要进行加密，将加密结果作为数字签名附在所要发送的消息数据之后一同发出。

2）接收端通过一个可信的第三方——证书机构（Certification Authority，CA）获得发送端的公钥，对接收到的数字签名进行解密，得到摘要1。

3）接收端采用相同的Hash函数计算并获得消息数据的摘要2，然后将摘要1与摘要2进行比较，以判断数字签名是否有效。

3.4.2 常用数字签名技术

目前，数字签名主要采用的是公钥密码算法，其中比较典型的有两个：RSA签名算法和ElGamal签名算法。RSA签名算法提出的时间比较早，其建立的基础同RSA加密算法一样，两者都是基于大数分解难题。1985年，ElGamal签名算法方案被提出，该方案的改进版已经被NIST采纳为数字签名算法（Digital Signature Algorithm，DSA），用于数字签名标准（Digital Signature Standard，DSS）中。DSA的安全性建立在离散对数求解困难的基础上，并使用了安全Hash算法SHA，其安全性与RSA算法基本相当。

本节将介绍RSA数字签名方案、ElGamal数字签名方案和DSS数字签名标准。

1. RSA数字签名方案

数字签名方案通常由签名算法和验证算法两部分组成。其中，签名算法可以是保密的，也可以是公开的，而验证算法则必须是公开的，并且验证者可以通过这个公开的验证算法来直接判断出签名的真伪。

RSA数字签名方案在其运行过程中采用了前面介绍过的RSA公钥加密算法，但在签名方案中其使用方式有所不同。在作为加密算法使用时，发送方使用接收方的公钥对信息进行加密，接收方利用自己的私钥来解密信息；而在签名方案中，发送方使用自己的私钥对信息进行加密，接收方使用发送方的公钥来解密信息进行验证。其具体过程如下。

（1）算法描述

1）初始化。任意选取两个大素数p和q，计算乘积$n=pq$以及欧拉函数值$\phi(n)=(p-1)(q-1)$；再随机选取一个整数e，满足$1<e<\phi(n)$，而且e与$\phi(n)$互素；然后计算整数d，使得$ed\equiv 1 \bmod \phi(n)$。最后，公开n，e的值作为公钥，而p、q和d保密。

2）签名过程。设需要签名的消息为$x(x\in \mathbf{Z}_n)$，选择一个安全的Hash函数，发送方的私钥为d，计算

$$\mathrm{Sig}_K\equiv h(x)^d \bmod n$$

则Sig_K即为对消息x的签名。

3）验证过程。设接收方收到的签名消息为y，利用发送方的公钥e对签名进行验证

$$\mathrm{Ver}_K(x,y)=\mathrm{TRUE}\Leftrightarrow h(x) \bmod n\equiv y^e \bmod n\text{，其中 } x,y\in Z_n$$

若$\mathrm{Ver}_K(x,y)=\mathrm{TRUE}$，则签名有效；否则签名无效。

（2）正确性证明

由$ed\equiv 1 \bmod \phi(n)$可得

$$ed=k\phi(n)+1, k\in \mathbf{Z}_n$$

于是，根据签名和验证算法可以得到

$$y^e \bmod n=(\mathrm{Sig}_K)^e \bmod n=h(x)^{ed} \bmod n=h(x)^{k\varphi(n)}+1 \bmod n= h(x) \bmod n$$

由此，即可证明签名方案的正确性。

2. ElGamal 数字签名方案

ElGamal 加密方案能够使用用户的公钥进行加密，并利用用户的私钥进行解密。而 El-Gamal 数字签名方案，则是使用私钥进行加密，而用公钥进行解密。

先来看一下 ElGamal 方案中使用的数论原理。对于素数 q 和 $a \in \mathbf{Z}_q^*$，则有

$$a, a^2, \cdots, a^{q-1}$$

取模（mod q）后各不相同。如果 a 是 q 的本原元，则进一步有

1）对于任意整数 m，$a^m \equiv 1(\bmod q)$ 当且仅当 $m \equiv 0(\bmod q-1)$。

2）对于任意整数 i、j，$a^i \equiv a^j(\bmod q)$ 当且仅当 $i \equiv j(\bmod q-1)$。

同 ElGamal 加密方案一样，ElGamal 数字签名方案的基本元素是素数 q 和 a，其中 a 是 q 的原元。用户 A 通过如下步骤产生公钥和私钥。

1）生成随机整数 X_A，使得 $1<X_A<q-1$。

2）计算 $Y_A = a^{XA} \bmod q$。

3）则 A 的私钥是 X_A；A 的公钥是 $\{q, a, Y_A\}$。

为了对消息 M 进行签名，用户 A 首先计算 M 的 Hash 值 $m=H(M)$，这里 m 是满足 $0 \leqslant m \leqslant q-1$ 的整数。然后 A 通过如下步骤产生数字签名。

1）选择随机整数 K，满足 $1 \leqslant K \leqslant q-1$ 以及 $\gcd(K, q-1)=1$，即 K 与 $q-1$ 互素。

2）计算 $S_1 = a^K \bmod q$。

3）计算 $K^{-1} \bmod (q-1)$，即计算 K 模 $q-1$ 的逆。

4）计算 $S_2 = K^{-1}(m - X_A S_1) \bmod (q-1)$。

5）签名包括 (S_1, S_2) 对。

任意用户 B 都能通过如下步骤验证签名。

1）计算 $V_1 = a^m \bmod q$。

2）计算 $V_2 = (Y_A)^{S1}(S_1)^{S2} \bmod q$。

如果 $V_1 = V_2$，则说明签名合法。

3. DSS 数字签名标准

DSS 是一种数字签名方案，它是在由 ElGamal 基于离散对数问题提出的一个既可用于加密又可用于数字签名的密码算法的基础上改进而来的，已经被 NIST 采纳。该方案本身是一个非确定性的算法，这也意味着对于任何给定的消息将有许多合法的签名。DSS 数字签名的具体过程如下。

（1）算法描述

1）初始化。选取两个大素数 p 和 q，满足 $p-1$ 能够被 q 整除；选取一个整数 h，计算 $g=h(p-1)/q \bmod p$，满足 $h \in Z_p{}^*$，且 $h(p-1)/q \bmod p>1$；再随机选取一个正整数 $x(0<x<q)$ 作为私钥，并计算 $y=g^x \bmod p$，将 (p,q,g,y) 作为公钥；选择单向 Hash 函数 $H(x)$，DSS 标准中规定为 SHA-1 算法。

2）签名过程。假设待签名的消息为 $M(M \in Z_*p)$，签名者选择随机数 $k(0<k<q)$，计算

$$r=(g^k \bmod p) \bmod q$$

$$s=k^{-1}[H(M)+xr] \bmod q$$

则 (r,s) 即为对消息 M 的签名。

3）验证过程。接收方收到消息 M 和签名值(r,s)后，进行以下步骤

$$w=s^{-1} \bmod q$$
$$u=[H(M)w] \bmod q$$
$$t=(rw) \bmod q$$
$$v=[(g^u y^t) \bmod p] \bmod q$$

当 $v=r$ 时，说明签名有效。

（2）正确性证明

根据签名和验证算法可以得到

$$v=[(g^u y^t) \bmod p] \bmod q=[(g^{H(M)w} y^{rw}) \bmod p] \bmod q=[(g^{H(M)w} g^{xrw}) \bmod p] \bmod q$$
$$=[(g^{[H(M)+xr]w}) \bmod p] \bmod q=(g^{skw} \bmod p) \bmod q=(g^k \bmod p) \bmod q=r$$

由此，可以证明签名方案的正确性。

3.5　移动互联网中使用的认证技术

随着信息技术的不断发展，人类进入移动互联网时代。由于网络的虚拟化和业务交易的移动化，在获取各种网络资源并进行各项网络交易的过程中，身份认证变得十分重要。一旦用户身份被盗取和冒用，将直接影响用户各项业务交易的安全性以及对网络资源的获取。在移动互联网时代，确保用户身份安全是移动互联网业务开展的安全基石。身份认证是普通用户在访问各类应用时的必经过程，它决定着各项资源访问权限的具体分配，也直接影响到权限分配的合法性和合理性。

传统的身份认证方式显然已经无法满足用户身份认证过程中对安全性、准确性和灵活性等方面的要求。如何应对移动互联网中涉及的各种各样的身份识别和认证的问题就成为移动互联网安全和应用的关键。所以，适用于移动互联网的身份认证技术急需更新升级。

下面对移动互联网中使用的两种认证技术做简要介绍。

3.5.1　WPKI 技术

1. WPKI 简介

WPKI 即“无线公开密钥体系”，它是将互联网电子商务中的公钥基础设施（Public Key Infrastructrue，PKI）安全机制引入到无线网络环境中的一套遵循既定标准的密钥及证书管理体系。PKI 是利用公钥理论和技术建立的提供信息安全服务的基础设施，它是国际公认的互联网电子商务的安全认证机制。WPKI 可以对移动网络环境中使用的公开密钥和数字证书进行管理，并有效地建立起一个安全和值得信赖的无线网络环境。

WPKI 并不是一个全新的 PKI 标准，它是传统的 PKI 技术应用于无线环境的优化扩展。WPKI 采用了优化的 ECC 椭圆曲线加密算法和压缩的 X. 509 数字证书。它同样采用证书来管理公钥，通过第三方可信机构——认证中心（CA）来验证用户的身份，从而实现信息的安全传输。

2. WPKI 技术架构

WPKI 是 PKI 技术在无线网络中的延伸。PKI 技术是利用公钥理论和技术建立的提供信息安全服务的基础设施，它利用现代密码学中的公钥密码技术在开放的互联网环境下提供数

据加密以及数字签名服务的统一技术框架。在这一框架中，加密密钥和解密密钥不相同，发送方利用接收方的公钥加密发送信息，接收方利用自己专有的私钥进行解密。这种方式既保证了信息的机密性，又能保证信息的不可否认性。

与PKI系统相似，WPKI系统也必须具有以下几部分：PKI客户端、认证机构（CA）、注册机构（RA）和数字证书库以及应用接口等基本组成部分。除PKI客户端外，其他各部件的作用和功能说明如下。

1）认证机构（CA）：认证机构系统是PKI的信任基础，负责分发和验证数字证书，规定证书的有效期，发布证书的废除列表。

2）注册机构（RA）：注册机构为用户和认证机构之间提供一个接口，它是认证机构的校验者，需要在数字证书分发给请求者之前对证书进行验证。

3）数字证书库：用于存储已经签发的数字证书和公钥，用户可以由此获得所需的其他用户的证书及公钥。

4）应用接口：一个完整的WPKI系统必须提供良好的应用接口系统，使各种应用能够以安全、一致、可信的方式与WPKI进行交换，确保安全网络环境的完整性和便捷性。

认证机构通常作为数字证书的签发机构，它是WPKI系统的核心。数字证书，是由认证机构进行数字签名并发放的，其中包含了公钥拥有者以及公钥的相关信息，可以用来证明数字证书持有者的真实身份。它采用公钥密码算法，即使用一对相互匹配但又无法互相推导的密钥对进行加密和解密。

3. WPKI技术的应用

随着移动互联网的快速普及，无线通信技术在银行、商务、贸易等各方面的需求越来越多，无线通信的安全性也显得日益重要。所以，WPKI技术也逐渐发展起来，它为移动环境下的安全认证和电子支付奠定了基础。下面将举例说明WPKI技术的相关应用。

（1）收发电子邮件

由于商业活动信息交换频繁且实时性较强，商务人士可能需要随时发送电子邮件来沟通、交换一些秘密的或是有商业价值的信息，因而通过移动终端来收发电子邮件就成为一种便捷、高效的信息交换方式。但是，这同时也引发了对安全问题的顾虑，例如，邮件内容和附件可能在收发双方毫不知情的情况下被窃取或篡改，而且，发信一方的身份也可能是伪造的，这就会造成相关人员的经济损失。

在使用加密和签名技术的安全电子邮件协议的情况下，采用WPKI技术就可以解决这些安全问题。当使用移动终端发送邮件给一位或多位收件人时，发送方会对邮件进行加密和签名。这样一来，只有指定的收件人才能在认证机构的服务器上取得公钥并开启邮件。即使该邮件被他人截获，也会因为得不到公钥而无法阅读邮件内容。

（2）移动电子商务

在移动电子商务领域，如何实现在线、实时、安全的支付是技术应用的核心。特别是在移动环境下，需要准确地识别用户的身份、鉴别账号的真伪，并迅速安全地实现资金的相关操作。由于WPKI技术实现了无线通信环境下的安全认证，使其在移动电子商务领域得到了广泛的应用。在诸如网上银行的生活缴费、移动电子支付和网上证券交易等场景中，WPKI技术都得到了普遍的应用，移动用户可以通过使用个人拥有的数字证书，使信息获得更有效、更安全的保障。

3.5.2 双因子认证技术

双因子认证，又称为双因素认证，是一种安全认证方法。在这一认证过程中，需要用户提供两种不同的认证因素来证明自己的身份，从而更好地保护用户证书和可访问的资源。双因子认证比基于单因子的验证方式提供了一种更高级别的保证。在单因子认证中，用户只需提供一种认证因子，一般是密码或者口令。双因子认证不仅需要用户提供密码，而且还需要用户提供第二个因子，通常情况下这一因子可能是一个安全令牌或生物特征标志（如指纹或面部）。

因为仅仅知道密码还不足以通过认证检查，双因子认证通过增加攻击者访问用户设备和在线账户的难度来达到为身份认证过程添加额外安全层的目的。

1. 身份认证的因素

人们在不同情况下可以使用多种方法进行身份认证。目前，大多数身份认证方法依赖于传统密码这样的认证因素，而双因子认证添加了持有物因素或特征因素。

认证因素在认证过程中被采用和计算的一般顺序如下。

1）认证因素：指用户所知道的事物，如密码、PIN 码或其他类型的共享密钥。

2）持有物因素：指用户拥有的东西，如身份证、安全令牌、智能手机或其他移动设备。

3）特征因素：指用户自身固有的特性，如指纹、面部、语音等。

4）未知因素：指认证时所处的位置，可以用特定位置的特定设备来强制限定认证，最常见的方式是跟踪认证来源的 IP 地址或来源于移动电话或其他设备的地理信息。

5）时间因素：限制用户在特定的时间窗口内进行认证登录，并在该时间段之外限制对系统的访问。

绝大多数情况下，双因子认证方法依赖前 3 个认证因素。双因子认证是多因子认证的一种形式。一般情况下，凡是需要两个认证因子才能访问的系统或服务，就可以使用双因子认证。而且，使用同一类别的两个因子并不构成双因子认证，例如：某系统认证需要提供密码和共享密钥，但仍然会被认为是单因子认证，因为密码和共享密钥都属于同一类认证因素。

就单因子认证服务而言，用户 ID 和密码不是最安全的。基于密码认证的一个问题是需要知识和努力来创建并记住强密码。密码需要保护，以避免受到内部威胁。而且，密码也容易受到外部威胁，如果给予足够的时间和资源，攻击者通常可以攻破基于密码的安全系统。因为成本低、易于实现，密码仍然是单因子认证的最常见形式之一。

2. 移动设备的双因子认证

目前，移动设备采用的双因子认证是一种应用了时间同步技术的系统，使用基于时间、事件和密钥 3 种因素而产生的一次性密码来代替传统的静态密码。每个动态密码卡都有一个唯一的密钥，该密钥同时存放在服务器端。每次认证的时候，动态密码卡与服务器分别根据同样的密钥、同样的随机参数（时间、事件）与同样的算法计算出认证的动态密码，从而确保密码的一致性，并实现用户的认证。由于每次认证使用的随机参数不同，每次产生的动态密码也会不同。正是因为每次计算时参数的随机性保证了每次密码的不可预测性，从而在基本的密码认证这一环节上保证了系统的安全性。这一认证系统可以消除因为口令欺诈而导致损失的安全隐患，防止人为恶意破坏，解决了由口令泄露导致的入侵问题。

双因子身份认证，就是只有把“用户知道的”与“用户拥有的”这两个因素组合到一起才能发挥作用的身份认证系统。例如，在银行ATM机上取款时，使用的银行卡本质上就是一个双因子认证机制的实际应用，取款人需要同时持有银行卡并知道取款密码才能够正常办理各项业务。

目前主流的双因子认证系统都是基于时间同步的，市场占有率较高的有DKEY双因子认证系统、RSA双因子认证系统等，由于DKEY增加了对短信密码的认证支持，即短信+令牌混合认证，相比于RSA双因子认证系统要更具竞争力。

本章小结

保密和认证是信息系统安全的两个方面。其中，认证是用于鉴别通信双方身份的真伪、防止他人主动攻击的一种重要技术。在开放的网络环境中，认证的主要目的有两个：验证消息发送者的身份和验证消息的完整性。Hash函数能将任意长的消息映射成一个定长的短字串，这一特性使其在消息完整性校验方面得到了广泛的应用，并衍生出MD4、MD5和SHA系列等算法。数字签名作为一种用于确保信息满足可认证性、完整性、不可否认性等安全要求的重要技术手段，在通信网络安全的密钥分发、认证以及电子商务系统中都发挥了极其重要的作用。认证和数字签名技术共同保障了信息传输过程的真实性和安全性。

习题

1. Hash函数可能受到哪些攻击？
2. 用来产生认证符的消息认证函数有哪几种？
3. 为了能够满足网络环境中的身份认证、数据完整性和不可否认性等安全需求，数字签名必须具有哪些特性？
4. 常用的数字签名技术有哪些？
5. 移动互联网中使用的认证技术有哪些？
6. 请列举几个实际生活中身份认证技术具体实现的例子。

第4章 安全协议

安全协议是以密码算法为基础的消息交换协议，其目的是在网络环境中提供各种安全服务。密码学是网络安全的基础，但网络安全不能单纯依靠安全的密码算法。安全协议是网络安全的一个重要组成部分。我们需要通过安全协议进行实体间的认证，并在实体间安全地分配密钥或传输其他的秘密信息，确保发送和接收消息的不可否认性。

本章将介绍安全协议的基本概念、常用的身份认证协议以及密钥的协商、分发和更新协议。

4.1 安全协议概述

安全协议运用密码算法和协议逻辑来实现认证和密钥分配等目标，保障计算机网络信息系统中秘密信息的安全传递与处理。虽然安全协议为互联网通信提供了安全保障，但其安全性分析验证仍是一个悬而未决的问题，即安全协议本身并非一定是安全的。在实际中，安全协议被广泛应用于金融系统、商务系统、政务系统和军事系统等领域。

4.1.1 安全协议的基本概念

所谓协议（Protocol），指的是两个或两个以上的参与者为完成某项特定的任务而采取的一系列步骤，而且每一步必须依次执行，在前一步完成之前，后面的步骤都不能执行。在通信领域中，协议是无处不在的，例如，怎样建立连接、怎样进行身份识别等。只有遵守这个约定，计算机之间才能顺利进行通信交流。

一个好的协议应该满足以下几点要求。

1）协议中的每一方都必须了解协议，并且预先知道所要完成的所有步骤。

2）协议中的每一方都必须同意遵守协议。

3）协议必须是明确的，每个步骤都必须确切定义，避免引起误解。

4）协议必须是完备的，对每种可能的情况必须规定具体的动作。

许多协议依赖于当事人出场来保证真实性和安全性。然而，当通过网络与远端的用户进行交流时，真实性和安全性就难以得到保证。实际上，不仅难以保证使用网络的所有用户都是诚实的，而且也难以保证网络的管理者或设计者都是诚实的。因此，网络中使用的通信协议，不仅应该具有有效性、公平性和完整性，而且还应该具有足够高的安全性。

通常把具有安全性功能的协议称为安全协议。安全协议与通信协议的不同之处在于这种协议的作用是在网络等通信环境下为相关的用户提供安全的服务。安全协议的基本内容基于密码学原理，并运用协议逻辑来实现相应的安全目标。

安全协议可以用于确保网络系统中信息的安全传输和处理，确保用户身份的真实性和安全性。这类协议目前已经广泛应用于金融、商务、外交等社会生活领域，并随着信息技术向社会生活的各方面不断地渗透而变得越来越重要。特别是在通信领域，安全协议的目标不仅仅是实现信息的加密传输，更重要的是解决通信网络的安全问题。在协议中采用密码技术，是防止或检测非法用户对网络进行窃听和欺骗攻击的关键技术措施。

安全协议的功能包括：对网络中各实体的认证、网络中各实体间进行密钥的分发和管理、对消息发送或接收的不可否认性处理等。

按照目的的不同，可以把网络通信中基本和常用的安全协议分为以下几类。

1. 认证协议

认证协议主要包括实体认证（身份认证）协议和消息认证协议，用于防止假冒、篡改、否认等攻击。

2. 密钥建立协议

这类协议一般用于在参与协议的两个或者多个实体间构建共享的会话密钥。协议中的密码算法可以采用对称密码算法，也可以采用非对称密码算法。这一类协议往往与认证协议结合使用。

3. 认证和密钥建立协议

这类协议将认证协议和密钥建立协议结合在一起，先对通信实体的身份进行认证，在认证成功的基础上，为下一步的安全通信分发所需的会话密钥。常见的认证和密钥建立协议有互联网密钥交换（IKE）协议和 Kerberos 认证协议。

4.1.2 安全协议的安全性

如果一个安全协议受到非法攻击，但攻击者不能获得有用的信息，那么就称这个协议是安全的。换言之，评估一个安全协议是否是安全的，可以检查其预期达到的安全性是否遭到攻击者的破坏。

通常，安全协议有以下几个安全性质。

1. 认证性

认证性是最重要的安全性质之一，安全协议的其他性质都依赖于这一性质。认证性主要是完成对通信双方身份的识别和消息来源的确认。

2. 机密性

机密性是指协议消息不被非授权者获得有用信息的一种性质。保证安全协议机密性的直接方法是对协议信息进行加密。

3. 完整性

完整性是指协议数据在产生、传输和存储的过程中没有被非法改动的一种性质。在密钥协议中一般使用单向函数、消息认证码等机制来保护消息的完整性。

4. 验证性

在协议执行过程中，每个参与者都应按照协议中预先设置的规定，交换一系列信息。在每个中间阶段，参与者做出回应前需要验证所收到信息的正确性。在协议结束时，每个参与者应该能够验证最终结果的正确性。

5. 不可否认性

不可否认性主要是指通信主体提供对方参与协议的证据，以此来保证其合法权益不受侵害。常用的实现不可否认性的方法是数字签名。

6. 正确性

正确性是安全协议的重要特征。只有正确完善的协议才能得到广泛的应用，否则不法分子会利用安全协议中存在的漏洞发起攻击，造成用户的损失。目前，一般采用安全设计准则以及形式化证明方法来保证协议的正确性。

7. 公平性

公平性是指协议应保证双方都不能通过损害对方的利益来获取不应有的利益。

此外，一些安全协议还需要满足匿名性、强健性、高效性和隐私属性。这些安全性质还存在着互斥关系，比如，机密性和高效性，这就需要安全协议的设计者针对协议的应用场景在安全性质之间进行合理的取舍。

4.1.3 针对安全协议的常见攻击和防范措施

由于安全协议的目标是确认实体的身份并保障数据完整性。许多认证协议会在主体间分发密钥或其他的秘密信息。因此，对安全协议的攻击也呈现出多样性。

针对不同类型的安全协议的攻击方法主要有以下几种。

1. 窃听

窃听是最基本的攻击方式之一，也是唯一的一种被动攻击方式。应对这一攻击的防范措施主要是采取加密方式，避免通信内容被窃取。

2. 重放攻击

攻击者通过窃取并复制用户之间的通信内容，然后将用户之前发送的消息重放到信道中，让另一用户误以为对方又进行了新一轮的认证，会造成双方的通信内容泄露。针对这一攻击，可以通过设置序列号、时间戳或采用询问应答协议来应对。

3. 篡改

篡改包括修改、删除等方式。这是一种主动攻击方式，主要破坏数据的完整性。即使对数据进行加密也不能提供完整性。为了应对这一攻击，可以在通信消息中加入消息认证码或数字签名来保证数据的完整性和信息来源的真实性。

4. 拒绝服务攻击

拒绝服务攻击是一种阻止合法用户完成协议的攻击方式。在实际中，一般针对多客户端连接的服务器，通过发起大量的服务请求来消耗服务器的系统资源，使服务器无法向正规用户提供服务。

4.2 身份认证协议

身份认证协议是系统安全的一个基础方面。它用于确认尝试登录系统或访问网络资源的任何用户的身份。用户在访问所有的系统之前，首先需要经过身份认证系统来识别身份，然后安全系统根据用户的身份来决定用户是否拥有访问某一资源的权限。

4.2.1 身份认证的概念

为了防止个人或组织通过通信系统进行欺诈活动，一个安全的通信和数据系统需要有一个足够强大的身份认证机制来识别用户身份的真伪。身份认证又称为身份识别，指的是在正式通信开始之前，某项服务的申请者向服务提供者证明自己的真实身份与其所声称的身份相符的过程。随着通信技术的广泛应用，个人身份的识别问题变得越来越重要。从事互联网活动的众多个体都需要在不同的网络服务和交互中证明自己的合法身份，以确保自己的合法利益。

目前，常见的身份认证技术大体上可以分为 3 类：基于口令的认证技术、双因子身份认证技术、基于生物特征的认证技术。早期的认证技术主要是采用基于口令的认证方法。当用户要求访问服务系统时，系统会要求用户提交口令信息。系统收到口令后，将其与自身存储的用户口令进行比较，以确认用户是否为合法访问者。这种认证方式叫作 PAP（Password Authentication Protocol）认证。PAP 仅在连接建立阶段执行，而在数据传输阶段就不进行了。虽然简单易行，但是基于口令的认证方法也存在以下几点不足。

1）以明文方式输入口令，很容易被内存中运行的黑客程序记录下来而造成口令泄露。

2）口令在传输、修改过程中都涉及较多的安全问题。

3）攻击者可以利用服务系统中存在的漏洞间接获取用户口令，并通过字典穷举法猜测口令信息。

4）只能进行单向认证，即只能是系统认证用户，而用户却无法对系统进行认证。

基于生物特征的认证技术，相当于在身份认证中加入一些标识个人身份的生物特征作为第三个认证因子，这就形成了三因子认证。这种方式以人体唯一的、可靠的、稳定的生物特征（如指纹、虹膜和面部）为依据，利用计算机的强大功能和网络技术进行图像处理和模式识别，具有更好的安全性、可靠性和有效性。由于几乎没有两个人的皮肤纹路图样完全相同，相同的概率也不到 10^{-10}，而且它的形状不随时间而变化，提取指纹作为永久记录存档又极为方便，所以指纹就成为身份验证既准确又安全可靠的一种方法。目前，市面上的智能手机大部分都已支持通过指纹或面部识别来解锁屏幕，而且这一技术已经推广到移动支付领域。顾客在超市进行结算时，只需面向收银柜台的扫描仪器，就可以轻松完成面部特征的采集、与系统特征库进行比对以及支付过程。生物特征识别的原理和过程如图 4-1 所示。

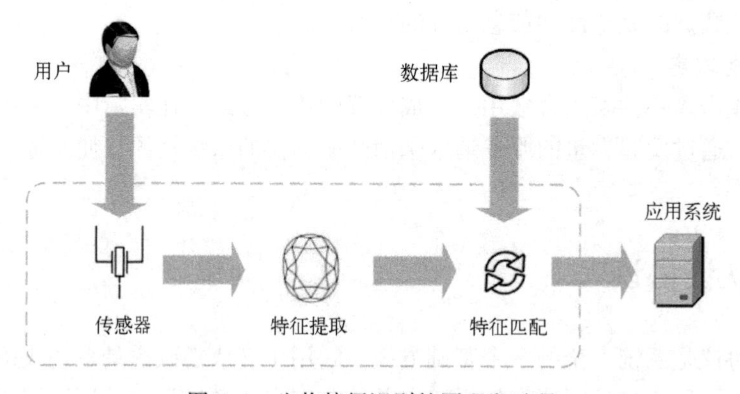

图 4-1　生物特征识别的原理和过程

相比于传统的身份鉴别方法，基于生物特征识别的身份认证技术具有的优点是：不易遗忘、丢失或被盗；防伪性能好，不易伪造；随时随地可用。

通常情况下，设计一个安全的认证协议至少要满足以下两个条件。

1）证明者 A 能向验证者 B 证明他的确是 A。

2）在证明者 A 向验证者 B 证明自己的身份后，B 不能获得任何有效的信息使得 B 能向任何第三方证明他自己是 A。

目前设计出的安全认证协议可大致分为两类：零知识身份认证协议和询问应答协议。下面将对这两类协议进行介绍。

4.2.2 零知识身份证明协议

零知识证明（Zero Knowledge Proof），是由 S. Goldwasser 等人在 20 世纪 80 年代设计的一种密码协议，证明者向验证者证明并使其相信自己知道或拥有某个消息，但证明过程不能向验证者泄露任何关于被证明消息的信息。经过大量的事实证明，零知识证明在密码学中非常有用。如果能够将零知识证明用于验证，将可以有效解决许多问题。

零知识证明起源于最小泄露证明。假设 P 是掌握了某些信息并希望证实这一事实的实体，而 V 是证明这一事实的实体。假如某个协议向 V 证明 P 的确掌握某些信息，但 V 无法推断出这些信息是什么，我们就称 P 实现了最小泄露证明。不仅如此，如果 V 除了知道 P 能够证明某一事实外，不能得到其他任何知识，那么我们就称 P 实现了零知识证明，相应的协议即为零知识协议。

下面介绍经典的 Quisquater-Guillou 零知识协议。这是一个典型的零知识证明的示例问题，又被称为洞穴问题。零知识证明的结构如图 4-2 所示。

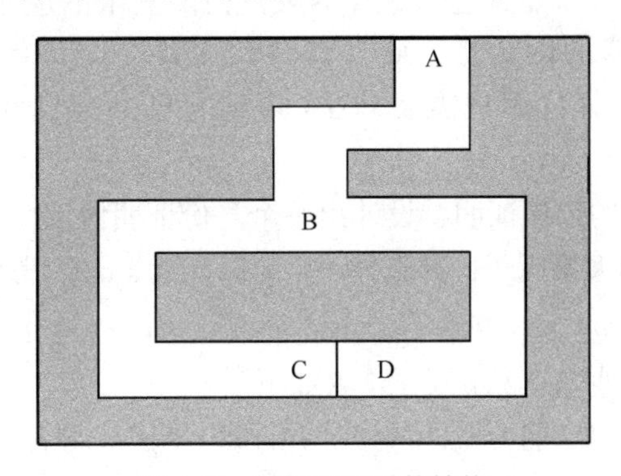

图 4-2 零知识证明的结构

图 4-2 中的 A、B、C、D 表示洞穴中的 4 个位置，A 是洞口，B 位于由 C 或 D 通往洞口 A 的必经之路上，C 和 D 之间有一道密门，密门只能用唯一的咒语来打开。证明者 P 需要向验证者 V 证明他知道咒语这一事实，但同时又不能让 V 知道这个咒语。假设 P 在使用咒语来开门的时候，V 听不到这一过程，无法获知这个咒语的任何情况。则具体的认证过程如下。

1）V 站在洞穴的 A 处。

2）P 走进洞穴，并站在 C 或 D 的任意一处。

3）V 走到 B 处。

4）V 让 P 从左边或者右边走出来。

5）P 按照 V 的要求走出。

6）P 和 V 重复上述过程多次，直到 V 相信 P 确实知道打开密门的咒语为止。

上述协议就是一个完全的零知识证明协议。在实际的应用中，如果将协议中的咒语替换为一个数学上的难题，并且 P 知道这个难题的解法，就可以设计出实用的零知识身份认证协议。比较著名的基于零知识的密码算法还有 U. Feige、A. Fiat 和 A. Shamir 提出的 Feige-Fiat-Shamir 算法。

4.2.3 询问应答协议

采用询问应答方式的身份认证协议是按照“验证者提出问题、证明者做出回答、验证者对回答进行验证”的顺序对身份进行认证。在询问应答的交互过程中，证明者需要避免向验证者提供他所知道的秘密知识，所以需要一些参数操作来完成认证的过程。

常用的一种基于随机数的认证协议是按如下顺序进行的（假设 P 和 V 共享秘密知识）。

1）证明者 P 向验证者 V 发起认证。

2）V 向 P 发送一个随机数 R。

3）P 用自己的秘密知识对 R 进行加密后发送给 V。

4）V 验证 P 发来的加密信息，并对比 R 和解密出的数字，根据结果做出判断。

这一过程可以防止中间人发起的重放攻击，因为这里的随机数值在每一次的验证中都是不同的。

Schnorr 身份认证协议是一种常用的询问应答认证协议。因其具有计算量和通信量较少的特点，这种协议特别适用于如智能卡这样的硬件性能受限的应用环境。Schnorr 协议的安全性是基于离散对数计算的困难性，而且该协议需要一个可信的第三方，即可信中心（Trusted Authority，TA）。每位用户需要向 TA 申请自己的公钥和私钥，并将自己的公钥公开。

Schnorr 利用离散对数的知识证明，设计出一个身份证明协议。首先，证明者 P 选取两个大素数 p 和 q，q 是 $p-1$ 的大素因子，并选择一个 q 阶元素 $g \in \mathbf{Z}_p^*$ 满足 $g^q \equiv 1 \bmod p (g \neq 1)$，然后选取一个随机数 $x(1<x<q)$，计算 $y \equiv g^{-x} \bmod p$，将(p,q,g,y)作为公钥，x 作为私钥。

P 要向验证者 V 证明他知道私钥 x，步骤如下。

1）P 选取一个随机数 k，且 $0 \leqslant k \leqslant q-1$，并计算 $r \equiv g^k \bmod p$，然后将 r 传给 V。

2）V 选取一个随机数 e，且 $1 \leqslant e \leqslant 2^t (t \leqslant |q|)$，并将 e 传给 P。

3）P 计算 $s \equiv k+xe \bmod q$，将 s 传给 V。

4）V 验证 $r \equiv g^s y^e \bmod q$ 是否成立，若成立，则相信证明者 P 知道 y 对 g 的离散对数，从而相信证明者的身份。

Schnorr 是一种交互式的用户认证协议，它满足完全性和合理性的要求。但到目前为止，仍然没有人对“Schnorr 协议是一个安全的认证协议”给出证明。不过，这个协议本身在学习和设计认证协议时还是具有很重要的意义，并发展出了多种安全的认证协议。

4.3 密钥建立协议

密钥建立是指为两个或者多个参与方生成共享密钥。共享密钥是指对称密码算法中使用的密钥，也称为会话密钥。密钥的建立主要包括密钥协商、密钥分配和密钥更新，本节将对这 3 方面的内容进行介绍。

4.3.1 密钥协商协议

密钥协商（Key Agreement）是一个协议，它通过两个或多个成员在一个公开的信道上通信来协商建立一个会话密钥。任何一个参与者均对结果产生影响，不需要任何可信的第三方。在一个密钥协商方案中，密钥的值是由两个成员提供的信息输入一个函数后得到的。

1976 年，W. Diffie 和 M. E. Hellman 在论文 *New Directions in Cryptography* 中首次提出了公钥密码的概念，并进一步提出了 Diffie-Hellman 密钥交换协议。Diffie-Hellman 协议是第一个密钥协商协议，它的安全性依赖于有限域上计算离散对数的难度。

假设 Alice 和 Monica 想要进行通话，就可以使用 Diffie-Hellman 协议来进行密钥协商，并产生会话密钥。密钥协商算法的具体过程如下。

1）首先 Alice 和 Monica 协商一个大素数 q 和一个整数 a，$a \in \mathbf{Z}_q$是模 q 的本原元。

2）Alice 随机产生一个大整数 X_A，计算 $Y_A = a_A^X \bmod q$，然后把 Y_A发给 Monica。

3）Monica 随机产生一个大整数 X_B，计算 $Y_B = a_B^X \bmod q$，然后把 Y_B发送给 Alice。

4）Alice 计算 $K = (Y_B)_A^X \bmod q$。

5）Monica 计算 $K' = (Y_A)_B^X \bmod q$。

其中，$K = K' = a^{X_A X_B} \bmod q$，即为双方协商出的密钥。

两方的 Diffie-Hellman 密钥交换协议可以很容易扩展成三方密钥协商协议。下面介绍 A、B、C 三方一起协商会话密钥的过程。

1）A 选取一个大的随机数 x，发送 $X \equiv a^x \bmod q$ 给 B。

2）B 选取一个大的随机数 y，发送 $Y \equiv a^y \bmod q$ 给 C。

3）C 选取一个大的随机数 z，发送 $Z \equiv a^z \bmod q$ 给 A。

4）A 发送 $Z' \equiv Z^x \bmod q$ 给 B。

5）B 发送 $X' \equiv X^y \bmod q$ 给 C。

6）C 发送 $Y' \equiv Y^z \bmod q$ 给 A。

7）A 计算 $k \equiv Y'^x \bmod q$。

8）B 计算 $k \equiv Z'^y \bmod q$。

9）C 计算 $k \equiv X'^z \bmod q$。

由上可知，会话密钥为 $k \equiv a^{xyz} \bmod q$。这个协议也很容易扩展到 4 人或者更多的人，但随着人数的增加，通信的轮数也会增加，所以此方法不适用于群组密钥协商。整个密钥协商的过程都在不安全的信道上完成，但是即使窃听者获得了所有的信息，他也无法计算出最后的密钥。虽然 Diffie-Hellman 协议成功地在不安全的信道上进行了密钥协商，但它也存在以下不足。

1）没有提供双方身份的任何信息。

2）容易遭受阻塞性攻击，攻击者可以请求大量的密钥。

3）无法抵御重放攻击。

4）容易遭受中间人攻击。比如，第三方 C 在和 A 通信时扮演 B，而在和 B 通信时扮演 A。A 和 B 都与 C 协商了一个密钥，然后 C 就可以对 A 与 B 的会话进行监听。

除了典型的 Diffie-Hellman 密钥交换协议外，还有由 Steve Bellovin 和 Michael Merritt 设计的加密密钥交换（Encryption Key Exchange，EKE）协议、基于 Kerberos 的 Internet 密钥协

商（Kerberroized Internet Negotiation of Keys，KINK）协议。

4.3.2 密钥分发协议

密钥分发（Key Distribution）是指系统中的一个成员选择一个秘密密钥并把它传送给与他通信的其他成员的过程。根据参与形式的不同，密钥分发的模式主要有两种：直接分发和第三方分发。

图 4-3a 展示的是密钥直接分发模式。这种模式是通信一方直接向另一方传送通信密钥。这种方法的安全性完全取决于传输信道的可靠性，但很难消除信道被窃听和截断的可能。除此之外，这种方法的成本很高，安全性较低。

为了解决信道可靠性不高和密钥传送的安全性问题，通信双方可以借助一个可信的第三方来分发密钥。图 4-3b 和 4-3c 所示，密钥分发中心（Key Distribution Center，KDC）作为可信第三方为用户 A 和 B 分发通信密钥 K。在图 4-3b 中，会话密钥 K 是由用户 A 产生，并通过 KDC 安全地传送给 B。而在图 4-3c 中，用户 A 首先向 KDC 请求分发密钥，KDC 产生通信密钥 K 之后，通过安全方式分别传给 A 和 B。

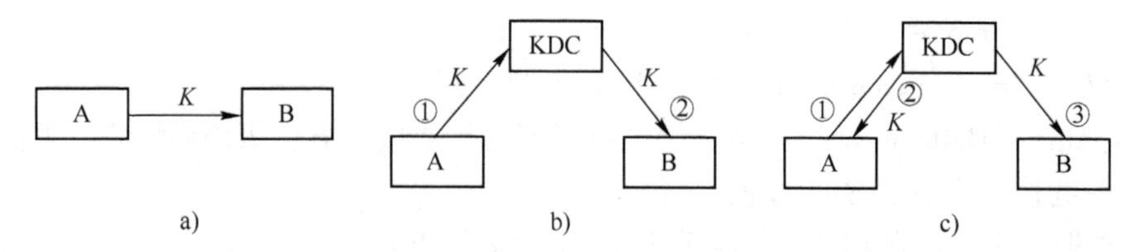

图 4-3 密钥分发的基本模式

a）模式 1 b）模式 2 c）模式 3

这种密钥分发方式的安全性依赖于密钥选择时的安全性以及密钥传输过程的安全性。而且，这种分发协议的代价是巨大的，因为 KDC 需要与每一位用户都建立一个安全信道。无论是安全信道的建立和维护，还是密钥的存储，这些过程都会极大地增加系统的负荷。

实际中的密钥分发，通常可以分为离线密钥分发和在线密钥分发。其中，离线密钥分发又称为带外方式，即可信中心将所要分发的密钥放置在安全的存储介质中，由安全员将密钥传送给用户。而在线密钥分发则是通过网络来进行密钥的分发，所以无论开销还是实时性都要好于离线分发方式。通常情况下，在安全系统的安装阶段，可以通过离线的方式来完成初始密钥的分发工作，而在之后的运行过程中则主要使用在线方式进行密钥的分发。

在有密钥分配中心 KDC 参与的密钥分发模式中，一种是会话密钥由通信方发起生成，另一种是会话密钥由 KDC 生成，都属于有中心的密钥分发协议。但是，上述模式只包含了密钥分发的基本模块，容易受到重放等攻击的威胁，不能在实际中直接使用。下面将介绍一种基于对称密码算法的在线密钥分发方案——Kerberos 密钥分发协议。

Kerberos 协议是在 Needham-Schroeder 协议的基础上派生出来的，其设计目标是通过密钥系统为通信双方提供强大的认证服务。在 Kerberos 协议系统中，每个用户与可信中心之间共享一个 DES 密钥，并且每个用户都有一个用于标识自己的 ID。假设用户 A 的标识为 ID(A)，密钥为 K(A)，而用户 B 的标识为 ID(B)，密钥为 K(B)，所有传送的消息都采用 CBC 模式进行加密。下面将举例说明 Kerberos 算法的工作过程。

1）当用户 A 要向用户 B 发起通信时，用户 A 首先向可信中心请求分发通信密钥。

2）可信中心选取一个通信密钥 K，并用时间戳 T 和生存期 L 计算 $m=E_{K(\mathrm{A})}(K,\mathrm{ID}(\mathrm{B}),T,L)$ 和 $n=E_{K(\mathrm{B})}(K,\mathrm{ID}(\mathrm{A}),T,L)$，其中 $E_{K(\mathrm{A})}$ 和 $E_{K(\mathrm{B})}$ 是加密函数。之后，可信中心将 m 和 n 一起发送给 A。

3）A 解密 m 获得 K、ID(B)、T 和 L，然后计算 $P=E_K(\mathrm{ID}(\mathrm{A}),T)$，将 P 和 n 一起发送给 B。

4）B 解密 n 获得 K、ID(A)、T 和 L，并使用密钥 K 解密 P 获得 ID(A) 和 T。若前后两个 ID（A）一致，则计算 $Q=E_K(T+1)$，并将 Q 发送给 A。

5）A 使用密钥 K 解密 Q 获得 $T+1$ 并进行验证。若验证通过，则密钥分发成功。

从上面的算法过程可以看出，Kerberos 协议成功地完成了两个用户通过可信中心进行通信密钥的分发。但是，Kerberos 协议本身也存在一些缺点和不足，其中主要的问题就是该协议需要所有用户都在同一个时钟下，因为协议中需要时间戳 T 来判断一个密钥是否合法。

4.3.3 密钥更新协议

在实际应用中，由于密钥算法大多是基于数学难题的计算困难性，而且会存储在用户一方。为了确保密钥和通信过程的安全性，密钥管理系统一般都会对密钥设置生存周期并对密钥进行定期的更新。如果一直使用相同的密钥而不进行更换的话，必然会导致所用密钥安全性的降低。密钥的更新频率取决于以下几个因素。

1）被保护数据的安全级别高低。

2）被保护数据的使用频率。

3）密码算法的安全性。

密钥更新的过程一般需要依赖于一个可信的第三方——密钥管理中心。通常情况下，密钥的更新是通过密钥管理中心使用用户的当前密钥加密新密钥并发送给用户完成的。这种更新方式的缺点是：对于拥有大量用户的系统，密钥管理中心需要给每个用户一一进行密钥更新，这会给密钥管理中心带来巨大的负担。

在实际应用过程中，由于用户使用密钥的种类不同，密钥更新过程被划分为 3 个层次。对于通信系统的用户而言，其所拥有的密钥除了与他人进行通信的会话密钥之外，还包括密钥加密密钥和根密钥。其中，根密钥一般只在安装的时候使用，其他时候很少被用到，也就很少被更新；密钥加密密钥需要可信中心一起参与更新，主要用于对会话密钥的安全传输和更新过程。在这个拥有 3 个层次的密钥更新系统中，当会话密钥需要更新时，系统就使用密钥加密密钥对新的会话密钥进行加密；当密钥加密密钥需要更新时，系统就使用根密钥对新的密钥加密密钥进行加密。

本章小结

安全协议，是两个或两个以上的参与者为完成某项特定的任务而采取的一系列具有安全性功能的步骤。在不安全的网络信道上进行通信和信息交换，需要保证通信双方的身份真实性和信息传输的安全性。安全协议的功能主要包括对网络中各实体的认证、网络中实体间进行密钥的分发和管理以及对消息发送或接收的不可否认性处理。

根据安全协议的目的不同，可以把网络中基本的安全协议分为：认证协议、密钥建立协议、认证和密钥建立协议。零知识身份认证协议和询问应答协议是认证协议的两种类型。密钥建立协议包含了密钥生命周期中的主要部分，即密钥协商建立、密钥分发和密钥更新。这3部分共同组成了密钥管理系统的主要功能，为安全协议在密码机制的基础上搭建起了安全的保障。

习题

1. 一个设计完备的安全协议应该具有哪些特点？
2. 请简述安全协议包括哪些功能？
3. 最基本的安全协议可以分为哪几类？
4. 安全的认证协议大致可以分为哪几种类型？
5. 常用的身份认证技术有哪些？
6. 安全协议中的密钥管理主要包括哪几种协议？

第5章　移动通信网安全

当前，人类社会已经进入信息时代，通信技术高度发达，人们借助通信网络实现大容量、高效、快捷的远程通信。随着无线通信技术不断地更新换代并与互联网相互融合，移动互联网深入到了人类社会工作、生活的各个角落，并悄然改变着人们的工作模式和生活方式，使人们逐渐依赖于移动互联网提供的便利和丰富多彩的业务功能。然而，在移动互联网的发展过程中所出现的各种安全问题也时刻伴随着无线通信的影子，而且一直是社会各界关注的热点。为了更好地理解移动互联网所面临的各种安全挑战，有必要对无线通信的安全架构进行分析和总结。

本章将对几代移动通信技术进行梳理，并介绍相关的安全机制。

5.1　GSM 系统安全

第一代移动通信技术（1G）是基于模拟信号、仅限语音的蜂窝电话标准，基本没有考虑安全和认证，移动电话号码和通信内容等信息都以明文形式进行传送。所以第一代移动通信技术的系统安全和数据安全都存在巨大风险，如果被非法用户利用，将给运营商和用户带来巨大损失。

从第二代开始，移动通信系统采用了数字化技术，具有保密性强、频谱利用率高、能提供丰富的业务、标准化程度高等特点，使移动通信得到了空前的发展。第二代移动通信系统又分两种：欧洲的 GSM 系统和北美的窄带 CDMA 系统。2G 移动通信系统采取了一系列的安全措施，强调对用户的认证，防止非法用户接入网络，采用加密技术来保证通信内容的机密性。

本节将首先介绍 GSM 的系统结构，并从安全目标和安全实体出发，详细介绍 GSM 所采用的 3 种安全机制：鉴权机制、加密机制和匿名机制。

5.1.1　GSM 系统简介

全球移动通信系统（Global System For Mobile Communications，GSM）是由欧洲电信标准组织 ETSI 制订的一个数字移动通信标准。它的目标是解决各国蜂窝移动通信系统互不兼容的问题。

GSM 系统是基于 GSM 标准规范构建的，除了提供基本的语音和数据通信业务外，它还能提供各种增值业务。GSM 采用 FDMA/TDMA 接入方式和扩频通信技术，从而提高了频率的复用率，同时也增强了系统的抗干扰能力。GSM 通过提供鉴权和加密功能，在一定程度上确保了用户和网络的安全。

图 5-1 所示，GSM 系统主要由以下 4 部分组成。

1. 移动终端

移动终端（Mobile Station，MS）是 GSM 移动通信网中用户使用的设备，也是用户能够

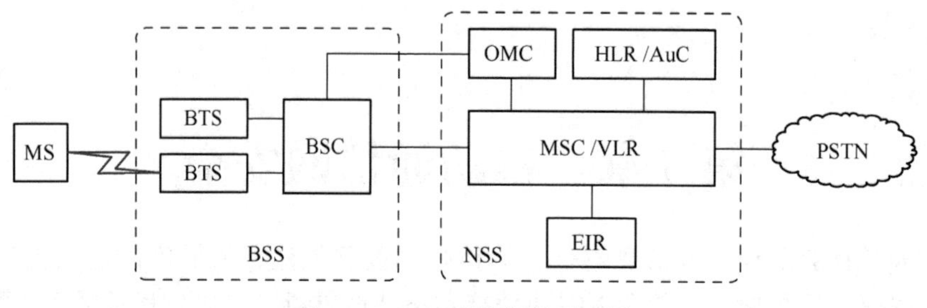

图 5-1　GSM 网络架构示意图

直接接触到的整个 GSM 系统的唯一设备。移动终端可分为手持型、车载型和便携式型。移动终端通过无线接口接入到 GSM 网络。

2. 基站子系统

基站子系统（Base Station System，BSS）是 GSM 系统中与无线蜂窝网络联系最密切的基本组成部分。它通过无线接口直接与移动终端相连接，负责无线发送、接收和无线资源管理。另一方面，基站子系统与网络子系统（NSS）中的移动交换中心（MSC）相连，实现移动用户之间以及移动用户与固网用户之间的通信连接，传送系统信号和用户信息等。

3. 网络子系统

网络子系统（Network Switch Subsystem，NSS）主要包含 GSM 系统的交换功能和用于用户数据的移动性管理、安全性管理所需的数据库功能。同时，它对 GSM 用户间的通信以及 GSM 用户与其他通信网用户之间的通信进行管理。

网络子系统（NSS）主要由移动交换中心 MSC、归属位置寄存器 HLR、访问位置寄存器 VLR、设备标识寄存器 EIR 和鉴权中心 AuC 等功能实体构成。

1）移动交换中心（Mobile Switch Center，MSC）：它是蜂窝通信网络的核心，主要功能是对位于本 MSC 控制区域内的移动用户进行通信控制和管理，即完成信道的管理和分配；完成呼叫的处理和控制，控制跨区切换和漫游；完成用户位置信息的登记与管理；完成用户号码和移动设备号码的登记与管理；对用户实施鉴权，为系统连接别的 MSC 及其他通信网络提供链路接口。

2）归属位置寄存器（Home Location Register，HLR）：它是系统中用来存储本地用户位置信息的中央数据库。在蜂窝通信网络中，通常会设置若干个 HLR，每个用户都必须在某个 HLR 中进行登记。HLR 存放与用户有关的所有信息，包括用户的漫游权限、基本业务、补充业务以及当前位置信息等。即使用户漫游到 HLR 的服务区域以外，HLR 也要登记由该区传来的位置信息，从而为 MSC 提供通信链路建立所需的路由信息。

3）访问位置寄存器（Visitor Location Register，VLR）：用于存储来访用户的信息。VLR 是一个动态的数据库，需要与有关的归属位置寄存器 HLR 进行大量的数据交换来保证数据的有效性。通常，一个 VLR 既可为一个 MSC 控制区服务，也可为几个相邻的 MSC 控制区服务。当移动用户漫游到新的 MSC 控制区时，它必须向该地区的 VLR 申请登记。VLR 要从该用户的 HLR 查询有关的参数，要给该用户分配一个新的漫游号码（MSRN），并通知其 HLR 修改该用户的位置信息，准备在其他用户呼叫此移动用户时提供路由信息。如果移动用户由一个 VLR 服务区移动到另一个 VLR 服务区，HLR 在修改该用户的位置信息之后，还要通知原来的 VLR 删除此移动用户的位置信息。

4）设备标识寄存器（Equipment Identity Register，EIR）：存储与移动设备有关的参数（如国际移动设备识别号 IMEI 等），可以对移动设备进行识别、监视，防止未经许可的移动设备接入网络。

5）鉴权中心（Authentication Center，AuC）：存储用户的鉴权信息和加密参数，保护合法用户的安全并防止非法用户接入网络。实际中，AuC 和 HLR 通常在一个物理实体上。

4. 操作维护中心

操作维护中心（Operation and Maintenance Center，OMC）的任务是对全网进行监控和操作，例如系统的自检、备用设备的激活、系统故障诊断与处理，以及各种资料的收集和分析。

5.1.2　GSM 系统的安全机制

GSM 系统在安全方面采取了许多保护措施：接入网络方面对用户进行鉴权和认证；无线链路上对通信信息进行加密；对移动设备进行设备识别；用临时识别码替换用户识别码；SIM 卡使用 PIN 码进行保护。

下面将首先阐述 GSM 系统的安全目标以及有关的安全实体，然后详细介绍 GSM 系统所采取的 3 项安全机制：鉴权机制、加密机制和匿名机制。

1. 安全目标与安全实体

GSM 系统的安全目标有两个：一是防止未经授权的用户接入网络；二是保护用户的数据信息隐私。为达成安全目标，GSM 系统需要对用户身份进行认证和保密，并保障数据的机密性。

在系统设计中，GSM 通过鉴权机制来实现对用户身份的认证，并通过加解密技术来保护用户的隐私。所有的安全机制都是由通信运营商唯一控制的，用户不需要知道使用的是什么保密机制，也不会对具体的安全机制和措施产生任何影响。

GSM 系统中的安全实体主要有：SIM 卡、GSM 网络子系统、GSM 手机和基站。下面将对这几类实体进行详细介绍。

（1）SIM 卡

SIM（Subscriber Identification Module）卡，也称为用户身份识别卡。GSM 采用 SIM 卡作为移动终端上的安全模块，卡内的芯片存储了数字移动电话用户的标识码 IMSI 和用户密钥等秘密信息。IMSI 和用户密钥是用户入网时获得的全球唯一的用户标识，在用户使用期内保持不变，可供 GSM 系统进行用户身份的鉴别，并对客户通话时的语音信息进行加密。

另外，在 SIM 卡上还存有鉴权算法（A3）、加密密钥生成算法（A8）和 PIN 码（个人标识号）。其中，PIN 码是防止非法用户盗用 SIM 卡的一种本地安全机制，即无须 GSM 网络的参与。用户通过手机终端输入 PIN 码，输入的数字将与存储在 SIM 卡中的 PIN 码进行比较，如果连续三次不一致，SIM 卡将自锁而无法正常使用。

（2）GSM 网络子系统

GSM 网络中的 AuC 包含加密算法（A3 和 A8）、用户标识与鉴别信息数据库。在 GSM 移动通信系统中，当用户入网时，所获得的用户密钥 K_i 和国际移动用户标识码 IMSI 不仅要存储在 SIM 卡内，还要存储在 AuC 的数据库中。根据归属位置寄存器 HLR 的请求，AuC 将利用 A3 和 A8 算法产生 3 个参数：随机数（RAND）、预期响应（RES）和会话密钥（K_c），并作为一个三元组发送给 HLR，以供鉴权和加密时使用。

在 GSM 网络中的 HLR 和 VLR 中只存储上述的三元组（RAND，RES，K_c）。其中，VLR 作为鉴权响应的实体，完成对用户响应信息的判断，并给出用户是否为合法用户的结论。

（3）GSM 手机和基站

GSM 手机和基站包含了加密算法（A5），这两个实体分别从 SIM 卡和网络子系统中获得本次通信的会话密钥 K_c，然后利用 A5 算法产生加解密密钥流，并与明密文进行异或，从而实现对移动终端与基站之间通信的保护。

2. GSM 系统的标识码

对用户进行标识，是对系统用户进行鉴别的首要步骤。在 GSM 系统中，用户有 3 种标识码，分别是国际移动设备识别码（IMEI）、国际移动用户电话号码（MSISDN）和国际移动用户标识码（IMSI）。这 3 种标识码可以在不同的应用场合中标识用户。

（1）国际移动设备识别码（International Mobile Equipment Identity，IMEI）

IMEI 在 GSM 系统中唯一地标识了一部移动通信设备，相当于移动通信设备的身份证。IMEI 共有 15~17 位数字，一般贴于机身背面或外包装上，同时也存储在手机存储器中，可以在手机拨号页面输入“ * #06#”来查询。

（2）国际移动用户电话号码（Mobile Subscriber International ISDN Number，MSISDN）

MSISDN 是指主叫用户为呼叫 GSM 系统中的一个移动用户所需拨打的号码，作用相当于固定网的用户电话号码。由于 GSM 系统用户的电话号码的结构是基于 ISDN 的编号方式，所以称为 MSISDN。它是公共电话网交换网络编号计划中能唯一识别移动用户的号码。

（3）国际移动用户标识码（International Mobile Subscriber Identification Number，IMSI）

IMSI 是国际上唯一标识一个移动用户的号码。它存储在 SIM 卡中，总长度不超过 15 位，是用于区别移动用户的有效信息。我们平常使用的手机号码在系统中是被转换为 IMSI 进行通信的，而 IMSI 在网络中所有位置包括漫游区都是有效的。

3. GSM 系统的鉴权机制

GSM 网络需要通过用户鉴权机制来鉴别 SIM 卡的合法性，防止非法用户接入，保护合法用户和网络系统的安全，并为空中接口加密功能建立会话密钥。

如果发生下列事件，GSM 就会启动鉴权机制。

1）移动用户发起呼叫。

2）移动用户接受呼叫。

3）移动设备进行位置登记。

4）跨区切换（包括在同一个 MSC 内从一个 BS 切换到另一个 BS 以及不同 MSC 之间的切换）。

GSM 系统的鉴权发生在网络获知用户身份（TMSI/IMSI）之后及信道加密之前。鉴权过程也用于产生加密密钥。GSM 系统使用质询/响应机制对用户进行认证。具体的鉴权过程如图 5-2 所示。

1）移动用户（MS）开机，请求接入网络时，MSC/VLR 收到用户的业务请求，从中提取 TMSI 或 IMSI，并查看是否保存有鉴权参数三元组（RAND，SRES，K_c），若有就直接将 RAND 作为质询信息发送给 MS 并从第 4 步开始往后执行，否则继续从第 2 步执行。

2）MSC/VLR 向 AuC 发送数据认证请求，其中包含用户的 IMSI。

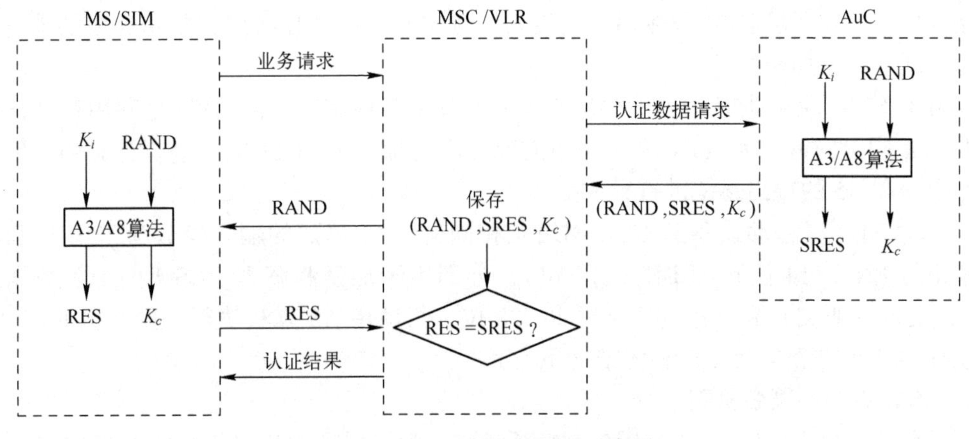

图 5-2 GSM 的鉴权过程示意图

3）认证中心根据用户的 IMSI 找到用户的密钥 K_i，与自己产生的随机数 RAND，然后分别经 A3 算法和 A8 算法产生响应 SRES 和用于加密的密钥 K_c。接着，认证中心将鉴权参数三元组（RAND，SRES，K_c）发送给 MSC/VLR。

4）MSC/VLR 将接收到的三元组中的 RAND 发送给 MS。MS 的 SIM 卡根据收到的 RAND 和存储在卡中的 K_i，利用 A3 和 A8 算法分别计算出用于认证的响应 RES 和用于加密的密钥 K_c，并将 RES 回送给 MSC/VLR。

5）MSC/VLR 比较来自 MS 的 RES 和来自认证中心的 SRES，若二者相同，则认证成功，用户可以接入网络；若二者不同，则认证失败，拒绝用户接入网络。在后续的通信过程中，MS 和基站 BS 之间的无线通信链路使用加密密钥 K_c 和 A5 算法进行加密。

由于响应 RES 的计算过程发生在 SIM 卡中，因此 IMSI 和 K_i 就不用离开 SIM 卡，这使得鉴别过程相对安全。而且在实际中，AuC 会预先为本网内的每个用户提供若干个认证三元组，并在移动设备进行位置登记时，由 HLR 在相应的消息中传给 VLR，然后保存在 VLR 中待用，以后可视情况随时再向 AuC 申请。这样一来，认证程序的执行将不占用移动终端实时事务的处理时间，有利于提高呼叫的接续速度。

4. GSM 系统的加密机制

GSM 系统的移动设备和基站之间的通信链路采用 A5 算法进行加解密，即只有无线部分进行加密，也被称为空中接口加密，简称空口加密，如图 5-3 所示。

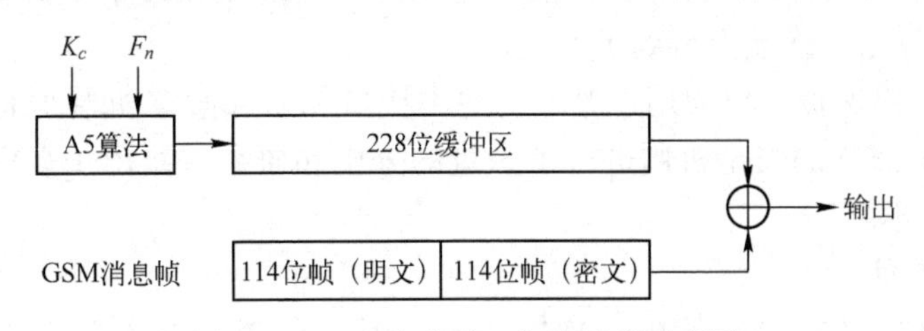

图 5-3 GSM 空中接口加密过程示意图

GSM 系统中需要被加密的数据包括信令消息、信道上的用户数据和信令信道上无连接的用户数据。当鉴权过程结束后，MSC 会向 BSC 发出带有加密命令的消息，在消息中会包含加密密钥 K_c。接着，BSC 会向 MS 发出加密命令来通知 MS 进入加密模式，同时 BS 也进入解密的模式。MS 收到加密指令后就会转入加密模式，并向 BSC 发出加密完成的消息，此时的报文就已经是加密的了。

GSM 系统中采用的加密算法是 A5 算法，它属于序列密码。A5 算法是利用移动设备和 GSM 网络都同意的密钥 K_c（64 位）和当前脉冲串的帧号 F_n（22 位）进行计算的，然后让待加密数据和 A5 的输出逐位进行异或操作。

A5 算法对所有移动设备和 GSM 网络是相同的。A5 算法的输入参数为密钥 K_c 和帧号 F_n，输出为 EN（114 位）和 DE（114 位），分别用于加密和解密。GSM 的一帧数据包含 114 位，上行（明文）和下行（密文）共 228 位，每帧用 A5 算法执行一轮产生的两个 114 位密钥分别进行加密（上行）和解密（下行）。

5. GSM 系统的匿名机制

国际移动用户识别码 IMSI 是用户的特征号码，为了保证用户身份的机密性并防止 IMSI 在无线链路上被截获，GSM 系统对用户的鉴权成功之后，MSC/VLR 将会为用户分配一个临时移动用户识别码（TMSI），而且会不断地进行更换。更换周期由网络运营商来设置，更换的频率越快，对用户身份的保密性越好，但对用户的 SIM 卡的寿命会有影响。

每当 MS 用 IMSI 向 GSM 系统请求位置更新、呼叫尝试或业务激活时，MSC/VLR 对用户进行鉴权。MS 被允许接入网络后，MSC/VLR 就会产生一个新的 TMSI，通过给 IMSI 分配位置更新 TMSI 的命令将其传送给移动设备 MS，并写入用户的 SIM 卡。此后，MSC/VLR 和 MS 之间的命令交换就使用 TMSI，用户自身的 IMSI 便不会在无线链路上传送了。

TMSI 代替 IMSI 来标识该用户，使第三方无法在无线链路上跟踪 GSM 用户。TMSI 和 IMSI 的对应关系并不是一成不变的，TMSI 仅在一个 VLR 区域内有效，而且必须和 LAI（位置区域标识符）一起使用。VLR 负责管理合适的数据库来保存 TMSI 和 IMSI 之间的对应关系。

当 TMSI 认证失败或旧的 VLR 不可达时，GSM 系统请求 MS 发送 IMSI，利用 IMSI 重复认证步骤。这时，IMSI 以明文形式在空中传输，这是系统的一个安全漏洞。

5.1.3 GSM 系统的安全性分析

为了增强系统的安全性，GSM 采用了 3 种安全机制——鉴权、加密和匿名机制；采用 3 种算法——鉴权算法 A3、加密密钥产生算法 A8、加密算法 A5。以独立于终端的硬件设备（SIM 卡）作为安全模块，管理用户的所有信息。A3 和 A8 在 SIM 卡上的实现，增强了系统的安全性，而 A5 算法在终端上得到了实现。

GSM 通过 PIN 码保护、单向用户鉴权、空中接口加密和匿名机制加强了移动通信网络安全。研究人员对 GSM 的安全机制进行了大量的分析和研究，指出了从安全算法到机制设计等多方面均存在不足。

1. 安全算法方面

GSM 的算法 A3、A5、A8 都由 GSM/MoU 组织统一管理，GSM 运营部门需要与 MoU 签署相应的保密协议后方可获得具体算法，SIM 卡的制作厂商也需签订协议后才能将算法在 SIM 卡中进行实现。这些安全算法受到批评的一个主要原因是算法安全性未经公开验证。A3/A8 算法易受到选择质询（Chosen-Challenge）攻击，而 A5 语音保密算法也易被已知明文攻击攻破。

A3/A8 算法在 SIM 卡内执行，规范中建议采用 COMP128 算法实现。对 COMP128 进行质询攻击可以获得认证密钥 K_i。

A5 算法包含在移动终端内部，通信的实时性要求 A5 速度必须足够快，因此以硬件实现。GSM 定义了 A5/1 和 A5/2 两个版本，A5/1 是一个私有的 64 位流密码，由于受到欧洲出口限制，A5/1 被弱化为 A5/2 以便出口。目前多数运营商或者采用 A5/2 或者根本不提供加密功能。

A5 算法由 3 个 LFSR 组成，寄存器的长度分别是 19、22、23 位，所有的反馈多项式系数都较少，3 个 LFSR 的异或值作为输出。每一个寄存器由基于它自己中间位的时钟控制，通常每一轮时钟驱动两个 LFSR。A5 的基本思路清晰，效率非常高，其弱点是寄存器太短。对 A5 算法，存在比蛮力攻击更为可行的攻击方法，使用划分-征服攻击技术可以破解 A5 算法。这种攻击减小了蛮力攻击的时间复杂度，从 2^{54}减少为 2^{45}（比蛮力攻击快 512 倍），甚至更低。划分-征服攻击基于已知明文攻击，攻击者试图从已知的密钥流序列中确定 LFSR 的初始状态，这可以通过猜测两个较短的 LFSR 内容，并从已知的密钥流计算出第 3 个 LFSR 内容来实现。

1999 年，A5/1 和 A5/2 在工程应用中都暴露了严重的缺陷。2000 年，一个安全专家小组对 A5/1 算法进行密码分析后证实能够在几分钟内从捕获的 2 s 通信流量里破解密钥，证明 A5/1 算法提供的安全层次只能防止偶尔的窃听，而 A5/2 则是完全不安全的。

2. 安全机制设计方面

GSM 系统只在空中接口中实现了单向鉴权和加密，在固定网内没有定义安全功能。因此，攻击者如果能够在固定网内窃取认证向量三元组，就可以冒充网络单元进行认证，进而可以控制用户的加解密模式，从而发起窃听等攻击。

此外，GSM 系统的安全缺陷还有以下几点。

1）系统对用户进行的单向实体认证，很难防止中间人攻击和假基站攻击。

2）GSM 系统本身不提供端到端的加密。

3）用户数据和信令数据缺乏完整性保护机制。

5.2 GPRS 安全

在第二代移动通信技术中，GSM 的应用最为广泛。但是，GSM 系统只能进行电路域的数据交换，且最高传输速率为 9.6 kbit/s，难以满足数据业务的需求。因此，欧洲电信标准委员会（ETSI）推出了 GPRS 技术。

5.2.1 GPRS 简介

通用分组无线服务（General Packet Radio Service，GPRS）是在现有的 GSM 移动通信系统的基础上发展起来的一种移动分组数据业务。GPRS 系统作为无线数据业务的承载，充分融合了 GSM 无线技术和 IP 等网络技术。GPRS 通过在 GSM 数字移动通信网络中引入分组交换功能实体，以支持采用分组的方式来传输数据。GPRS 系统可以看作是对原有的 GSM 电路交换系统进行的业务扩充，以满足用户利用移动终端接入互联网或其他分组数据网络的需求。

分组交换技术是计算机网络的一项重要的数据传输技术。为了实现从传统语音业务到新兴数据业务的支持，GPRS 在原来 GSM 网络的基础上叠加了支持高速分组数据的网络。GPRS 可以向用户提供 WAP 业务、网页浏览、电子邮件、电子商务等服务。

5.2.2 GPRS 的安全机制

对移动用户和网络运营商来说，安全始终是至关重要的问题。由于移动用户与通信网之间采用无线通信，易受到窃听和攻击，因此网络接入安全机制是移动通信系统安全方案中非常重要的一部分。接下来将对 GPRS 系统所采用的安全机制进行介绍。

1. GPRS 的安全实体

GPRS 的通用网络结构如图 5-4 所示。GPRS 是在 GSM 网络的基础上增加新的网络实体来实现分组数据业务的。

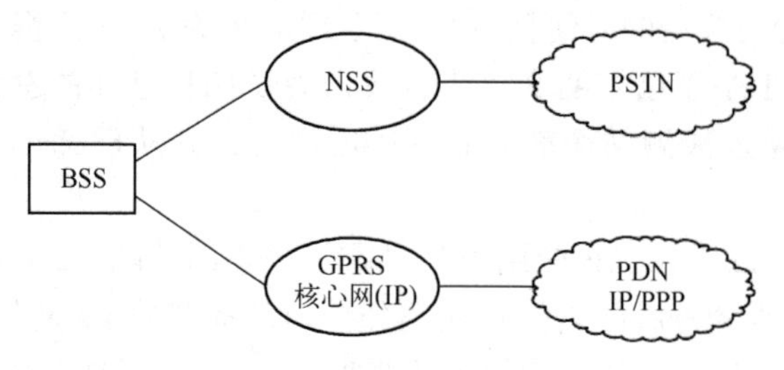

图 5-4 GPRS 通用网络结构

GPRS 新增的网络实体包括：GPRS 支持节点（GSN）、分组控制单元（PCU）、边界网关（BG）、计费网关（CG）和域名服务器（DNS）。

GPRS 共用现有 GSM 网络的 BSS 系统，但对软硬件进行了相应的更新；同时，GPRS 和 GSM 网络对各实体的接口必须作相应的界定；另外，移动设备则要求提供对 GPRS 业务的支持。图 5-5 展示了 GPRS 网络的基本架构。

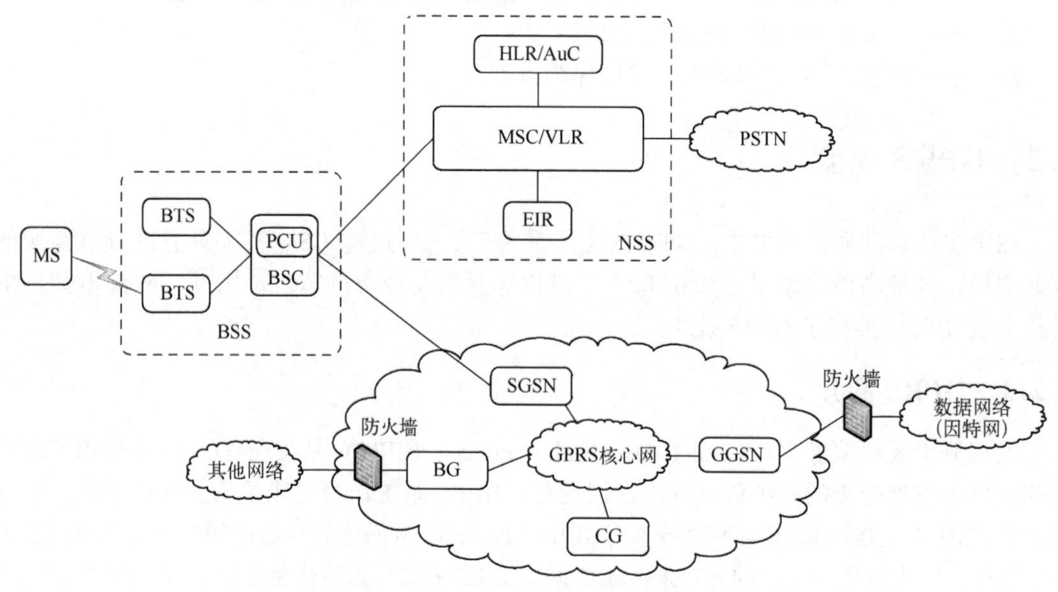

图 5-5 GPRS 网络基本架构示意图

接下来，将对 GPRS 中新增的安全实体做详细介绍。

（1）GPRS 支持节点（GPRS Support Node，GSN）

GSN 是 GPRS 网络中最重要的网络部件之一，包括 SGSN 和 GGSN 两种类型。

1）GPRS 服务支持节点（Serving GPRS Support Node，SGSN）：主要作用是记录 MS 的当前位置信息，为本 SGSN 服务区域的 MS 转发输入/输出的 IP 分组，提供移动性管理和路由选择等服务，并且在 MS 和 GGSN 之间完成移动分组数据的发送和接收。

此外，SGSN 中还集成了类似于 GSM 网络中 VLR 的功能，当用户处于 GPRS 附着（GPRS Attach）状态时，SGSN 中存储了同分组相关的用户信息和位置信息。与 VLR 相似，SGSN 中的大部分用户信息在位置更新过程中是从 HLR 获取的。

2）GPRS 网关支持节点（Gateway GPRS Support Node，GGSN）：主要起网关作用，提供数据包在 GPRS 网和外部数据网之间的路由和封装，把 GSM 网络中的分组数据包进行协议转换，之后发送到 TCP/IP 或 X. 25 网络中。

（2）分组控制单元（Packet Control Unit，PCU）

PCU 是在 BSC 中增加的一个处理单元，用于处理数据业务，并将数据业务从 GSM 语音业务中分离出来。PCU 增加了分组功能，可控制无线链路，并允许许多用户占用同一无线资源。

（3）边界网关（Border Gateways，BG）

BG 占用 PLMN 间 GPRS 骨干网的互连，主要完成分属不同 GPRS 网络的 SGSN、GGSN 之间的路由功能，以及安全性管理功能。此外，BG 还可以根据运营商之间的漫游协定增加相关功能。

（4）计费网关（Charging Gateway，CG）

CG 主要完成各 GSN 的话单收集、合并和预处理工作，并作为 GPRS 与计费中心之间的通信接口。

CG 是 GPRS 网络中新增加的设备。GPRS 用户一次上网过程的话单会从多个网元实体中产生，而且每一个网元设备中都会产生多张话单。引入 CG 是为了在话单送往计费中心之前对话单进行合并和预处理，以减少计费中心的负担；同时，SGSN 和 GGSN 这样的网元设备也不需要实现与计费中心之间的接口功能。

（5）域名服务器（Domain Name Server，DNS）

DNS 在 GPRS 网络中分为两种。一种是 GGSN 同外部网络之间的 DNS，主要功能是对外部网络的域名进行解析，作用等同于互联网中的普通 DNS。另一种是 GPRS 骨干网中的 DNS，主要功能是在 PDP 上下文激活过程中根据确定的接入点名称（Access Point Name，APN）解析出 GGSN 的 IP 地址，并且在 SGSN 间的路由区更新过程中，根据原路由区号码，解析出原 SGSN 的 IP 地址。

2. GPRS 的鉴权机制

GPRS 鉴权过程和 GSM 原有的鉴权过程相似，不同点在于 GPRS 鉴权过程是由 SGSN 发起的，并且 SGSN 还负责选择加密算法和同步加密起始时刻。GPRS 的鉴权参数三元组存储在 SGSN 中。每个鉴权参数三元组包含 RAND、SRES 和 K_c。GPRS 的鉴权过程如图 5-6 所示。

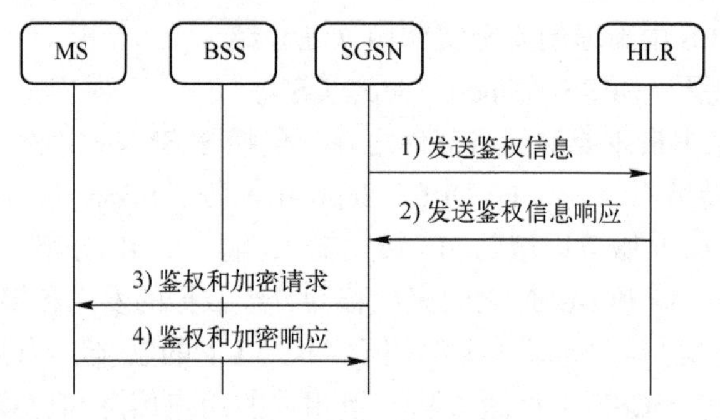

图 5-6　GPRS 系统的鉴权过程

具体的鉴权步骤如下。

1）如果 SGSN 没有可用的鉴权参数三元组，则它会给 HLR 发送包含 IMSI 的“发送鉴权信息（Send Authentication Info）”消息。

2）HLR 生成鉴权参数三元组，将其包含在“发送鉴权信息响应（Send Authentication Info Ack）”消息中返回给 SGSN。

3）SGSN 向 MS 发出鉴权和加密请求，其中包含 RAND、K_c序列号（Ciphering Key Sequence Number，CKSN）、加密算法。

4）MS 根据上述这几个参数计算鉴权响应（RES），返回给 SGSN。SGSN 比较 RES 和 SRES。如果二者相同，则表示用户合法，否则说明鉴权失败。

3. GPRS 的加密机制

在 GSM 系统中，数据和信令的加密只在 BTS（基带收发站）和 MS 之间的无线链路上进行。而在 GPRS 系统中，加密范围在 MS 和 SGSN 之间（如图 5-7 所示），由 LLC 层（逻辑链路控制层）负责执行。

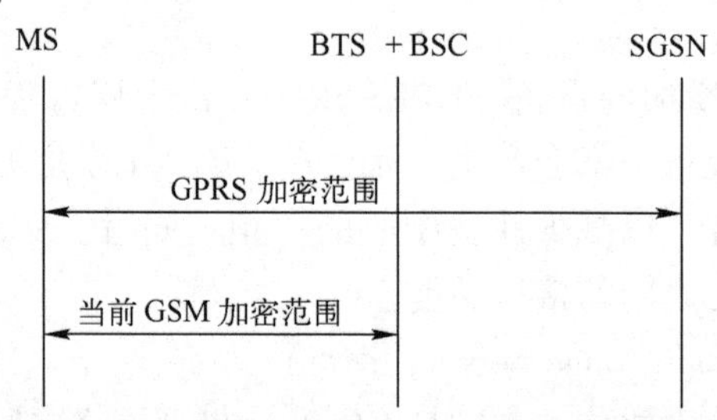

图 5-7　GPRS 与 GSM 的数据加密范围对比

GPRS 采用了新的加密算法 GEA，该算法用来保证 MS 与 SGSN 之间链路上数据的完整性和机密性。GEA 的实现细节是保密的，它的密钥长度为 64 位，但有效密钥长度小于 64 位。GPRS 加密算法的基本原理如图 5-8 所示。

GEA 算法的输入参数有 3 个：加密密钥 K_c，长为 64 位；输入（Input），长为 32 位，根据 LLC 层传输的帧的类型通过不同的方式生成，作用是为了保证每个 LLC 帧使用不同的密钥流；方向位（Direction），长为 1 位，表示数据的传输方向。

4. GPRS 的匿名机制

在 GSM 网络中，用户鉴权成功后会用临时分配的 TMSI 代替移动用户识别号 IMSI，减少了 IMSI 在无线信道上的传输次数，从而降低 IMSI 被窃听的可能性。TMSI 只在 GSM 所属

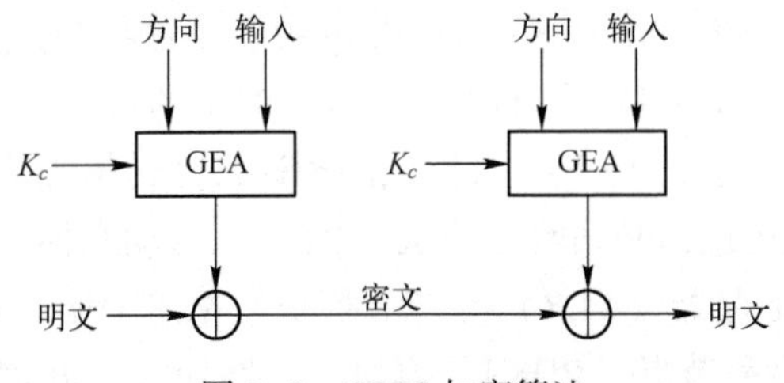

图 5-8　GPRS 加密算法

的电路域内使用，而在 GPRS 所在的分组域，使用 P-TMSI 来代替 IMSI。

鉴权成功后，在进行到 SGSN 的附着时，SGSN 会给移动用户分配临时识别号 P-TMSI。SGSN 可以对处于就绪状态的 MS 随时发起 P-TMSI 重新分配的过程。P-TMSI 的重新分配可以采用独立的 P-TMSI 分配过程，也可以在附着或路由器更新的过程中进行。

在无线链路中，系统采用 TLLI（临时逻辑链路标识）而不是 P-TMSI 来标识用户身份。在同一路由区，IMSI 和 TLLI 具有一一对应关系，这种对应关系只有 MS 和 SGSN 知道。TLLI 可以根据 P-TMSI 来获得或直接得到，YLLI 与路由区号 RAI 相关联，它用在某个路由区 RA 中标识某个特定用户。

5.2.3　GPRS 的安全性分析

在安全方面，GPRS 网络并未对 GSM 网络做太多改进，GPRS 的安全缺陷与 GSM 类似，下面将从多个方面进行论述。

1）鉴权措施。与 GSM 类似，仅仅使用单向鉴权，即只由网络对移动终端进行鉴权，而移动终端不对网络进行鉴权，因而难以抵抗伪装欺骗。

2）加密机制。虽然系统提供从移动终端到 SGSN 之间的信息传输机密性，但仍然不提供端到端加密，对于需要这类安全保护的应用来说，必须自行设计端到端的安全机制。

3）安全算法。因为加密算法 GEA 没有公开，所以外界无法评估该算法的安全性。而且，GEA 算法的密钥长度只有 64 位，难以抵抗穷举攻击。

4）SIM 卡安全。GPRS 中未采取新的措施来保证 SIM 卡安全。

5）核心网安全。由于 GPRS 核心网是基于 IP 的网络，因而所有关于 IP 网络的安全问题也会在 GPRS 网络中出现。

5.3　窄带 CDMA 安全

码分多址（Code Division Multiple Access，CDMA）是在扩频通信这一数字技术的分支上发展起来的一种崭新而成熟的无线通信技术。数字和扩频技术的结合应用使得单位带宽信号数量比模拟方式下成倍增加，而且 CDMA 与其他蜂窝技术兼容，从而实现全国漫游。本节将对窄带 CDMA 技术和其采用的安全机制进行介绍。

5.3.1　CDMA 系统简介

第二代 CDMA 技术标准 cdmaOne（或 CDMA lX）是基于 IS-95 标准的各种 CDMA 产品的总称，即所有基于 cdmaOne 技术的产品，其核心技术均以 IS-95 作为标准。IS-95 是美国

TIA 颁布的窄带 WCDMA 标准，分为 IS-95A 和 IS-95B。IS-95A 是 1995 年正式颁布的窄带 CDMA 标准。IS-95B 是 1998 年制定的标准，是 IS-95A 的进一步发展，主要目的是能够满足更高的传输速率的业务需求，IS-95B 可提供的理论最大传输速率为 115 kbit/s。

传统的 IS-95 网络结构包括基站收发信机（BTS）、移动交换中心（MSC）、归属位置寄存器（HLR）、访问位置寄存器（VLR）等核心模块。从 CDMA 1X 系统开始新增分组控制功能（PCF）、分组数据服务节点（PDSN）模块，并增加接口处理 BSC-PCF 和 PCF-PDSN 之间的业务及信令消息。

CDMA 在最初设计时，没有考虑机卡分离的应用。1999 年 6 月，中国联合网络通信集团有限公司（简称中国联通）在全球 CDMA 大会上提出了这个问题。因此，2000 年年初 3GPP2 批准并通过了适用于 CDMA 手机的卡规范，该规范的名称为 Removeable User Identity Module（R-UIM）for Spread Spectrum Systems，即扩频系统的可移动用户识别模块，简称为 UIM 卡规范。在没有 UIM 卡之前，CDMA 手机上的所有安全功能都是在终端固件中实现的。

CDMA 系统采取了鉴权、加密和匿名 3 种安全措施，其中的匿名措施是系统为移动终端分配临时移动设备标识（TMSI）。CDMA 采取的匿名安全机制与 GSM 类似，这里不做详细介绍。下面将分别介绍 CDMA 系统的鉴权和加密的安全措施。

5.3.2 CDMA 系统的鉴权机制

1. CDMA 系统标识码与安全参数

在 CDMA 系统中使用的标识码和安全参数主要有以下几个。

（1）国际移动台标识号

CDMA 系统的移动终端通过国际移动台标识（IMSI）来进行识别。

（2）移动电话簿号码

移动电话簿号码（MDN）是通过业务预约后与移动台相关的可拨叫的号码。MDN 最多由 15 位数字组成，不必与空中接口的移动台标识相同。MDN 相当于 GSM 中的国际移动用户电话号码 MSISDN。

（3）电子序列号

电子序列号（ESN）是一个 32 位的二进制码，它能够唯一标识移动设备，其作用等同于 GSM 系统中的国际移动设备识别码 IMEI。

（4）鉴权密钥

鉴权密钥（A-Key）的长度为 64 位，它存储在移动台的永久性安全存储器中，只有移动台和 HLR/AuC 才能识别它。A-Key 作为主密钥，不直接参与认证和保密，而是用于产生中间密钥。

（5）共享加密数据

共享加密数据（SSD）有 128 位，存储在移动台，其前 64 位被定义为 SSD_A，用于鉴权；后 64 位被定义为 SSD_B，用于加密语音、信令和数据信息。

（6）随机数

随机数（RAND）是存储在移动台的 32 位数据，它是移动台从 CDMA 寻呼信道上接收到的接入参数消息中获取来的，它与 SSD_A 以及其他参数结合起来，一起用于鉴权。

2. CDMA 系统的鉴权过程

在 CDMA 系统中，鉴权的目的在于确认移动台的身份。CDMA 系统提供网络对移动台的单向鉴权。一个成功的鉴权需要移动台和基站处理一组完全相同的共享加密数据（SSD）。鉴权方式有两种：MS 主动通过网络向接入网注册；网络主动对 MS 鉴权。这两种方式的设计思想相同，但发起认证的流程不同。

在 IS-95 规范中定义了两种主要的鉴权过程：全局质询/应答鉴权、唯一质询/应答鉴权。这两种鉴权过程都采用共享秘密的质询/应答协议，下面将主要介绍这两种鉴权过程。

（1）全局质询/应答鉴权

图 5-9 展示了一个典型的全局质询/应答鉴权流程。

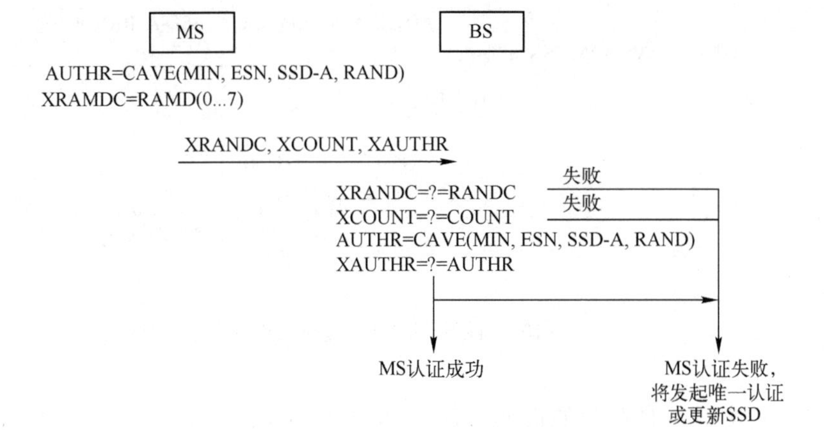

图 5-9　全局质询/应答鉴权流程图

全局质询/应答鉴权流程所包含的步骤如下。

1）移动台。

① 设置认证算法输入参数 SSD-A、ESN、MIN 和当前的 RAND。

② 执行认证算法 CAVE，认证响应 XAUTHR 的值设置为认证算法输出（18 位）；对于呼叫发起和寻呼响应，MS 还要使用 SSD-B 来计算专用长码掩码和信令加密密钥。

③ 向基站发送 XAUTHR、XRANDC（RAND 最高位的 8 位）和 COUNT，如果是呼叫发起，还要向基站发送被叫号码。

2）基站。

① 将收到的 XRANDC 与内部存储的 RANDC 进行比较。

② 将收到的 COUNT 值与内部存储的值进行比较。

③ 结合收到的 MIN/ESN，使用其内部的 SSD-A，采用与移动台一样的方式计算 AUTHR，并与来自移动台的 XAUTHR 作比较。

④ 如果上述 3 项对比成功，就表示鉴权通过，启动信道分配程序，一旦分配了前向业务信道，基站将根据系统的判断发送参数更新指令给移动台，以此来更新移动台的 COUNT 值。如果任何一个比对失败，基站拒绝服务，启动唯一认证过程，或开始 SSD 更新。

在全局鉴权中网络端需要执行 3 项校验：一是校验 RANDC；二是校验 AIJTHR；三是校

验 COUNT 值。只有这 3 项校验均通过，才允许移动台接入网络。该过程只能实现网络端对移动台的鉴权，不能防止网络端欺骗，这是因为用于鉴权的 RAND 是全局的。如果 AUTHR 被某些 MS 泄露了，那么它就可能被伪装者使用直至其失效。

（2）唯一质询/应答鉴权

唯一质询/应答鉴权在接入认证失败时启动，也可以用于验证快速请求的有效性。这一鉴权行为由基站发起，可以在寻呼信道和接入信道上实现，也可以在前向和反向业务信道上实现。其鉴权过程如图 5-10 所示。

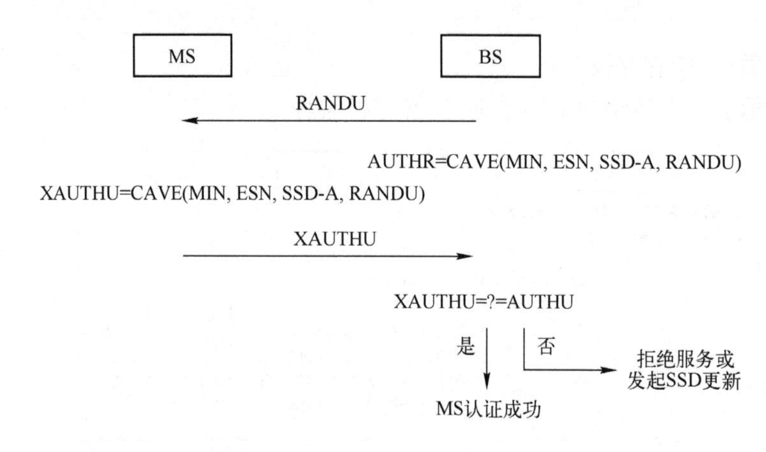

图 5-10　唯一质询/应答鉴权流程图

1）基站：生成 24 位的随机质询 RANDU，发送给移动台；执行认证算法，将 AU-THU 设置为 18 位的鉴权输出。

2）移动台：收到唯一质询 RANDU 后，设置认证算法的输入参数，用 RANDU 和内部存储参数计算出 XAUTHU；将 XAUTHU 发给基站。

3）收到移动台的 XAUTHU 后，基站将 XAUTHU 与自己产生的 AUTHU 值或内部存储值作比较，如果比对失败，基站拒绝移动台的接入，终止进行中的呼叫，或者启动 SSD 更新。

唯一质询/应答鉴权也是单向鉴权方案，只提供网络对移动台的鉴权。它允许攻击者伪装成 MS 并获得对网络的完全接入，包括呼叫发起。

5.3.3　CDMA 系统的空中接口加密

CDMA 系统中的空中接口加密机制主要包括以下几项。

1. 语音加密机制

CDMA 系统是通过采用专用长码掩码（Private Long Code Mask，PLCM）进行 PN 扩频来实现语音保密，终端利用 SSD-B 和 CAVE 算法产生专用长码掩码、64 位的 CMEA 密钥和 32 位的数据加密密钥。终端和网络利用专用长码掩码来改变 PN 码的特征，改变后的 PN 码用于语音置乱（与语音数据做异或运算），进一步增强了 IS-41 空中接口的保密性。

系统仅在业务信道上提供语音加密，所有呼叫初始化时都采用公用长码掩码进行 PN 扩频。如果认证过程没有执行，就不进行专用/公用长码掩码的转换；如果认证过程成功，基站或移动台就在业务信道上发起一条长码转换请求指令。语音保密算法已经是不安全的，易被唯明文攻击攻破，尤其在 TDMA 系统中更容易被攻破。

2. 信令消息加密

对信令消息的某些字段进行加密，可以加强认证过程并保护用户的敏感信息（比如 PIN 码)。终端和网络利用 CMEA 密钥和 CMEA 算法来加/解密空中接口的信令消息。

CMEA 是一个对称密码，类似于 DES，采用 64 位密钥，但由于算法本身的弱点，实际有效密钥长度只有 24 或 32 位，这比美国政府允许出口的密钥长度还要短。CMEA 算法易受已知明文攻击，而且在 1997 年已被攻破。

3. 用户数据保密

ORYX 是基于 LSFR 的流密码，用于无线用户数据加密服务。由于出口管制，ORYX 的密钥长度被限制在 32 位以内。1998 年，ORYX 被唯密文攻击攻破。

5.3.4 CDMA 系统中的密钥管理

系统安全参数主要是电子序列号 ESN、A Key 和共享秘密数据 SSD。其中 ESN 是一个 32 位的二进制数，是移动台的唯一标识，必须由厂家设定。A Key 作为主密钥，不直接参与认证和保密，而是用于产生中间密钥 SSD。SSD 由 A Key 派生而来，分别存储在移动台和基站，直接参与鉴权和加密过程。

1. A Key 的分配与更新

A Key 是 CDMA 系统的用户主密钥，用来产生中间密钥，中间密钥将直接参与认证和保密。因此，保证 A Key 的安全至关重要。对 A Key 的基本要求是 A Key 仅对移动台和归属位置寄存器/认证中心（HLR/AC）是可知的，且不在空中传输；同时，A Key 可以重新设置，而且终端和网络认证中心的 A Key 必须同步更新。

A Key 可能的设置方法有以下几种。

1）由制造商设置，并分发给服务提供商。

2）由服务提供商产生，在销售点由机器分配或由用户手动设置。

3）通过 OTASP（Over The Air Service Provisioning）在用户和服务提供商之间实现密钥的产生和分配。

第 3 种方法中，终端的 A Key 通过 OTASP 更新，可以切断克隆终端的服务或为合法用户提供新服务，实现简单，是一种受欢迎的 A Key 分发机制，也是目前 3GPP2 建议采用的方法。同时，3GPP2 还建议使用基于 Diffie-Hellman 的密钥交换协议来协商 A Key。

2. SSD 的更新

SSD 更新周期一般是 7~10 天，更新过程由 SSD 生成程序（CAVE 算法）实现，并且用移动台特殊信息、随机数及移动台的 A Key 进行初始化。A Key 只对移动台和相关的归属位置寄存器/认证中心（HLR/AC）是可知的，因此 SSD 更新只在移动台和相关的 HLR/AC 中执行，而不是在正在访问的基站中执行，正在访问的基站通过与 HLR/AC 进行内部系统通信得到一份由 HLR/AC 计算出的 SSD 副本。移动台中的 SSD 更新流程如图 5-11 所示，该过程包含了 MS 对 BS 的认证。

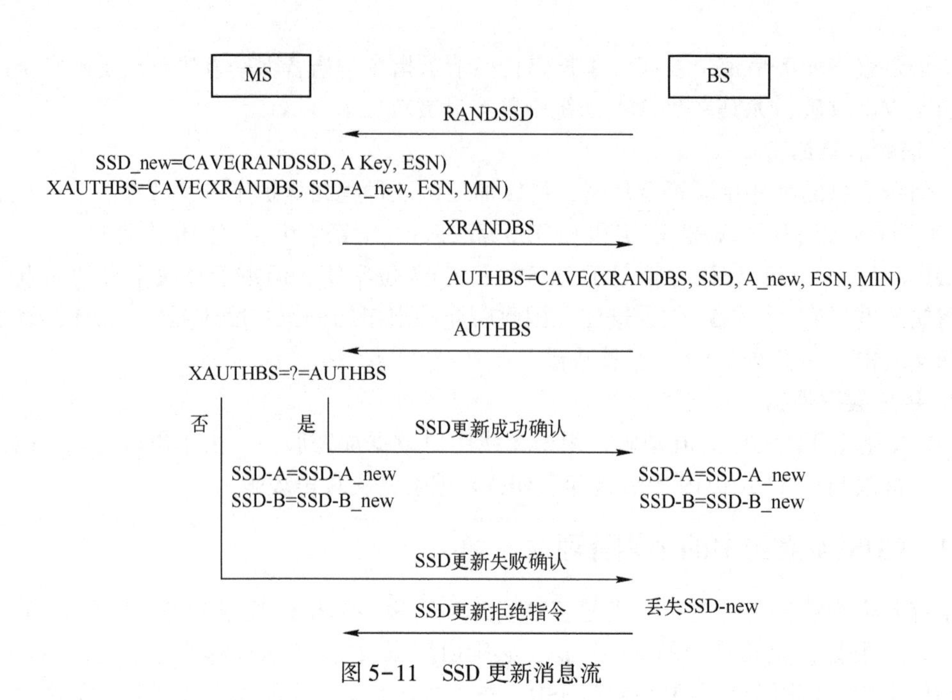

图 5-11　SSD 更新消息流

5.4　3G 网络安全

3G 是第三代移动通信技术，支持高速数据传输的蜂窝移动通信。3G 服务能够同时传送声音和数据信息，速率一般在 1 Mbit/s 以上。3G 是将无线通信与互联网等多媒体通信结合起来的新一代移动通信系统。目前被国际电信联盟接受的 3G 标准有 3 种，分别是 WCDMA、CDMA2000 和 TD-SCDMA。其中，WCDMA 是欧洲提出的宽带 CDMA 技术，它与日本提出的宽带 CDMA 技术基本相同。该标准提出了 GSM-GPRS-（EDGE）-WCDMA 的演进方案，而且以 WCDMA 为标准的 3G 网络占了商用市场的绝大部分份额，WCDMA 向下兼容的 GSM 网络也遍布全球。

本节将以 WCDMA 标准为主，介绍 3G 网络的基本结构和安全机制。

5.4.1　3G 网络简介

与 2G 相比，3G 能够在全球范围内更好地实现无线漫游，并处理图像、音乐、视频流等多种媒体形式，提供包括网页浏览、电话会议、电子商务等多种信息服务。同时，3G 与第二代系统之间还具有良好的兼容性。

3G 网络模型主要由 3 部分组成。从用户角度来看，最直接的部分是移动终端，终端和无线接入网络（Radio Access Network，RAN）或接入网络（AN）存在着无线连接，而接入网又连接着核心网（Core Network，CN），核心网控制着系统的各个方面。图 5-12 展示了 3G 网络的基本架构，3G 网络中各实体的功能介绍如下。

1. 移动终端

在 3GPP 提出的结构中，移动终端由两部分组成：移动设备（Mobile Equipment，ME）和全球用户识别模块（Universal Subscriber Identity Module，USIM）。ME 一般指的是移动电

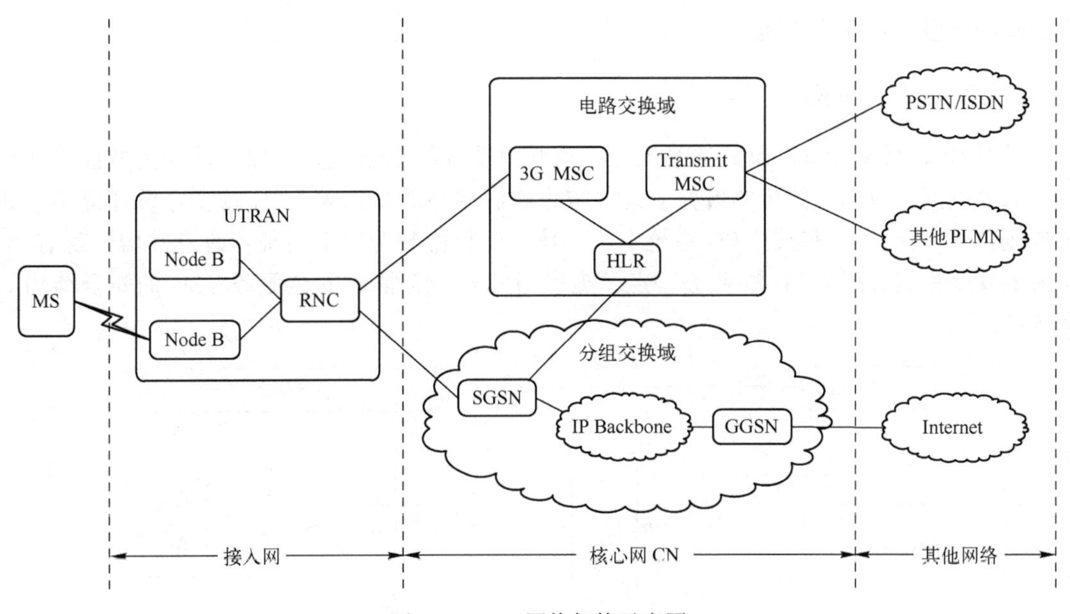

图 5-12 3G 网络架构示意图

话，它实现了无线功能以及其他所有在网络中进行通信所需要的协议。USIM 与 SIM 卡类似，置于 ME 之中，包含了所有与运营商有关的用户信息，包括永久安全信息。

2. 无线接入系统

在 3GPP 中有两种无线接入系统，比较新的被称为地面无线接入网络（UMTS Terrestrial Radio Access Network，UMTS UTRAN），它是基于 WCDMA 在 3GPP R99 中的协议实现的。在随后的 3GPP R4 中，另外一种 RAN 被引入到系统中，这种 RAN 被称为 GSM/EDGE 无线接入系统（GSM/EDGE Radio Access Network，GERAN）。它是基于一种新的调制方式，这种调制方式使得 GSM 网络传输速率提高了 3 倍（由原来的 14.4 kbit/s 提升到 40 kbit/s）；另一方面，UTRAN 的某些特点也被引入到 GERAN，而且这些特点涉及安全性。

UTRAN 包含了两种网元。BS 是无线接口在网络一侧的终点，BS 被连接到 UTRAN 的控制单元（例如，无线网络控制器 RNC）上。RNC 通过 Iu 接口与 CN 相连。

3. 核心网

CN 主要有两个域：一个是分组交换域（Packet Switch，PS）；另一个是电路交换域（Circuit Switch，CS）。PS 是从 GPRS 域进化而来的，其中重要的网元就是 GPRS 服务支持节点 SGSN 和 GPRS 网关支持节点 GGSN；CS 是从传统的 GSM 网络进化来的，其中 MSC（移动交换中心）是重要的网元。SGSN 和 GGSN 是在 GPRS 系统中提出的新网元，SGSN 的主要作用是记录移动终端的当前位置信息，并且在移动终端和 GGSN 之间完成移动分组数据的发送和接收。GGSN 通过基于 IP 的 GPRS 骨干网连接到 SGSN，是连接 GSM 网络和外部分组交换网（如互联网和局域网）的网关。

在一般的网络模型中，CN 还可以被划分为两个部分：本地网络和服务网。本地网包含所有有关用户的静态信息（包括静态安全信息），服务网处理用户设备（User Equipment，UE）到接入网之间的通信。

同 GSM 体系结构类似，3G 体系结构中也定义了不同网元之间的接口，用来保证符合接口要求的设备能够互连互通。

5.4.2 3G 安全结构

针对 GSM 系统特点以及其他第二代移动通信系统的安全缺陷，如无数据完整性认证功能、只提供网络对用户的单向鉴权、无法防止虚假基站的攻击等，3G 的安全设计遵循了如下原则：采纳在 GSM 和其他 2G 系统中认为是必要和稳健的安全特征；改进并增强现有 2G 系统的安全机制；根据 3G 的业务特点，提供新的安全特征和安全服务。3G 的安全结构如图 5-13 所示。

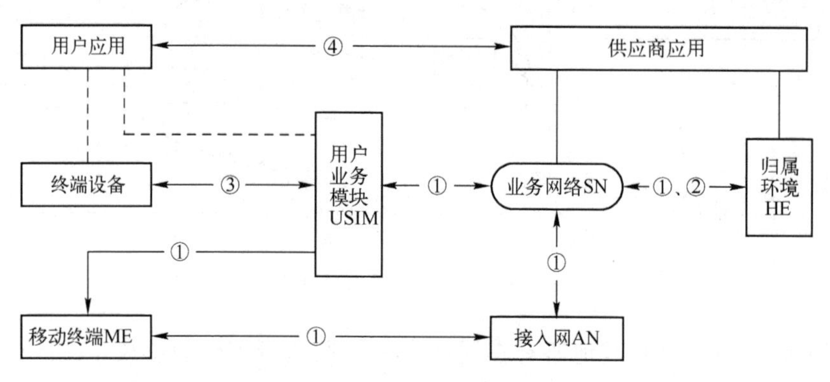

图 5-13　3G 系统的安全结构示意图

3GPP 为 3G 系统划分了以下 5 个安全域。

1）接入域安全。为用户提供安全的 3G 网络接入，防止对无线链路接入的攻击。包括用户身份和动作的保密、用户数据的保密、用户与网络间的互相认证等。

2）网络域安全。在运营商节点间提供安全的信令数据交换。包括网络实体间的相互认证、信息加密、信息的完整性保护和欺骗信息的收集等。

3）用户域安全。提供对移动终端的安全接入。包括用户和 USIM 卡间的认证、USIM 卡和终端间的认证等。

4）应用域安全。保证用户与服务提供商在应用层面安全地交换数据，以及应用数据的完整性检查等。

5）安全的可视性和可配置性。使用户知道网络的安全性服务是否在运行，以及它所使用的服务是否安全。

3G 设计人员对 3G 的安全性有着较为完善的整体考虑，从应用层面、归属及服务网络层面和传输层面等多方面保证 3G 系统的安全。

5.4.3 认证与密钥协商机制

认证与密钥协商（Authentication and Key Agreement，AKA）机制是 3G 安全框架的核心内容之一，它是在 GSM 系统的基础上发展起来的，沿用了质询/应答认证模式，以此与 GSM 的安全机制兼容，但进行了较大的改进，它通过在 MS 与 HE/HLR 间共享密钥来实现它们之间的双向认证。

1. 认证和密钥协商过程

认证过程由网络侧发起，主要是为了检查终端接入网络的资格是否合法。在这一过程中，网络侧会提供鉴权参数五元组中的随机数数组，以便终端计算出加密密钥 CK 和完成一致性检查的密钥 IK。而且，通过这一过程，终端也能完成对网络的认证。

与 GSM 的鉴权过程相比，3G 的鉴权过程增加了一致性检查和终端对网络的认证功能。这些新添加的功能都使 3G 的安全特性有了进一步的增强。网络侧在发起鉴权之前，如果 VLR 中还没有鉴权参数五元组，那么将首先发起到 HLR 获取鉴权集的过程，并等待鉴权参数五元组的返回。

3G 系统共定义了 12 个安全算法。其中的 f_0 用来产生随机数；f_1~f_5、f_1^*、f_5^* 用来实现 AKA。其中，f_1 是消息认证码生成函数；f_1^* 是重新同步消息认证码产生函数；f_2 是认证过程中期望响应值的计算函数；f_3 是加密密钥导出函数；f_4 是消息完整性密钥导出函数；f_5 是匿名密钥导出函数；f_5^* 是重新同步匿名密钥导出函数，f_1^* 和 f_5^* 用于 MS 与网络失去同步的情况；f_6~f_7 用来实现对用户身份的加密和解密；f_8 用来实现数据无线传输的保密性；f_9 用来实现数据无线传输的完整性。

鉴权参数五元组由 RAND（随机数）、XRES（期待响应）、AUTN（鉴权令牌）、CK（加密密钥）和 IK（完整性密钥）构成。五元组中各参数的产生过程如图 5-14 所示。在检测到鉴权参数五元组的存在后，网络侧会下发鉴权请求消息，并在消息中携带五元组的 RAND 和 AUTN。用户终端在接收到请求消息后，由其 USIM 来验证 AUTN，完成终端对网络的鉴权。如果鉴权成功，USIM 卡将利用 RAND 来计算出 CK、IK 和响应 RES，并将 RES 包含在响应消息中返回给网络侧。网络侧在收到鉴权响应消息之后，比较响应消息中的 RES 与存储在 VLR 数据库的五元组中的 XRES。若二者相同，就表示鉴权成功，并继续后面的流程；若不成功，则会发起异常处理流程，释放网络侧与终端之间的连接以及被占用的网络资源和无线资源。

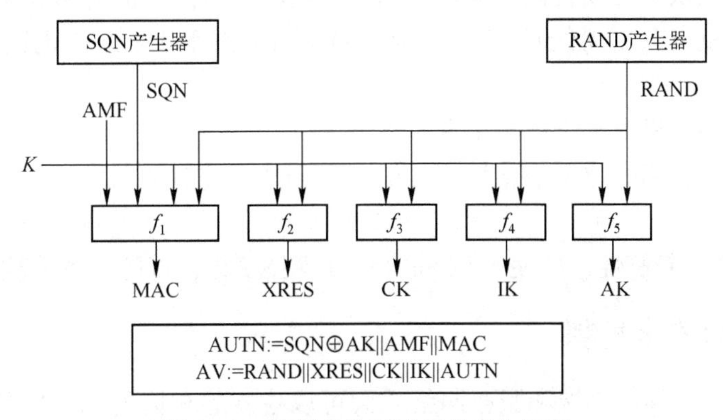

图 5-14 鉴权参数五元组的产生过程

在成功完成鉴权过程后，终端将会把加密密钥 CK 和一致性检查密钥 IK 存放在 USIM 卡中。图 5-15 展示了鉴权过程中 USIM 卡的相关操作。

如果终端在收到鉴权请求消息后上报鉴权失败，那么可能主要有以下两种情况：

（1）MAC Failure（介质访问控制层失败）

终端在对网络进行鉴权时，检查由网络侧下发的鉴权请求消息中的 AUTN 参数，如果其中的 MAC 信息错误，终端就会上报鉴权失败消息。此时，网络侧将根据终端上报的用户标识来决定是否发起识别过程。如果当前的标识为 TMSI（或 P-TMSI），则发起识别流程，要

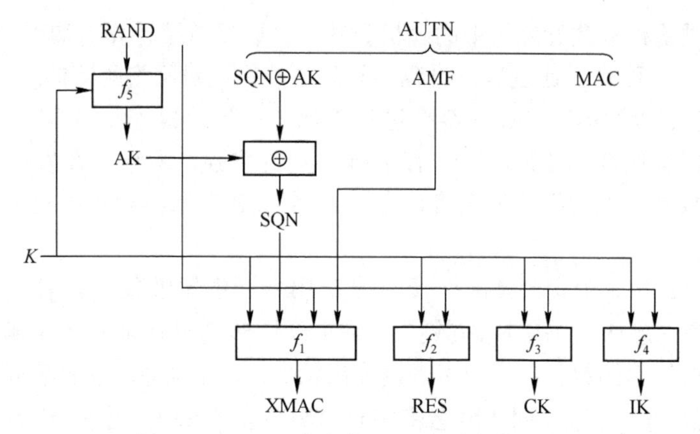

图 5-15　USIM 卡中的 AKA 相关操作过程

求终端上报 IMSI 消息，然后再次发起鉴权流程。

（2）SQN Failure（消息序列错误）

当终端检测到 AUTN 消息中的 SQN 序列号错误时，也会引起鉴权失败。此时，网络侧的 VLR 将删除所有鉴权参数五元组，并发起与 HLR 的同步过程，要求 HLR 重新插入鉴权参数五元组，然后再次发起鉴权流程。

2. AKA 协议的安全措施

AKA 是第三代移动通信网络的认证与密钥协商协议，是国际移动电信组织 3GPP 在研究了 2G 安全脆弱性的基础上，针对 3G 接入域安全需求提出的安全规范。AKA 协议中主要新增了以下几项措施来加强安全机制。

1）双向认证，认证完成后提供加密密钥和完整性密钥，防止假基站攻击。

2）密钥的分发没有在无线信道上进行，AV 在固定网内的传输也由网络域安全提供保障。

3）密钥由新的随机数提供，防止重放攻击。

4）对有可能暴露用户位置信息和身份信息的 SQN，将其与 AK 进行异或，以达到隐藏 SQN 的目的。

5）保证 MAC 的新鲜性，并使 SQN 和 RAND 保持变化，以防止重放攻击。

5.4.4　空中接口安全机制

利用 AKA 协议，移动终端和服务网络之间可以建立起相同的加密密钥 CK 和完整性密钥 IK。在移动终端和服务网络之间的无线链路上，利用加密密钥 CK 可以对传输的数据进行加/解密，一般把这种安全机制称为空中接口加密机制。利用完整性密钥 IK 可以对传输的数据进行完整性保护，防止数据被篡改，一般把这种安全机制称为空中接口完整性保护机制。

在 3GPP 中定义了 f_8 算法来实现空中接口加密机制，定义了 f_9 算法来实现空中接口的数据完整性保护机制。f_8 和 f_9 都是以分组密码算法 KASUMI 为基础构造的。KASUMI 算法是一种分组加密算法，使用长度为 128 位的密钥来加密 64 位的输入分组，产生长度为 64 位的输出。它使用 Feistel 结构，对一个 64 位的输入分组进行八轮迭代运算。下面将简要介绍 f_8 算法、f_8 算法的构造形式，f_9 算法、f_9 算法的构造形式和它们的核心算法——KASUMI。

1. f_8算法概述

空中接口加密功能可以在 RLC 子层或 MAC 子层中实现。当一个无线信道正在使用非透明的 RLC 方式应答方式（Acknowledged Mode，AM）或者非应答方式（Unacknowledged Mode，UM），加密就在 RLC 子层完成；当一个无线信道正在使用透明的 RLC 方式，加密就在信息鉴权码 MAC 子层完成。

图 5-16 所示，f_8 算法是一个同步流密码算法，数据长度在 1～5114 位之间，它利用 KASUMI 算法的输出反馈模式产生密钥流，密钥流与明文数据逐位异或产生密文。接收方通过使用相同的输入参数生成与发送方相同的密钥流，将密钥流与密文文本逐位异或，就可以恢复出明文文本。

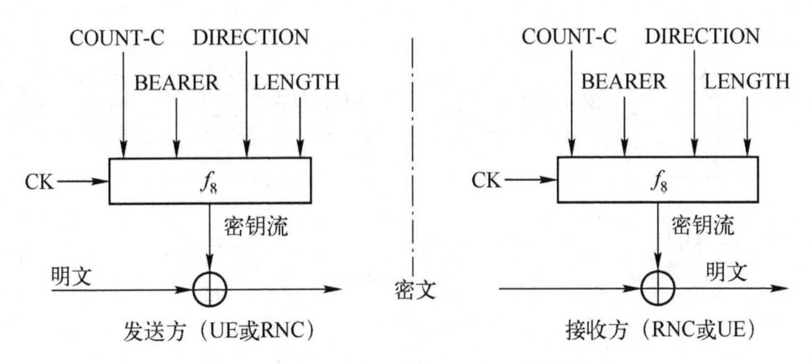

图 5-16　3G 空中接口加密机制示意图

f_8 输出密钥流，它的输入参数包括：CK、COUNT－C、BEARER、DIRECTION、LENGTH。下面对算法的输入参数进行详细说明。

1）CK：加密密钥的长度为 128 位，对在 CS 业务域和用户之间建立的 CS 连接存在一个 CK（CKcs），对在 PS 业务域和用户之间建立的 PS 连接存在一个 CK（CKps）。CK 分别由网络侧的鉴权中心和用户侧的 USIM 产生。

2）COUNT-C：加密计数器，32 位。该值由两部分组成：“长”序列号和“短”序列号。“长”序列号是 HFN（超帧编号），在不同的加密层，“短”序列号的取值不同，在 MAC 层，取值是 CFN（连接帧编号），而在 RLC 层，取值是具体的 RLC_SN（RLC 序列号）。

3）BEARER：无线信道指示器，5 位。每个无线信道对应一个用户，并且有一个对应的无线信道指示器 BEARER 参数。引入无线信道指示器是为了避免不同的密钥流发生器使用一个完全相同的输入参数数值集。

4）DIRECTION：方向标识，1 位，是为了避免对于上行和下行链路计算密钥流时，采用同样的输入参数。对于从 UE 到 RNC 的消息，DIRECTION 设为 0，而对于从 RNC 到 UE 的消息，DIRECTION 则设为 1。

5）LENGTH：长度指示符，16 位，表示需要的密钥流长度。LENGTH 的取值区间是 [1，20000]。该范围是由 RLC PDU/MAC SDU（信令数据单元）的大小和 RLC PDUs/MAC SDUs 的数量决定的。LENGTH 的取值只影响参数的密钥流的长度，并不会影响密钥流的内容。

2. f_8算法的构造形式

f_8 算法是在加密密钥 CK 的控制下产生密钥流的流密码算法。它使用 KASUMI 算法作为密钥流发生器的核心算法。f_8 算法结合使用了计数器模式和 OFB 模式，并利用了反馈数据的预白化。其中的 BLKCNT 被看作是一个计数器，如图 5-17 所示。输出反馈、计数器和预白化这 3 个特征按如下方式共同工作：首先，进行预白化，新产生的密钥流块被计算器值和预白化数据块按位异或进行修正；然后，再送回发生器函数，作为其输入。

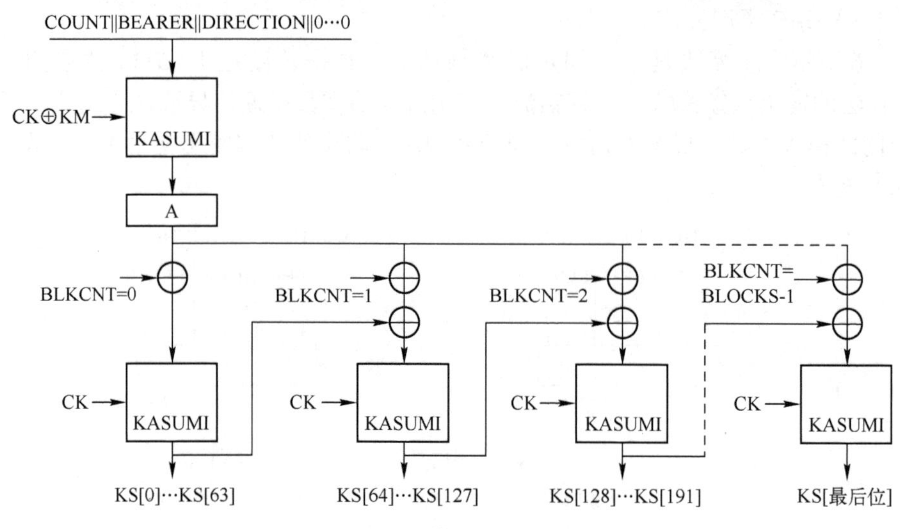

图 5-17 f_8算法的构造形式

f_8 算法利用 KASUMI 函数，在 128 位密钥的控制下将输入的 64 位数据块转化为输出的 64 位数据块。该算法使用了两个 64 位的寄存器：静态寄存器 A 和计数器 BLKCNT。寄存器 A 用 64 位初始值 IV 进行初始化：

IV = COUNT ‖ BEARER ‖ DIRECTION ‖ 0…0

IV 由 32 位的 COUNT、5 位的 BEARER、1 位的 DIRECTION 和 26 位全 0 串连接而成，计数器 BLKCNT 的初始值设为 0。

KM 被称为密钥修正值，是由 8 位字节 0x55 = 01010101 重复 16 次构成。首先用修正过的 CK 值和 KASUMI 函数计算出一个预白化值：

$$W = KASUMI_{CK \oplus KM}(IV)$$

它被存入寄存器 A。当密钥流发生器以这种方式启动后，它就做好了产生密钥流的准备。被加/解密的明文/密文中包含 LENGTH 位（16 位），LENGTH 的值在 1～20 000 之间，粒度为 1，而密钥流发生器按 64 位的整数倍产生密钥流。在最后一个密钥流块中，从 0～63 之间的最低的若干位将根据 LENGTH 的值所要求的总位数而被舍弃。所需要的密钥流的数量由 BLOCKS 表示，BLOCKS 的值等于 LENGTH 的值除以 64 之后向上取整。输出的密钥流用 KS 表示。

对于 3G 空中接口加密来讲，采用的是加法流密码，其加密和解密操作相同，都是用输入数据和产生的密钥流按位异或得到的。上述密钥流产生的结构被定义为通用密钥流发生器 KGCORE，GSM 的加强算法 A5/3、GPRS 中使用的加密算法 GEA3 也都采用了这个通用的密钥流发生器，只是输入的参数略有不同。

3. f_9算法概述

在移动台 MS 和网络之间发送的大多数控制信令信息都被认为是敏感信息，应该受到完整性保护。因此，3GPP 标准中规定了一个信息鉴权函数 f_9 作用在移动设备 ME 和 RNC 之间，对 ME 和 RNC 之间传送的信息进行完整性保护。

在 RRC（无线资源控制）连接建立之后以及安全方式建立规程执行之后，所有用于移动台 MS 和网络之间的控制信令信息（比如：RRC、移动管理 MM、呼叫控制 CC、GPRS 移动管理 GMM 以及会话管理 SM 消息）都应得到完整性保护。

而上述机制不能保护所有的 RRC 控制信息的完整性。实际上，在完整性密钥 IK 产生之前发送的信息是不能被有效保护的。例如，完全切换到 UTRAN、寻呼类型 1、PUSCH 能力请求、物理共享信道分配等。

图 5-18 展示了 f_9 算法对一个消息进行完整性保护的工作原理。算法的输入参数是完整性密钥 IK、完整性序列号计数器 COUNT-I、网络生成的一个随机数 FRESH、方向比特 DIRECTION 以及数据消息 MESSAGE，输出是完整性信息鉴权码 MAC-I。发送端根据这些参数使用完整性算法 f_9 计算出 MAC-I，然后附加到每个 RRC 消息之中，发送到无线访问链上。在接收端，同样计算出接收到的信息 MESSAGE 的完整性信息鉴权码 XMAC-I，再将其与接收到的 MAC-I 进行比较，来判断消息是否被修改过，因为输入端的任何变化都将影响完整性信息鉴权码的计算值，从而验证了该信息的数据完整性。

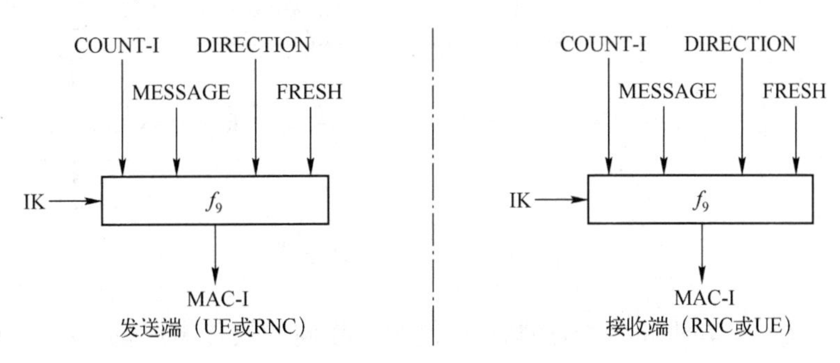

图 5-18　3G 空中接口完整性保护机制工作原理

f_9 函数的输入参数 IK，COUNT-C，BEARER，DIRECTION，LENGTH 的详细说明如下。

1）IK：完整性密钥，128 位。对于 UMTS 用户，完整性密钥 IK 是在 UMTS 鉴权和密钥协商协议 AKA 操作期间建立的。对于用于电路交换 CS 服务和用户之间建立的连接，该密钥表示为 IKCS；用于分组交换 PS 服务和用户之间建立的连接，该密钥表示为 IKPS。

在越区切换时，完整性密钥 IK 在一个网络基础设施内从原来的 RNC 发送到新的 RNC，以便使通信继续进行。完整性密钥 IK 在越区切换的时候保持不变。

2）COUNT-I：完整性序列号计数器，32 位，是计算 MAC 码而重新设定的计数器，其中重要的部分是 HFN（超帧编号），28 位，另外 4 位是 RRC 时序号。COUNT-I 作用是确保每次运行完整性保护函数 f_9 的输入参数不同，来保护先前控制信息的回复。

3）FRESH：新鲜子，32 位，是由 RNC 随机选择的，再按照 RRC 安全方式传递给 UE，随后在这个单一的连接期间，网络和用户同时使用该参数 FRESH 数值。通过这种机制可以保护 RRC 消息，防止重放攻击。

4）DIRECTION：方向位，1 位，引入方向位 DIRECTION 的目的是为了避免完整性算法使用同一个输入参数集为上行链信息和下行链信息计算信息鉴权码。DIRECTION 为 0 表示从 UE 到 RNC 的消息，而 DIRECTION 为 1 表示从 RNC 到 UE 的消息。

5）MESSAGE：消息，它的长度没有限制。信令信息本身带有无线信道标识，无线信道标识位于信令信息的前面。

f_9 算法输出的完整性信息鉴权码 MACI 的长度是 32 位。

4. f_9算法的构造形式

图 5-19 所示，3GPP 完整性算法 f_9 在 IK 控制下将输入信息转化为 32 位的 MAC，该算法对输入信息的长度没有限制。

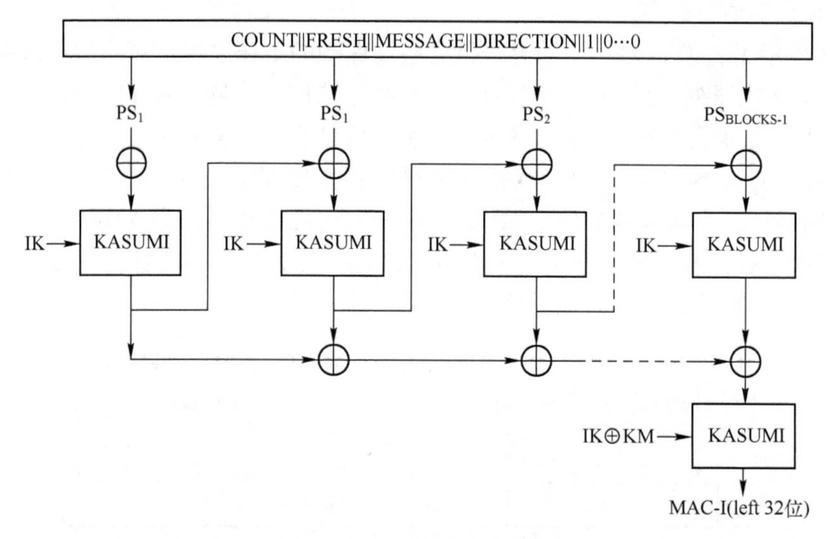

图 5-19　f_9算法的构造形式

为了应用方便，f_9 算法和保密性算法 f_8 使用了相同的块加密函数 KASUMI。在 f_9 算法中，KASUMI 函数使用的是 CBC-MAC 模式，该模式是标准 CBC-MAC 模式的改进版，它增加了一步操作：将所有的中间输出按位异或，然后把结果输入另外一个 KASUMI 函数。最后，这个 KASUMI 函数的 64 位输出会被截短，从而产生一个 32 位的 MAC-I。另外，f_9 算法仍然使用一个 128 位的常数值 KM，KM 由 8 位字节 0xAA 重复 16 次构成。

f_9 算法的输入是 32 位的 COUNT、32 位的 FRESH、长度值不限的消息 MESSAGE，以及 1 位的 DIRECTION。所有的输入值被连接成一个字符串，并在其后添加一个 1，然后填充 0，直到字符串的长度是 64 的整数倍。之后，这个字符串会被分成长度为 64 位的若干个 PS，并采用 KASUMI 的 CBC 模式进行运算，每个分组运算的结果再进行异或。得到的结果再代入一个经过 KM 修正和 IK 作用的 KASUMI 函数，最后得到一个 64 位的输出，最左侧的 32 位是 MAC-I，其余各位会被舍弃。

5.4.5　核心网安全

核心网安全主要指的是在 AN、SN 及 CN 中的网络实体间的信令、数据的传输安全，即除了与用户设备进行的通信以外，其他的通信都属于核心网安全考虑的范畴。之前，核心网采用的是全球 7 号信令网，而 7 号信令标准是由国际电信联盟制定的并广泛应用于固定电话通信网。而且，全球 7 号信令网一直仅允许相对很少部分的权威组织（如网络运营商或大公司）接入，所有核心网内没有可用的密码安全机制。对攻击者来说，处理 7 号信令的消息包是比较困难的，但现在运营商和业务商的数量越来越多，它们需要互联互通，而且基于 IP 的网络代替了基于 7 号信令的网络，引入 IP 在带来好处的同时也将基于 IP 的安全威胁引入到了移动网络中。很多在互联网上使用的黑客工具也能够在通信网上使用。所以，在后来制定的 3GPP R4 中增加了核心网的保护机制。

由于核心网中有众多的网元，为了便于设计其安全机制，在核心网中首先要进行安全域的划分。在此基础上，我们主要讨论核心网中传输的大量信令信息应该采取怎样的安全保护机制。

安全域是指同一系统内具有相同的安全保护需求和安全等级，相互信任，并具有相同的安全访问控制和边界控制策略的子网或网络。相同的安全域共享一样的安全策略。划分安全域，可以限制系统中不同安全等级域之间的相互访问，满足不同安全等级域的安全需求，从而提高系统的安全性、可靠性和可控性。SS7 信令中专属移动通信的部分称为移动应用部分 MAP。现在主要通过采用 MAPsec 和 IPsec 两种协议来保护信息的传输安全。这两种安全机制是在不同的层次上对信息进行保护，其中 MAPsec 相当于在应用层，而 IPsec 是在应用层下的 IP 层对信息进行保护。

下面将要介绍的 MAP 安全和 IP 安全技术主要解决的是信息传输安全，包括安全域内和不同安全域之间的信息传输安全。

1. MAP 安全

移动通信网是由许多实体构成的，例如 HLR、VLR、MSC 等。为了满足移动用户的移动要求和实现移动用户的业务，需要在这些实体间交换信息，并协调运作过程。MAP 就是这些实体间交换信息所需要的。为了确保 3G 网络的正常运行，3G 系统引入了 MAPsec 技术来保障 MAP 机制的安全。

在 MAPsec 安全机制中，拥有以下 3 种保护模式，分别如下所示。

1）模式 0：不提供保护。

2）模式 1：提供完整性保护。

3）模式 2：不仅提供完整性保护而且提供加密。

在最后一种模式中，MAP 消息具有如下结构。

$$\text{安全包头} \parallel f_6(\text{明文 MAP}) \parallel f_7(\text{安全包头} \parallel f_6(\text{明文 MAP}))$$

这里，f_6是计数器模式下的 AES 算法、f_7则是 CBC-MAC 模式下的 AES 算法。

安全包头对于接收端是否能够正确处理 MAPsec 消息非常重要，所以它经常是以明文的方式进行传送。安全包头结构如下。

$$\text{安全包头} = \text{SPI} \parallel \text{Original component ID} \parallel \text{TVP} \parallel \text{NE-ID} \parallel \text{Prop}$$

各字段内容如下。

1）SPI：安全参数索引，它与目标 PLMN ID 一起指向一个唯一的 MAPsec 安全关联（SA）。

2）Original component ID：是原始 MAP 消息的类型，以便接收方能够正确处理 MAP 消息。

3）TVP：时变参数，是一个 32 位的时间戳，用来抵御重放攻击。

4）NE-ID：网元标识，用于同一时间戳内不同的网元可以产生不同的 IV。

5）Prop：所有权域，用于同一时间戳内同一网元在加密不同的 MAP 消息时可以产生不同的 IV（128 位），IV=TVP ‖ NE-ID ‖ Prop ‖ Pad，一般作为加密和完整性保护算法中的初始向量。

2. 安全关联

安全关联（SA）的概念来自于 IPsec 中的安全关联，它用来指出与加密相关的必要信息，比如，采用的密钥和进行加密的算法标识等，以便加密信息的合法接收者可以使用正确的密钥和算法进行解密。下面简要介绍一下 MAP 安全关联参数。

“目的 PLMN-ID”是接收方的公众陆地移动通信网（Public Land Mobile Network，PLMN）标识。该标识是接收方的移动国家代码和移动网络代码的串接。

安全参数索引（SPI）是一个 32 位的数值，与“目的 PLMN-ID”一起指向一个唯一的 MAPsec 安全关联。

“发送 PLMN-ID”是发送方的 PLMN 标识。该标识是发送方的移动国家代码和移动网络代码的串接。

MAP 加密算法标识（MEA）和 MAP 完整性算法标识（MIA）分别用来标识加密算法和完整性算法。算法的操作模式是由算法标识定义的。

MAP 加密密钥（MEK）和 MAP 完整性密钥（MIK）分别包含了加密密钥和完整性密钥，其长度由算法标识决定。

保护轮廓 ID 的长度是 16 位，标识了保护轮廓。保护轮廓修订 ID 的长度是 8 位，包含 PPI 的修订数字。在 3GPP 中定义了 5 种保护轮廓，每种保护轮廓都定义了保护的范围及其对 MAP 每个部分的保护模式。

安全关联软有效时间对出站业务定义了软到期时间，安全关联硬有效时间定义了安全关联的实际到期时间。这两个时间都以 UTC 时间给出。采用两个有效时间的原因是如果只使用硬有效时间，那么由于网络延时等原因，在接收方接收到所有的传输包之前可能会出现 MAPsec 的安全关联到期的情况。软有效时间会提醒发送数据的一方，及时更换安全关联。所有的安全关联（SA）都存放在一个安全关系数据库（SA Database，SAD）中，并且所有的 MAPsec 网元都必须能够访问它。

3. IP 安全

IPsec 是由互联网工程任务组（IETF）指定的用于保障 IP 层安全的系列标准。IPsec 机制被引入 3GPP 的安全体系的原因是：一方面，3GPP 的核心网将向全 IP 网络发展，因此，需要解决基于 IP 的网络域安全；另一方面是为了解决 IP 多媒体核心子系统 IMS 的接入安全。

使用 IPsec 就是为了保护 IP 包的安全，主要采用认证头（AH）和封装安全性负载（ESP）来实现。AH 是通过在正常的 IP 头后面增加一个认证头的域，即 AH 在“IP 头”和“上层域”之间，AH 中包含了用于完整性保护的数据，也就是 IPsec 的认证头方式只保护 IP 数据包的完整性。ESP 可以提供机密性和完整性保护，是将原来的 IP 数据包加密后，采用特定的格式进行了重新封装。

4. IPsec 安全关联

ESP 和 AH 协议都需要密钥，在 IPsec 中通过安全关联来指示进行加/解密和认证的密钥。安全关联还包括了使用的算法、密钥和安全关联的寿命等信息，此外还包括了一个序列数字来抵御重放攻击。IPsec 安全关联的主要参数包括：认证算法（在 AH/ESP 方式中）、加密算法（只在 ESP 方式中）、加密和认证密钥、加密密钥的生存时间、安全关联本身的生存时间、重放攻击序列号。

同样，IPsec 安全关联也都存储在安全关联数据库（SAD）中，并且每个安全关联由安全参数索引（SPI，长度为 32 位）唯一指定。

5.4.6 应用层安全

1. WAP 概述

无线应用协议（Wireless Application Protocol，WAP）是互联网技术和移动通信技术相结合的产物。WAP 把互联网的一系列协议规范引入到无线网络中，并实际地考虑了无线网络的局限性（如较长的延时和有限带宽等）和无线设备的局限性（如较小的 CPU 处理能力、较小的存储器容量、较小的显示屏幕、有限的功率以及多样的输入设备等）。互联网的传输速度快而且可靠，网页含有大量的图文信息，网络协议也非常复杂。因此，移动互联网并不是互联网与移动通信网的简单结合，而是对互联网中的 Web 技术进行了简化、优化和扩展。通过 WAP 终端，人们可以浏览网页、阅读新闻，而且还能实现股票交易、天气查询等一系列增值服务。下面将主要介绍 WAP 安全的相关知识。

2. WAP 安全

移动通信的承载网络可以提供身份认证、数据保密性和数据完整性等安全功能。但是，WAP 应用不能单纯依赖于承载网络来提供安全性保护。要保证 WAP 应用安全，则需要提供如下的安全服务。

1）数据保密性：保护用户与服务器之间的信息传输，防止第三方窃听。

2）数据完整性：保护用户与服务器之间传输信息的完整性，防止被篡改。

3）身份认证性：鉴别通信双方的身份，防止通信对方身份被假冒。

4）服务不可否认性：提供服务的不可拒绝性，防止用户否认服务。

所以，WAP 规范的协议栈中专门设置了一个安全协议层，即无线传输层安全协议 WTLS。WTLS 主要在传输服务层提供如下安全服务。

1）数据保密性：通过握手协议建立保密会话密钥，并采用加密算法加密数据报文。

2）数据完整性：采用哈希函数 MD5 和 SHA 来检测数据报文的完整性。

3）身份认证性：握手协议中通过公开密钥证书来实现用户和服务器的身份认证。

4）数据的不可否认性：服务很难在数据传输层来实现，因此 WAP 规范中在应用层实现数字签名。WAP 建立了 WML 脚本密码库，它包含了一组可以被 WML 脚本调用的安全函数，其中一个用于对某一个文本进行签名。

此外，WAP 规范中还允许 WAP 应用在会话层使用 HTTP 中的用户认证协议，来实现用户向 WAP 代理和应用服务器认证其身份。

下面对 WTLS 协议中安全连接的建立过程、密钥交换的主要方法、身份认证机制、加密与完整性保护机制这 4 个方面进行介绍。

（1）安全连接的建立过程

WTLS 连接管理通过握手过程在用户终端和 WAP 网关之间建立安全连接。图 5-20 展示了 WTLS 建立安全连接的握手过程。在连接建立过程中，双方对安全参数（包括加密算法、密钥长度、密钥交换方式以及压缩方法等）进行协商。

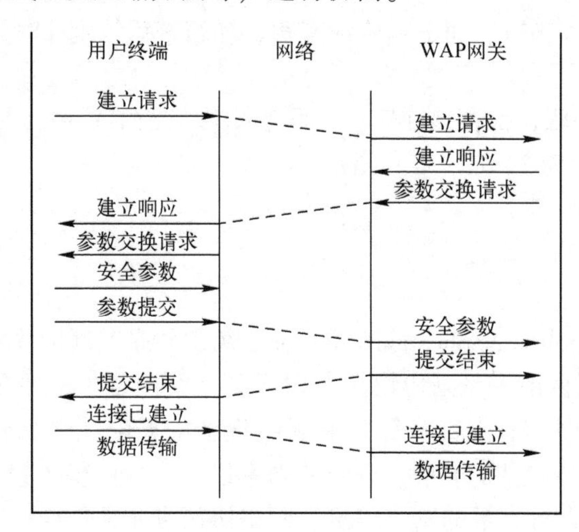

图 5-20　WTLS 建立安全连接的握手过程

安全连接成功建立之后，就可以进行正常的数据传输。在上述握手过程中，双方可以随时终止握手过程，以使连接失败。

握手协议主要实现以下几项功能。

1）协商密钥交换模式，选择密码算法。

2）根据应用需要，对通信一方或双方进行身份认证。

3）通信双方按照协商好的密钥交换模式建立一个预先主密钥。

4）利用预先主密钥和随机数生成一个主密钥。

5）将所有密码安全参数传给协议记录层。

6）用户和服务器确认对方已经计算出相同的密码参数，且握手协议没有受到攻击。

（2）密钥交换的主要方法

在 WTLS 协议中有 3 类密钥：一类称为预主密钥（pre_master_secret），是用户和服务器已经通过认证而生成的；第二类称为主密钥（master_secret），它是由预主密钥、密钥种类、用户随机数和服务器随机数等参数经过伪随机函数 PRF 产生的；第三类是密钥组，是指加密算法和计算 MAC 的算法所需要的加密密钥、初始向量和 MAC 密钥。当握手协议正常结束时，握手协议中生成的主密钥、选择的密码算法等信息均被传给 WTLS 层的记录协议。记录协议生成加密算法所需的密钥组，其中的参数是由主密钥、用户随机数和服务器随机数等参数经过伪随机函数 PRF 产生的，即

Key_block = PRF(master_secret, expansion_label, seq_nun+ server_random+client_random)

上述计算过程重复多次，直至生成全部密码参数（加密密钥、初始矢量和 MAC 密钥）。

密钥交换方法解决了认证过程中预主密钥的协商问题，常用的方法如下。

1）RSA 加密机制。这种方法是用 RSA 算法来认证服务器并交换密钥。一般过程是：客户端生成一个 20 个字节的秘密数，这个秘密数用服务器的公钥加密后传给服务器；服务器利用其私钥可以解密出上述秘密数。这种方法生成的预主密钥是上述秘密数与服务器公钥的级联。

2）DH 密钥交换方法。这一方法用传统的 DH 算法，由用户和服务器根据对方提供的参数，分别计算出一个相同的秘密数，这个数就作为它们的预主密钥。

3）EC-DH 密钥交换方法。这一方法与 DH 算法类似，只是用户和服务器是基于某个椭圆曲线的生成点来计算需要交换的参数。协商出的密钥作为预主密钥。利用预主密钥，采用上面的方法就可以生成主密钥。

4）共享秘密方法。用户与服务器在通信之前就已经共享了一个秘密，在通信时将共享秘密作为预先主密钥；然后利用它与双方新近生成的随机数生成保密通信所需的主密钥。在 Session Resume 方式下，不会重新生成主密钥，依然采用前一次使用的主密钥。

（3）身份认证机制

WAP 规范采用了基于用户公开密钥证书方法，即每个用户拥有一个由证书授权机构 CA 签发的公开密钥证书。公开密钥证书的记录中含有用户的身份信息。CA 在对用户的身份信息进行审查确认后，对用户的公开密钥和身份等信息的杂凑值进行数字签名，从而确保证书不会被更改和伪造。

具体的身份认证方法是基于公钥算法的挑战应答协议。其中的一种方法是，由认证方生成一个挑战值，即一个随机数，然后把该挑战值用被认证方的公钥加密后发给被认证方，被认证方解密该信息，并把结果发给认证方。显然，如果结果与挑战值相同，则认证通过，否则不通过。另外一种方法，是认证方直接将挑战值发给被认证方，由被认证方对挑战值进行签名，并将签名结果发给认证方，认证方收到后对签名进行验证，从而完成认证。WAP 中推荐了两种签名算法：RSA 和 ECDSA。因此，公开密钥证书也可分为两种：对用户的 RSA 公开密钥进行 RSA 数字签名而产生的证书，以及对用户的 ECDH 公开密钥进行 ECDSA 签名的证书。

（4）加密与完整性保护机制

WAP 使用加密与完整性保护机制来实现用户与服务器之间的保密通信，通常利用分组密码算法（RC5 或 DES）对通信信息进行加密，利用 Hash 函数（MD5 或 SHA）保护通信信息的完整性。

5.5 4G 网络安全

4G 是第四代移动通信系统及其技术的简称。4G 是集 3G 与 WLAN 于一体并能够传输高质量视频、图像等多媒体数据信息的技术产品。4G 系统能够以 100 Mbit/s 的速度进行下载，比拨号上网快 2000 倍，上传的速度也能达到 20 Mbit/s，并能够满足几乎所有用户对于无线服务的要求。4G 与固定宽带网络在计费方面不相上下，而且计费方式更加灵活，用户可以根据自身的需求来购买所需的服务。4G 可以在 DSL 和有线电视调制解调器没有覆盖的地方进行部署，然后再扩展到整个地区。

随着网络规模的不断扩大，4G 网络面临的安全问题也变得越来越复杂。如何有效地应对这些安全挑战，成为 4G 网络在普及过程中必须要面对和解决的问题。本节将介绍 4G 网络的相关技术内容以及所采用的安全机制。

5.5.1 4G 网络简介

随着数据通信与多媒体业务需求的发展，满足移动数据传输、移动计算及移动多媒体性能需要的第四代移动通信技术开始兴起。与传统的移动通信技术相比，4G 通信技术最明显的优势在于通话质量和数据传输速度。4G 最大的数据传输速率超过 100 Mbit/s，这个速率是移动电话数据传输速率的 1 万倍，也是 3G 移动电话速率的 20 倍以上。4G 技术可以提供高质量的流媒体内容，可以接收高分辨率的电影和电视节目，从而成为合并广播和通信的新基础设施中的一个纽带。此外，4G 的无线即时连接等服务费用比 3G 要便宜，而且 4G 可以集成不同模式的无线通信——从无线局域网和蓝牙等室内网络、蜂窝信号、广播电视到卫星通信，移动用户可以自由地从一个技术标准漫游到另一个技术标准。

从严格意义上来讲，目前第四代移动通信技术包括 TD-LTE 和 FDD-LTE 两种制式。由于 LTE 没有达到国际电信联盟所制定的下一代移动通信技术标准，LTE 只能算作是 3G 到 4G 的技术过渡版本。而经过升级后的 LTE Advanced 技术标准才基本满足了国际电信联盟对 4G 的要求。

5.5.2 4G 系统的网络结构与核心技术

4G 系统针对各种不同业务的接入系统，通过多媒体接入连接到基于 IP 的核心网。基于 IP 技术的网络结构使用户可以实现在 3G、4G、WLAN 和固定网络之间的无缝漫游。

4G 系统的网络架构分 3 层：物理网络层、中间环境层、应用网络层。其中，物理网络层提供接入和路由选择功能，它们由无线网络和核心网的结合形式来完成。中间环境层的功能有服务质量（Quality of Service，QoS）映射、地址变换和完全性管理等。物理网络层与中间环境层及其应用环境之间的接口是开放的，它使发展和提供新的应用及服务变得更为容易，提供无缝高数据传输率的无线服务，并运行于多个频带。这一服务能自适应多个无线标准，可以跨越多个运营者，提供大范围的服务。4G 网络架构示意图如图 5-21 所示，用户移动设备 MS 连接到 eNodeB 提供的无线接入网络 E-UTRAN。通过 E-UTRAN 与核心网连接，MS 可以访问 PSTN 和 Internet。

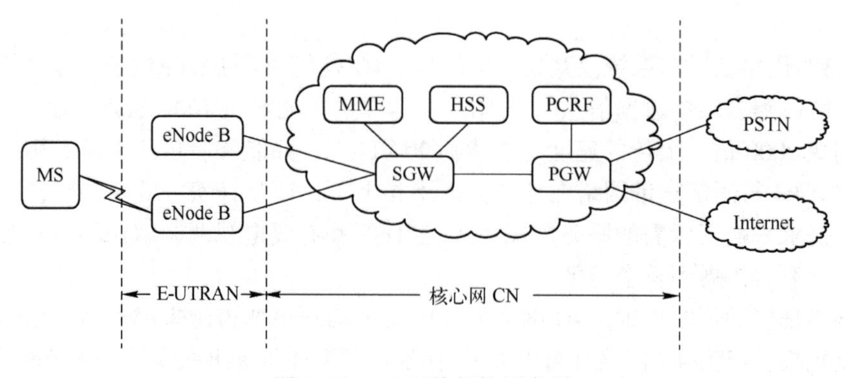

图 5-21 4G 网络架构示意图

4G 移动通信系统的核心技术主要包括以下 8 种。

（1）接入方式和多址方案

4G 移动通信系统主要以正交频分复用（Orthogonal Frequency Division Multiplexing，OFDM）为技术核心。OFDM 是一种无线环境下的高速传输技术，其主要思想是在频域内将给定信道分成许多正交子信道，在每个子信道上使用一个子载波进行调制，各子载波并行传输。尽管总的信道是非平坦的，具有频率选择性，但是每个子信道是相对平坦的。在每个子信道上进行窄带传输，信号带宽小于信道的相应带宽。OFDM 的技术特点是网络结构高度可扩展，具有良好的抗噪声性能和抗多信道干扰能力，提高了频谱利用率，可以提供更高质量的无线数据服务和更好的性价比，能为 4G 无线网提供更好的方案。OFDM 的主要缺点是功率和效率不高。

（2）调制和编码技术

4G 移动通信系统采用新的调制技术，如多载波正交频分复用调制技术以及单载波自适应均衡技术等调制技术，以保证频谱利用率并延长移动终端电池的寿命。4G 移动通信系统采用更高级的信道编码方案（如 Turbo 码、级连码和 LDPC 等）、自动重发请求（ARQ）技术和分集接收技术等，从而保证系统性能。

（3）高性能的接收机

4G 移动通信系统对接收机提出了很高的要求。Shannon 定理给出了在带宽为 BW 的信道中实现容量为 C 的可靠传输所需要的最小 SNR。按照这一定理可以计算出，对于 3G 系统，如果信道带宽为 5 MHz，数据速率为 2 Mbit/s，则所需的 SNR 为 1.2 dB；而对于 4G 系统，要在 5 MHz 的带宽上实现 20 Mbit/s 的数据传输率，则所需的 SNR 为 12 dB。由此可见，对于 4G 系统，由于传输速率较高，对接收机的性能要求也会更高。

（4）智能天线技术

智能天线具有抑制信号干扰、自动跟踪以及数字波束调节等智能功能，被认为是未来移动通信的关键技术。智能天线应用数字信号处理技术，产生空间定向波束，使天线主波束对准用户信号到达方向，旁瓣或零陷对准干扰信号到达方向，达到充分利用移动用户信号并消除或抑制干扰信号的目的。智能天线技术既能改善信号质量又能增加传输容量。

（5）MIMO 技术

多输入多输出（Multiple Input Multiple Output，MIMO）技术是指利用多发射、多接收天线进行空间分集的技术。它采用的是分立式多天线，能够有效地将通信链路分解为许多并行的子信道，从而大大提高容量。信息论已经证明，当不同的接收天线和不同的发射天线之间互不相关时，MIMO 系统能够很好地提高系统的抗衰弱和抗噪声性能，从而获得巨大的容量。MIMO 技术是实现高数据传输速率、提高系统容量、提高传输质量的空间分集技术。在无线频谱资源相对匮乏的今天，MIMO 技术已经体现出优越性，并会在 4G 移动通信系统中继续应用。

（6）软件无线电技术

软件无线电是将标准化、模块化的硬件功能单元经过一个通用硬件平台，利用软件加载方式来实现各种类型的无线电通信系统的一种具有开放式结构的新技术。软件无线电的核心思想是在尽可能靠近天线的地方使用宽带 A/D 和 D/A 变换器，并尽可能多地用软件来定义无线功能，各种功能和信号处理都尽可能用软件实现。其软件系统包括各类无线信令规则与处理软件、信号流变换软件、信源编码软件、信道纠错编码软件、调制解调算法软件等。软件无线电使得系统具有灵活性，能够适应不同的网络和空中接口。软件无线电技术支持采用不同空中接口的多模式手机和基站，能实现各种应用的可变 QoS。

（7）基于 IP 的核心网

4G 移动通信系统的核心网是一个基于全 IP 的网络，同已有的移动网络相比具有根本性的优势，可以实现不同网络间的无缝互联。核心网独立于各种具体的无线接入方案，能提供端到端的 IP 业务，能同已有的核心网和 PSTN 兼容。核心网具有开放的结构，能允许各种空中接口接入核心网。同时，核心网能把业务、控制和传输等分开。采用全 IP 之后，4G 所采用的无线接入方式和协议与核心网络协议、链路层是相互独立的。IP 与多种无线接入协议相兼容，因此在设计核心网络时具有很大的灵活性，不需要考虑无线接入究竟采用何种方式和协议。

（8）多用户检测技术

多用户检测是宽带通信系统中抗干扰的关键技术。在实际的 CDMA 通信系统中，各用户信号之间存在一定的相关性，这就是多址干扰存在的根源。由个别用户产生的多址干扰固然很小，可是随着用户数的增加或信号功率的增大，多址干扰就成为宽带 CDMA 通信系统的一个主要干扰。传统的检测技术完全按照经典直接序列扩频理论对每个用户的信号分别进行扩频码匹配处理，因而抗多址干扰能力较差。多用户检测技术在传统检测技术的基础上，充分利用造成多址干扰的所有用户信号信息对单个用户的信号进行检测，从而具有优良的抗干扰性能，解决了远近效应问题，降低了系统对功率控制精度的要求，因此可以更加有效地利用链路频谱资源，显著提高系统容量。

5.5.3　4G 系统的特点

4G 带给了人们真正的沟通自由，并彻底改变了人们的生活方式甚至社会形态。4G 通信具有如下几个特点。

1. 通信速度快

由于人们研究 4G 通信的初衷就是为了提高蜂窝电话和其他移动装置无线访问互联网的速率，因此 4G 通信显著的特点就是更快的无线通信速度。如果对移动通信系统的数据传输速率做比较，第一代模拟式移动通信系统仅提供语音服务；第二代数位式移动通信系统的传输速率也只有 9.6 kbit/s，最高可达 32 kbit/s；而第三代移动通信系统的数据传输速率可达到 2 Mbit/s；到了第四代移动通信系统，数据传输速率可以达到 10～20 Mbit/s，甚至最高可以达到 100 Mbit/s。

2. 网络频谱更宽

要想使 4G 通信达到 100 Mbit/s 的传输速率，通信运营商必须在 3G 通信网络的基础上，进行大幅度的改造，以使 4G 网络在通信带宽上比 3G 网络的蜂窝系统的带宽高出许多。根据 AT&T 的 4G 技术研究人员给出的数据，每个 4G 信道占有 100 MHz 的频谱，相当于 WCDMA 3G 网络的 20 倍。

3. 通信更加灵活

从功能上来说，4G 手机已经可以算得上是一台小型计算机。4G 通信不仅使人们可以随时随地通信，双向下载传递数据、图像、音视频，还可以与陌生人玩网上联机游戏。

4. 智能化程度更高

4G 的智能化程度更高，不仅表现为 4G 移动终端设备在设计和操作上所具有的智能化，更重要的是 4G 移动终端实现了许多难以想象的功能。例如，4G 手机能根据环境、时间以及其他设定的因素来适时地提醒手机的主人此时该做什么事，或者不该做什么事；4G 手机还可以被看作是一台小型电视，用来收看体育比赛之类的各种现场直播。

5. 更好的兼容性

4G 技术能够很快被人们所接受，除了具有强大的功能以外，还考虑到了现有通信的基础，可以让更多的现有通信用户在投入成本最少的情况下就能很轻易地过渡到 4G 通信。

6. 提供各种增值服务

4G 通信并不是从 3G 通信的基础上经过简单的升级而演变过来的，它们的核心技术是根本不同的，3G 移动通信系统主要是以 CDMA 为核心技术，而 4G 移动通信系统的核心技术则是正交多任务分频技术（OFDM），利用这种技术人们可以实现无线区域环路（WLL）、数字音频广播（DAB）等方面的无线通信增值服务。

7. 实现高质量通信

尽管 3G 系统可以实现各种多媒体通信，但 4G 通信能满足 3G 尚不足以达到的在覆盖范围、通信质量、造价上支持的高速数据和高分辨率多媒体服务的需要。4G 系统提供的无线多媒体通信服务包括语音、数据、影像等大量信息通过宽频的信道传送出去。因此，4G 也被称为“多媒体移动通信”。4G 不仅仅是为了应对用户数的增加，更重要的是，必须要适合多媒体的传输需求，当然还包括通信品质的要求。总的来说，4G 技术可以容纳通信市场庞大的用户数，改善通信品质，达到高速数据传输的要求。

8. 频率使用效率更高

相比于 3G 技术，4G 在开发研究过程中使用并引入了许多功能强大的突破性技术，例如一些光纤通信公司为了进一步提高无线网络的主干带宽宽度，引入了交换层级技术。这种技术能同时涵盖不同类型的通信接口，也就是说 4G 主要是运用了路由技术为主的网络架构。由于利用了几项不同的技术，所以无线频率的使用要比 2G 和 3G 有效得多。这种有效性可以让更多的人使用与以前数量相同的无线频谱来做更多的事情，而且做这些事情的速度还相当快。

9. 通信费用更加便宜

4G 不但解决了与 3G 技术的兼容性问题，让更多的现有通信用户能轻易地升级到 4G 通信，而且引入了许多尖端的通信技术，这些技术保证了 4G 能提供一些灵活性非常高的系统操作方式。因此，相对于其他技术来说，4G 部署起来就迅速得多；同时，在建设 4G 系统时，通信运营商们可以直接在 3G 通信网络的基础设施上，采用逐步引入的方式，这样就能有效地降低运营商和用户的成本。4G 的无线即时连接等服务费用比 3G 更加便宜，4G 用户上网资费比 3G 下降了至少 60%左右。

5.5.4 4G 网络的安全威胁与安全策略

4G 网络系统不仅包括移动终端、无线接入网，还包括无线核心网和 IP 骨干网，是一个可以实现多种无线网络共存的通信系统。由于 4G 所具有的特点以及网络实体自身的因素，4G 网络面临着各种各样的安全威胁和挑战。接下来，将对 4G 网络所面临的安全威胁和 4G

系统所采取的安全策略进行介绍。

1. 4G 网络存在的问题和面临的安全威胁

如上所述，4G 网络系统包括了移动终端、无线接入网，以及无线核心网和 IP 骨干网。4G 网络本身是一个多种无线网络共存的通信系统。因此，4G 网络面临的安全威胁也主要来自于这 4 个组成部分，而且无线网络和 IP 骨干网中已有的隐患问题都会在 4G 系统中出现。

4G 网络系统面临的安全问题有以下几点：首先是移动终端硬件平台所面临的安全威胁。作为连接移动用户与无线网络的桥梁，移动终端在各种无线通信系统中的重要性越发凸显。移动终端的性能虽然在不断提升，但同时呈现出的另一个问题是移动终端变得更加脆弱。移动终端在硬件平台上的完整性保护和验证机制比较缺乏，平台上各功能模块对应的硬件容易遭到攻击者的篡改。移动终端内部各通信接口上的机密性和完整性保护也比较缺乏，通过平台传递的信息存在被窃听和篡改的隐患。而且，现有移动终端上的信息面临非法窃取的威胁，很可能因为移动终端的丢失而造成巨大损失。用户在移动终端设置上的一些不合理配置，也会降低其安全级别，使移动终端感染病毒和木马的概率升高。其次，4G 移动终端的操作系统拥有很多种类，而且这些操作系统基本上都存在安全漏洞，会成为黑客等不法分子入侵移动终端的入口和工具。另外，4G 移动终端上可以搭载数量众多的应用软件，安全保护水平参差不齐，其中可能就含有恶意软件。恶意软件会通过滥用用户权限来盗取用户数据，会给移动用户造成困扰和经济损失。最后，4G 网络系统中有多种无线网络共存，网络之间的连接和兼容性以及无线网络本身可能就面临不同程度的安全威胁。

以上提到的这些因素共同构成了 4G 网络所面临的安全威胁，需要采取相应的安全策略来应对和解决。

2. 4G 网络的安全策略

与有线网络相比，无线网络在安全方案的设计上必须要对其安全性、效率、兼容性、可扩展性以及用户的可移动性等几大因素进行全面考虑，对于结构复杂、多无线网络共存的 4G 网络系统的安全策略的研究尤其需要注意。

首先是安全性上，4G 网络系统应该加强其硬件的物理防护和硬件平台的加固以及操作系统的加固。提升移动平台硬件的集成度，减少可被攻击的硬件接口；增加温度、电流、电压检测电路等，以避免一些物理手段的攻击，根据安全级别需要，必要时应该将 TPM 和 USIM 中的数据进行自动销毁。可以采用可信移动平台的思想，并添加可信启动、完整性检验和保护存储等措施。采用满足 TMP 需要的可信操作系统，使其能够对域隔离、混合式访问控制和远程验证等加以支持。

其次是在效率上，4G 网络系统有可能会受到无线网络各种资源的限制。为了 4G 网络系统的安全，在安全方案设计上必须要对其效率策略加以考虑。出于效率考虑，应该尽量减少交互的消息数量，而且需要注意每条消息的长度，越短越好。计算能力在协议的要求中应该具有比较明显的非对称性，这样能够更好地减轻移动终端的负担，也可以充分利用移动终端的空闲时间来实现预计算和预认证。

除了安全性和效率之外，兼容性和可移动性等也是 4G 网络安全需要考虑的问题。作为密切相关的因素，4G 无线网络可以通过协商机制、可配置机制、混合策略以及多策略机制等方式做好安全策略，针对不同的场景使用不同的安全策略，这样才能较好地保障 4G 网络系统的安全。

5.6 5G 网络安全

第一代移动通信技术（1G）主要解决了语音通信的问题。2G 可以支持窄带的分组数据通信，最高理论速率为 236 kbit/s。3G 在 2G 的基础上，发展了诸如图像、音频、视频流的高带宽多媒体通信。4G 是专为移动互联网而设计的通信技术，从网络、容量、稳定性上都有极大提升。

随着大数据技术的发展，信息对通信传输的要求越来越高，4G 已经无法满足其需求，人们迫切地需要一种速度更快、成本更低、功耗更小、传输更为安全可靠的技术。因此，5G 通信技术应运而生。目前对 5G 通信技术的研究期望是：通过引入新的无线传输技术将资源利用率在 4G 的基础上提高 10 倍以上；通过引入新的体系结构（如超密集小区结构等）和高度智能化将整个系统的吞吐率提高 25 倍左右；进一步挖掘新的频率资源（如高频段、毫米波与可见光等），使未来无线移动通信的频率资源扩展 4 倍左右。

5.6.1 5G 网络简介

5G 作为第五代移动通信技术，它的主要特点是传输速度快，其每秒钟的峰值数据传输量可达 10 GB 以上，这比 4G 网络的传输速度要快数百倍，一部超高清画质的电影可在一秒之内下载完成。

5G 能够带来网速提升、超大带宽、超高容量、超高可靠性、随时随地可接入等性能提升。5G 作为面向未来的下一代移动通信技术一经提出，就迅速在业界掀起了研究的热潮。目前，一部分国家已经在使用 5G 网络，我国也在 2019 年 6 月正式开启 5G 的商用。5G 被认为是一个泛在化、智能化、融合化的绿色节能网络，可以满足人们在居住、工作、休闲和交通等各领域的多样化业务需求。同时，5G 还将渗透到物联网及其他各种行业领域，与工业设施、医疗仪器、交通工具等进行深度融合，有效满足工业、医疗、交通等垂直行业的多样化业务需求，实现真正的万物互联。

5.6.2 5G 网络架构

5G 网络的主要目标是让终端用户始终处于联网状态。5G 网络将来支持的设备远远不只是智能手机，它还将支持智能可穿戴设备、智能家居设备等。5G 网络是 4G 的真正升级版，它的基本要求也不同于无线网络。

由图 5-22 所示可知，5G 的核心网主要包含以下几个节点。

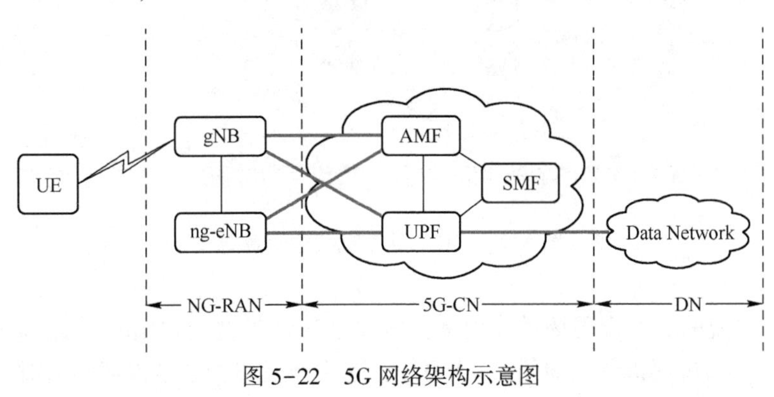

图 5-22 5G 网络架构示意图

1）AMF：全称是 Access and Mobility Management Function，主要负责访问和移动管理功能。

2）UPF：全称是 User Plane Function，用于支持用户面功能。

3）SMF：全称是 Session Management Function，用于负责会话管理功能。

5.6.3 5G 网络的关键技术

作为下一代移动通信网络，5G 被业界视为未来数字社会的增强器。为了以单一的物理网络来满足诸多上层业务需求，5G 将运营商的物理网络划分为多个虚拟网络，每一个虚拟网络成为一个独立的网络切片，根据不同的服务需求灵活地应对不同的网络应用场景。从物理上看来，所有的网络切片均源自于相同的网络基础设施，从而可以极大地降低 5G 网络运营商建设多业务网络的成本。同时，所有的网络切片在逻辑上是分离的，彼此相互独立，从而使得每一类 5G 业务均可以独立地运行和维护，如图 5-23 所示。

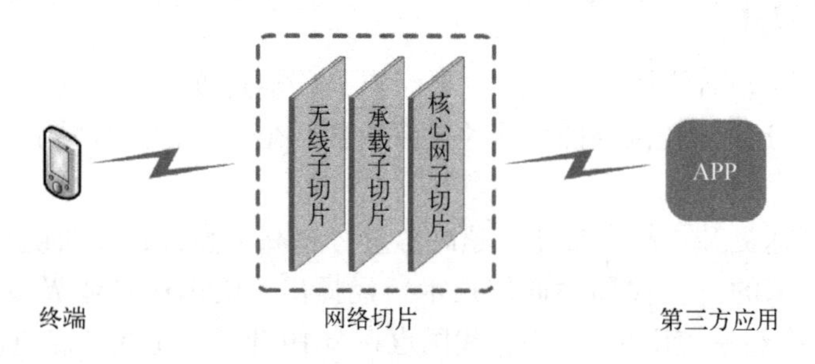

图 5-23 5G 网络切片

图 5-24 所示，5G 的网络切片实际就是对资源进行重组。重组是根据服务等级协议（SLA）为特定的通信服务类型选择它所需要的虚拟和物理资源。SLA 包括用户数、QoS、带宽等参数，不同的 SLA 定义了不同的通信服务类型。

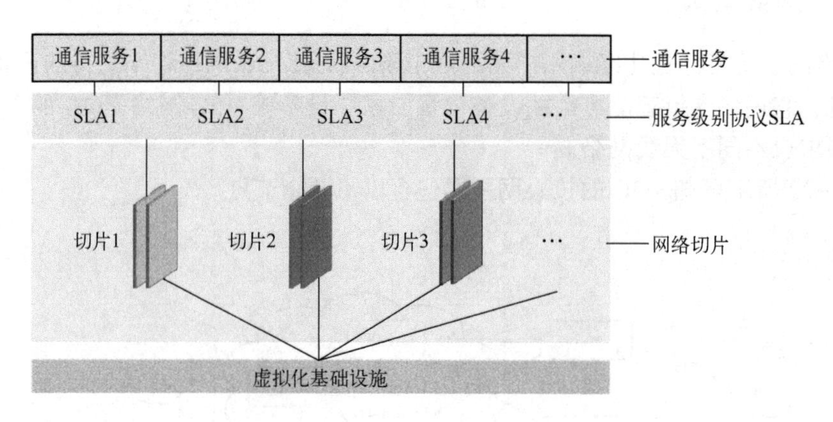

图 5-24 5G 网络基础架构示意图

目前，5G 主流的 3 大应用场景分别是：增强型移动带宽（eMBB）、超高可靠及低延迟通信（uRLLC）、大规模机器类通信（mMTC）。这 3 种应用场景是根据网络对用户数、QoS、带宽等不同要求而定义的 3 个通信服务类型，对应了 3 个切片。通过网络切片，5G 可以满足 eMBB、uRLLC、mMTC 应用场景的诸多不同需求。

除了上面提到的网络切片技术，5G 网络系统还采用了以下几项关键技术。

1）高频段传输：足够大的可用带宽、小型化的天线和设备、较高的天线增益是高频段毫米波移动通信的主要优点，但也存在传输距离短、穿透和绕射能力差、容易受气候环境影响等缺点。

2）新型多天线传输技术：由于引入了有源天线阵列，基站侧可支持的协作天线数量可以达到 128 根。此外，原来的 2D 天线阵列拓展成为 3D 天线阵列，形成了新型的 3D-MIMO 技术，支持多用户波束智能赋型，减少用户间干扰，结合高频段毫米波技术，进一步改善了无线信号的覆盖性能。

3）同时同频全双工技术：利用该技术，在相同的频谱上，通信收发双方可以同时发射和接收信号，与传统的 TDD 和 FDD 双工方式相比，从理论上可使空中接口频谱效率提高 1 倍。

4）D2D 技术：这是一种在系统的控制下，允许终端之间通过复用小区资源直接进行通信的新型技术，它能够增加蜂窝通信系统频谱效率，降低终端发射功率，在一定程度上解决无线通信系统频谱资源匮乏的问题。

5）密集和超密集组网技术：超密集网络能够改善网络覆盖，大幅度提升系统容量，并且对业务进行分流，具有更灵活的网络部署和更高效的频率复用。未来，面向高频段大带宽，将采用更加密集的网络方案。

6）新型网络架构：5G 网络可能采用 C-RAN 接入网架构。C-RAN 的基本思想是通过充分利用低成本高速光传输网络，直接在远端天线和集中化的中心节点间传送无线信号，以构建覆盖上百个基站服务区域，甚至上百平方千米的无线接入系统。

5.6.4 5G 面临的安全挑战

5G 业务具有“多样化”特性（eMBB、uRLLC 及 mMTC），由此，5G 网络架构将基于云技术，且安全能力正逐渐开放。这些变革方向预示着，5G 将面临诸多新的安全挑战，而且需要满足更严格的用户隐私信息保护要求。以下将对 5G 面临的安全挑战进行详细说明。

1. 不同的 5G 业务有着不同的安全要求

为满足个人用户及垂直行业用户的诸多不同且差异化很大的业务需求，5G 网络将可承载多类上层业务和应用。在 5G 网络架构方面，业界比较看好“基于原生云架构的端到端（E2E）网络切片”这种形式，其发展前景也会越来越大。不同类型业务的安全要求差异很大，对于 5G 安全研究专家而言，“差异化的安全机制”是首先需要考虑的因素。

2. 5G 需具备可跨越所有接入技术及设备的统一安全管理机制

所有的 5G 业务都需要具有通用的安全特性，比如接入认证及隐秘性/机密性保护。虽然 5G 移动通信系统中的业务类型、接入技术及设备千差万别，但是具备通用和关键集的安全特性的 5G 安全框架可以解决所有的 5G 安全要求。

（1）跨越底层异构多层无线接入网的 5G 安全管理机制

“异构多层无线接入”是下一代 5G 无线接入网络的一大鲜明特征。未来，在来自不同网络系统（5G/LTE 及其后续演进/Wi-Fi）、不同接入技术、不同类型站点（宏小区/小小区

/微小区）的并行与同时接入中进行协调，将会成为一种常态。届时，5G 安全管理将有望为每种接入技术提供其所需的相关灵活性。

（2）面向近乎“海量”终端设备的 5G 安全管理机制

各大垂直行业均使用大量的物联网（IoT）设备。与传统的终端设备相比，IoT 设备在总量上要高出很多，而且这些大量的 IoT 设备所呈现出的是“突发性”的网络接入特征。因此，应该专门面向 IoT 设备研发更高效的接入认证机制。此外，还要研究如何解决黑客通过近乎“海量”的 IoT 设备向网络发起分布式拒绝服务（DDoS）攻击。与单个的传统用户终端（UE）相比，当大量 IoT 设备对单个网络节点发起 DDoS 攻击时，危害性将更大。

3. 移动通信基础网络运营商可开放 5G 安全能力以助力垂直行业客户发展其业务服务

“开放式业务”给 5G 带来了诸多安全挑战，但同时也创造出了强劲的安全服务需求。通过对外开放其安全能力，移动通信基础网络运营商可发展各种 5G 安全技术并扩展业务和商业范畴，把安全能力释放出来作为面向各类垂直行业应用的一大主要的潜在“催化剂”。

4. 业界希望 5G 能对用户隐私信息进行更强有力的保护

由于各类 5G 业务间的差异化增大，而且 5G 移动通信网络将会更为开放，用户数据及个人隐私信息将会从封闭平台转移至开放平台，将会带来更为严重的隐私问题。同时，全球的公众及政府均非常关心个人隐私信息的保护。所以，加大用户数据（在线数据及离线数据）的保护力度是 5G 移动通信的迫切需求。

5.6.5 5G 的安全机制设计

5G 移动通信系统应该具备通用的安全能力，这就可以确保建立起一个可以跨越不同底层接入技术以及云网络架构的统一安全管理机制，且该机制可面向不同的具体应用场景提供多种差异化的安全策略和解决方案。

1. 端到端的安全保护

（1）端到端的数据保护可以提供更好的安全性

5G 所采用的云网络架构以及异构多层无线接入增大了安全环境的复杂度。对用户数据进行端到端的保护可减小对于云网络安全环境的依赖，也可以避免由不同网络系统、不同接入技术以及不同基站类型相互间复杂协调所产生的不利影响，从而最终强化云架构中的用户数据安全。

（2）差异化的安全保护

“端到端的用户数据安全保护”还有一大优势，就是可以面向不同类型的 5G 业务进行灵活的数据保护。这是由于业务类型不同，其安全需求会有较大甚至巨大的差异。通过安全策略协商以及业务特定的安全管理机制，可面向业务会话进行按需的用户数据保护。

（3）避免重复的加密与解密

在对用户数据进行端到端的保护时，就不再需要在中间网络节点对数据进行重复的加密与解密。与逐条的数据保护机制相比，端到端的数据保护所需的加密与解密次数会更少，数据处理延迟也会更短，而传输效率会更高。

2. 统一的认证

（1）面向异构多层接入的统一认证

对于不同网络系统、不同接入技术、不同类型基站的并行接入，5G 移动通信系统必须要做好高效的协调，因此就需要研发出一套通用的认证机制，实现以统一的方式来管理 5G 复杂异构、多层接入网络的接入安全。

（2）支持混合式认证协议

5G 移动通信系统面向各大垂直行业，具有很复杂的业务环境，从而就需要采取多元化的身份管理机制和认证模式，并且需要采取可支持多种认证协议的统一认证框架。

3. 安全能力的开放

安全能力（应用编程接口 API）是移动通信基础网络运营商的一种资产。通过对外开放这些安全能力，移动通信基础网络运营商可以为其垂直行业客户提供各类安全服务。为此，5G 网络运营商需要在数字身份管理的基础上创建一个开放的业务生态系统，建设增强型安全管理和保护机制，并将其整合进面向广大第三方的业务流程之中。

4. 按需的安全管理

业界希望能通过 5G 安全框架来解决各种业务场景问题并满足用户的安全需求。在安全策略的管理框架之内，基于具体的业务场景进行安全策略的协商，再把确定后的安全策略部署到与业务场景相对应的网络切片及节点，这就是按需的 5G 安全管理机制。由此可见，该机制使 5G 移动通信网络在满足不同业务各自的安全需求方面具有很大的灵活性。

本章小结

不断更新换代的无线通信技术与互联网的相互融合，促成了移动互联网的迅猛发展，并深入到人类社会生活、工作的各个角落，并改变着人们的工作模式和生活方式。为了更好地理解移动互联网所面临的各种安全挑战，本章对历代移动通信技术进行了梳理，并对相关系统所采取的安全机制进行了介绍。

通信系统的安全目标一般有两个：一是防止未经授权的用户接入网络；二是保护用户的个人隐私。从第二代移动通信网络 GSM 开始，移动通信系统开始采用数字化，并通过采取鉴权机制、加密机制和匿名机制等安全措施来加强和保障系统的安全。在 GSM 的基础上发展起来的 GPRS 承载了无线数据业务，支持以分组的方式来传输数据，充分融合了 GSM 无线技术和 IP 等网络技术，并对 GSM 的安全机制进行了加强。3G 网络的出现弥补了前代只有单向认证的不足，开始引入双向认证，用户与系统都需确认各自身份的真实性与合法性。3G 网络进一步完善了鉴权机制、空中接口加密机制、密钥协商管理机制、核心网安全机制和应用层安全机制。在 3G 和 WLAN 基础上发展而来的 4G 及 5G 网络技术，都是基于业务需要，使得数据传输速率更快，传输质量更高。虽然技术越来越先进，但 4G 和 5G 的网络结构更加复杂，多种无线网络共存，网络中的移动终端、无线接入网和核心网等组成部分仍然面临着不同级别的安全威胁，需要制定相应的安全机制来加以应对。

习题

1. 请简述第二代移动通信系统 GSM 所采用的安全机制。
2. 请简述 GPRS 和 GSM 在鉴权、加密、匿名机制上的相同点和不同点。
3. GPRS 在安全方面的不足之处有哪些？
4. 请简述 CDMA 的鉴权机制是如何运作的。
5. 请简要论述 IPsec 机制为什么被引入到 3GPP 的安全体系中。
6. 3G 网络架构主要由哪几部分组成？请简要说明各部分所起的作用。
7. 与 GSM 的鉴权过程相比，3G 的鉴权过程增加了哪些功能？
8. 请简要描述 3G 网络的认证和密钥协商过程，并阐述双向认证的作用和意义。
9. 请列举 4G 系统的特点有哪些。

第6章　无线局域网安全

目前，移动终端设备可以通过接入移动通信网络或无线局域网来使用移动互联网。无线局域网是基于计算机网络和无线通信技术发展而来的。无线局域网的迅猛发展使得无线通信的性能不断增强，并且成本不断下降。又由于方式灵活、使用方便，无线局域网在各领域得到了广泛的应用，为人们的工作、学习和生活带来了巨大的便利。然而，随着人们对无线局域网的依赖程度越来越高，无线局域网已成为攻击者的主要目标之一，无线局域网安全也成为一个备受关注的热点问题。

本章将首先阐述无线局域网的概念、基本结构和标准协议，然后对移动 Ad Hoc 网络和蓝牙技术进行介绍，最后将扩展介绍可视为无线局域网增强版的 WiMAX 网络。

6.1　无线局域网

在计算机网络发展初期，人们要想通过网络进行通信，必须先用物理线缆组建一条线路，为了提高效率和速度，后来又引入了光纤。当网络发展到一定规模后，有线网络的组建、拆装和重新布局改建都非常困难，而且成本很高。为了解决有线网络的这些缺陷，无线局域网（Wireless Local Area Network，WLAN）的组网方式应运而生。

6.1.1　无线局域网概述

无线局域网利用射频技术，使用电磁波取代有线网络的双绞铜线等介质，在空中实现通信连接，使得无线局域网能够利用简单的存取架构让用户通过它来随时随地与外界通信并获取互联网资源。

由于无线局域网是基于计算机网络与无线通信技术的，在计算机网络结构中，逻辑链路控制层（LLC）及其之上的应用层对不同的物理层的要求可以是相同的，也可以是不同的。无线局域网的标准主要是针对物理层和介质访问控制层（MAC），涉及所使用的无线频率范围、空中接口通信协议等技术规范与技术标准。

1990 年，IEEE 802 标准化委员会成立了 IEEE 802.11WLAN 标准工作组。IEEE 802.11 的别称是无线保真（Wireless Fidelity，Wi-Fi），是在 1997 年 6 月由大量的局域网以及计算机专家审定通过的标准。该标准定义了物理层和介质访问控制层规范。物理层定义了数据传输的信号特征和调制，定义了两个 RF 传输方法和一个红外线传输方法，RF 传输标准是跳频扩频和直接序列扩频，工作在 2.4~2.4825 GHz 频段。IEEE 802.11 是 IEEE 最初制定的一个无线局域网标准，主要用于解决办公室局域网和校园网中用户终端的无线接入问题，业务主要局限于数据访问，速率最高只能达到 2 Mbit/s。由于它在速率和传输距离上都不能满足人们的需要，所以后来 IEEE 802.11 标准被 IEEE 802.11b 所取代。

1999 年 9 月，IEEE 802.11b 被正式批准。该标准规定 WLAN 工作频段在 2.4~2.4835 GHz，数据传输速率达到 11 Mbit/s，传输距离控制在 10~45 m。该标准是对 IEEE 802.11 的一个补充，采用补偿编码键控调制方式，以及点对点模式和基本模式两种工作模式。在数据传输速率方面，可以根据实际情况在 11 Mbit/s、5.5 Mbit/s、2 Mbit/s、1 Mbit/s 的不同速率之间自动切换。同时，该标准扩大了 WLAN 的应用领域。IEEE 802.11b 已成为当前主流的 WLAN 标准，被多数厂商所采用，所推出的产品广泛应用于办公室、家庭、宾馆、车站等场合。此外，IEEE 802.11a 和 IEEE 802.11g 作为 WLAN 的新标准，也备受业界关注。

1999 年，IEEE 802.11a 标准制定完成，该标准规定 WLAN 工作频段在 5.15~5.825 GHz，数据传输速率达到 54 Mbit/s/72 Mbit/s，传输距离控制在 10~100 m。该标准也是 IEEE 802.11 的一个补充，扩充了标准的物理层，采用正交频分复用（OFDM）的独特扩频技术和 QFSK 调制方式，可提供 25 Mbit/s 的无线 ATM 接口和 10 Mbit/s 的以太网无线帧结构接口，支持语音、数据和图像等多种业务，一个扇区可以接入多个用户，每个用户可带多个终端。IEEE 802.11a 标准是 IEEE 802.11b 的后续标准，其设计初衷是取代 IEEE 802.11b 标准。然而，工作于 2.4 GHz 频带是不需要执照的，该频段属于工业、教育、医疗等专用频段，是公开的，而工作于 5.15~8.825 GHz 频带就需要有执照。一些公司仍没有表示对 802.11a 标准的支持，一些公司更加看好最新的混合标准——IEEE 802.11g。

目前，IEEE 推出了最新版本的 IEEE 802.11g 标准，该标准拥有 IEEE 802.11a 的传输速率，安全性比 IEEE 802.11b 要好，采用两种调制方式，包含 IEEE 802.11a 中采用的 OFDM 和 IEEE 802.11b 中采用的 CCK，做到了与 IEEE 802.11a 和 IEEE 802.11b 的兼容。虽然 IEEE 802.11a 比较适合于企业，但 WLAN 运营商为了兼顾现有的 IEEE 802.11b 设备投资，选用 IEEE 802.11g 的可能性会很大。

IEEE 802.11i 标准结合 IEEE 802.1x 中的用户端口身份验证和设备验证，对 WLAN 的 MAC 层进行了修改、整合，定义了严格的加密格式和鉴权机制，以改善 WLAN 的安全性。IEEE 802.11i 新修订标准主要包括两项内容：Wi-Fi 保护访问（Wi-Fi Protected Access，WPA）技术和强健安全网络（Robust Security Network，RSN）。Wi-Fi 联盟采用 IEEE 802.11i 标准作为 WPA 的第二个版本，并于 2004 年年初开始实行。IEEE 802.11i 标准在 WLAN 网络建设中是相当重要的，数据的安全性是 WLAN 设备制造商和 WLAN 网络运营商首先需要考虑的。

除了以上几个应用较多的标准，IEEE 802.11 还包括其他几个标准。其中，IEEE 802.11e 标准是对 WLAN 的 MAC 层协议的改进，以支持多媒体传输。IEEE 802.11f 定义了访问节点之间的通信，支持 IEEE 802.11 的接入点互操作协议（IAPP）。IEEE 802.11h 是用于 IEEE 802.11a 的频谱管理技术。

6.1.2 无线局域网的结构

一般情况下，无线局域网是指与网络的链路层和物理层相关的技术。在大部分局域网技术中，链路的两端必须是相同类型的局域网。例如，在有线局域网（IEEE 802.3 协议）中，以太网电缆将计算机的以太网端口连到集线器的以太网端口。而在无线局域网（IEEE 802.11 协议）中，与集线器等价的是接入点，它常被放在固定地点并与有线网络连接，为大部分无线局域网分发数据。通常，IEEE 802.11 根据是否通过接入点工作将无线局域网划分为两类：有固定基础设施的无线局域网（即基础模式）和无固定基础设施的自组织网络（Ad Hoc Network）。

由于很多人希望最终连接到有线通信的基础设施（如局域网或互联网），因此，大多数的无线局域网工作在基础模式，本节接下来介绍的内容都是关于这种模式的。自组织网络将在6.2节进行详细介绍，这里不再赘述。

图6-1所示，无线局域网的基础模式由AP、STA和LAN构成。其中，AP是固定接入点（Access Point），STA指的是准备连接到网络的无线设备（如智能手机和PC机）。AP一端与STA通过无线通道进行会话，另一端与有线局域网LAN相连接。

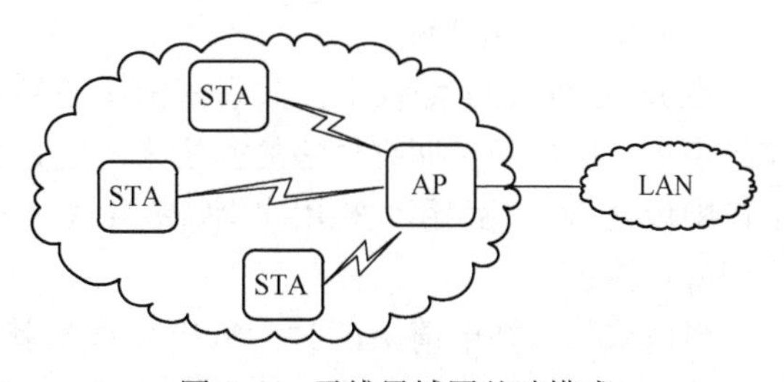

图6-1　无线局域网基础模式

下面将详细描述WLAN基础模式的工作原理，为更好地理解WLAN的安全机制做好准备。

如果AP已经开机运行，就会以固定的时间间隔（通常为每秒钟10次）发送无线短消息通告它的存在。这些短消息作为信标，可以使无线设备发现AP的标识。

与此同时，附近有一台装有无线网卡的PC机（STA）在开机后开始寻找AP。STA会依次调谐到每个无线频段（即信道）上，并收听信标消息。这一过程被称为扫描。

多数情况下，STA可能会发现若干个AP。通常，它会根据信号的强度来决定要与哪个AP进行连接。当STA准备连接到AP时，它首先发送一条认证请求消息给AP。假设没有使用安全防御措施，AP马上会发送一条表示接受的认证响应来回复认证请求。

完成上述认证过程之后，STA就被允许连接到AP。在IEEE 802.11标准协议中，当STA与AP关联在一起时，它才有资格发送和接收数据。STA发送关联请求消息，AP以关联响应进行回复表明连接成功。此后，STA发送给AP的数据就被转发到与AP相连的有线局域网。同样地，有线局域网发送给STA的数据也是由AP进行转发。

6.1.3　IEEE 802.11的安全机制

IEEE 802.11协议是IEEE于1997年制定的无线局域网技术标准，主要用于解决办公室局域网和校园网中用户终端的无线接入问题。为了满足不同的应用需求，IEEE小组又相继推出了IEEE 802.11b，IEEE 802.11a，IEEE 802.11g等新的技术标准。

为了保护无线局域网的网络资源，IEEE 802.11b协议在建立网络连接和进行通信的过程中，制定了一系列的安全机制来防止非法入侵，例如身份认证、数据加密、完整性检测和访问控制等。接下来，将详细介绍IEEE 802.11协议中的认证和加密机制。

1. 认证

IEEE 802.11协议中定义了两种认证方式：开放系统认证（Open System Authentication）和共享密钥认证（Shared Key Authentication）。由于认证发生在两个站点之间，所有的认证帧都是单播帧。在星形网络拓扑中，认证发生在站点和中心节点之间，而在无中心的网络拓扑中，认证发生在任意两个站点之间。

（1）开放系统认证

开放系统认证是IEEE 802.11协议中默认的认证方式，整个认证过程以明文形式进行。开放系统认证的整个过程只有两步：认证请求和认证响应。由于使用该认证方式的工作站都能被成功认证，因此开放系统认证相当于一个空认证，只适合于安全要求较低的场合。但是，IEEE 802.11 协议中也提到响应工作站可以根据某些具体情况来拒绝使用开放系统认证的请求工作站的认证请求。

（2）共享密钥认证

在 IEEE 802.11 协议中，共享密钥认证是可选的。在这种方式中，响应工作站是根据当前的请求工作站是否拥有合法的密钥来决定是否允许该请求工作站接入，但并不要求在空中接口中传送这个密钥，采用共享密钥认证的工作站必须执行 WEP（Wired Equivalent Privacy）协议。

当请求工作站申请认证时，响应工作站就产生一个随机的质询文本并发送给请求工作站。请求工作站使用双方共享的密钥来加密质询文本并将其发送给响应工作站。响应工作站使用相同的共享密钥对该文本进行解密，然后与自己之前发送的质询文本进行比较，如果二者相同，则认证成功，否则就表示认证失败。

2. 加密

IEEE 802.11 协议定义了 WEP 来为无线通信提供等同于有线局域网的安全性。WEP 的主要功能是对两台设备间无线传输的数据进行加密，以防止非法用户的接入和窃听。WEP 使用的 RC4 算法是流密码加密算法。用 RC4 加密的数据流丢失一位后，该位之后的所有数据都会丢失，这是由 RC4 的加密和解密失步造成的，所以 IEEE 802.11 中的 WEP 就必须在每一帧重新初始化密钥流。

6.1.4 WEP 的安全性分析

在 IEEE 802.11 协议的安全机制提出之后，许多人都认为 WEP 已经能够在黑客面前建立起一道牢不可破的安全防线。然而，随着无线网络逐渐流行，研究者发现 IEEE 802.11 的安全机制中存在严重的漏洞。下面将简要介绍目前针对 WEP 安全性的分析结果。

1. 认证过程分析

除了 IEEE 802.11 协议规定的两种认证方式外，服务组标识符（SSID）和 MAC 地址控制也被广泛使用。下面将分别介绍每一种认证方式存在的安全弱点。

（1）开放系统认证

在 IEEE 802.11 协议中，开放系统认证实质上是空认证，采用这种认证方式的任何用户都可以成功完成认证。

（2）共享密钥认证

采用共享密钥认证的工作站必须执行 WEP，共享密钥必须以只读的形式存放在工作站。由于 WEP 是采用将明文和密钥流进行异或的方式产生密文，同时认证过程中密文和明文进行异或即可恢复出密钥流。由于 AP 的挑战一般是固定的 128 位数据，一旦攻击者得到密钥流，他就可以利用该密钥流产生 AP 挑战的响应，从而不需要知道共享密钥就可以获得认证。如果后续的网络通信没有进行加密，则攻击者就完成了伪装的攻击，否则，攻击者还将采用其他的手段来辅助完成攻击。

（3）服务组标识符

SSID 是用来逻辑分割无线网络的，以防止一个工作站意外连接到邻居 AP 上，它并不是为了提供网络认证服务而设计的。一个工作站必须配置合适的 SSID 才能关联到 AP 上，从而获得网络资源的使用权。

由于 SSID 在 AP 广播的信标帧中是以明文形式传送的，非授权用户可以轻易得到它。即使有些生产厂家在信标帧中关闭了 SSID，使其不出现在信标帧中，非授权用户也可以通过监听轮询响应帧来获得 SSID。因此，SSID 并不能用来提供用户认证。

（4）MAC 地址控制

IEEE 802.11 协议中并没有规定 MAC 地址控制，但许多厂商提供了该项功能以获得额外的安全，它迫使只有注册了 MAC 的工作站才能连接到 AP。由于用户可以重新配置无线网卡的 MAC 地址，非授权用户可以在监听到一个合法用户的 MAC 地址后，通过改变他的 MAC 地址来获得资源访问权限，所以该功能并不能真正地防止非法用户访问资源。

根据以上的分析，IEEE 802.11 所提供的认证手段都不能有效地实现认证目的。IEEE 802.11 只采取了单向认证，即只认证工作站的合法性，而没有认证 AP 的合法性，这使得伪装 AP 的攻击很容易实现，从而出现会话被劫持和中间人攻击的情况。

2. 完整性分析

为了防止数据被非法改动以及传输错误，IEEE 802.11 在 WEP 中引入了综合校验值（ICV）来提供对数据完整性的保护，它是采用 CRC-32 函数实现的。然而，CRC-32 函数是设计用来检查消息中的随机错误，并不是 SHA 函数。因为任何人都可以计算出明文的 ICV，所以 CRC-32 函数不具备身份认证的能力。当它和 WEP 结合之后，由于 WEP 使用的是明文和密钥流异或的方式产生密文，而 CRC-32 函数对于异或运算是线性的，所以不能抵御对明文的篡改。

另外，WEP 的完整性保护只应用于数据载荷，而没有包括应当保护的所有信息，如源地址和目的地址等。对地址的篡改可形成重定向或伪造攻击，如果没有重放保护就会导致攻击者重放以前截获的数据，形成重放攻击。

3. 机密性分析

由于 IEEE 802.11 提供的 WEP 是基于 RC4 算法，而 RC4 本身存在以下几个安全弱点导致数据的机密性仍然无法得到保障。

（1）弱密钥问题

WEP 通过简单的级联 IV 和密钥形成种子，并以明文形式发送 IV，而 RC4 算法输出的伪随机序列存在一定的规律，所以在 RC4 算法下容易产生弱密钥。而根据目前的研究结果，获得足够多的弱密钥，就可以恢复出 WEP 中的共享密钥。这就造成了极大的安全隐患，为入侵者预留了入口。

（2）静态共享密钥和 IV 空间问题

IEEE 802.11 协议中是使用静态共享密钥经过 IV/Share Key 来生成动态密钥。而且 IEEE 802.11 协议中没有提供密钥管理的方法。

IEEE 802.11 中对于 IV 的使用并没有任何规定，只是指出最好每个 MPDU 改变一个 IV。如果采用 IEEE 802.11 对密钥管理中的 AP 和其 BSS 内的移动节点共享一个 Share Key 的方案，如何避免各移动节点的 IV 冲突就成了一个问题：若采用 IV 分区，就需要固定 BSS 内的成员，或者需要某种方法通知移动节点采用哪些 IV；若采用随机选择 IV，已经证明 IV 易被重复使用。如果采用各移动节点各自建立密钥映射表的方式，虽然可以有效利用 IV 空间，但这意味着需要一个密钥管理体制。IEEE 802.11 没有提供密钥管理体制，而且随着站点数的增加，密钥的管理将更加困难。另外，IV 空间最多只有 2^{24}，在比较繁忙的网络中，经过不长的时间 IV 就会出现重复，并不能坚持很长时间。

根据以上分析，WEP 协议面临着许多潜在的攻击手段，这使得 WEP 无法提供有效的消息保密性。

最后总结 IEEE 802.11 的安全问题如下。

1）认证协议是单向认证且过于简单，不能有效实现访问控制。

2）完整性算法 CRC-32 函数不能阻止攻击者篡改数据。

3）WEP 没有提供抵抗重放攻击的对策。

4）使用 IV 和 Share Key 直接级联的方式产生 Per-Packet Key，在 RC4 算法下容易产生弱密钥。

5）IV 的冲突问题，重用 IV 会导致多种攻击。

根据 WEP 存在的问题，以下是针对它的一些典型攻击手段。

1）弱密钥攻击。现在已经有工具可以利用弱密钥这个弱点，在分析 100 万个帧之后即可破解 RC4 的 40 位或 104 位的密钥。经过改进，它可以在分析 20000 个帧后即可破解 RC4 的密钥，在 IEEE 802.11b 的正常使用条件下，这一过程只需花费 11 s 的时间。

2）重放攻击。在无线局域网和有线局域网共存时，攻击者可以改变某个捕获帧的目的地址，然后重放该帧，而 AP 会继续解密该帧，将其转发给错误的地址，从而攻击者可以利用 AP 解密任何帧。

3）相同的 IV 攻击。通过窃听攻击捕获需要的密文，如果知道其中一个明文，可以立刻知道另一个明文。而实际中的明文具有大量的冗余信息，知道两段明文将其异或处理就很可能揭示出两个明文，并且可以通过统计式攻击、频率分析等方法来破解出明文。

4）IV 重放攻击。从互联网向无线局域网上的工作站发送指定的明文，然后通过监听密文、组合窃听和篡改数据等方法，攻击者可以得到对应 IV 的密钥流。一旦得到该密钥流，攻击者可以逐字节地延长密钥流。周而复始，攻击者就可以得到该 IV 任意长度的密钥流。这样一来，攻击者可以使用该 IV 对应的密钥流加密或解密相应的数据。

5）针对 ICV 线性性质的攻击。由于 ICV 是由 CRC-32 函数运算产生的，而 CRC-32 函数对于异或运算而言是线性的，因而无法发现消息的非法改动，所以无法胜任数据的完整性检测。

6.1.5 WPA 标准

IEEE 802.11i 标准主要包括两项内容：Wi-Fi 保护接入（WPA）和强健的安全网络。本节将对 WPA 标准和其改进版本进行介绍。

WPA（Wi-Fi Protected Access）是一种保护无线局域网（Wi-Fi）安全的系统。由于前一代系统 WEP 存在严重的安全漏洞，研究者推出了 WPA 来替代 WEP，并在 IEEE 802.11i 标准协议中做了具体规定。目前，WPA 可以应用在所有的无线网卡上，而且第二代的 WPA2 已经具备完整的标准体系。

WAP 的数据是用一个 128 位的密钥和一个 48 位的初始向量（IV）经 RC4 流密码算法来加密的。WPA 对 WEP 的主要改进是在使用过程中可以动态改变密钥的“临时密钥完整性协议”（Temporal Key Integrity Protocol，TKIP），并采用了更长的初始向量。这样就可以应对针对 WEP 的密钥截取攻击。

除了认证和加密之外，WPA 对于数据的完整性校验也做了较大的改进。WEP 所使用的 CRC（循环冗余校验）本身就存在安全隐患。在不知道 WEP 密钥的情况下，如果想篡改通信链路上的数据和对应的 CRC 是可能的，而 WPA 使用了名为“Michael”的更安全的消息认证码来完成对数据完整性的校验。与此同时，WPA 使用的消息认证码机制中包含了帧计数器，这样还可以避免 WEP 的另一个弱点——重放攻击。

在 WPA 之后，Wi-Fi 联盟又推出了 IEEE 802.11i 标准的认证形式 WPA2。WPA2 将 WPA 中使用的 Michael 算法替换成了公认最安全的 CCMP 消息认证码，并用 AES 加密算法替换了 RC4 算法。

2018 年 6 月 25 日，Wi-Fi 联盟发布了对安全性进行了改进的 WPA3 标准，并用它取代了 WPA2。新标准采用 192 位密钥的单独加密机制，而且还将缓解由弱密码造成的安全问题，并简化无显示接口设备的设置流程。

6.2 移动 Ad Hoc 网络安全

Ad Hoc 网络技术最初是为了满足军事应用的需要，军队通信系统需要具有抗毁性、自组织性和机动性等特点。在战争中，通信系统很容易遭受敌方的攻击，因此，需要通信系统能够抵御一定程度的攻击。若采用集中式的通信系统，一旦通信中心遭到破坏，将导致整个系统的瘫痪。因此，通过通信节点自己的组合，搭建一个通信系统是非常必要的。而且，机动性是部队战斗力的重要组成部分，这就要求通信系统能够根据战事需求快速组建和拆除。由此看来，Ad Hoc 网络可以达到军事通信系统的这些性能要求。

Ad Hoc 网络由移动节点自由组合，不依赖于有线设备，采用分布式技术，没有中心控制节点的管理。因此，Ad Hoc 网络构造简单，具有较强的自组织性和机动性。在民用领域，Ad Hoc 网络可以用于灾难救助。在有线通信设施遭受破坏而无法正常通信的情况下，Ad Hoc 网络可以快速建立应急通信网络，保证救援工作的顺利进行，完成紧急通信任务。Ad Hoc 网络还可用于临时的通信需求，例如在现有通信系统不能满足需求的情况下，商务会议可以通过搭建 Ad Hoc 网络来实现参会人员的通信交流。

随着移动技术的不断发展和人们对自由通信需求的日益增长，Ad Hoc 网络受到了很多的关注，得到了快速的发展和普及。接下来将对 Ad Hoc 网络的相关内容做详细介绍。

6.2.1 移动 Ad Hoc 网络简介

移动 Ad Hoc 网络（Mobile Ad Hoc Network，MANET）是由一组带有无线收发装置的移动终端组成的一个多跳的、临时性的自治系统，整个网络没有固定的基础设施。其中的每个节点既可作为主机也可作为路由器使用。移动终端具有路由功能，可以通过无线连接构成任意的网络拓扑，这种网络可以独立工作，也可以与互联网或移动通信网络连接。在后一种情况中，移动 Ad Hoc 网络通常是以末端子网的形式接入现有网络。Ad Hoc 网络中的每个移动终端同时拥有路由器和主机两种功能：主机需要运行面向用户的应用程序；路由器需要运行相应的路由协议，根据路由策略和路由表参与分组转发和路由维护工作。

Ad Hoc 网络节点间的路由通常由多个网段组成，由于终端的无线传输范围有限，两个无法直接进行通信的终端节点往往需要通过多个中间节点的转发来实现通信。图 6-2 所示，终端 A 与终端 H 无法直接通信，但 A 可以通过路径 A-C-F-H 或者路径 A-C-D-G-F-H 或者路径 A-C-B-E-F-H 到达终端 H。Ad Hoc 网络同时具备移动通信和计算机网络的特点，可以看作是一种特殊类型的移动计算机通信网络。

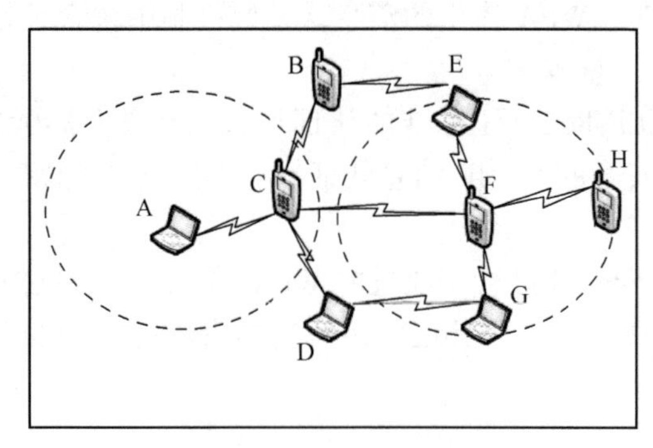

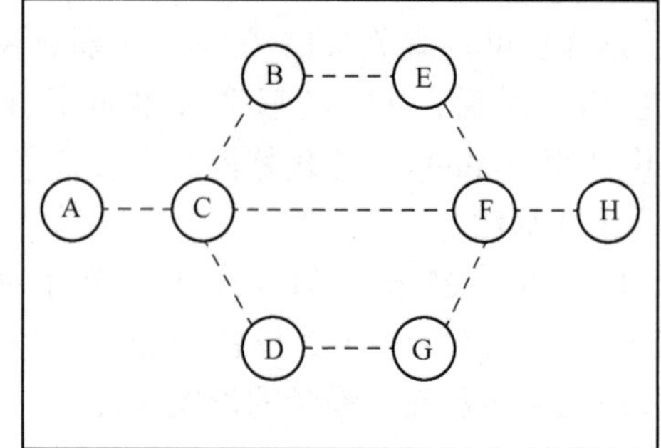

图 6-2　移动 Ad Hoc 网络结构图

1. 移动 Ad Hoc 网络的特点

与通常的网络相比，移动 Ad Hoc 网络具有以下几个特点。

（1）网络的自组织性

移动 Ad Hoc 网络没有严格的控制中心，所有节点地位对等，节点可以随时加入或离开网络，可以在任何时刻、任何地点、不需要硬件基础网络设施的支持，就能够快速构建起一个移动通信网络。Ad Hoc 网络的这种特点很适合灾难救助、偏远地区通信等应用场景。

（2）动态变化的网络拓扑

不同于常规网络相对稳定的拓扑结构，Ad Hoc 网络的拓扑结构可以随时变化。主机可以在网络中任意移动，从而导致主机之间的链路增加或消失，而且无线发送装置发送功率的变化、无线信道间的互相干扰及地形物体的遮挡，随时都可以导致移动终端之间通过无线信道形成的网络拓扑结构发生改变，而且变化的方式和速度都是不可预测的。

（3）多跳的通信路由

当某个节点要与其覆盖范围之外的节点进行通信时，需要中间的节点进行转发，这是因为节点的覆盖范围是有限的。移动 Ad Hoc 网络中的多跳路由是由普通节点协作来完成的，而不是借助专用的路由设备（如路由器）。网络中每个节点可充当多个角色，它们可以是服务器、终端或是路由器。

（4）有限的无线通信带宽

移动 Ad Hoc 网络中主机之间的底层通信是基于无线传输技术实现的。由于无线信道本身的物理特性，它提供的网络带宽相对有线信道要低得多。除此以外，还要考虑到竞争共享无线信道产生的碰撞、信号衰减、噪声干扰等多种因素，移动终端可得到的实际带宽远远小于理论上的最大带宽值。

（5）有限的主机能源

网络中的主机均是一些移动设备，如智能手机或便携式计算机。由于主机可能处在不停地移动状态之中，而主机的能源又主要由自身携带的电池提供，因此，移动 Ad Hoc 网络具有能源有限的特点。

(6) 网络的分布式特性

网络中的节点都具备独立的路由能力，没有中心控制节点对各节点的网络操作进行控制，节点通过分布式协议进行互联。一旦网络中的某个或某些节点发生故障，不会影响整个网络。

(7) 安全性较差

移动 Ad Hoc 网络是一种特殊的无线移动网络。由于采用无线信道、有限电源、分布式控制等技术，它更容易被窃听、入侵或遭受拒绝服务攻击。此外，网络中的信道加密、抗干扰、用户认证和其他安全措施都需要特别考虑。

2. 移动 Ad Hoc 网络的实际应用

移动 Ad Hoc 网络具有很多优良的特性。首先，网络的自组织性提供了廉价并且快速部署网络的可能。其次，多跳和中间节点的转发特性可以在不降低网络覆盖范围的条件下减少每个终端的发射范围，从而降低了设计天线和接收部件的难度，也降低了设备的功耗，为移动终端的小型化、低功耗提供了可能。另外，网络的鲁棒性、抗毁性满足了某些特定的应用需求。这些特性促进了它在民用和军事通信领域的广泛使用。它的应用场景主要包括以下几类。

(1) 军事通信

军事通信是移动 Ad Hoc 网络技术的一个重要应用领域。在现代化的战场上，装备了移动通信装置的军事人员、军事车辆以及各种军事设备之间可以借助移动 Ad Hoc 网络进行信息交换，以保持密切联系，协作完成作战任务。移动 Ad Hoc 网络因其特有的无架构设施、可快速展开、抗毁性强等特点，成为数字化战场通信的首选技术，已经被列为战术互联网的核心技术。

(2) 移动会议

目前，智能手机、笔记本计算机等便携式设备越来越普及，人们倾向于携带便携式设备参加各种会议。人们借助移动 Ad Hoc 网络将各种移动终端快速地组织成无线网络，完成提问、交流以及资料的分发，可以简化会议的流程，从而提高办公效率。当一些移动用户聚集在办公室以外的某个环境时，他们也可以通过搭建移动 Ad Hoc 网络的方式组建一个临时网络来协同工作。

(3) 紧急和突发场合

在遭遇自然灾害或其他各种灾难后，固定的网络基础设施出现故障或无法使用时，快速恢复通信是非常重要的。借助移动 Ad Hoc 网络技术，可以快速建立临时网络，延伸网络基础设施，从而为营救赢得时间，对抢险救灾工作具有重要意义。

(4) 动态场合和分布式系统

通过无线链路连接远端的设备或传感节点，移动 Ad Hoc 网络可以方便地应用于分布式控制系统，特别适合调度和协调远端设备的工作，减少分布式控制系统的维护和配置成本。移动 Ad Hoc 网络还可以应用在自动高速公路系统中协调和控制车辆、对工业处理过程进行远程控制等场景。

(5) 个人通信

个人局域网（Personal Area Network，PAN）是另一个移动 Ad Hoc 网络技术的应用领域，个人局域网包含智能手机、平板计算机等个人电子通信设备，这些设备不能与广域网相连，但又确实需要通信。考虑到电磁波的辐射问题，个人局域网通信设备的无线发射功率通常会比较小，这样一来，移动 Ad Hoc 网络的多跳通信能力将再次展现它的独特优势。

3. 移动 Ad Hoc 网络的安全弱点

由于 Ad Hoc 网络中没有基础设施的支持，节点的计算能力较低，传统的加密和认证机制不适用。Ad Hoc 网络中的节点可以自由进出网络，传统网络中的防火墙技术也不适用。与此同时，Ad Hoc 网络节点的移动性和无线信道的时变特性，导致基于静态配置的安全方案同样不适用。因此，Ad Hoc 网络的安全体系结构的设计仍然面临诸多挑战。在设计网络时，需要仔细考虑窃听、欺骗和拒绝服务等潜在的攻击。

（1）传输信道方面

移动 Ad Hoc 网络采用无线信号作为传输媒介，信息在空中进行传输，只要攻击者调整到适当的频率，就可以对传输信息进行窃听。同时，无线信号的干扰和拥塞也能导致信息的丢失和破坏，使得通信失败。

（2）移动节点方面

Ad Hoc 网络中的节点是自主移动的，不像传统网络中的固定节点可以放在安全的房间内，特别是当移动 Ad Hoc 网络布置于战场时，其节点本身的安全性是十分脆弱的。节点移动时可能落入敌手，节点内的密钥、报文等信息都会被破获，然后节点又可能以正常的面目重新加入网络，用来获取秘密或破坏网络的正常功能。Ad Hoc 网络中的节点难以得到足够的保护，很容易遭受网络内部的攻击。

（3）动态的拓扑

移动 Ad Hoc 网络中节点的位置是不固定的，可以随时移动，这会造成网络拓结构扑不断地变化。一条正确的路由可能由于目的节点移动到通信范围之外而不可达，也可能因为路由途经的中间节点被移走而陷入中断。因此，难以区别一条错误的路由是因为节点移动而造成的还是由于虚假路由信息而形成的。由于节点的移动性，在某处被识别的攻击者移动到新的地点，改变标识后，它可以重新加入网络。

（4）安全机制方面

在传统的公钥密码算法中，用户采用加密、消息认证码、数字签名等技术来保障信息的机密性、完整性和不可否认性，但是它需要一个产生和分配密钥的密钥管理中心来提供服务。而在移动 Ad Hoc 网络中不存在单一的认证中心，否则单个认证中心的崩溃将造成整个网络无法获得认证。

（5）路由协议方面

路由协议的实现也是一个安全弱点。路由算法都假定网络中所有节点是相互合作的，共同完成网络信息的传递。如果某些节点为了节省自身的资源而停止转发数据，就会影响整个网络的性能。更可怕的是，如果参与到网络中的攻击者专门广播假的路由信息，或是故意散布大量无用的数据包，就可能导致整个网络的崩溃。

目前，对于 Ad Hoc 网络安全方面的研究主要集中在密钥管理、安全路由和入侵检测这 3 个方面，下面将分别进行介绍。

6.2.2 移动 Ad Hoc 网络的密钥管理

密钥管理服务是安全解决方案的基础，所有基于密钥加密的方案（如数字签名）都需要密钥管理。它负责跟踪密钥和节点之间的绑定，帮助建立节点之间的相互信任和安全通信。在传统网络里，存在可信的第三方密钥管理中心，但 Ad Hoc 网络中并没有这样的功能实体。因此，传统的密钥管理方案无法直接应用，需要根据 Ad Hoc 网络的特点和应用场合设计新的密钥管理方案。目前已经提出了多种安全解决方案，不同的方案适用于不同类型的 Ad Hoc 网络。其中最简单的是预共享密钥机制，它是采用预置全局密钥、预置所有 pair-wise 密钥或随机预置共享密钥等方法为节点分配共享密钥。接下来，将对部分分布的 CA 方案和自安全方案做详细介绍。

1. 部分分布的 CA 方案

该方案由 Zhou 和 Hass 在 1999 年提出，其主要思路是采用(k,n)门限方案将 CA 服务分发到一组专门的服务器节点集合，每个节点拥有证书签名密钥 SKCA 的一部分，可产生部分证书，但是只有组合 k 个这样的部分证书才能得到一个有效证书。

部分分布的 CA 系统由 3 类节点组成：客户节点、服务器节点和组合节点。客户节点是普通用户，服务器节点和组合节点充当了 CA 的角色。服务器节点负责产生部分证书，将证书存储在一个目录结构里以允许客户节点请求其他节点的证书。组合节点负责将部分证书组合成一个有效的证书。

在网络初始阶段，由离线的管理中心挑选 n 个节点作为服务器节点，并产生 CA 私钥的 n 个共享，给每个服务器节点分发一个共享。节点加入网络之前，从管理中心离线获得一个有效证书，同时节点需配置所要求的其他任何参数。证书只在一定时间内有效，因此需要在过期之前进行更新。当节点需要更新证书时，它需要至少向 k 个服务器节点请求证书。如果请求成功，这 k 个服务器节点各自产生一个拥有新的到期时间的部分证书，这些部分证书随后发送到组合节点（可能是 k 个服务器节点之一），组合节点将这些部分证书组合起来。另外，当节点更改其公钥私钥对后也需要更新证书，过程与前面的更新类似。为了防止经过一段比较长的时间，在入侵节点数积累到大于等于 k 个之后，攻击者入侵系统，可以采用共享更新的方法来更新 CA 私钥 SKCA 的共享，使攻击者若想获取系统私钥，就必须在一段时间间隔里入侵多于 k 个的节点。

该方案的优点是具有优越的密钥分配方式。其缺点是：分担 CA 责任的节点不能随意离开网络，由于其身份的特殊性有可能成为网络的瓶颈；因为需要与一组服务器节点通信，并由组合节点计算出完整的证书，必然会造成通信量和计算量的增加。此外，CA 服务的可用性极大地依赖于门限参数 k 和 n。k 越大，安全性越好，可用性开销也越大。必须仔细选择参数，从而在安全性和可用性开销之间找到一个平衡点。

最后，该方案的一个实际问题是客户节点如何定位服务器节点。由于客户节点对 n 个服务器节点中的 k 个节点感兴趣，CA 服务可给出一个多播地址，请求服务的客户节点就可以将请求发送到这个多播地址；然后，应答服务请求的服务器节点用单播地址进行回答。若 Ad Hoc 网络不支持多播通信，客户节点可以广播请求，然而这个方法将产生更多的网络通信量。

该方案适用于计划的、长时间存活的 Ad Hoc 网络。由于此方案基于公钥加密，所以要求节点必须具有一定的计算能力，另外，也必须假定节点的子集愿意承担专门的服务器角色。

2. 自安全方案

在由 Kong 和 Zerfos 等提出的自安全方案中，每个节点都持有系统密钥的部分共享，这样的话，CA 功能就被完全分布到系统中的每个节点。方案基于门限秘密共享和秘密共享更新，并采用 k 有界偏置合并算法来解决拉格朗日插值问题。

在这个解决方案中，CA 的功能分发到网络中的所有节点。CA 提供的服务分为证书相关服务和系统维护服务。证书相关服务包括证书回收与更新，系统维护服务包括吸收新加入节点到 CA 服务中（也称为共享初始化）以及 CA 私钥更新（即共享更新）。

在系统初始化节点，由一个服务器节点负责产生 $k-1$ 次多项式：$f(x)=d+f_1\cdot x+f_2\cdot x^2+\cdots+f_{k-1}\cdot x^{k-1} \bmod n$，其中 $d=\mathrm{SK}_{\mathrm{CA}}$，对 k 个节点进行初始化，每个节点 v_i 获得部分共享 $S_i=f(v_i) \bmod n$。同时，服务器节点广播 k 个共享多项式系数的指数$\{g^d, g^{f_1},\cdots, g^{f_{k-1}}\}$，每个节点收到后验证其共享 g^{S_i}是否与 $g^d\cdot(g^{f_1})^{v_i}\cdot\cdots\cdot(g^{f_{k-1}})^{v_i^{k-1}}$相等，若一致则表示共享有效。

初始化之后，若有新节点要加入，则已经初始化的节点 v_i 可以为节点 v_p 产生一个部分共享，即 $S_{p,I}=S_i\cdot I_{v_i}(v_p)$，其中的 $I_{v_i}(v_p)$是拉格朗日插值里的式子。将 k 个这样的部分共享组合起来，就可以得到新加入节点的共享为：$S_p=\sum_{i=1}^{k} S_{p,i}=\sum_{i=1}^{k} S_i\cdot I_{v_i}(v_p)=f(v_p) \bmod n$。但是，新加入的节点不允许知道所有 k 个节点的子共享，为了不泄露每个节点的共享，可以采用“完全洗牌”的方法，即每个子共享都加上一个随机因子后再发给节点 v_p。经过一定时间之后，需要对节点进行共享更新，其原理如上面所述。这个方案包含证书回收机制，基于如下假设：所有节点监测单跳邻居的行为并维护自己的证书回收列表（CRL）。若节点指控者数目达到 k 个，则将其标记为“指控”，不能参与证书发布等工作。

该方案的主要优点是：可用性以及通过采用证书回收机制而获得更大的安全性，但由于所有的节点都是 CA 服务的一部分，一个请求节点如果拥有 k 个单跳邻居即可得到 CA 服务。协议的网络通信开销也是有限的。但是，获得这种高可用性的代价是出现了一个相当复杂的维护协议集合，例如，共享初始化、共享更新协议等，而且更多的共享也会暴露给潜在的攻击者。由于单个节点都拥有自己的共享而不像部分分布的 CA 只有一些专门的服务器节点才会拥有，所以门限参数可能要选得大一些，因为攻击者可能在每个共享更新里入侵更多的共享。证书回收方法假定每个节点能够监测所有单跳邻居的行为，例如，监测其产生的通信量。

自安全方案适用于计划的、长时间存活的 Ad Hoc 网络。由于服务会分发到加入网络中的所有节点，所以不需要设置专门的服务器节点。

6.2.3 移动 Ad Hoc 网络的安全路由

由于移动 Ad Hoc 网络结构是动态变化的，路由信息也会随之改变，常规的路由协议（RIP 或 OSPF）不适用于这种情形。这是因为常规的路由协议是为有线固定网络而设计的，其拓扑结构较为稳定。因此，Ad Boc 网络需要采用与移动方式无关的路由协议。

1. Ad Hoc 网络路由协议及其分类

目前已经提出了多种 Ad Hoc 网络的路由协议，根据网络拓扑结构的不同，可将其分为平面结构的路由协议和分级结构的路由协议，如图 6-3 所示。

在平面结构的路由协议中，网络结构简单，网络中的节点都处于平等的地位，它们所具有的功能完全相同，各节点共同协作完成节点间的通信。典型协议有 AODV，DSR 和 ZRP 等。随着网络规模的扩大，网络中的节点个数也逐渐增加，每个节点要想维护整个网络的拓扑信息或选择到远端节点合适的路由将十分困难，由此就产生了分级结构路由协议。

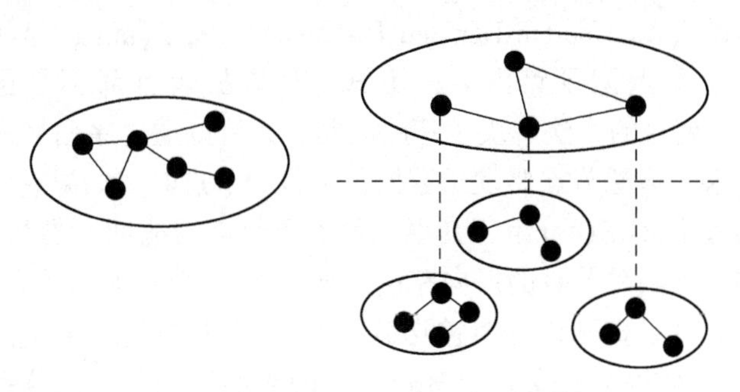

图 6-3　移动 Ad Hoc 网络的拓扑结构

在分级结构路由协议中，网络节点按照不同的分群算法可以分成相应的群。群中的每个节点完成的功能是不同的，有的节点被赋予一些特别的功能。例如，群首节点负责维护、管理本群范围内的节点以及群内节点的通信，同时为群间节点通信提供合适的路由信息。典型的协议有 ZRP 和 CGSR。

另外一种分类方法是根据发现路由驱动模式的不同，将路由协议分为三大类：第一类是先应式路由协议，其路由与交通模式无关，包括普通的路由和距离路由；第二类是反应式路由协议（也称按需路由协议），即只有在需要时保持路由状态；第三类是混合式路由协议，即采用集成了先应式和反应式路由协议优点的混合路由协议。

2. 典型的 Ad Hoc 网络路由协议

目前，Ad Hoc 网络所采用的比较典型的路由协议主要有以下几个。

（1）动态源路由协议

动态源路由（Dynamic Source Routing，DSR）是一种基于源路由的按需路由协议，它使用源路由算法。在 DSR 协议中，节点不需要实时维护网络的拓扑信息，因此在节点需要发送数据时如何能够知道到达目的节点的路由是 DSR 路由协议需要解决的问题。DSR 协议由路由发现（Route Discovery）和路由维护两部分组成。当源节点 S 期望与目标节点 D 进行通信，而在其自身的缓存路由表中并不存在通向 D 的路由，这时 S 就会发起路由发现过程。其执行过程如下。

1）当 S 想要向 D 发送数据包，但不知道 D 的路由链路，节点 S 就初始化一个路由发现。

2）S 用洪泛法发出路由请求（Route Request，RREQ）。

3）每个节点继续转发 RREQ，并加上自己的标识（Identifier）。

4）节点 S 收到 RREP（Route Reply）后，会把路径存储在缓存。

5）当节点发送数据包时，整个路径就被包含在数据包首部中，这就是源路径（Source Routing）的由来。

6）中间节点利用数据包首部中的源路径来决定该向谁发送数据。

在路由维护阶段，如果网络的拓扑结构发生变化，节点 S 到节点 D 间的路由不再工作，就可以探测到路由损坏的节点向源节点发送路由出错消息 RERR（Route Error）。当收到 RERR 消息后，S 知道路由已不可用，就将尝试它所知道的通向 D 的其他路由，或者再次借助路由发现过程得到一个新的路由。DSR 协议本身并没有强调安全性，它假设参与 DSR 协议的所有节点行为良好，没有恶意节点故意破坏网络的路由搜寻。

（2）按需距离矢量路由协议

按需距离矢量路由（Ad Hoc On Demand Distance Vector Routing，AODV）是一种反应式路由协议，通过让每个节点记录路由表的方式，让数据包首部不必包含相应路径信息。AODV 算法通过附加序列号的方法解决了环路问题，并可以通过序列号来判断中间节点是否响应了相应的路由请求。当源节点要发送数据包到目的节点时，如果它的路由表中没有合适路由，源节点将广播一个 RREQ 分组，其中包含了源节点的地址、当前序列号、广播 ID 和源节点所记录的目的节点到源节点的反向路由，通过序列号来判定所给消息是不是最新的，然后向周围节点广播此分组直到该分组被送到一个知道目的节点路由信息的中间节点（该节点路由表中记录的序列号大于或等于 RREQ 中的当前序列号，这样就避免了环路问题）或目的节点本身。另外，节点还将根据广播 ID 丢弃重复收到的请求分组。

AODV 协议采用了按需路由的方式，即网络中的节点不需要实时维护整个网络的拓扑信息，只是在发送报文且没有到达目的节点的路由时，才发起路由请求过程；在 AODV 协议中，通往目的节点路径上的节点负责建立和维护路由表，数据报头（首部）不再需要携带完整路径，减少了数据报头路由信息对信道的占用，提高了系统效率。因此，协议的带宽利用率较高，能够及时对网络拓扑变化做出响应，同时也避免了路由环路的出现。

（3）区域路由协议

区域路由协议（Zone Routing Protocol，ZRP）是第一个利用集群结构的混合路由协议。ZRP 按照一定的规则将网络划分成不同的区域，在区域内部采用基于先应式的路由方式，保证节点能够实时掌握区域内所有其他节点的路由信息；在区域间则采用反应式路由方式，通过边界节点间的路由发现过程最终完成源节点到目的节点的路由发现。由于拓扑更新过程仅在较小的区域范围内进行，可以有效减少系统负担，同时也加快了路由发现过程，提高了系统的响应速度。ZRP 的性能很大程度上由区域半径参数决定。通常，小的区域半径适合在移动速度较快的节点组成的密集网络中使用；大的区域半径适合在移动速度较慢的节点组成的稀疏网络中使用。目前，ZRP 采用预置区域半径值的做法，这就限制了它的可适应性。

3. 针对 Ad Hoc 网络路由协议的攻击

由于 AODV、DSR 等路由协议没有引入安全机制，因此可能造成 Ad Hoc 网络的若干安全问题。针对路由的攻击可以分为被动式攻击和主动式攻击。被动式攻击并不破坏路由协议的正常运行，只监听网络中的路由信息，从中获取有用内容。而主动式攻击则是指恶意节点阻止路由的建立、更改包的传送方向、中断路由的使用以及利用虚假数据骗取网络的认证和授权的一种破坏性行为。

主动式攻击又分为路由破坏攻击和资源消耗攻击两类。路由破坏攻击就是破坏合法路由控制信息的机密性和完整性，或者使合法路由消息处于非正常的模式，从而破坏网络通信；

资源消耗攻击指的是恶意节点伪造非法的路由消息，以达到消耗网络带宽、节点计算能力等资源的目的，从而减少节点的寿命并增大节点处理路由消息的延时。下面将详细介绍路由破坏攻击和资源消耗攻击。

（1）路由破坏攻击

针对移动 Ad Hoc 网络的路由破坏攻击是指通过篡改、删除、伪造等手段，阻止路由建立、更改包传送方向和终端路由、破坏路由协议，从而达到破坏网络通信的目的。路由破坏攻击可以分为以下几种。

1）黑洞攻击。黑洞攻击指的是攻击者广播路由信息，或将所截获的信息进行篡改，宣称自己到达网络中所有节点的距离最短或开销最小。这样的话，收到此信息的节点都会将数据包发往该节点，从而形成一个吸收数据的“黑洞”。

2）灰洞攻击。灰洞是一种比黑洞更加危险的攻击方式，它的行为介于正常节点和黑洞节点之间。有些情况下，它会正常地传送数据，但在有些情况触发下可能就会吸收数据包，产生黑洞效应。因此，它比黑洞攻击更加危险，也更加难以检测。

3）虫洞攻击。虫洞攻击也称为隧道攻击，两个互相串谋的恶意节点建立一条私有信道，数据在一个恶意节点处进行封装，通过私有信道传递给另一个恶意节点，解包后再将数据注入网络。

当恶意节点 M 收到源节点 S 发送的 RREQ，它通过隧道把分组传给恶意节点 N，节点 N 再向下继续把 RREQ 传给目的节点。同样地，节点 N 也可以把 RREP 通过隧道传给源节点 S。节点 M 和 N 假称它们之间有一条最短路径，欺骗源节点选择它们控制的这条隧道路径。虫洞攻击破坏了网络中邻居节点的完整性，使得实际距离在多跳以外的节点误认为彼此相邻，严重的情况下可能导致网络中大部分的通信量被吸引到攻击者所控制的链路上。实施虫洞攻击的最终目的是实施诸如丢弃数据包、篡改数据包内容、进行通信量分析或在特定时刻关闭隧道造成网络路由震荡等攻击。虫洞攻击不一定需要内部被捕获的节点参与，而且检测和抵御的难度都非常大。

4）伪造路由错误攻击。路由破坏中的伪造路由错误攻击是指攻击者向活动路由中的某个节点发送非法的路由错误消息报文，让该节点误以为这一活动路由断裂并向源节点发送路由断裂报文，使源节点重新发起路由发现过程，从而破坏活动路由上的通信。

5）Rushing 攻击。在按需路由协议中，节点只会处理第一个到达的 RREQ 报文，而将其他相同的 RREQ 抛弃。Rushing 攻击正是利用了这个弱点。攻击者比其他节点更快地转发路由申请报文，使得其他节点首先收到它所转发的报文，这有可能导致所有建立的路由都要通过攻击者。

（2）资源消耗攻击

1）拒绝服务攻击（DoS）。攻击者不断向某个节点发送大量携带虚假地址或错误路径的路由信息，其目的是为了占用带宽等网络资源，消耗被攻击者的能源、内存和 CPU 处理时间，使正常的路由信息无法得到及时更新和有效处理，最终造成通信延时，而且还可能造成网络分割或拥塞。这一攻击方法具体可通过路由重播、睡眠剥夺攻击等方式来实施。

2）伪造路由发现报文。恶意节点伪造路由信息并在移动 Ad Hoc 网络中传播，使网络中的合法节点频繁地执行无用的操作，以消耗网络的带宽、节点计算能力、电池资源等，影响整个网络的性能。

3）路由表溢出攻击。这种攻击是迫使单个合法节点瘫痪的一种方法。恶意节点为了使某个合法节点不能正常执行路由协议，向这个节点发送大量伪造的路由请求，造成该节点的路由表溢出，从而使合法的路由请求包无法得到处理。该方法一般用于对关键节点的攻击。

4. Ad Hoc 网络路由安全协议

路由安全是 Ad Hoc 网络安全的一个主要组成部分。具体指的是，在完成通常的路由协议功能的基础上，还要保护 Ad Hoc 网络中那些反映拓扑变化的路由信息，使其避免受到各种形式网络攻击的一种机制。下面简要介绍几种 Ad Hoc 网络路由安全协议。

（1）SRP

SRP（Secure Routing Protocol）是对 DSR 协议进行扩充的改进方案，可以辨别并抛弃假的路由信息，从而防止攻击者对路由信息的篡改、重放和伪造，确保获取正确的拓扑信息。协议的前提是源节点和目的节点拥有共享密钥，以便进行认证和通信。

SRP 在路由分组中扩充了一个安全报头，包含 32 位随机的标识、请求序列号和 96 位的消息认证码。当源节点发起路由请求（RREQ）时，它将源节点地址、目的节点地址标识和请求序列号通过共享密钥计算出消息认证码，并随路由分组一起发送。中间节点转发该分组，同时记录节点的路由申请频率，并用频率的倒数作为处理的优先级。这样可防止攻击者发出大量无用的路由请求来阻塞网络，因为这些申请的优先级将迅速降低，直至不再处理。中间节点一般不能回答路由申请，只有中间节点与源节点拥有共享密钥并具有到达目的节点的路由时才能回答路由请求。当路由申请分组到达目的节点时，目的节点首先使用共享密钥计算消息认证码来检验报文的完整性。如果路由申请是合法的，它会向源节点发出一个带有消息认证码的路由回复（RREP）。如果校验没有通过，路由申请分组就会被丢弃。当路由应答分组返回到源节点时，同样需要校验完整性，验证通过才会接受其路由。路由出错（RERR）报文不需要安全报头，由发现链路中断的节点直接发送到源节点。

该协议有以下优点：协议简单，无需修改原路由协议，只需进行扩充就可实现安全保障；密钥管理简单，只需收发两端拥有的相同密钥进行校验，网络中的节点不需要拥有密钥也不参与校验，既简化了密钥管理又减轻了节点的运算量；适用面广，采用端到端的鉴别，可适用于多种网络协议。但该协议也存在以下问题：缺乏对中间节点的认证，中间节点可能伪造或篡改协议中的路由表；无法认证路由维护信息，路由失败时，由中间节点产生的路由错误信息无法进行鉴别，因为源节点和路由中间节点没有共享密钥。

（2）SAODV 协议

SAODV（Secure AODV）协议是基于 AODV 的安全路由协议，它的前提条件是将网络中所有节点的公钥分发到各节点以便于认证签名。它使用两种机制来保证 AODV 协议的安全性，一种是数字签名，用来确保路由消息中不变部分的完整性，提供端到端的认证；另一种是单向 Hash 链，用来确保路由消息中可变部分（如跳数）的认证。源节点进行路由申请时，发出带有数字签名和 Hash 值的路由申请消息，中间节点收到路由申请报文时，首先验证数字签名和 Hash 值，验证通过后才会处理该报文，否则就将其抛弃。路由申请消息到达目的节点时，同样需要验证数字签名和 Hash 值，验证通过后目的节点产生路由应答消息并对其签名，之后，应答消息会按原路返回。

该协议的优点在于采用双签名机制解决了中间节点回答路由请求的问题。缺点是要求每个节点都知道其他所有节点的公钥，以便用于签名认证；所有中间节点都需要验证数字签名，计算开销比较大。

（3）SLSP

SLSP（Secure Link State Routing Protocol）是基于链路状态的安全路由协议。它保护使用链路状态算法的路由协议（如 ZRP）。算法的前提是每个节点都拥有自己的公钥和私钥，并且可以将公钥发送给所有节点。

SLSP 对链路状态更新报文扩充一个安全报头，通过数字签名来提供认证和完整性，使用路由申请消息序列号来防止重放攻击，并用单向 Hash 链来限制转发次数。各节点周期性地向网络节点广播经过签名的链路状态更新报文。网络中的节点收到链路状态更新报文后，首先检查签名和报文完整性，如果检查通过就接受该报文，若没有达到最大转发次数则转发该报文。SLSP 还包括邻居节点监视机制，每个节点将其 MAC 地址和 IP 地址经过签名后发送给邻居节点，邻居节点收到后记录相应的地址。这一机制有两个用途：其一，防止伪造地址；其二，用来记录邻居节点发送报文的频率。如果发送报文的频率过高，超过一定限额，就可以认定其为攻击者，对它发来的报文不再处理而直接抛弃，这样就可以将攻击者滥发的报文限制在单跳范围之内。

该协议的优点在于采用邻居节点监视机制来防止资源消耗。缺点是采用了公钥算法，各节点既要生成本节点报文的数字签名又要检验其他节点报文的数字签名，计算开销比较大。

上述几种 Ad Hoc 路由安全协议通过使用消息认证码、数字签名、单向 Hash 函数等方法来实现节点间的认证、路由信息的安全传递等安全机制，增强了 Ad Hoc 网络路由协议抵抗多种安全威胁的能力。但也存在若干问题，例如无法抵抗虫洞攻击等联合攻击，通过降低某些路由协议的有效性来获取一定的安全性，而且由于采用了数字签名等算法也带来了资源消耗问题。

6.3 蓝牙安全

蓝牙作为一种无线数据和语音通信的全球性技术规范，能够为固定和移动设备构建一种近距离无线连接的通信环境。蓝牙使目前的一些便携移动设备和计算机设备能够在不需要电缆的情况下就能接入互联网。本节将对蓝牙技术及其所采用的安全机制进行详细介绍。

6.3.1 蓝牙技术简介

蓝牙（Bluetooth）是一种短距离的无线通信技术标准，具有低成本、低功耗的特点。它采用的标准是 IEEE 802.15，工作频带为 2.4 GHz，数据传输速率为 1 Mbit/s。通过芯片上的无线收发器，配备了蓝牙装置的电子产品能够在近距离内彼此相连。蓝牙的理想连接距离是 10 cm~10 m，通过增大功率可以将传输距离延长至 100 m。

蓝牙可用来连接任何设备，例如，可以在智能手机和平板计算机之间建立连接。蓝牙的目标是在办公室或起居室等小范围环境内通过无线方式来连接设备。基于蓝牙技术的设备可以自动寻找其他的蓝牙设备，但是，一般需要用户参与才能建立连接、形成网络。

蓝牙是一种基于主从模式框架的数据包传输协议。其网络拓扑结构有两种：微微网（Piconet）和分布式网络（Scatternet）。其典型特征是网络设备之间可以保持主从关系。微微网最多含有 8 台采用主从关系的蓝牙设备，如图 6-4 所示。在这种网络中，一个设备被指定为主设备，可以最多连接 7 个从设备。主设备建立并控制网络，包括决定网络的 Hopping 等机制。在蓝牙 Piconet 网络中的设备采用相同的信道，并遵循相同的跳频序列。尽管一个网络中只能有一个主设备，但一个网络的从设备可以是另一个网络的主设备。因此，这样就产生了网络链。

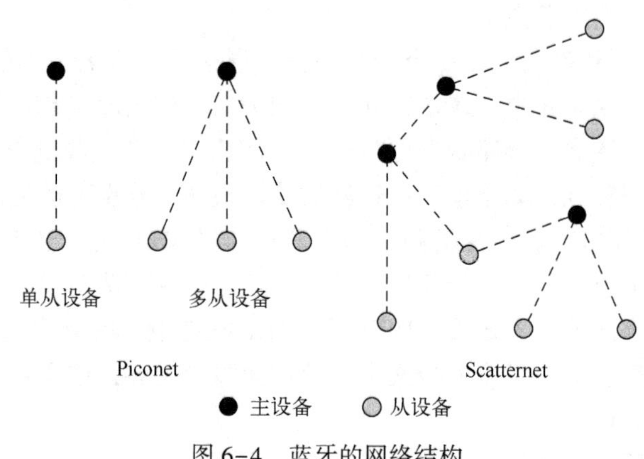

图 6-4　蓝牙的网络结构

由于 ISM 频段对所有无线电系统都开放，使用其中的某个频段可能会遇到不可预测的干扰源。为此，蓝牙技术特别设计了快速跳频方案以确保链路稳定。跳频技术是把频带分成若干个跳频信道，收发双方按一定的规律不断地从一个信道跳到另一个信道，而其他干扰源不可能按照同样的规律进行干扰。这样既增加了抗干扰性，又增强了系统的安全性。蓝牙的跳频速率在正常连接时为 1600 次/s，在建立连接时可达 3200 次/s。

蓝牙技术的主要优势包括：支持语音和数据传输、传输范围大、穿透能力强；采用跳频展频技术、抗干扰能力强、不易被窃听；可以使用在各国都不受限制的频谱。其劣势主要体现在传输速度慢，传输距离限制较大。

6.3.2　蓝牙的安全模式

像任何无线技术一样，蓝牙通信容易受到各种安全威胁。由于蓝牙使用了各种各样的芯片组、操作系统和物理设备配置，这会导致大量不同的安全编程接口和默认设置。这些复杂性会被引入到无线通信中，这就意味着蓝牙易受到一般的无线威胁以及自身固有漏洞的影响。常见的针对蓝牙的攻击形式包括以下几种。

1）Bluebugging：攻击者通过控制手机，可以拨打电话、窃听通信过程、阅读通讯录和日历等。

2）Bluejacking：将匿名、未经请求的消息发送到具有蓝牙设备的手机中并设置为不可见。

3）Blueprinting：远程采集蓝牙设备的指纹信息。

4）BlueSmack：通过蓝牙连接执行拒绝服务攻击，使设备不可用。

5）Bluesnarfing：可以使攻击者访问日历、通讯录、电子邮件和短信。

6）BlueStumbling：允许攻击者根据蓝牙的设备地址来查找和识别用户。

为了应对安全威胁，蓝牙技术引入了一些安全规范。蓝牙规范包括 4 种安全模式，分别提供不同方式、不同程度的保护措施。

（1）安全模式 1

处于该模式下的设备被认为是不安全的。在这种安全模式下，安全功能（认证和加密）不会启动，因此，设备和连接容易受到攻击。实际上，这种模式下的蓝牙设备是不分敌我的，并且不采用任何机制来阻止其他蓝牙设备建立连接。如果远程设备发起配对、认证或加密请求，那么处于这一模式下的设备将接受该请求，而且不进行任何认证。因其高度的脆弱性，实际中不会使用这一安全模式。

（2）安全模式 2

这是一种服务级的强制安全模式，可以在链路建立之后和逻辑信道建立之前启动安全过程。在这种安全模式下，本地安全管理器控制对特定服务的访问。访问控制以及与其他协议和设备的接口由单独的集中式安全管理器来维护。而且，这一安全模式还引入了授权的概念，即决定是否允许特定设备访问特定的服务。这一模式通过为拥有不同安全需求和并行的应用程序定义不同的安全策略和信任级别来限制访问，可以在不提供访问其他服务的情况下授予访问某些服务的权限。

（3）安全模式 3

这一模式提供了最好的安全性。它是链路级的强制安全模式，蓝牙设备在链路完全建立之前初始化安全过程。在这一模式下运行的蓝牙设备为设备中所有的连接进行授权认证和加密。因此，在进行认证、加密和授权之前，一般不能进行服务的搜索。一旦设备经过身份认证，服务级授权通常不会被处于该模式下的设备执行。当经过身份验证的远程设备在不了解本地设备所有者的情况下使用蓝牙服务，服务级授权应被执行，以防止认证滥用。

（4）安全模式 4

这一模式使用了安全简单配对策略（Secure Simple Pairing，SSP）。在链路密钥生成机制中采用了椭圆曲线（Elliptic Curve Diffie-Hellman，ECDH）密钥协议，以取代过时的密钥协议。

除了以上 4 种安全模式之外，蓝牙技术标准还为蓝牙设备和业务定义了安全等级，其中，设备被定义了 3 个级别的信任等级。

1）可信任设备：设备已通过鉴权，存储了链路密钥，并在设备数据库中被标识为“可信任”。在这种情况下，可信任设备可以无限制地访问所有的业务。

2）不可信任设备：设备已通过鉴权，存储了链路密钥，但在设备数据库中没有被标识为“可信任”。那么，不可信任设备访问业务时是受限的。

3）未知设备：如果没有此设备的安全性信息，就会被列为不可信任设备。

对于业务本身，蓝牙技术标准定义了 3 种安全级别：需要授权与鉴权的业务、仅需鉴权的业务以及对所有设备开放的业务。一个业务的安全等级由保存在业务数据库中的 3 个属性决定。

1）须授权：只允许信任设备自动访问的业务，例如，在设备数据库中已登记的那些设备。不信任的设备需要在完成授权过程之后才能访问该业务。授权总是需要鉴权机制来确保远端设备是合法的。

2）须鉴权：在连接到应用程序之前，远端设备必须接受鉴权。

3）须加密：在允许访问业务之前必须切换到加密模式。

6.3.3 蓝牙的加密与认证

1. 加密机制

蓝牙技术的加密机制包含以下两个过程。

（1）密钥生成

两个蓝牙设备首次接触时，用户只需在两个设备上输入相同的 PIN 密码，两个设备就会产生一个相同的初始密钥，该密钥用 K_{init} 表示。

在蓝牙设备中产生各种密钥的函数即蓝牙基带标准推荐认证函数包括：E_0，E_1，E_2 和 E_3。它们各自的功能为：E_0 用于数据加密，E_1 用于设备认证，而 E_2 分成 E_{21} 和 E_{22} 两部分，E_{21} 用于生成链路密钥，E_{22} 用于生成初始密钥，E_3 用于生成加密密钥。

两个蓝牙设备在接触后试图建立连接的时候，就会进入初始化。初始化过程分为如下 5 个步骤：生成初始密钥 K_{init}、生成链路密钥、交换链路密钥、认证、生成加密密钥（可选）。

初始密钥实际上也是一种链路密钥，但它仅用于初始化阶段。当其他链路密钥或蓝牙设备的加密密钥尚未定义或交换时，或者在链路密钥发生丢失时，就会使用初始密钥。K_{init} 由 E_{22} 函数生成。E_{22} 函数的输入量有 4 个：RAND（128 位随机数）、BD_ADDR（蓝牙设备的 48 位地址）、PIN（个人识别号码，最长不超过 128 位）、L（PIN 的字节数，当 PIN 有 128 位时，$L=16$；当 PIN 有 56 位时，$L=7$）。

链路密钥是一个 128 位的随机数，它在蓝牙信息安全中拥有 3 个功能：用于交换以提高安全性能；用于认证以确定对方是否真实；用于推导加密密钥。为了使用上的方便，链路密钥又分为 4 种不同的类型：组合密钥 K_{AB}、设备密钥 K_A、主密钥 K_m、初始密钥 K_{init}。

组合密钥 K_{AB} 是从节点 A 和节点 B 的信息中导出的密钥，在交换链路密钥过程中始终依赖于 A、B 两个节点。如果两个节点重新进行一次组合，将产生一个新的组合密钥。

设备密钥 K_A 是节点 A 在安装时生成的密钥，它源自节点 A 的相关信息，一般不会发生变化。它由 E_{21} 函数产生，保存在非易失性存储器中，并且之后基本保持不变，它的功能与组合密钥相同。

主密钥，是唯一的临时链接密钥，用于保护主设备与多个从设备之间的通信。主密钥是由主设备先生成，再通过 E_{22} 函数和当前链接密钥的加密，最后安全地传给从设备。

（2）加密过程

蓝牙只有在进行了至少一次成功的鉴权后，才可以进行加密，而且采用对称加密算法。

加密字 K_c 由 E_3 算法产生，输入参数为：96 位的加密偏移数 COF、128 位的 RAND 和当前链路字。COF 按以下规则进行取值：若当前链路为主密钥，COF = BD_ADDR ‖ BD_ADDR；对于其他情况，COF = ACO（鉴权编码补偿，由鉴权过程产生）。当链路管理器激活加密过程时将自动调用 E_3 算法，因此，蓝牙设备每次进入加密模式时，就会自动更改加密密钥。

实际用于加密的是序列密码算法，具体加解密过程如图 6-5 所示。加密密钥 K_c、主设备蓝牙地址 BD_ADDR_A 和主设备时钟 $Clock_A$ 作为 E_0 算法的输入参数，产生二进制密钥流 K_{cipher}，该密钥流与数据流进行异或运算后，结果会被发送到空中接口。

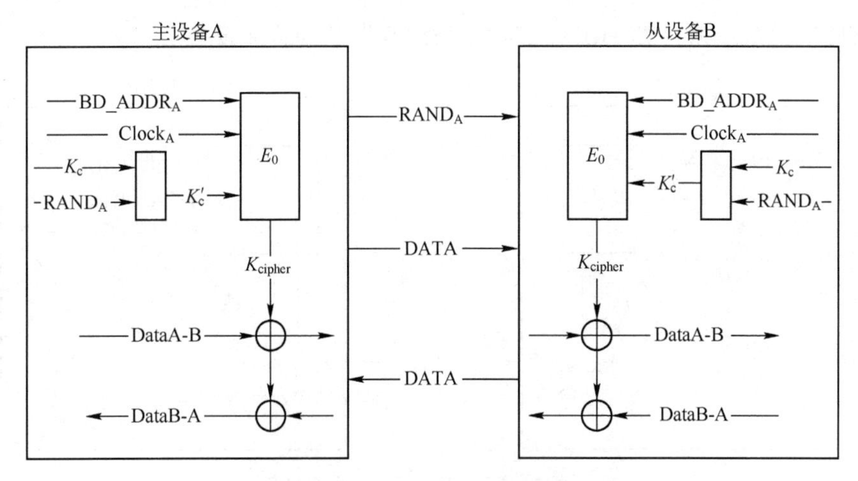

图 6-5　蓝牙的加解密过程

在 E_0算法中，加密密钥 K_c与随机数 $RAND_A$生成一个中间密钥 K'_c。主设备在进入加密模式之前发布一个随机数 $RAND_A$，它以明文形式通过无线网络进行传送。从设备接收到该随机数后，利用该随机数可以产生与主设备相同的中间密钥 K'_c，从而产生与主设备相同的密钥流 K_{cipher}，加密时将 K_{cipher}与明文数据流进行异或，解密时则将 K_{cipher}与密文数据流进行异或。K'_c的最大有效长度（1～16 位）是在出厂前设定的。定时时钟随着时间的推移而增加，每当启动一个新的分组发送，E_0算法就重新初始化一次。在两次发送的间隙，实时时钟至少有一个数位发生变化，这样可以保证在每次初始化之后都能生成新的密钥流。

2. 认证机制

蓝牙实体中的认证使用质询–响应（Challenge–Response）方式，通过两步协议使用对称算法对被验证设备的密钥进行检测。该过程如图 6–6 所示。

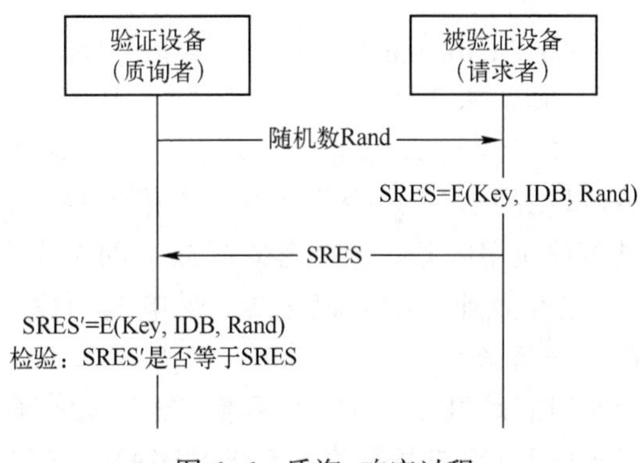

图 6–6　质询–响应过程

图 6–7 展示了 SRES 的认证过程。假设一对正确的验证设备（质询设备 A）和被验证设备（请求设备 B）使用相同的链路密钥（比如 Key）。那么，质询–响应方式的认证过程如下。

1）验证设备使用随机数 AU–$Rand_A$向被验证设备发出质询，要求使用随机数 AU–$Rand_A$来计算 SRES 值。

2）被验证设备根据算法 E_1，使用验证设备发送的 AU–$Rand_A$、自己的设备地址 BD_AD-

DR_B以及链路密钥 Key 来计算 SRES，然后将 SRES 发送到验证设备上。

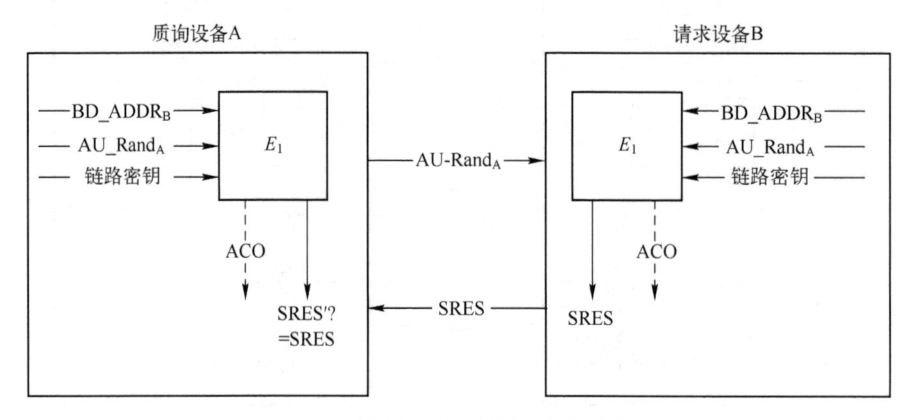

图 6-7　认证过程（质询-响应过程）

3）验证设备自己计算一个 SRES′，计算方法与 SRES 相同，然后对比 SRES′和 SRES 是否相同。如果相同，就表示认证成功，否则就认为认证失败。

6.4　WiMAX 安全

WiMAX 是一项新兴的宽带无线接入技术，能够提供面向互联网的高速连接。WiMAX 技术的起点较高，采用了很多代表未来通信网络发展方向的先进技术，其中的一些技术被后来出现的 4G 所采用。WiMAX 实现了宽带业务的移动化，并逐步推动了移动互联网技术的发展。本节将对 WiMAX 技术及其采用的安全机制进行详细介绍。

6.4.1　WiMAX 简介

全球互联微波接入（World Interoperability for Microwave Access，WiMAX）是由 WiMAX 论坛于 2001 年 6 月提出的一项高速无线数据网络标准，主要应用于城域网。在概念上，WiMAX 类似于 Wi-Fi，Wi-Fi 最多可以无障碍传输几百米，而 WiMAX 理论上可以传输 50 km，网络覆盖面积是 3G 基站的 10 倍。除此之外，WiMAX 还具有传输速率高、业务丰富等特点。WiMAX 能够提供多种应用服务，包括至少 1.5 km 的无线宽带接入、热点、移动通信回程线路以及作为商业用途在企业间的高速连线，是电缆和数字用户线路（Digital Subscriber Line，DSL）之外的另一选择。

WiMAX 一般代表空中接口满足 IEEE 802.16 标准的宽带无线通信系统。WiMAX 技术主要包含 IEEE 802.16 和 IEEE 802.16a 两项标准。对于 WiMAX，IEEE 标准定义了空中接口的物理层（PHY）和介质访问控制层（MAC），包括 IEEE 802.16-2004 和 IEEE 802.16e-2005，前者也称为固定 WiMAX，后者则对应移动 WiMAX。其中，IEEE 802.16e-2005 作为 IEEE 802.16-2004 的增强版，由 IEEE 在 2005 年 12 月正式通过，是对 IEEE 802.16-2004 的用户终端移动性的扩展，也是对 IEEE 802.16-2004 本身性能的提升。

WiMAX 在 IEEE 802.16 的体系结构中实现了射频技术、编码算法、MAC 协议和数据包处理等技术的融合，这就使得无线接入网络的高带宽成为可能，并超过了蜂窝网络的覆盖范围。WiMAX 还支持固定、游牧、便携、简单移动和自由移动等场景，能在大部分的城市地区和主要的高速公路沿线提供高速互联网接入。另外，WiMAX 的升级版 Wireless MAN-Advanced（IEEE 802.16m）还是两个 4G 标准之一。

1. WiMAX 网络的优势

WiMAX 与现有的无线局域网（Wireless Local Area Network，WLAN）以及第三代移动通信系统 3G 相比，具有以下几点优势。

（1）传输距离远

WiMAX 的无线信号传输距离最远可达 50km，是无线局域网所不可比拟的，其网络覆盖面积是 3G 基站的 10 倍，只要建设少量基站就能实现全城覆盖，这样就使得无线网络应用的范围大大扩展。

（2）接入速度高

WiMAX 所能提供的最高接入速度是 75 Mbit/s，这个速度是 3G 所能提供的宽带速度的 30 倍。WiMAX 的调制技术与无线局域网标准 IEEE 802.11a 和 IEEE 802.11g 相同，即正交频分复用，每个频道的带宽为 20 MHz。不过，因为可以通过室外固定天线稳定地收发无线电波，所以无线电波可承载的比特数要高于 IEEE 802.11 标准，因此可以实现 75 Mbit/s 的最大传输速度。

（3）兼容现有的网络连接方式

WiMAX 作为一种无线城域网技术，它既可以将 Wi-Fi 热点连接到互联网，也能作为 DSL 等有线接入方式的无线扩展，用户无需线缆即可与基站建立宽带连接。

（4）提供广泛的多媒体通信服务

WiMAX 比 Wi-Fi 具有更好的可扩展性，可以实现高带宽传输，从而弥补了 IP 网的缺点，提升了服务质量（QoS）和用户体验。

2. WiMAX 网络的劣势

虽然 WiMAX 网络具有上述 4 项性能优势，但也存在以下两点劣势。

1）从标准上来讲，WiMAX 技术不能支持用户在移动过程中无缝切换。如果用户高速移动，WiMAX 就不能达到无缝切换的要求，与 3G 的 3 个国际主流标准相比，其性能仍然相差较大。WiMAX 要到 IEEE 802.16 m 标准协议时才能真正做到无缝切换。

2）从严格意义来讲，WiMAX 并不是一个移动通信系统的标准，而只是一种无线城域网的技术。

6.4.2 WiMAX 的关键技术

WiMAX 系统具有可扩展性和安全性的特点，可以提供具有 QoS 保障的业务，并支持高数据传输速率和较高的移动性。WiMAX 拥有这些性能和优势，正是因为它采用了以下几项关键技术。

1. OFDM/OFDMA

OFDM 是一种多载波数字调制技术，它具有较高的频谱利用率，而且在抵抗频率选择性衰落或窄带干扰上具有明显的优势。而 OFDMA 是利用 OFDM 的概念实现了上行多址接入，每个用户占用不同的子载波，通过子载波将用户分开。OFDMA 允许单个用户仅在部分子载波发送，这样可以降低对发送功率的要求。

2. 链路自适应技术

为了改善端到端的性能，WiMAX 采用了 ARQ 与混合 ARQ 机制来快速应答和重传纠错，提高链路稳定性；为了降低信道干扰，WiMAX 采用了自动功率控制技术；为了增强系统容量，提高传输速率，WiMAX 能够根据信道质量来选择最优的编码调制方案。由于考虑到 WiMAX 的应用条件比较复杂，为了保证无线传输的质量，对多项物理层参数进行自适应调整，例如，调制解调器参数、ARQ 参数等。WiMAX 物理层通过信道质量标志快速获得信道信息反馈，并根据信道状况采用合适的 AMC 和 HARQ 策略，效果较为明显。

3. MIMO

MIMO 是目前 4G 移动通信系统所采用的关键技术之一。MIMO 技术主要有两种表现形式，即空间复用和空时编码。这两种形式在 WiMAX 协议中都得到了应用。MIMO 技术能显著提高系统的容量和频谱利用率，可以大幅提高覆盖范围并增强应对快衰落的能力，使网络在不同环境下都能获得最佳的传播性能。

4. 面向连接的 MAC 层协议及 QoS 机制

WiMAX 系统采用时分多址方式，MAC 层提供面向连接的业务，将数据包分成业务流，业务流通过逻辑链路来传送。WiMAX 系统定义了业务流的服务质量参数集，提供面向链接的 QoS 保障。协议在下行链路采用 TDM 数据流，而在上行链路则采用 TDMA，通过集中调度来支持对时延敏感的业务（如语音和视频等）。由于实现了无碰撞的数据接入，MAC 层提高了系统总吞吐量和带宽效率，并确保数据时延受到控制，不至于太大。另外，TDM 和 TDMA 接入技术还可以更容易地支持多播和广播业务。

分类服务是用于保证 IP 网络服务质量的重要措施。WiMAX 支持 4 种业务类型，即固定速率、实时可变比特率、非实时可变比特率和尽力而为。这种差异化的服务可以更好地提供 QoS 服务，确保重要业务的服务质量。

5. 动态带宽分配

WiMAX 采用 TDMA+OFDM/OFDMA 多址方式，按照用户需求来动态分配传输带宽，在多用户、多业务的情况下提高了频谱和设备的利用率。在实际应用中，上行和下行的带宽需求往往有很大差别。在 TDD 双工模式下，WiMAX 可以根据上行和下行业务的实际带宽需求来动态非对称地分配上、下行带宽，能够明显提高频谱利用率。

6.4.3 WiMAX 的安全机制

在 IEEE 802.16 中，主要是通过在 MAC 层定义一个保密子层来提供安全保障。这个保密子层主要包括两个协议：数据加密封装协议和密钥管理协议（PKM）。其中，数据加密封装协议定义了 IEEE 802.16 支持的加密套件，即数据加密与完整性验证算法，以及对 MAC PDU 载荷应用这些算法的规则。而密钥管理协议则定义了从基站向用户工作站分发密钥数据的安全方式、两者之间密钥数据的同步以及对接入网服务的限制。

下面将介绍 IEEE 802.16 协议中安全子层的两个主要组成部分，并分析 IEEE 802.16 协议采用的安全机制存在的问题。

1. PKM 协议

PKM 协议采用公钥密码技术提供从基站 BS 到用户工作站（Mobile Subscriber Station，MSS）的密钥数据的安全分配和更新，是加密层的核心内容。MSS 和 BS 通过密钥管理协议来同步密钥数据；另外，BS 使用该协议来实现 BS 对 MSS 的身份认证、接入授权，实施对网络服务的有条件接入。

PKM 协议的完整流程如下。

1）MSS 向 BS 发送一个认证消息，其中包含 MSS 生产商的 X. 509 数字证书。

2）MSS 向 BS 发送授权请求消息。该消息包含 MSS 生产商发布的 X. 509 证书、BS 所支持的加密算法以及 BS 的基本连接 ID。

3）BS 验证 MSS 的身份，决定加密算法，并为 MSS 激活一个授权密钥（AK）。

4）BS 将 AK 用 MSS 的公钥加密后返回给 MSS。

5）MSS 向 BS 发送加密密钥 TEK 的请求消息。

6）BS 收到请求后，生成 TEK，并用 KEK 对其加密后发送给 MSS。

7）MSS 定时发送密钥请求消息给 BS 来更新 TEK。

MSS 与 BS 认证和密钥交换的过程如图 6-8 所示。

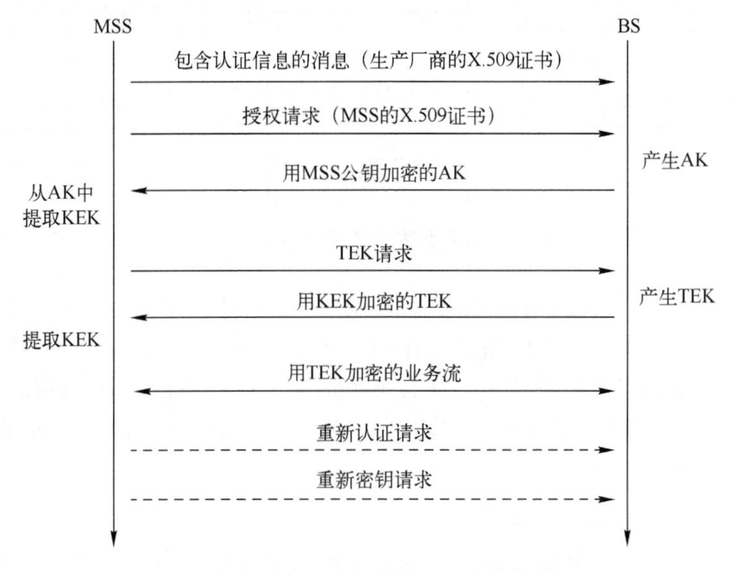

图 6-8　MSS 与 BS 之间的认证和密钥交换过程

该协议支持为更新会话密钥进行的周期性的重新认证，这个过程由用户的授权状态控制。一旦授权密钥到期且没有重新认证，基站就会终止与用户的通信。工作站定时发送授权请求消息给基站来更新 AK。

PKM 中用到了 3 种常用的密码算法：RSA 算法、3DES 算法和 SHA-1 消息摘要算法。RSA 算法用来绑定用户的身份和 MAC 地址，基站可以安全地使用用户的公钥，实现授权密钥的保密传送。3DES 算法用于实现会话密钥的安全分发。SHA-1 消息摘要算法用来实现报文的完整性保护。其中，授权密钥采用 RSA 算法进行加密，保证只有合法用户可以获得。会话密钥采用 MSS 公钥加密，或者由授权密钥推导的密钥加密密钥（Key Encryption Key，KEK）采用 3DES 或 AES 加密传送，可以有效抵抗攻击者的窃听。协议最后两条报文使用 SHA-1 消息摘要算法来提供完整性保护，消息认证密钥由授权密钥推导得出。

2. 数据加密封装协议

数据加密封装协议规定了如何对在固定宽带无线接入网络中传输的数据进行封装加密。

该协议定义了一系列配套的密码组，也就是数据加密和验证算法对，以及在 MAC 层协议数据单元中使用这些算法的规则。该协议通过提供多种加密算法套件和规则，与 PKM 配合使用，可以灵活选择具体的加密算法，从而起到更新密钥的作用，加密算法和各级密钥的关系如图 6-9 所示。

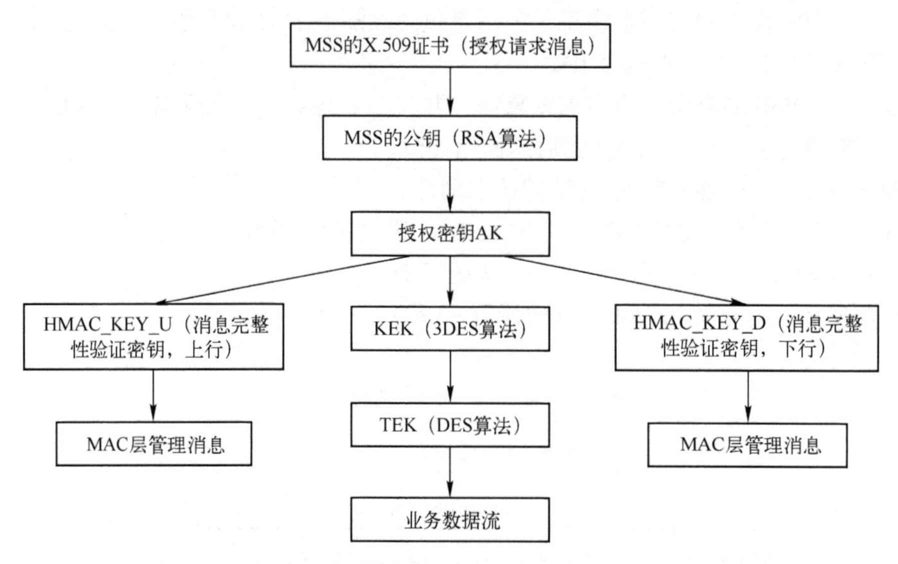

图 6-9　加密算法和各级密钥之间的关系

对于业务流，安全子层使用激活的 TEK 对 MAC PDU（Protocol Data Unit）中的负荷（Payload）进行加密和鉴权。进行加密操作时，PDU 负荷将被添加 4 个字节的数据包序号 PN 前缀。PN 将以小端字节序来传送，而且不被加密。这样将在负荷尾部添加 8 个字节的完整性校验值（ICV），而且原文和 ICV 都将被加密，ICV 的密文将以小端字节序传送。经过处理后的负荷将比原来增加 12 个字节。

3. IEEE 802.16 协议安全机制的问题

从之前 IEEE 802.16 协议中的安全机制的工作流程可以看出，安全机制主要存在以下几个问题。

1）单向认证。即只能实现基站对工作站的认证，工作站无法认证基站，可能存在中间人攻击的安全风险。

2）认证机制扩展性不足。认证机制只是基于 X.509 数字证书，未能支持其他类型的数字证书，缺乏可扩展性。

3）无法抵御重放攻击。攻击者可以通过截获数据包进行重放来对系统发起攻击。

4）数据加密算法的安全性不足。IEEE 802.16 协议中对数据加密所采用的 DES-CBS 算法的密钥长度只有 56 位，容易受到穷举攻击。

本章小结

无线网络是移动终端接入并使用移动互联网的重要方式，是基于计算机网络和无线通信技术发展而来的。

在无线局域网的网络结构中，逻辑链路控制层 LLC 及其之上的应用层对不同的物理层的要求可以是相同的，也可以是不同的。无线局域网的标准主要是针对物理层和介质访问控制层 MAC，涉及所使用的无线频率范围、空中接口通信协议等技术标准与规范。在无线局域网的标准 IEEE 802.11 中，协议根据是否通过接入点工作将无线局域网划分为两类：有固定基础设施的无线局域网和无固定基础设施的自组织网络。无线局域网的基础模式由接入点 AP、无线设备 STA 和有线局域网 LAN 组成。无线 Ad Hoc 网络是由一组自主的无线终端节点相互合作而形成的，独立于固定的基础设施，并采用分布式管理的网络。与传统的蜂窝网络相比，无线 Ad Hoc 网络没有基站，所有节点分布式运行，具有路由器的功能，向邻居节点发送或转发分组。蓝牙是一种实现短距离数据交换的技术，可以连接多个设备，克服了数据同步的难题。而 WiMAX 网络可视为 Wi-Fi 的增强版本，不仅使无线网络技术获得更大范围的扩展，也使移动终端接入移动互联网的体验得到了极大的提升。

习题

1. 根据 IEEE 802.11 标准中是否通过接入点工作，无线局域网常被划分为哪几类？
2. 无线局域网的标准主要涉及网络协议模型中的哪几层？
3. IEEE 802.11 的安全问题有哪些？
4. 移动 Ad Hoc 网络具有哪些特点？在安全设计方面的不足之处有哪些？
5. 针对 Ad Hoc 网络路由协议的攻击有哪些？
6. 常见的针对蓝牙通信的攻击有哪些？
7. 请简述 WiMAX 网络的劣势有哪些。

第 7 章　移动终端安全

移动终端是移动互联网与用户体验连接最为紧密的环节。随着移动通信技术的发展，移动终端发生了巨大的变化，朝着智能化的方向不断迈进。伴随着终端智能化和网络宽带化的发展趋势，移动终端的功能已经从单一的语音服务向多样化的多媒体服务演进，移动互联网业务呈现出丰富多彩的发展态势。与此同时，移动终端作为移动互联网最主要的载体之一，也越来越多地涉及商业秘密和个人隐私等敏感信息，面临着严峻的安全挑战，可能成为制约移动互联网发展的重要瓶颈。因此，解决移动终端的安全问题就势在必行。

本章将介绍移动终端所搭载的操作系统的技术架构及其采用的安全机制，并对移动终端面临的安全风险进行分析，探讨相关的防护措施。

7.1　移动终端概述

移动终端就是通过无线技术接入移动互联网的终端设备，它的主要功能是移动上网。移动终端可以看作是一种具有无线通信功能的嵌入式计算机系统。目前，市面上的移动终端主要以智能手机和平板计算机为代表，这些移动终端都具有接入并使用移动互联网的功能。移动终端作为移动互联网的重要载体，业务功能不断地推陈出新，驱动着移动互联网的快速发展，影响着人类社会的生活、工作方式和商业模式。移动终端的出现和发展使得全球各地的人们联系越来越紧密，各种信息资源能够在移动互联网这一平台上被人们随时随地获取，极大地方便了人们的沟通交流和信息资源的流动。

7.1.1　移动终端发展历程

在过去的十年里，全球电信业发生了巨大的变化。移动通信，特别是蜂窝网络的迅速发展，使用户彻底摆脱了终端设备的束缚，实现了完整的个人移动性、可靠的传输手段和接续方式。

随着网络技术朝着越来越宽带化的方向发展，移动通信产业走向了真正的移动信息时代。另一方面，随着集成电路技术的飞速发展，移动终端拥有了强大的处理能力，使其从最开始的简单通话工具变成了一个综合信息处理平台，这也给移动终端拓展了更为广阔的发展空间。

移动终端作为简单通信设备伴随移动通信的发展已有几十年的历史。自 2007 年开始，智能化引领了移动终端的发展方向，从根本上改变了终端作为移动网络末梢的传统定位。自此，移动终端转变为互联网业务的关键入口和主要创新平台，融合进了新媒体、电子商务和信息服务，成为互联网资源、移动网络资源与环境交互资源的最重要枢纽之一。移动终端引发的颠覆性变革揭开了移动互联网产业发展的序幕，开启了一个新的技术产业周期。移动终端持续扩大的影响力也使其成为人类历史上继收音机、电视和个人计算机之后第 4 个广泛普及、影响巨大、深入到人类社会生活方方面面的终端产品。

现如今的移动终端已经拥有极其强大的处理能力、存储空间以及像计算机一样的操作系统，是一个完整的小型计算机系统，可以完成复杂的处理任务。移动终端也拥有非常丰富的通信方式，既可以通过 CDMA、3G、4G 和 5G 等移动通信网来进行通信，也可以通过无线局域网或蓝牙进行通信。

今天的移动终端不仅可以通话、拍照、听音乐、玩游戏，而且还可以实现包括定位导航、指纹识别、网上购物、移动支付、电子交通卡等功能，成为外出旅行、移动办公和移动商务的重要工具。移动终端已经深深地融入到我们的经济和社会生活当中，不仅提升了人们的生活水平、提高了生产管理效率、减少了资源消耗和环境污染，还为突发事件的应急处理增添了新的手段。

移动终端进入智能化发展阶段主要体现在四个方面：其一是具备开放的操作系统平台，支持应用程序的灵活开发、安装和运行；其二是具备 PC 级的处理能力，可支持桌面互联网主流应用软件的移动化迁移；其三是具备高速数据网络的接入能力；其四是具备丰富的智能的人机交互界面。

从整体上而言，移动终端具有以下几个特点。

1）在硬件体系上，移动终端具备中央处理器、存储器、输入部件和输出部件，也就是说，移动终端往往是具备通信功能的微型计算机设备。另外，移动终端可以具有多种输入方式（如键盘、鼠标、触摸屏和摄像头），并可以根据需要进行输入调整。同时，移动终端往往具有多种输出方式（如扬声器、显示屏），也可以根据需要进行调整。

2）在软件体系上，移动终端必须具备操作系统（如 Android、iOS）。同时，基于这些开放的操作系统平台开发的个性化应用软件层出不穷，如新闻资讯、社交通信、网络购物、出行服务等 App，极大地满足了用户的个性化需求。

3）在通信能力上，移动终端具有灵活的网络接入方式和高带宽通信性能，并且能根据所选择的业务和所处的环境，自动调整所选的通信方式，从而方便用户使用。移动终端可以支持 GPRS、3G、4G、5G 以及 Wi-Fi 等多种制式的网络，支持各种无线数据业务。

4）在功能使用上，移动终端更加注重人性化、个性化和多功能化。随着计算机技术的发展，移动终端的模式从“以设备为中心”转变为“以人为中心”，集成了嵌入式计算、控制、人工智能以及生物认证等先进技术，充分体现了“以人为本”的宗旨。基于软件技术的发展，移动终端可以根据个人需求来调整设置，更加个性化。同时，移动终端本身集成了众多硬件和软件，功能也越来越强大。

7.1.2 主流移动操作系统

只有具备了操作系统的手机才能被称作智能手机。在智能手机等移动终端上安装的操作系统也被称为移动操作系统。智能手机的操作系统主要包括 Android、iOS、Windows Phone、Symbian 和 Blackberry OS，其中 Android、iOS 和 Windows Phone 占据了主导地位。本节将对这 3 个移动操作系统做简要介绍。

1. Android 系统

2003 年，Andy Rubin 在美国创办了一家名为 Android 的公司，主要经营业务是手机操作系统和应用软件。后来，谷歌公司收购了 Android 公司，并与开放移动终端联盟（Open Handset Alliance，OHA）合作开发了基于 Linux 的开源手机操作系统 Android OS。

Android 的英文原意是“机器人”，是一款基于 Linux 的开源手机操作系统。2005 年，谷歌公司将 Android 操作系统逐渐扩展到平板计算机及其他领域。2008 年 10 月，第一部 Android 智能手机发布。2011 年第一季度，Android 系统在全球的市场份额首次超过 Symbian 系统，跃居全球第一。据统计机构 IDC 的数据显示，截至 2017 年，Android 的市场占有率为 81%。从数据上看，Android 占据了移动操作系统市场的主导地位。

2. iOS 系统

iOS 是由苹果公司开发的一款手持设备操作系统。2007 年 1 月 9 日，苹果公司在 Macworld 大会上公布了 iOS 操作系统。原先这个系统名为 iPhone OS，直到 2010 年 6 月 7 日的 WWDC 大会上才宣布改名为 iOS。iOS 系统最初是专门给 iPhone 手机设计的操作系统，后来陆续套用到了 iPod touch、iPad 以及 Apple TV 等苹果公司产品上。iOS 系统与苹果公司的 Mac OS X 操作系统一样，也是以 Darwin（苹果计算机的一个开源操作系统）为基础开发的，因此同样属于类 UNIX 的商业操作系统。iOS 系统的开发语言是 C 语言的升级版 Objective-C。

2012 年 11 月，根据 Canalys 的数据显示，iOS 系统已经占据了全球智能手机系统市场份额的 30%，在美国的市场占有率为 43%。2017 年，据美国市场调研企业 Strategy Analytics 的调查数据显示，iOS 系统的全球市场份额已下降到了 12.2%。

3. Windows Phone 系统

Windows Phone 是微软公司于 2010 年 10 月发布的一款智能手机操作系统，初始版本命名为 Windows Phone 7.0。它基于 Windows CE 内核，采用了一种称为 Metro 的用户界面，并将微软旗下的 Xbox Live 游戏、Zune 音乐与独特的视频体验集成到手机中。2012 年 6 月，微软正式发布了 Windows Phone 8，舍弃了 Windows CE 内核，采用了与 Windows 系统相同的 Windows NT 内核，并支持很多新的特性。

Windows Phone 具有桌面定制、图标拖拽、滑动控制等一系列前卫的操作体验。其主屏幕通过提供类似仪表盘的形式来显示新的电子邮件、短信、未接来电、日历等内容，让人们对重要信息保持时刻跟进。它还包括了一个增强的触摸屏界面，更便于手指操作，并推出了一个新版本的 IE Mobile 浏览器。在一项由微软公司赞助的第三方调查研究中，和参与调研的其他浏览器和手机相比，IE Mobile 浏览器可执行指定任务的比例超过 48%。

7.2 Android 系统安全

Android 是基于 Linux 内核的操作系统和软件平台，它采用了软件堆层（Software Stack，又名软件叠层）的架构，底层以 Linux 内核为基础，只提供基本功能，其他的应用软件则由各公司自行开发，以 Java 作为主要的编程语言。另外，为了推广这项技术，谷歌公司和其他几十家手机企业建立了开放移动终端联盟（Open Handset Alliance）。2008 年 10 月，第一部 Android 手机问世，随后迅速扩展到平板计算机、电视及数码相机等领域。本节将对 Android 系统的体系结构和安全机制做详细介绍。

7.2.1 Android 体系结构

Android 的系统结构与其他操作系统一样，采用分层的架构。Android 系统的整体架构如图 7-1 所示，从整个架构图可以看出，Android 分为 4 层，自底向上分别为：Linux 内核层、系统运行库、应用程序框架层、应用程序层。

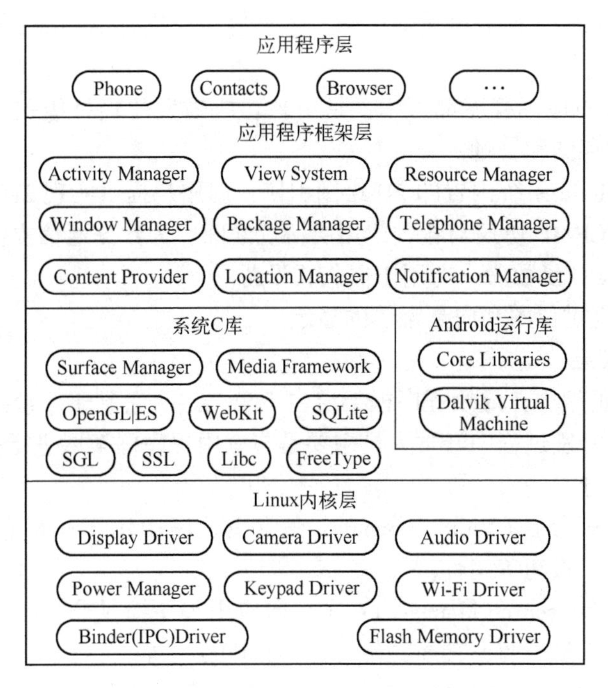

图 7-1　Android 系统架构示意图

1. Linux 内核层

Android 系统运行于 Linux 内核层之上，诸如安全性、驱动模型、内存管理、进程管理、网络协议栈等核心服务都依赖于 Linux 2.6 内核。Linux 内核是硬件和软件堆栈之间的硬件抽象层，这一层主要实现硬件的驱动，例如，Wi-Fi 驱动、电源驱动和显示驱动。

2. 系统运行库

（1）Android 运行库

Android 系统包含一个核心库，它向开发者提供 Java 编程语言核心库的大部分功能函数，每一个 Android 应用程序都在自己的进程中运行，独立拥有一个 Dalvik 虚拟机实例。Dalvik 通过同时高效运行多个虚拟机来实现。Dalvik 虚拟机执行扩展名为 dex 的 Dalvik 可执行文件，该执行文件针对最小内存使用进行了优化。这一虚拟机基于寄存器，所有的类经由 Java 编译器编译，然后通过 SDK 的 DX 工具转化成 . dex 格式由虚拟机执行。

（2）系统 C 库

Android 程序库包含一个被 Android 系统中各种不同组件所使用的 C/C++库，该库通过 Android 应用程序框架为开发者提供服务。这一层紧贴应用程序的软件组件服务，是应用程序框架支撑。系统库为平台提供的功能如下。

1）Surface Manager，当同时运行多个程序时，管理显示与操作之间的互动，并为多个程序提供 2D 与 3D 图层的无缝融合。

2）Media Framework，即多媒体库，基于 PacketVideo OpenCore，这一函数库支持系统实现音频的录放，并且可以使用各种流行的音频和视频格式。

3）OpenGL ES，是一个 3D 绘图函数库，该库可以用软件方式或是硬件加速方式来执行。

4）WebKit，是最新的 Web 浏览器引擎，主要适用于支持 Android 浏览器和一个可嵌入的 Web 视图。

5）SQLite，对所有应用程序都可用，是一款功能强大的轻量级关系型数据库引擎，为应用程序提供数据的存储和管理。

6）SGL，是 Android 系统内置的 2D 绘图引擎，向用户提供实现 2D 绘图的技术支持。

7）SSL，位于 TCP/IP 协议与各种应用层协议之间，为数据通信提供支持。

8）Libc，是标准 C 函数库，专用于嵌入式设备。

9）Free Type，提供位图和向量字体的显示。

3. 应用程序框架层

在 Android 平台框架中，应用程序框架层位于第二层。它基于系统运行库，同时也是应用软件开发的基础，开发过程中开发人员主要是与应用程序框架层进行接触，应用程序框架层主要包括以下几部分。

1）可拓展的视图系统（View System）：在应用程序中用于构建包括列表、可嵌入的 Web 浏览器、文本框、按钮等组件。

2）资源管理器（Resource Manager）：主要向应用程序提供非代码资源的访问，如本地图片、字符串、管理权限声明、布局文件（Layout Files）等。

3）通知管理器（Notification Manager）：支持应用程序在状态栏显示提示或通知的信息。

4）活动类管理器（Activity Manager）：用来控制应用程序的生命周期，并向用户提供常用的导航回退功能。

5）位置管理器（Location Manager）：用于提供定位服务。

6）电话管理器（Telephone Manager）：向用户提供移动设备的基本功能，如发送信息、拨打电话等。

7）包管理器（Package Manager）：Android 系统上的第三方应用程序管理器。

8）窗口管理器（Window Manager）：用来管理系统上所有应用程序的窗口。

9）内容提供器（Content Provider）：用于应用程序之间实现数据的互存互取。

4. 应用程序层

Android 平台（系统）架构的顶层就是应用程序层，包括除了随操作系统一起发布的 Email 客户端、地图、浏览器、短消息、日历、联系人等核心应用程序外，还有大量的第三方应用程序，该层所有的程序都是用 Java 语言编写的。

7.2.2 Android 系统的安全机制

在 Android 系统的安全机制中，最重要的设计是第三方应用程序在默认情况下，没有权限对其他应用程序、操作系统和用户执行有害的操作。这样的安全机制主要体现在对系统中的文件进行读写、删除、更改等操作时，不同的应用程序具有不同的操作等级。具体采用的安全机制如下。

（1）进程保护

程序只能待在自己的进程空间，与其他进程完全隔离，从而实现进程之间互不干扰。在同一个进程内部可以任意切换到活动（Activity），但在不同的进程中，例如，A 进程中的当前活动启动 B 进程中的某个活动，系统会报出异常，原因是触发了进程保护机制。

（2）权限模型

Android 本身是一个权限分立的操作系统，每个应用程序都以唯一的系统识别身份（如 Linux 用户 ID 或群组 ID）进行运行。系统的各部分也分别使用各自独立的识别方式。Android 要求在使用 API 时需要进行权限声明。因此，使用一些敏感的 API 时，系统会对用户进行风险提示，由用户选择是否安装。权限声明是在 AndroidManifest. xml 文件中进行设置的，主要包含以下 4 种模式。

1）Context. MODE_PRIVATE：仅能被创建的应用程序访问。

2）Context. MODE_APPEN：检测存在的文件，并在文件后追加内容。

3）Context. MODE_READABLE：当前文件可以被其他应用程序读取。

4）Context. MODE_WRITABLE：当前文件可以被其他应用程序写入。

如果希望当前文件能够被其他应用读和写，可以写成 OpenFileOutput（“xxx. txt”，Content. MODE_READABLE+Content. MODE_WRITEABLE）的形式。

同时，权限声明通过 Protected Level 分为 4 个等级。

1）Normal：只要申请就可以使用。

2）Dangerous：获得用户的确认才可以使用，是最常用的等级。

3）Signature：可以让应用程序不弹出确认提示。

4）SignatureorSystem：需要第三方应用软件和系统使用同一个数字证书，即开发应用程序时，需要获得平台签名。

（3）签名机制

Android 系统通过签名机制来实现系统保护。Android 系统上的应用软件都需要进行签名，通过签名可以限制对程序的部分修改，确保改变的来源是相同的。在软件安装过程中，系统会提取证书进行认证，获取签名的算法信息，与之前的应用程序进行比对，判断应用软件是否匹配。

7.2.3 Android 系统的安全性分析

Android 系统所面临的安全威胁的种类是多种多样的，具体而言主要有以下几种。

1. 开源系统所带来的风险

Android 系统采用了较为激进的开源型系统软件开发模式，所有用户都可以通过应用商店下载应用程序，除了官方应用商店之外还有其他的第三方应用商店可供下载，而且用户可以安装官方应用商店当中没有的应用软件。虽然应用软件上传到应用商店之后，都会强制进行安全检查，但某些应用软件市场没有严格执行检查措施，导致一些应用程序没有经过应用市场审核就可以下载安装，而且一些程序还可以通过计算机软件复制到手机中进行安装运行。Android 系统这种过于开放的安装模式在丰富了系统功能的同时，也造成了恶意代码的广泛传播。恶意代码的开发者可以通过各种渠道进入手机，通过应用商店合法地下载应用软件，然后植入恶意代码，重新打包之后再次发布，这会造成伪装的应用程序和合法的原生程序具有相同的数字签名，虽然国内的手机市场和相关论坛都有相应的检测办法，但是 Android 系统的安全措施还是过于简单。根据 360 公司的统计数据显示，国内的设备感染恶意程序的发生概率为 50%以上。

2. 权限的许可方法问题

在 Android 系统的安全模式当中，虽然应用程序需要获取的权限在安装过程中已经向用户进行了说明，并且安装之后也无法改变。在程序的安装过程中，相关的权限列表是可以被用户获取的，并且用户可以判断这些权限是否是满足软件的正常使用所必需的。但是，如果出现一个软件所要求的权限过多的情况，用户还是无法直接选择不安装或者将该程序标记为可疑。没有机制可以保证系统能够完全规避那些不受控制的安装源头。如果恶意代码的防范机制没有有效运行，仍然会有软件出现超出常规的可疑操作。恶意代码的防范机制依赖于用户的判断，如果用户没有这种判断能力，则防范机制无法发挥作用，上述恶意代码防范机制就显得不够合理，需要进行改进。大多数普通用户是应用程序的使用者而不是开发者，如果他们不了解程序的运行机制，就无法对其安全性进行判断，而且普通用户也完全没有必要去了解程序的运行机制。恶意代码的开发者如果发现某一特定的应用软件并根据提示进行捆绑，之后很多恶意代码就会自动地转入用户的手机当中，如此一来恶意代码的开发者就可以非常轻松地获取传播路径，并通过代码的不断更新获取更多的权限。由于很多用户信任某些特定的应用软件，没有防范意识，这就会造成恶意程序更容易入侵手机系统。

3. 操作系统漏洞

任何复杂的软件系统都可能存在漏洞，Android 系统也有自身的缺陷和漏洞，例如，Android 系统利用黑箱来处理相互孤立的程序，恶意程序可以在各自独立的黑箱当中运行，移动设备无法给予用户特定的权限。如果需要获取 Android 系统的控制权限，就必须获取 root 权限，这就会加重不安全性。恶意程序还可以运用漏洞所在的黑箱，获取系统的 root 权限。如果用户基于其他目的而获取 root 权限，恶意代码就获得了可以随意入侵的通道。同时，如果想对手机进行 root，则必须利用系统漏洞，这也就造成了更多的开发者想要获取系统漏洞，使系统漏洞成为一种资源，同时开发者也不希望当前已知的系统漏洞被堵上。恶意代码通过漏洞获取 root 权限之后就可以在系统中不受控制地运行，随意修改用户的程序文件，对用户系统造成非常大的安全风险。

4. 利用软件漏洞进行攻击

一些应用程序本身存在漏洞，应用软件的漏洞也会受到攻击，恶意代码能够通过应用软件本身的漏洞来攻击手机。浏览器是最容易受到攻击的应用软件之一，本身包含了大量可被攻击的漏洞代码。与此同时，浏览器又是系统不可缺少的组成部分，用户的使用频次也较多，因此更具危险性。同时，由于修复浏览器漏洞的难度较大，而且浏览器的版本和固件的版本又是相同的，所以很难进行升级换代。大量的 Android 用户为了让系统运行顺畅或为了获得新的用户体验，而不断进行刷机。市场上也有很多定制的优化版本，如果恶意代码被嵌入到 ROM 当中将会更加隐蔽，恶意代码也将获得更强大的破坏力。根据安全软件公司的统计数据显示，内嵌式的恶意代码大约占到了被感染用户的 10%。

7.3 iOS 系统安全

iOS 操作系统设计精美、操作简单，帮助苹果公司设计的 iPhone 手机迅速占领了市场。本节将对 iOS 操作系统的体系结构和安全机制做详细介绍。

7.3.1 iOS 体系结构

图 7-2 所示，iOS 的系统架构共分为 4 个层次，即核心操作系统层、核心服务层、媒体层和可轻触层。

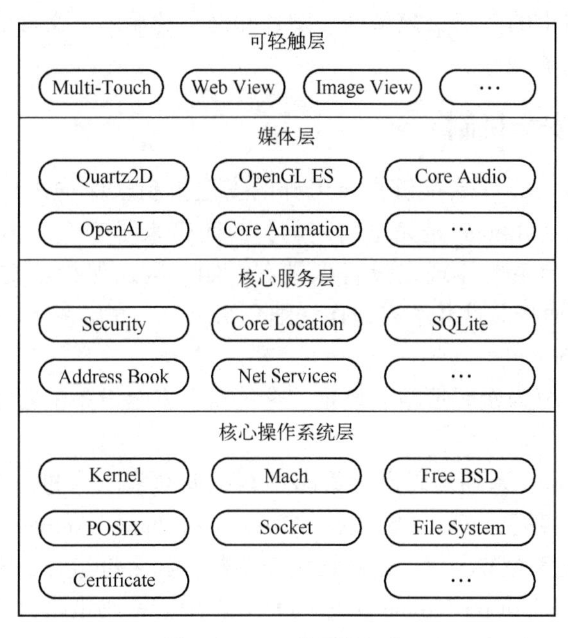

图 7-2　iOS 的系统架构

核心操作系统层（Core OS Layer）使用了 FreeBSD 和 Mach 所改写的 Darwin，是开源的、符合 POSIX 标准的一个 UNIX 核心。这一层包含并提供了整个 iPhone OS 的一些基础功能，如硬件驱动、内存管理、程序管理、线程管理（POSIX）、文件系统、网络（BSD Socket），以及标准输入/输出，所有这些功能都会通过 API 来提供。如果开发者希望将在 UNIX 上开发的程序移植到 iPhone，就会用到核心操作系统层的 API。核心操作系统层的驱动也提供了硬件和系统框架之间的接口。然而，出于安全考虑，只有有限的系统框架类能访问内核和驱动。iOS 系统提供了许多访问操作系统底层功能的接口集，iPhone 上的应用程序通过 LibSystem 库来访问接口线程（POSIX 线程）、网络、文件系统、标准 I/O、Bonjour、DNS 服务和内存分配等系统功能。

核心服务层（Core Services Layer）在核心操作系统层的基础上提供了更为丰富的功能，它包含了 Foundation. framework 和 CoreFoundation. framework，之所以称为 Foundation，就是因为它提供了一系列处理字串、排列、组合、日历、时间等信息的基本功能。Foundation 属于 Objective-C 的 API，而 CoreFoundation 是属于 C 的 API。另外，核心服务层还提供了其他功能，如 Security、Core Location、SQLite 和 Address Book。其中，Security 用于处理认证、密码管理和安全管理；Core Location 用于处理位置定位；SQLite 是轻量级的数据库；Address Book 则用来处理通讯录资料。

媒体层（Media Layer）提供了图片、音乐、影片等多媒体功能。图像分为 2D 图像和 3D 图像，前者由 Quartz2D 来支持，后者则是使用 OpenGL ES。与音乐对应的模组是 Core

Audio 和 OpenAL，Media Player 实现了影片的播放，还提供了 Core Animation 功能模块来支持动画。

可轻触层（Cocoa Touch Layer）是最上面的一层，它是 Objective-C 的 API。其中最核心的部分是 UIKit. framework，应用程序界面上的各种组件全部是由它来提供呈现的。除此之外，它还负责处理屏幕上的多点触摸事件、图片和网页的显示、文件的输出、相机、文件的存取以及加速感应等功能操作。

7.3.2 iOS 系统的安全机制

用户最关心的是 iPhone 平台能够提供怎样的安全机制来保护用户终端和个人隐私的安全。相较于以前的版本，iPhone 是完全封闭的，封闭带来了安全，但同时也存在一定的隐患。iOS 系统的安全机制主要体现在设备保护和控制、数据保护、安全网络通信和安全的 iOS 平台 4 个方面。下面将对这几个方面作详细介绍。

1. 设备保护和控制

设备保护和控制又分为密码策略、设定安全策略、安全设备配置和设备限制 4 部分。

（1）密码策略

iOS 系统支持用户从一系列密码设计策略中根据安全需求来进行选择，包括超时设定、密码长度、密码更新周期等。iOS 系统支持 Microsoft Exchange ActiveSync 的密码策略，例如密码最小长度、密码最多尝试次数、密码设定需要数字和字母组合、密码的最大非活动时间等。另外，iOS 还支持 Microsoft Exchange Server 2007 中的密码策略，例如，密码超时、密码历史、策略更新间隔、密码中复杂字母的最小数量等。

（2）设定安全策略

在 iOS 系统中有两种方法可以对安全策略进行设定。如果设备配置为可访问 Microsoft Exchange 账户，那么 Exchange ActiveSync 的相应策略会直接推送到设备上，不需要用户设置。另外，用户可以通过配置文件的方式来对配置进行部署和安装。值得注意的是，删除该配置需要提供管理员密码。

（3）安全设备配置

iOS 系统通过使用可扩展标记语言（Extensible Markup Language，XML）格式的配置文件对设备的安全策略和限制、VPN（Virtual Private Network）配置信息、Wi-Fi 设置、邮件等进行设定。另外，iOS 系统还为配置文件提供了签名和加密保护。

（4）设备限制

设备限制规定了用户可以访问和使用 iOS 系统的哪些功能。换言之，设备限制主要是为了帮助企业来规范和限定雇员在企业环境中可以使用 iOS 系统的哪些指定服务。通常这些限制包括一些网络应用程序，例如 Safari、Youtube、iTunes Store。当然，限制也可以包括是否允许安装应用程序等。

2. 数据保护

数据保护由加密、远程信息清除和本地信息清除这 3 部分组成。

（1）加密

iOS 系统提供了 256 位的 AES 硬件加密算法来保护设备中的所有数据，并且加密是强制选项，不能被用户取消。

（2）远程信息清除

iOS 系统支持远程信息清除。当 iOS 设备遗失或被盗时，管理员或设备所有者可以触发远程信息清除命令，删除设备上的数据并反激活设备，从而保证数据的安全。

（3）本地信息消除

iOS 系统同时也支持本地信息清除。用户可以进行这方面的安全设置，即经过多次密码尝试失败后，iOS 系统自动启动本地信息消除操作。默认情况下，10 次密码尝试失败后，iOS 系统将启动该机制。

3. 安全网络通信

安全网络通信通过 VPN、SSL/TLS 和 WPA/WPA2 来实现。

（1）VPN

iOS 系统支持主流的 VPN 技术，包括 Cisco IPSec、L2TP 和 PPTP，以确保手机通信内容的安全。同时，iOS 系统也支持网络代理配置。另外，为了支持对现有 VPN 环境的安全访问，iOS 系统还支持基于标准 x.509 数字证书的认证，以及基于 RSA SecureID 和 CRYPTOCard 的认证。

（2）SSL/TLS

iOS 系统支持安全套接层（Secure Socket Layer，SSL）v3 协议和传输安全层（Transport Layer Security，TLS）v1 协议。Safari、Calendar、Mail 等互联网应用软件都会自动地使用这些安全机制来保证 iOS 系统和其他应用软件之间的通信安全。

（3）WPA/WPA2

iOS 系统支持 WPA（Wi-Fi Protected Access）/WPA2 认证方式通过 Wi-Fi 接入企业网络。WPA2 采用 128 位的 AES 加密方式。同时，iOS 支持 IEEE 802.1x 协议族，因此也能应用于基于 RADIUS 认证的环境。

4. 安全的 iOS 平台

安全的 iOS 平台主要体现在平台的运行保护、应用软件的强制签名和安全认证框架。

（1）运行保护

运行在 iOS 系统上的应用程序遵循“沙箱”安全原则，也就是不能够访问其他应用程序的数据。另外，系统文件、资源以及内核都与用户应用程序相隔离。如果应用程序需要访问其他程序的数据，就必须通过 iOS 系统提供的 API 进行访问。

（2）强制签名

所有的 iOS 应用软件都必须进行数字签名。移动设备上自带的程序都由苹果公司进行数字签名，第三方的应用程序必须由开发者使用苹果公司颁发的数字证书进行签名。

（3）安全认证框架

iOS 系统提供了一个安全、加密的认证框架来存储数字标识、用户名和密码，以此来保证 iOS 系统对多种应用软件和服务的安全认证。

7.3.3 iOS 系统安全分析

虽然 iOS 是闭源系统，同时苹果公司完全掌握硬件部分，但它也并非绝对安全。比如 2016 年，一个名为“Pegasus”的间谍软件就成功侵入 iOS，并访问了消息、通话和电子邮件，甚至从第三方应用软件中收集了信息。这款间谍软件通过短信链接的方式进行传播，所以漏洞是存在于iOS系统内核中的。当然，苹果公司在发现漏洞后可以进行紧急修补、向用户推送新版固件，这是Android系统无法实现的。另外，“越狱”也会增加iOS设备的安全隐患，因为高级别的访问权限很可能被恶意软件利用。

iOS主要采用系统可信启动（TrustBoot）、沙盒技术、地址空间布局随机化策略和数据保护机制来保护系统安全，这些都是公认的iOS系统的重要安全机制。其中，可信启动，指的是iOS系统自身的一种可信的启动过程。iOS的核心安全是基于它的启动，默认情况下iOS启动过程的每一步都会检查签名，这就构成了iOS整个系统的安全链。

此外，iOS系统还有一种设备固件升级（Device Firmware Update，DFU）模式和恢复模式，它们的启动方式类似。目前，“越狱”技术大部分都将这条启动链作为攻击目标，其中最致命的是对最开始的BootROM进行攻击。BootROM是这条信任链的根，对它进行攻击将导致整个后续的安全机制失效。

7.3.4 iOS应用软件的安全威胁

iOS系统是一个封闭的系统，在iOS应用程序的开发过程中，开发者需要遵循苹果公司为其制定的开发者协议，没有遵循规定协议而开发的应用软件不会通过App Store的审核。这样就使得开发者在开发应用程序的时候必须遵守一定的规定，使其没有权限操作任何非本程序目录下的内容。虽然苹果公司App Store的应用软件上架审核很严格，但每天还是会有成千上万款应用程序提交审核，而且恶意软件的伪装技术也做得越来越好，难免会有一些恶意软件从审核的空隙进入到App Store之中。

目前，iOS应用软件面临的安全威胁主要包括内购破解、源代码安全风险、本地数据窃取和网络安全风险等。

（1）内购破解

App Store以付费应用软件为代表的应用可能会遭到黑客的破解，不法分子通过使用插件、存档破解（iTools工具替换文件）、第三方软件修改和补丁破解等方法可以对应用程序进行破解。被破解的应用软件类型包括游戏、商业、金融、社交、娱乐、教育和医疗等。这些收费应用软件原本是需要付费下载的，而在被破解之后，用户不再需要付费也能进行下载。

（2）源代码安全风险

不法分子通过一些反汇编工具可以对ipa文件进行逆向汇编操作，从而导致源代码的核心部分逻辑泄露或被修改，这会极大地影响应用安全。

（3）本地数据窃取

恶意软件通过利用iOS的漏洞，绕开iOS的恶意软件保护系统，窃取用户信息，不但使iOS用户的数据通信遭受威胁，还会造成用户隐私的泄露。

（4）网络安全风险

不法分子通过恶意软件可以截获网络请求，破解通信协议，并模拟客户端登录，从而伪造用户行为，这将会给用户数据安全造成极大的危害。

7.4 移动终端安全防护

在实际中，由于移动终端和移动App涉及用户的个人隐私数据和资金安全，所以随时都可能面临被攻击窃密的安全威胁，如何保障移动终端和个人账户的安全就成为首要考虑的事情。移动终端作为用户使用移动互联网的直接工具和所有移动应用程序的运行平台，它的安全与否直接关系到移动互联网的正常运行，所以必须在这一最基础的平台上构建安全机制并提供安全防护，才能有效地应对各种安全威胁。

本节将首先介绍移动终端用户面临的安全威胁，然后对移动终端所采取的主动防御措施进行分析和探讨，最后对安全容器这一辅助的安全框架做简要介绍。

7.4.1 移动终端用户面临的信息安全威胁

首先，相对于安全研究比较深入的计算机而言，移动终端安全属于计算机安全范畴的一个子集。其次，移动终端安全还有其特殊性，主要源于两个方面：第一是便携性；第二是具有多种无线接口和关联业务。便携性导致移动终端很容易丢失，只要移动终端被他人拿到，无论有多少安全机制，最终都可能被攻克并取得使用权限。而多种无线接口和关联业务增加了移动终端所面对的安全威胁，相关安全问题也是移动终端所特有的。移动终端所面对的安全威胁主要有以下几个。

1. 丢失或被盗

移动终端的便携性导致其很容易被遗忘或丢失，同时也是被盗的主要对象。任何得到移动终端的人都能够像拥有者一样任意地查看其中存储的所有内容，如通讯录、短信和口令等隐私信息。同时，移动终端中的（U）SIM/UIM 卡也很容易被他人获得并利用，给用户造成损失。

2. 非授权接入

即便移动终端具有安全机制，不法分子也可以通过伪造、猜测认证码（例如 PIN 码或者口令）或是直接旁路认证机制的方式，进入移动终端并获取其中的数据。事实上，绝大多数用户都没有启用安全机制，即便启用也大多数使用默认的 PIN 码或口令，根本没有起到保护的作用。例如，大多数移动终端默认的 PIN 码为“0000”或是“1234”，很少会有用户进行修改。

另外，认证方式漏洞也有可能被利用。例如，一些设备具备保留密码或主密码的功能，允许无限制的接入，可以绕开用户锁定，甚至一些漏洞可以绕开安全控制机制，这些都严重威胁移动终端的安全。

3. 恶意软件

移动终端的恶意软件同计算机的恶意软件相似，当前主要以破坏性的木马、间谍和监控病毒为主。病毒利用移动终端的安全漏洞进行攻击，或是诱骗用户执行相应的病毒程序，并利用移动终端接入网络进行快速传播。作为移动终端病毒，主要具有以下几个特点。

1）传播性：终端病毒能够通过各种方式来感染更多的设备。

2）传染性：终端病毒能够通过复制来感染正常文件，破坏文件的正常运行。

3）破坏性：终端病毒所造成的危害，轻则降低系统性能，重则破坏文件数据，导致系统崩溃，甚至可能损坏硬件。而对于监控病毒，则会盗取个人信息。

根据传播形式的不同，移动终端病毒可分为以下 3 类。

1）互联网接入类：进行非法网站浏览、下载违规程序代码等操作。

2）外部接口类：占有并利用蓝牙、Wi-Fi、USB 等接口进行非法操作。

3）移动终端业务应用类：非法使用 SMS、MMS 等业务。

而按照病毒的危害类型不同，移动终端病毒又可以分为以下 4 类。

（1）针对移动终端本身

移动终端的工作原理与计算机类似，必须依赖一定的硬件和软件环境。针对终端本身的病毒会侵占终端内存、删除用户资料、修改软硬件的系统设置，使其功能失灵，导致终端无法正常运行。根据国内外现有的移动终端病毒报告显示，此类病毒已经成为最常见的病毒之一。

（2）针对移动终端用户隐私

此类病毒可以盗取移动终端上保存的通讯录、日程安排、个人身份信息、短信息、照片、视频、电子邮件等隐私数据，甚至是个人机密信息和网上银行的交易记录，对用户的信息安全构成重大威胁。近年来，与移动终端相关的科技迅猛发展，使移动终端的价格已经降到了普通消费者可以接受的水平。越来越多的人把移动终端作为存储个人信息的重要载体，这就不可避免地为那些别有用心的黑客和病毒编写者创造了一定的条件。

（3）传播不良信息

各种不良信息的传播，会对社会风气和青少年的身心健康造成伤害。目前，大部分移动终端都拥有浏览文本、观看图片和播放音视频等功能，使移动终端逐渐变成一个微型计算机。这些功能在方便大众和造福社会的同时，也为不良信息的传播和展示提供了便利的通道和场所。

（4）针对移动终端用户的资费

有的病毒能够控制移动终端在用户本人不知情的情况下自动拨打电话、发送大量垃圾短信、订购增值服务、接入特定的收费 WAP 地址等。这些病毒不仅导致用户付出额外的通信费用，而且还会带来严重的社会责任危机。

同时，移动终端病毒也会像计算机病毒一样，向整个网络发起攻击，对网络产生破坏性影响。由于移动网络与计算机网络存在的差异性，使得移动网络一旦遭受攻击，其破坏性将远远超过计算机网络。而现如今，移动终端的数量急剧增加，伴随着 4G 的普及和 5G 的商用，移动终端病毒对网络造成的攻击威胁将会日益突出。

4. 垃圾信息

随着移动用户数量的迅猛增长和移动业务的日益普及，短消息业务因其使用方便、价格低廉和随时随地收发等优点而得到广泛普及，并已成为人们日常生活中沟通和交流的重要方式。然而，由于短消息采用“主动发送、被动接收”的模式，短消息业务易被不良用户或机构利用，用来散发骚扰、虚假或诈骗信息，会造成移动用户的普遍反感。垃圾信息越来越多，除了删除信息给用户带来的不便以外，数据下载往往还需要用户支付相应费用。有些虚假信息诱使用户发送消息到付费业务号码。另外，一些垃圾信息还被用来获取用户的密码、财务细节或者其他的机密信息。同时，多媒体消息和即时消息还是传播病毒的重要手段。

垃圾信息日益泛滥，已经严重影响到人们的生活、社会稳定和国家安全，同时也影响到短消息业务的良性发展。

5. 空中接口窃听

移动用户的通信数据流包括信令数据和用户数据（包括语音数据和数据信息）。攻击者可以通过无线接口对数据流进行窃听，以达到获取用户隐私信息的目的，或者通过监测无线接口上信息的时间、频率、长度、来源和目的地等信息非法获取对某些资源的访问权限。

6. SIM 卡复制

目前，移动终端均采用机卡分离模式，对于比较老的 SIM 卡，可以通过读取原卡的 IMSI 号，并破解 SIM 卡的 K_i值，将原卡中的所有信息复制到新卡中，从而实现盗号。使用原卡和复制卡均可接入网络，并能正常待机，也能够正常发起语音和短信等业务，但在作为被叫用户时，只有其中的一张卡能够收到短消息或电话。

7. 运营商保存用户数据

用户数据有一部分（包括用户认证信息和业务数据等）是保存在运营商的服务器内的，如果该数据被泄露，也会给用户带来极大的安全威胁。例如，如果保存在 HLR 的用户认证信息泄露，用户号码就可能被盗用；如果保存在 HLR/VLR 的用户位置信息泄露，用户就可能被追踪；如果保存在业务服务器的业务信息（如邮件）泄露，用户业务内容就会被他人掌握。对于这方面的安全风险，只能依靠运营商加强管理来加以防范。

8. 个人隐私泄露

移动终端更新换代的速度很快，当用户需要更换移动终端时，旧的移动终端中存储的个人隐私数据就存在泄露的安全风险。目前，很多手机在删除用户电话、短消息时，只是删除了文件的索引，并没有实际删除原有的信息。当移动终端流转到别处时，就存在被攻击者恶意恢复终端上私密信息的风险。

7.4.2 移动终端的安全防护措施

移动终端安全防护主要包含 5 个方面，分别是终端硬件安全、操作系统安全、安全防护软件、通信接口安全和用户安全。其中，通信接口安全和用户安全的需求也涉及操作系统和应用软件部分。接下来将对这几个方面采取的安全防护措施进行介绍。

1. 终端硬件安全

移动终端的硬件安全包含几个层面的安全，首先是物理器件、芯片的安全性。目前，通过使用微探针、高倍光学及射电显微镜等物理设备可以获得硬件信息和数据，并对移动终端硬件发起攻击。所以，为了保证信息安全，首先要从硬件角度设计芯片，使其具有抗物理攻击的能力。另外，移动终端芯片的调试接口应当在出厂时被禁用。

某些特殊的应用场景，对移动终端会有较高的安全性要求，例如，移动支付、移动商务和数字版权。需要在基础性安全防护之上，进一步增强移动终端的安全性，主要措施可分为以下 3 种。

（1）安全启动功能

基于硬件的安全启动（Secure Boot）功能可以保护移动终端软件系统的完整性。在移动终端系统启动的过程中，如果发现系统镜像被修改，那么就必须终止启动。

（2）可信执行环境

可信计算是针对目前计算系统不能从根本上解决安全问题而提出的。通过在计算系统中集成专用硬件模块（TPM），建立信任锚点，利用密码机制构建信任链，搭建可信赖的计算环境，可以从根本上解决计算安全问题。

（3）可信区域技术

可信区域技术（Trust Zone）是将 ARM 处理器进行扩展，增加相应的安全指令、安全配置逻辑，设立有别于核心态和用户态的安全态。移动终端系统软件可以利用这一扩展提供安全支持。

2. 操作系统安全

操作系统是移动终端应用软件运行的基础，因此保障移动终端操作系统的安全是保障移动终端信息安全的必要条件。移动终端应该具备对系统程序进行一致性检测的能力，如果系统程序被非授权修改，那么在启动过程中就能够被检测出来。

在移动终端操作系统中部署的安全防护一般可以分为主动防护（御）和被动防护。移动终端安装的杀毒软件就是一种被动防护技术，但是病毒的发现永远滞后于病毒的查杀，不能进行主动防护，而且移动终端的安全防护能力依赖于安全防护软件厂商的特征库更新，基于特征码扫描查杀的方式不能起到实时防护作用。移动终端是一个资源受限的计算系统，同时又是敏感信息集中的个人终端，在处理能力和信息保护需求上处于“不对称”状态，需要采取主动防护。移动终端上基于程序行为的自主分析判断技术，可以被称为主动防护安全技术，是目前移动终端操作系统中被大量应用的一种安全防护技术。

主动防御不以病毒的特征库作为判断病毒的依据，而是从原始的病毒定义出发，直接将程序的行为作为判定病毒的依据。主动防御是一种新的对抗攻击技术，其优点主要有 3 个：一是可以主动防御未知攻击，从根本上解决防御落后于攻击的难题；二是能够自我学习，通过特征库的自我记录与更新，可以使系统的安全层级得到动态提升；三是主动防御能够对系统实行固定周期甚至是实时的监控，这样能快速响应检测到的攻击。主动防御技术主要包括入侵检测技术、入侵预测技术、入侵响应技术、入侵跟踪技术、蜜罐技术、取证技术、攻击吸收和转移技术。其中，入侵检测技术是其他所有技术的基础。

3. 安全防护软件

对于移动终端，比较有效的安全防护措施就是安装安全防护软件。由于移动终端的种类繁多，所以涉及的安全防护软件也多种多样，下面简要列举几种。

（1）防病毒软件

鉴于移动终端病毒和恶意软件的泛滥，预装防病毒软件就成为保障移动终端安全和网络安全的一个基本和必要的条件。由于移动终端操作系统的多样性，各个厂商会针对不同的移动终端和不同的操作系统开发出不同版本的防病毒软件，并可以让用户定期更新。

（2）移动终端防火墙

通过安装移动终端防火墙，可以依据相关安全策略限制移动终端接入分组域或相关应用软件，降低安全风险。用户还可以限制来电号码，对于不愿意接听电话或是不愿意接收消息的号码，可将其列入黑名单，当这些号码再次拨打用户终端号码时，听到的是忙音或提示不在服务区。同时，移动终端会提示这些号码曾致电给用户。这样就可以起到拦截垃圾短信和骚扰电话的目的。

（3）生物识别软件

由于密码不便于记忆，而每个用户的生物特征又是与众不同的，因此，生物识别软件是更好的移动终端认证的替代方式，更加方便、安全、灵活。

（4）加密软件

加密软件可以对移动终端（包括存储卡）所存储的内容进行加密，确保移动终端在丢失或被借用时内容不会被第三方获知。

（5）入侵检测

入侵检测可以在移动终端被攻击或不安全事件发生时自动提醒用户，并按照预先设定的安全策略自动采取相应的防御措施。

4. 通信接口安全

目前，移动终端具备了众多的无线接口（如 Wi-Fi、蓝牙等），很多无线接口都存在潜在的安全威胁，特别是一些无线接口的默认状态为开启并且能够自动连接。因此，最好不要随意接入网络，例如，不能默认使用 Wi-Fi 接入未知 AP。如果不使用无线接口，最好把这些无线接口关闭，如果开启，则需要启动认证机制。目前，移动终端具有众多的功能，从安全角度考虑，用户有必要关闭一些不常使用的功能。

5. 用户安全

维护移动终端安全主要还要依靠用户自身来完成。其中，技术安全防护措施固然重要，但更重要的是用户的使用习惯。所谓“安全，三分技术，七分管理”正说明了这个道理。面向用户的安全防护措施有以下几项。

（1）物理上始终由用户管理

移动终端在物理上始终处于用户管理之下是非常重要的。如果用户将移动终端借给他人，势必存在被误用的可能，甚至会被安装恶意软件或激活未知业务，也存在资费盗用或是敏感数据被盗的风险；同时，移动终端的安全策略可能会被更改，导致安全事件发生而用户却一无所知。

（2）启动用户认证

大部分移动终端具有 PIN 码和密码等用户认证机制。事实上，这些安全机制是移动终端安全防护的第一道防线，也是非常有效的安全措施。这些认证机制非常有必要根据实际情况来启用，并修改初始密码。

（3）定期备份数据

要定期对移动终端上存储的重要机密数据进行备份，通常使用计算机软件来协助备份。目前，很多移动终端为用户提供了数据接口以及蓝牙、红外等通信接口，用户可以利用这些接口在移动终端与计算机之间建立连接，再通过软件（一般是移动终端设备制造商自己开发的文件管理工具或第三方软件）来完成相应的操作。

（4）减少数据暴露风险

正如前文所提到的，认证机制可能被旁路或者被攻破，甚至已删除的信息都可以从内存中被恢复。因此，应尽量避免把敏感信息（如个人银行账号等）存储在移动终端上。

（5）避免随意操作

恶意软件主要通过数据通道（如蓝牙和互联网等）传输到移动终端。对接收者来说，任何未知号码和未知设备传送的信息都是怀疑对象。绝大多数恶意软件都需要用户的配合才能产生效果，所以用户不能随意认可或操作这些被怀疑的对象。

7.4.3 安全容器

安全容器是用于提供额外安全层的。通常的安全容器是一个框架，在构建应用软件时使用。这些应用软件要么提供有用的安全替代功能，而不是移动操作系统提供的功能，要么提供操作系统所能提供的功能以外的安全功能。不同的容器有不同的功能，但这些容器都有共同的选项，就是交替“non-sniffable”移动键盘、应用软件代码的反调试/反逆向工程以及改进的加密功能。

提供这些功能的一个目标是，让应用软件开发人员在设计并构建应用软件时不会感到不安全。例如，把敏感数据存储在拥有安全容器的设备上会使开发人员感到安心，但是如果只使用移动操作系统提供的功能来进行存储的话，他们往往会感到不安。

这看起来似乎有一定的价值，但是应用软件开发人员要确实了解容器能够提供什么，以及当受到一个实力强悍的攻击者发起攻击时，这些安全措施又是如何退化的，这很重要，需要时刻注意。

接下来，本节将以 Android 系统的安全容器为例对安全容器做简要介绍。

1. 安全容器总体框架

安全容器是 Android 系统上的一个应用程序，它可以使第三方应用程序免安装运行在系统中，且像运行在真实系统中一样。安全容器通过代理第三方应用程序的通信过程，与中继服务器建立安全连接，保护应用程序的通信数据免遭攻击。此外，应用程序在安装到安全容器中的时候，用户还可以配置优化策略，并将这些策略存储到数据存储模块，使应用程序在运行时可以选择是否与中继服务器建立安全连接以及与哪个中继服务器建立安全连接，从而降低 Android 系统和中继服务器的性能损耗。安全容器的总体框架如图 7-3 所示。

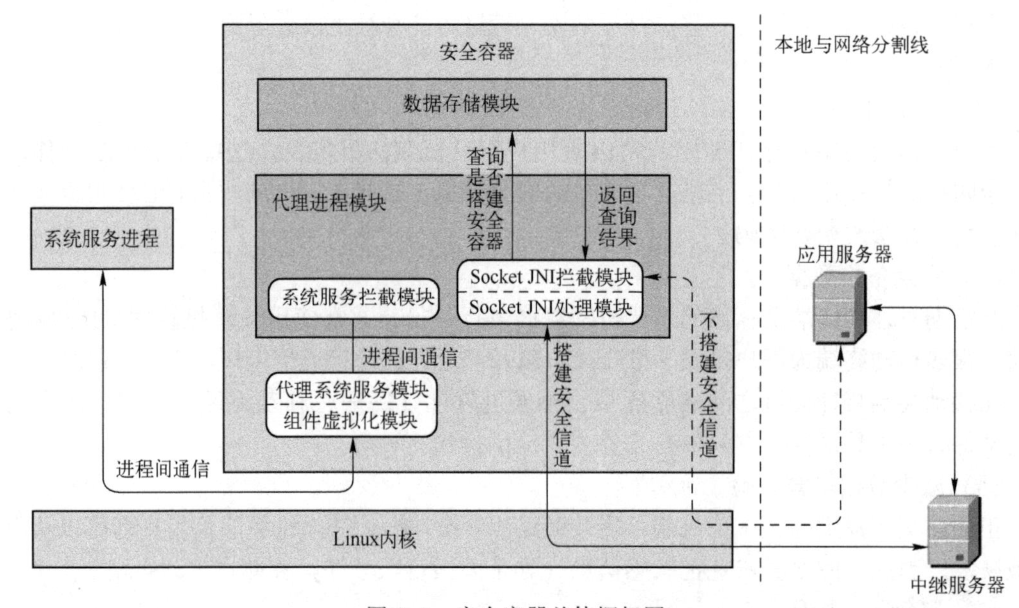

图 7-3　安全容器总体框架图

安全容器的功能主要可以分为应用程序插件化和搭建安全信道两部分。安全容器的应用程序插件化部分的功能是使 Android 应用程序免安装运行在里面，而搭建安全信道部分主要负责解决安全容器如何在应用程序与应用服务器之间建立安全信道，并使应用程序的移动通信可以安全进行。

2. 应用程序插件化

在 Android 系统中，安全容器是一个 Android 应用程序，它与其他应用程序一样运行在 Android 系统的最上层"应用程序层"。而安全容器与其他应用程序的不同之处在于，安全容器使用应用程序插件化技术，可以使其他应用程序免安装运行在里面，就像运行在真实系统中一样，而且不用修改任何源代码。应用程序插件化的设计框架如图 7-4 所示，包括代理进程模块、系统服务拦截模块、JNI 拦截模块、JNI 处理模块、代理系统服务模块和组件虚拟化模块。

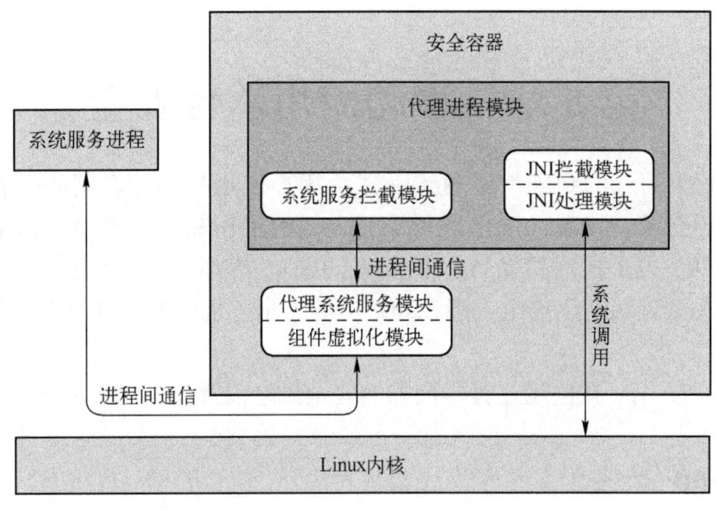

图 7-4 应用程序插件化设计框架示意图

本章小结

移动终端是移动互联网与用户体验连接最为紧密的环节之一。伴随着终端智能化和网络宽带化的发展趋势，移动终端功能已经从单一的语音服务向多样化的多媒体服务演进，而且越来越多地涉及商业秘密和个人隐私等敏感信息，面临各种安全威胁。移动终端上安装的操作系统被称为移动操作系统，目前占市场份额最大的是 Android 系统和 iOS 系统。Android 系统通过进程保护、权限模型和签名等机制建立起系统的安全框架。但 Android 系统仍然面临开源模式、权限的许可访问问题、操作系统和软件漏洞带来的安全风险。iOS 系统的安全机制主要体现在设备保护和控制、数据加密、安全通信和安全应用平台 4 个方面。

由于移动终端有别于计算机的特性，其自身的安全有其特殊性。移动终端的安全防护可以分为 5 个部分，即终端硬件安全、操作系统安全、应用软件安全、通信接口安全和用户数据安全。除此之外，安全容器可以提供额外的安全保护。安全容器是一个应用程序，可以使第三方应用程序免安装运行在系统中，且像是运行在真实系统中一样。安全容器通过代理第三方应用程序的通信过程，与中继服务器建立安全连接，保护应用程序的通信数据，以抵御网络攻击，从而达到应用程序插件化的效果。

习题

1. 请简述 Android 系统主要面临哪些安全风险。
2. Android 系统主要通过哪些方法来保障系统安全？
3. iOS 系统主要通过哪些机制来提供系统安全保护？
4. 移动终端用户所面临的信息安全威胁有哪些？
5. 移动终端的安全防护主要分为哪几部分？

第8章　移动应用软件安全

随着移动互联网时代的到来，移动App成为用户使用移动互联网的重要入口。随着移动智能终端的广泛普及，移动App已经贯穿于人们的工作和生活当中。越来越多的人对移动App产生了依赖，与此同时移动App的安全问题也接踵而来，而且日益凸显。移动App的安全与否直接关系到移动用户个人隐私和数据的安全，也影响到移动互联网的健康稳定和发展。

本章将介绍移动App在使用过程中面临的安全风险以及相关的一些安全防护技术。

8.1　移动App安全

伴随着移动互联网的快速发展，以移动互联网为媒介的移动App也得到了迅速的发展和普及。据工信部发布的数据显示，截至2018年8月底，我国市场上监测到的移动App有426万款；仅在2018年8月，我国第三方应用商店与苹果应用商店新上架的移动App就达12.7万款。目前，移动App与我们的生活已经息息相关，然而诸如移动用户数据泄露等安全事件却频频被曝光，电商平台、社交平台软件等非法收集消费者个人信息的现象也成为用户投诉的新热点。以数据安全为主的移动App安全逐渐成为用户关注的焦点。

8.1.1　安全风险分析

随着移动用户的不断增加，移动化生活逐渐成为主流并渗透到大众的消费、出行、娱乐等方方面面，移动App得到了全面发展。但与此同时，在功能上得到最大化开发的移动App，因防护空白开始面临接踵而来的各种安全问题。

目前，国内移动App面临的安全漏洞问题形势严峻，安全威胁已成为制约移动App发展的主要因素。常见的安全威胁可以分为以下几类。

1. 盗版仿冒

目前，市面上的盗版和仿冒App的数量呈上升趋势。不法分子通过逆向工程等手段复制正版软件，并使用与正版软件相似的图标或名称，以达到仿冒的目的。它们通过蹭热点来传播，引诱用户下载安装，不仅会造成用户通信录和短信内容等个人隐私信息的泄露，还有恶意扣费的隐患。

2. 恶意App软件

由于大量的移动App商店在应用软件产品的安全检测、准入审核等环节存在安全漏洞，不法分子通过对应用软件的逆向分析，可以发现App软件中的核心算法或敏感信息，并获知程序的运行逻辑和流程等信息，从而绕过用户应用中心使用的认证和加密手段，插入恶意代码。一旦用户下载安装并打开使用这款App，可能就会遭受广告弹窗、业务资料被非法访问、隐私泄露、远程控制和诱骗欺诈等安全风险。同时，仿冒者还可能会将核心算法用于自己的程序中，侵害开发者的知识产权。

3. 权限滥用和隐私窃取

通过声明过多的应用权限，移动 App 可以对用户本地文件、短信接口、蓝牙设备等进行操作，如发送短信、连接网络，并在用户不知情的状态下窃取用户的个人隐私，这些都会威胁到用户的名誉权和人身财产安全。

由于移动终端在办公、支付等业务功能方面的不断拓展，相比于传统互联网终端，移动终端的属性更加贴近个人，更具私密性，涉及的信息及个人隐私也更有商业价值。因此，这给信息及隐私的保护带来巨大的挑战。

移动终端的信息包括：通信录、通话内容、短信、支付信息、位置信息、记事本及用户文件等。目前这些涉及生活、工作及个人隐私的信息正处于越来越快被暴露出去的风险之中，成为移动互联网发展的最大安全隐患。

同时，移动互联网与云计算技术的结合，也通过移动 App 引出了一系列新的安全问题：云存储服务使得信息集中存储，信息及隐私泄露问题更加严重；云应用业务使得对信息的收集和分析的规模更加巨大；通过对收集到的用户信息进行大数据分析，不仅可能会导致用户的信息和隐私泄露，甚至可能危及国家的安全利益。

4. 操作系统安全

操作系统安全是指由于移动终端的操作系统存在漏洞而被恶意代码利用所产生的安全问题。现有的 Android 和 iOS 两大移动操作系统中，Android 系统的开放性，使其很容易遭受攻击或被植入恶意代码进行操控。同时，终端厂商对 Android 系统的定制化开发，也使其系统安全问题进一步复杂化。虽然 iOS 系统相对比较封闭，但大量的“越狱”行为破坏了 iOS 的安全机制，给设备应用造成极大的安全隐患。

8.1.2 移动 App 的安全对策

移动 App 安全不仅涉及数据的安全，还包括移动终端的操作系统、硬件及接口的安全，其安全体系框架如图 8-1 所示。

为应对移动 App 的安全风险，需要做好以下几个方面的工作。

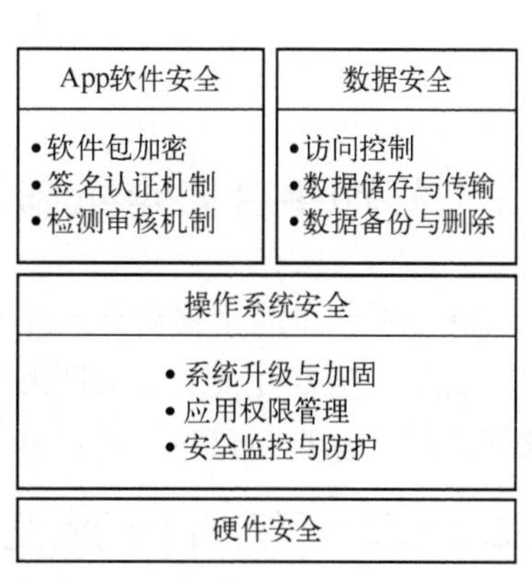

图 8-1 移动 App 的安全体系框架

1. 移动 App 的检测审核机制

移动 App 商店应建立并完善对移动 App 的检测和审核机制，加强对应用软件的安全检测，提高应用软件的安全准入门槛。政府层面需要对移动 App 市场进行规范管理，并由移动 App 商店承担应用软件的审核和发布的安全责任。

根据应用软件的危害来源不同，移动 App 的安全风险可以分为以下 3 类：终端侧风险，例如，收集用户的个人信息、捆绑恶意操作；通信网络侧风险，如监听或远程控制；系统接口侧风险，如使用非法 API 避开权限验证。

对于移动 App 商店的检测来说，检测的内容主要包括：恶意代码检测、内容过滤和权限使用检测。

2. 移动 App 的签名认证机制

建立移动 App 数字签名认证机制是实现软件可追溯体系和移动互联网可信应用环境的重要技术手段。目前，大多数第三方认证技术采用公钥基础设施（PKI）认证体系来保证认证过程的安全可靠。移动终端的操作系统通过对安装的应用软件进行签名情况验证，识别移动应用的开发者、应用发布渠道以及应用检测机构等信息，为用户下载、安装可信的应用软件提供指引。

在移动 App 生命周期的各个环节都存在认证需求。对移动开发者进行身份认证，确保移动开发者的信息可信并建立移动 App 溯源体系；对移动 App 发布渠道进行认证，可以帮助用户选择通过安全、可信渠道发布的移动应用软件，同时也在一定程度上限制了盗版和恶意软件的传播；对移动 App 第三方检测机构进行认证，验证其签名信息并明确 App 的安全等级和检测机构，从而提供 App 的可信度。

3. 构建移动 App 安全检测的基础设施

加强对移动 App 的安全新技术和产品服务的研究投入，建立移动 App 的漏洞库和安全检测与预防的基础设施，为产业界和社会提供移动 App 信息安全漏洞分析和风险评估服务。

构建面向移动 App 安全检测的基础设施，主要包括：移动安全客户端、恶意软件研判系统和漏洞库。在移动终端安装了安全客户端之后，恶意软件研判系统会采集客户端的用户投诉并获取疑似样本，然后通过对疑似样本的自动化分析，并与国家权威机构合作完成恶意软件的审核认定工作。最终实现基于大数据的检测分析、安全风险感知和主动防御。

4. 构建移动 App 架构下的云服务安全体系

依据信息公开的程度，在云端存储的数据信息主要分为：用户个人信息、群组信息、公开信息，并区分为个人隐私、群组隐私和关联隐私，其中的关联隐私是指通过数据挖掘发现的隐私。当前，基于云端服务的数据所有权和管理权分离是导致安全隐患的根本原因。

构建移动 App 架构下的云服务安全体系，就是从数据保护、用户隐私、内容安全、运行环境等方面入手，建立基于云端服务的安全体系。强化云端服务的安全管理，确保信息加密、信息隔离，防止信息滥用和隐私泄露；强化云端服务的安全防护、应用入侵检测、漏洞扫描等安全防护技术。

8.2 移动平台安全机制和分析技术

移动平台不同于移动开发平台，也不同于移动应用平台，它是涵盖移动 App 开发、管理、安全、整合等全生命周期的统一平台。移动平台从技术的角度出发，需要通过对应用环境的资源、威胁和脆弱性进行分析，然后采取相应的安全机制进行安全保护。

8.2.1 移动平台自身的安全机制

移动平台自身的安全机制通过以下技术手段来保证。

1. APN 技术

APN（Anywhere Private Network）是一种网络接入技术，它决定了移动平台通过哪种接入方式来访问网络。在移动安全接入平台中，移动终端被强制要求通过企业 APN 来访问系统。终端用户需要经过准入申请和准入审核才可接入网络，从而使移动终端对企业内网的访问是完全可控的。

2. 设备绑定

UDID，是用于区分设备 GUID 的唯一编码。由于操作系统厂商的限制，很难获取设备的物理编码（IMEI）。因此，移动安全接入平台根据一定的编码规则及设备的物理特性为每一台设备生成一个唯一的 UDID 码，用于识别移动终端。同时将该编码与特定用户进行绑定。

移动安全接入平台支持对入网设备的手机号（MDN）和 UDID 进行绑定。针对首次入网的设备，系统会要求用户对该设备进行绑定。绑定是通过向该用户发送认证码短信来完成的，而用户接收短信的手机号信息来自于平台登录数据库，短信的发送也完全是由企业管理人员手动来操作的。只有绑定了设备的用户，才会被系统准入。

一旦设备绑定完成，该用户的注册账号和该设备的 UDID 将绑定到一起，任一信息不符的用户都将无法登录平台，这样可以最大限度地保证设备不被挟持和滥用，降低资产脆弱性。此外，平台可对终端设备进行管理，例如，如果用户的移动终端不慎遗失，管理人员可以通过管理后台禁止该设备的登录。

3. 身份认证

此外，用户在登录内网应用之前，需要进行身份认证。平台认证的措施包括用户密码和动态口令。动态口令每次都会随机生成，客户端不会进行缓存，并以短信的方式发送到设备所绑定的手机上。

动态口令只在指定的时间内有效，一旦失效只能再次请求新的动态口令。平台管理人员可以指定动态口令的有效时间，并随时查询动态口令的生成情况及有效状态。

4. 信息传输加密

对于在网络中传输的数据，移动安全接入平台也提供了相应的安全加密措施，包括客户端与平台之间的各种消息报文、交易信息和表单数据等。对于这些高敏感数据，移动安全接入平台提供了一种“非对称加密+对称加密”的复合网络传输加密机制。

顾名思义，对称加密算法，即加密和解密使用同一个密钥；而非对称加密算法，加密和解密使用不同的密钥。显然，非对称加密比对称加密有着更高的安全性。目前公认的观点认为，只要密钥的长度足够长，使用非对称加密的信息永远不可能被破解。当然，由于非对称加密对 CPU 的计算性能的依赖很大，在使用相同密钥的情况下，非对称加密的运算速度会比对称加密慢很多。此外，非对称加密能够加密信息的长度也往往受限于密钥长度。

因此，鉴于二者各自的特点，移动安全接入平台将二者取长补短，结合起来使用，极大地保障了移动安全接入平台在网络中传输数据的安全性和完整性。

8.2.2 移动平台应用软件分析技术

软件分析通常是另外一个更大的软件生命周期活动（例如：开发、维护、复用等）的一部分，是实施这些过程的一个重要环节。

1）在开发阶段，对正在开发的软件进行分析，以快速地开发出高质量的软件，例如：了解开发进展、预测开发行为、消除软件缺陷、程序变换。

2）在维护阶段，对已经开发、部署、运行的软件进行分析，以准确地理解软件，有效地维护软件，从而使软件能够提供更好的服务。

3）在复用阶段，对以前开发的软件进行分析，以复用其中有价值的成分。上述过程差异较大，需要的分析技术也多种多样。这导致目前的软件分析内容十分丰富，且相互之间的界限也不太清晰，有些分析过程需要另外某个或某些分析的支持，而且有些分析只针对具体的性质展开。

为了对软件分析有一个比较全面的了解，对其进行合理的分类是十分必要的。对软件分析进行分类的维度有很多。其中，分析对象是最重要的准则之一。从大的方面看，可以对代码进行软件分析，也可以对模型（需求规约、设计模型、体系结构等）、文档甚至注释进行软件分析。代码可以进一步分为源代码与目标代码，目标代码又具有静态和运行态两种存在方式，而运行态的代码又可以进一步区分为离线的运行和在线的运行。除分析对象维度之外，还可以从方法学（结构化软件、面向对象软件、面向构件软件等）、并行程度（串行软件、并行软件）等其他维度来划分软件分析的内容。

这里以分析过程“是否需要运行软件”为基准，将软件分析技术划分为两类：静态分析技术和动态分析技术，然后又在每类技术的范围内做进一步的划分。图 8-2 描述了静态分析技术与动态分析技术的基本分析过程。

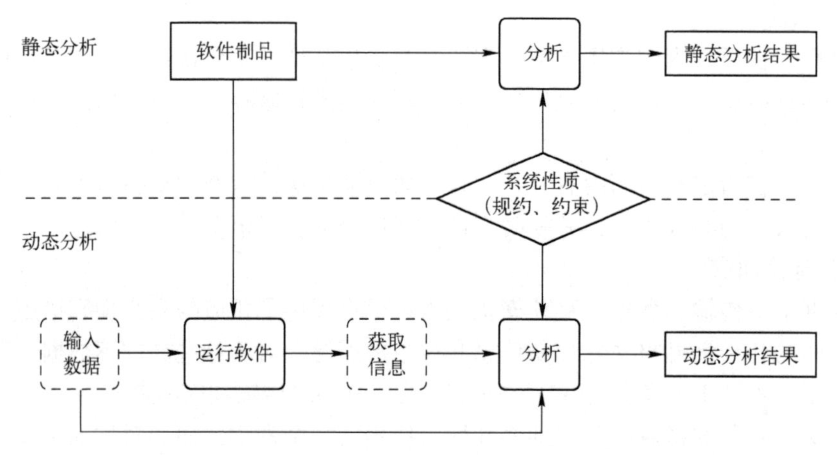

图 8-2　静态分析技术与动态分析技术的基本分析过程

接下来，将分别对这两类软件分析技术进行介绍。

1. 静态分析技术

静态分析是指在不运行软件的前提下进行的软件分析过程。静态分析的对象一般是程序源代码，也可以是目标代码（如 Java 程序的字节码），甚至可以是设计模型等形态的制品。静态代码分析主要可以应用于以下几个过程。

1）查找并消除软件存在的缺陷。

2）程序转换，实施编译、优化等过程。

3）后期的演化与维护。

4）动态分析。

根据各种分析方法使用的广泛程度以及分析方法的相近性，代码静态分析主要划分为 4 类：基本分析、基于形式化方法的分析、指向分析与其他辅助分析，如图 8-3 所示。其中，基本分析是一些常见的分析，例如语法分析、类型分析、控制流分析、数据流分析，是多数编译器都包含的分析过程（词法分析由于相对简单而没有引入）；而基于形式化方法的分析则是在分析过程中大量采用一些数学上比较成熟的形式化方法，以获得关于代码的一些更精确或者更广泛的性质；指向分析多数与指针密切相关，由于在静态分析中长期受到较多的关注，因此单独作为一类；其他辅助分析则包含了一些单独分析的目的性不是很强但可以为前面几类分析提供支持的一些分析方法。需要指出的是，这不是一个严格的分类，而仅仅是为了便于人们比较全面地了解静态分析，对一些主要的、具有共性的静态分析方法进行归类而得到的一种结果。

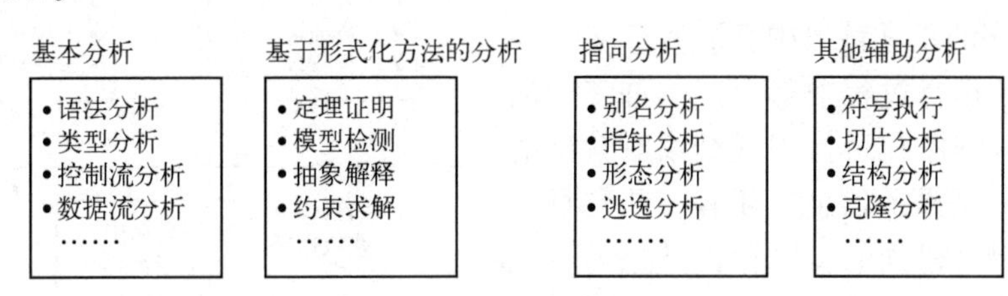

图 8-3　主要的静态分析技术

2. 动态分析技术

动态分析是通过运行具体程序并获取程序的输出或者内部状态等信息来验证和发现软件性质的过程。

与静态分析相比，动态分析具有如下特点。

1）需要运行系统，因此通常需要向系统中输入具体的数据。

2）由于有具体的数据，因此分析结果更精确，但也只是对特定的输入情况精确，对于其他的输入情况则不能保证。

动态分析又可以划分为运行信息的获得时机和获得途径两个方面。

在信息获得时机上，根据软件是否已经上线投入使用，可以将软件的动态分析分为两类：离线动态测试/验证（Offline Dynamic Testing/Verification）和在线监测（Online Monitoring）。

所谓离线动态测试/验证，是指在系统还没有正式上线时对软件进行运行和分析，分析过程中可以随意输入数据，并尽量模拟实际用户的操作。离线动态测试/验证都需要在离线的情况下运行程序，并获取运行信息进行分析，因此二者之间有比较密切的联系。而且，为了发现更多的软件缺陷，离线动态测试与动态验证都需要认真准备输入数据。与离线动态测试相比，离线动态验证一般需要收集更多的内部信息，并关注更多的约束需求。在研究内容方面，离线动态测试与动态验证主要关注以下 3 个方面的内容。

1）输入数据的生成。为了尽可能多地发现潜在的缺陷，在运行程序之前通常需要首先对目标程序进行静态的分析，根据验证目标（如什么功能、什么约束）来辅助用户生成和选择输入数据。

2）约束描述。利用基于形式化方法来描述软件约束，从而使分析能够自动进行。

3）运行轨迹分析。程序运行过程中可能会产生大量的内部和外部数据，需要测试/验证目标对数据进行必要的过滤，然后分析这些数据，推断出程序的执行轨迹，并进一步判断程序的执行是否遵循了程序的约束。

而在线监测，是指在系统已经上线后对软件系统进行分析，监测过程中一般不能随意输入数据，所有数据都是真实的。在分析机制上，在线监测的分析可以采用内联模式（Inline）或者外联模式（Outline）。在内联监测模式中，监测代码与被监测程序运行在相同的运行空间中，因此执行效率相对较高，而且发现异常后响应较快。在外联监测模式中，监测代码运行在独立的运行空间中，比如另外一台机器或 CPU。外联模式的效率要低一些，但可以对多项监测内容进行综合处理，因此可以做更深入的分析。

图 8-4 展示了离线动态测试/验证、在线监测与运行信息获取之间的基本关系。

在动态分析中，运行信息的获取途径主要有以下几种。

（1）从程序的正常输出中获取信息

每个程序在运行过程中都会产生许多的输出信息，有些是程序在运行中或结束时输出的正常结果，有些是提示信息，还有一些是日志信息。通过将最终得到的实际输出结果与事先设定的期望输出结果进行对比分析，就可以得到关于软件的有价值信息。

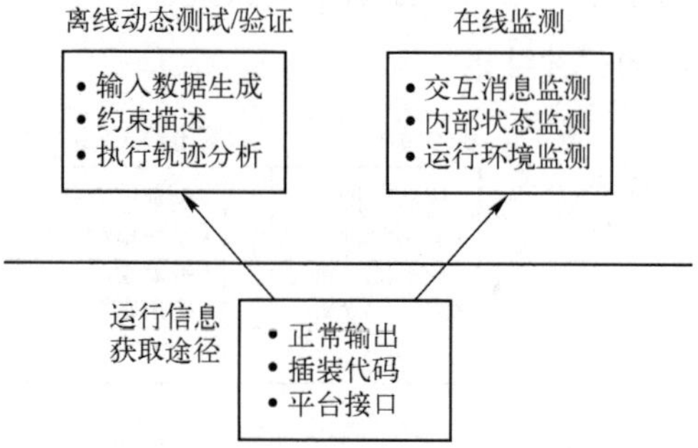

离线动态测试/验证
• 输入数据生成
• 约束描述
• 执行轨迹分析

在线监测
• 交互消息监测
• 内部状态监测
• 运行环境监测

运行信息获取途径
• 正常输出
• 插装代码
• 平台接口

图 8-4　动态分析涉及的主要技术

（2）通过插装代码获取信息

仅仅通过观察程序的正常输出来了解软件的运行信息往往是不够的。例如，软件运行过程中内部变量的状态信息、某个特定类型的实例信息以及模块之间的交互信息。这些信息对于发现缺陷和定位缺陷都能起到重要的作用，获得这些内部信息的主要方法是在软件中插装监测代码。

监测代码的插装方法主要有以下 3 类。

1）源码插装。这是最自然的插装方式之一，即在编写应用系统的程序时，在需要监测的地方直接加上监测代码，例如，增加输出信息、日志信息等代码语句。

2）静态目标码插装。目前，静态目标码插装（字节码插装）技术在 Java 社区已十分流行。字节码插装可以在静态时直接更改中间代码文件（如 Java 的 .class 文件）或在装载时进行字节码插装。字节码插装方式具有执行效率高、插装点灵活、应用范围广等特点。

3）基于截取器（Interceptor）的获取方式。截取器处于调用者和被调用者之间，可以截获二者之间传递的消息，从而完成一些特定的处理工作。由于这种获取方式不需要直接修改目标程序，代码的侵入性较弱，甚至可以在运行阶段进行部署，因此得到了越来越广泛的使用。

（3）通过平台接口获取信息

向目标系统插装监测代码可以很方便地获得内部信息。如果底层的运行平台（如操作系统、JVM、中间件或数据库管理系统）能够提供较好的支持，那么许多信息获取起来就会更加方便。例如，许多研究人员通过开发特殊的 Java 虚拟机来获取所需的监测信息。目前，有些版本的 JVM 已经提供了一些调试、监测的接口。

8.3　移动 App 的安全检测

移动 App 安全检测可以帮助查找移动应用软件中存在的可能导致数据丢失的漏洞。安全检测通过对应用程序发起攻击来识别外部人员或系统对存储在移动设备上的隐私信息的访问行为，以此来查找可能存在的威胁和漏洞。

本节将介绍移动 App 的安全检测技术，并列举几款常见的应用软件分析工具。

8.3.1 移动 App 安全检测技术

目前，移动 App 的安全检测技术主要包括：静态检测、动态检测、人工渗透分析。

1. 静态检测

利用 apktool、dex2jar、jd-gui、smali2dex 等静态工具对应用软件进行反编译扫描分析，将搜索到的有安全隐患的代码进行摘录并存入检测平台后台，为后续的安全检测提供数据依据。

2. 动态检测

通过沙箱模型、虚拟机等方式对应用软件的安装和运行过程进行行为监测分析，从外界观察应用程序的执行过程，进而记录应用程序所表现出来的恶意行为。

3. 人工渗透分析

由资深测试人员对移动 App 进行检测分析，通过人工安装、运行和试用来圈定检测重点，综合运用移动 App 渗透测试技术，在涵盖基础检测和深度检测的同时，兼顾侧重点检测，为移动 App 提供更全面、更专业、更贴合实际的分析服务。

8.3.2 漏洞扫描技术

漏洞扫描是对移动 App 进行安全检测的主要手段之一。目前，漏洞扫描包括以下 4 种检测技术。

1）基于应用软件的检测技术。它采用被动的、非破坏性的方法来检查应用软件包的设置，寻找安全漏洞。

2）基于主机的检测技术。它采用被动的、非破坏性的方法对系统进行检测。通常，它会涉及系统的内核、文件的属性、操作系统的补丁等部分，同时它还采用了口令解密、剔除简单口令等技术。因此，这种技术可以非常准确地定位系统的问题，发现系统漏洞。它的缺点是与平台相关，升级较为复杂。

3）基于目标的漏洞检测技术。它采用被动的、非破坏性的方法检查系统属性和文件属性，如数据库、注册号。通过消息摘要算法，对文件的加密数进行检验。该技术是通过运行在一个闭环上来实现的，不断地处理文件、系统目标和系统目标属性，然后产生检验数与原来的检验数进行比较，一旦发现数值有改变就通知管理员。

4）基于网络的检测技术。它采用积极的、非破坏性的方法来检验系统是否有可能被攻击和崩溃。它使用一系列的脚本来模拟针对系统的攻击行为，然后对结果进行分析，而且它还针对已知的网络漏洞进行检验。网络检测技术常被用来进行穿透试验和安全审计，可以发现平台的漏洞，也容易安装，但它可能会影响网络的性能。

8.3.3 应用软件分析工具

在选择任何一款移动 App 分析工具之前，需要首先确定分析数据的方式以及实际应该测量的内容。目前市面上使用较多的移动 App 分析工具有以下几种。

1. Flurry

雅虎公司在 2014 年收购了 Flurry，并将其整合到移动开发者套件中。据 Flurry 的统计数据显示，已有超过 54 万款应用程序使用 Flurry 进行了分析，提供了广泛的基准测试机会。

Flurry 可以跟踪用户在跨平台应用上的行为，例如，从 iOS 到 Android、Blackberry、Windows Phone 等平台。使用者可以先关注用户行为和客户体验，然后再关注事件、用户路径、渠道和细分市场，甚至可以只跟踪崩溃分析。

Flurry 是一款多边和详细的软件分析产品，能够创建转换渠道和用户路径，而且 Flurry 生成的检测报告简单易懂。但是，Flurry 也存在一些不足：缺乏队列分析，不能进行实时分析，而且有时必须进行多次点击才能获取数据。

2. Google Analytics for Mobile Apps

这款分析工具是用于 Android 和 iOS 平台的移动 App 分析。除了网络分析，谷歌公司还为 App 和移动网站提供免费的分析工具。分析报告包括新用户的信息，可以显示新获得和返回的用户的地理位置和其他信息，可以帮助跟踪网上的活动以及崩溃等信息。

Google Analytics for Mobile Apps 可以自定义活动、跟踪事件和转换，并提供数据可视化。同时，它与谷歌公司其他的产品进行了集成，可以提供灵活的 API 和多种功能。

3. MixPanel

MixPanel 是为 Web 和移动 App 分析而提供的解决方案。MixPanel 特别受初创企业的青睐。因为它是为移动 App 分析而构建的，通过用户与数字接触点交互时采取的行动来进行衡量，而不是通过下载或浏览量来衡量参与度。MixPanel 可以跟踪和细分用户数据，获取参与度、留存率、用户统计、A/B 测试等指标，并了解移动 App 失去用户的原因。

MixPanel 用户界面的体验度较好，可以实时进行数据处理，并能根据事件和人口统计数据构建复杂的查询，非常适合跟踪和分析用户的行为。但目前 MixPanel 还不能跟踪用户获取的高级功能。

4. AppSee

AppSee 提供了一个由 MongoDB 集群支持的实时分析功能。2017 年，它已经拥有了 200 亿个文档及 15TB 的数据，而且每个新应用程序每个月都会增加超过 10 亿+数据点。AppSee 的优势主要有：可以为应用程序提供会话和用户视频录制；支持服务器 API；实时进行应用内分析、警报、触摸热图和崩溃报告。

5. Countly

Countly 是一个开源的移动分析营销平台，由全球众多的开发人员共同创建。通过 Countly，可以获得用户的会话、频率及其忠诚度等信息。实时崩溃报告的高级功能非常方便，而且还提供了其他免费的功能，包括 API 访问、推送通知、实时用户跟踪和收入分析。

Countly 具有较好的设计和用户界面，支持实时分析。同时，Countly 是开源产品，可以在自己的服务器上进行托管，并对用户权限进行管理。

6. Piwik

Piwik 服务器是一个可下载的免费/自由（GPLv3 许可）实时分析平台。部署后，该工具包允许移动 App 开发者跟踪活跃用户、应用内事件、错误报告以及操作系统和停留时间等基本信息。用户可以使用 Piwik 的免费开源分析平台，并运用社区开发的软件开发工具包（SDK）来跟踪移动 App、统计信息并报告。另外，Piwik Tracker 是一个 Objective-C 的框架（适用于 iOS 和 OS X），旨在将应用软件的使用数据发送到 Piwik 分析服务器。

8.4 移动 App 的安全防护

针对移动 App 的安全风险，需要采取相应的安全防护策略，并使用安全防护技术来加以应对。本节将以 Android 系统为例，介绍目前主要使用的移动 App 安全防护技术。

8.4.1 移动 App 安全防护策略

移动 App 是用户与移动互联网进行交互的最直接的体现形式之一，它将移动互联网与人们的生活紧密结合。在给用户带来丰富多彩和便捷的生活服务的同时，移动 App 自身的安全问题也层出不穷。在面对这些安全威胁之前，我们需要确定具体的安全防护策略，即我们需要采取怎样的防护措施来应对移动 App 的安全威胁。在实际中，移动 App 的安全防护策略可以分为以下 3 类。

1. 安全检测

通过自动化检测和人工渗透测试法对移动 App 进行全面检测，挖掘出系统源码中可能存在的漏洞和安全问题，帮助开发者了解并提高其开发应用程序的安全性，有效预防可能存在的安全风险。

2. 安全加固

安全加固是针对移动 App 普遍存在的破解、篡改、盗版、调试、数据窃取等各类安全风险而提供的一种有效的安全防护手段，其核心加固技术主要包括防逆向、防篡改、防调试和防窃取 4 个方面。安全加固既可以保护 App 自身的安全，也能保护 App 的运行环境和业务场景。

3. 安全监测

安全监测是通过对全网各种渠道的各类 App 进行盗版仿冒、漏洞分布、恶意违规等方面的监测，分析收集到的数据，精确识别出有问题的应用程序，并发出预警提示，同时将结果反馈给检测和加固环节，从而形成安全防护闭环。

8.4.2 移动 App 加固技术

移动 App 安全加固是一项面向互联网企业和个人开发者的在线加密服务，目前支持 Android 系统的应用软件加密。用户只需提供 APK 软件包即可快速集成防静态工具分析、DEX 函数加密、SO 文件加壳、内存保护、反调试、防二次打包等多项安全功能，而且支持对金融、手机游戏、电商、社交等多个行业的 App 做加固保护，避免核心代码被反编译、请求协议被伪造以及 APK 软件包被植入恶意代码等安全问题。

移动 App 加固主要从技术层面对 DEX 文件、SO 文件、资源文件等进行保护，为应对不断出现的新型黑客攻击手段，加固技术也经历了代码混淆保护技术、DEX 文件整体加密保护技术、DEX 函数抽取加密保护技术、混合加密保护技术、虚拟机保护技术的迭代更新。下面将对这几种技术进行详细介绍。

1. 第一代保护技术——代码混淆保护技术

Android 平台使用 Java 作为原生语言进行开发。Java 字节码包含了很多源代码的信息，如变量名、方法名，并通过这些名称来访问变量和方法，而且这些符号带有许多语义信息，很容易被反编译成 Java 源代码。为了防止这种现象，需要对 Java 字节码进行混淆，比较常见的代码混淆技术有 proguard 和 dexguard，其中包含了名称混淆、字符串加密、反射替换、日志清除、花指令等方法。

代码混淆保护技术在保护效果上增加了逆向成本，一定程度上保护了程序的逻辑，但是保护强度有限，无法对抗静态分析、动态调试和反射调用冲突。

2. 第二代保护技术——DEX 文件整体加固保护技术

DEX 文件整体加固保护技术是基于类加载的方式实现的，整个加固（加壳）的过程涉及 3 个程序，即源程序、加壳程序、解壳程序。基本原理是对 DEX 文件进行整体加密后存放在 APK 的资源中，运行时将加密后的 DEX 文件在内存中进行解密，并由 Dalvik 虚拟机来动态加载执行。

DEX 文件整体加固的目的是为了增加静态分析的难度，可以有效应对静态分析、二次打包等攻击。然而，这一技术无法完全对抗动态调试、内存 dump、自动化脱壳工具、定制化虚拟机等攻击。

3. 第三代保护技术——DEX 函数抽取加密保护技术

针对 DEX 文件整体加固可以被内存 dump 的弱点，第三代保护技术对代码中的每个方法进行抽取并单独加密，基本原理是利用 Java 虚拟机执行方法的机制来实现。这一机制将解密操作延迟到方法执行之前才开始加载该方法的代码，同时解密后的代码在内存中是不连续存放的。例如，通过抽取 Dalvik 虚拟机运行一个 DEX 所必不可少的 DEXCode 中的部分，然后对字节码指令添加 nop，这种方式极大地提高了代码安全性。

DEX 函数抽取加密保护技术的执行流程如下。

1）将原 APK 中的所有方法的代码提取出来，单独加密到一个文件。

2）加固引擎首先会动态修改当前进程 Dalvik 虚拟机，初始化动态解密的虚拟机适配层。

3）当 Dalvik 虚拟机要执行某个方法时，加固引擎才会解密该方法的代码，并将解密后的代码交给虚拟机执行引擎来执行。

第三代保护技术的加密粒度有所变小，而且加密级别从 DEX 文件级变为方法级。这一保护技术是按需解密的，解密操作延迟到某类方法被执行之前。如果方法不被执行，就不会被解密；解密后的代码在内存中不连续，可以克服内存被 dump 的弱点，有效保护移动客户端的 Java 代码。然而，DEX 函数抽取加密技术本质上是一种代码隐藏技术，最终代码还是通过 Dalvik 或 ART 虚拟机进行执行。因此，破解者可以构建一个自己修改过的虚拟机来脱壳。同时，这一技术获取控制权较晚，无法保护所有的方法，与其他保护功能进行集成也比较困难。

4. 第四代加固保护技术——DEX 文件混合加密保护技术

混淆加密主要是为了隐藏 DEX 文件中的关键代码。代码类型按隐藏力度由轻到重可分为：静态变量、函数的重复定义、函数、类。混淆后的 DEX 文件依旧可以通过 dex2jar、jade 等工具反编译成 Java 源代码，但里面的关键代码无法看到。

相比于前几代加固技术，第四代加固技术的加密强度有了很大的提高，能够对抗大部分定制化脱壳机，安全性和兼容性达到了比较好的平衡。但是，第四代加固技术无法完全对抗基于方法重组的脱壳机，存在被破解的风险。

5. 第五代加固保护技术——VMP 保护技术

虚拟机（VMP）保护技术是当下最前沿的移动 App 的安全加固技术之一。虚拟机保护技术是被动型软件保护技术的一个分支，根据应用层级的不同，它可以分为硬件抽象层虚拟机、操作系统层虚拟机和软件应用层虚拟机。用于保护软件安全的虚拟机属于软件应用层虚拟机，是对被保护的目标程序的核心代码进行“编译”。在这里，编译的对象不是源文件，而是二进制文件，是由编译器生成的本机代码（Native Code）转换成效果等价的 byte-code，然后为软件添加虚拟机解释引擎。当用户最终使用软件时，虚拟机解释引擎会读取 byte-code，并进行解释执行，从而实现用户体验完全一致的执行效果。

一套高质量的自定义指令集和解释器是判断 VMP 技术真伪的唯一标准。目前，国内多数厂商都推出了移动 App 的 VMP 安全保护产品，而且大多数采用的是代码抽取、代码隐藏和代码混淆等技术，但具体的技术方案还不够成熟。

本章小结

移动 App 作为用户与移动互联网进行交互的重要方式，移动 App 的安全与否直接关系到用户的个人隐私和数据安全，也会直接影响到移动互联网的健康稳定发展。移动 App 面临的安全风险主要有盗版仿冒、诱骗欺诈、恶意软件、滥用权限、窃取信息和信息劫持等。为了应对移动 App 所面临的这些安全威胁，需要确定具体的安全防护策略，可以通过安全检测、安全加固和安全监测 3 个方面来进行具体落实。目前，移动 App 的安全检测技术主要包括静态检测、动态检测和人工渗透分析。漏洞扫描是一种对移动 App 进行安全检测的重要技术手段。移动 App 加固主要是从技术层面对系统文件和资源文件等进行保护，为应对不断出现的新型攻击方式，软件加固技术经历了 5 次技术革新，即代码混淆保护技术、DEX 文件整体加密保护技术、DEX 函数抽取加密保护技术、DEX 文件混合加密保护技术和虚拟机保护技术。在实际应用中，需要综合使用这些安全技术，才能全面地应对各种安全威胁和挑战，使移动 App 不断丰富人们的生活，为经济发展和社会进步做出更大的贡献。

习题

1. 请举例说明在实际应用中，移动 App 面临哪些安全风险。
2. 为应对安全风险，移动 App 需要采取哪些安全防护策略？
3. 如何保证移动平台自身的安全？
4. 移动 App 的安全检测技术主要有哪些？
5. 请简述移动 App 加固的技术原理，并列举已有的几项加固技术。

第9章　基于移动互联网的相关应用安全

随着移动互联网的快速发展，并与传统互联网的相关技术进行融合，出现了诸如移动支付、移动云服务等新技术类型。这些新技术在发展和演化过程中，依然面临着不同程度的安全威胁。与此同时，移动互联网具有的开放性和资源共享等属性，也对版权保护提出了更高的要求。

本章将讨论移动支付、移动互联网金融和移动版权保护等基于移动互联网的相关应用所面临的安全威胁以及具体的防护措施。

9.1　移动支付安全

移动终端和移动电子商务的发展共同促进了移动支付的迅速发展。随着3G技术的普及，移动电子商务得到了极大的发展，使手机成为更便捷的交易终端。最近几年，中国移动互联网高速发展，普及率不断提高，为电子商务的高速发展打下了坚实的基础。

移动支付以其快捷便利的应用特点，迅速成为我国支付领域的重要组成部分。然而，移动支付面临的复杂支付环境，客观上对移动支付的安全性造成了巨大的挑战。

9.1.1　移动支付

移动支付是指货物或服务的交易双方，使用移动终端设备作为载体，通过移动通信网络来实现商业交易。这一过程中不直接使用现金、支票或银行卡进行支付。具体方式为买方使用移动终端设备购买实体商品或服务，个人或单位通过移动设备、互联网或近距离传感器直接或间接向银行等金融机构发送支付指令产生货币支付与资金转移行为，从而实现移动支付功能。

1. 移动支付发展现状

目前，移动支付的发展现状主要呈现出以下几个特点。

（1）多个支付平台间开展竞争

早在1999年，国内最早的移动支付就已经出现。2002年，银联推出了手机短信支付模式，方便用户用手机查询与缴费。2011~2012年间，中国联通、中国移动、中国电信先后成立了电子商务公司。同时，在这一时间段，支付宝推出了条形码支付业务，拉开了移动支付的序幕。此后，微信支付、京东支付、财付通等移动支付平台大量兴起，每一个平台的功能对于用户来说都大同小异，各支付平台以红包、低风险、适用范围广等优势争夺用户，形成了多家支付平台共同发展与竞争的现状。

（2）支付平台与基金公司、银行开展合作

普通百姓在成为某一支付平台的用户之后，有时会购买支付平台上衍生出来的理财产品。例如，一个支付宝用户会定期将工资或一定数额的钱款转入余额宝，这样既可以随时支出，还可以获得一定的收益，而且操作非常方便。基金公司借助支付平台获得用户，支付平台通过基金公司给用户带来利益以增加平台自身的用户黏度，并从中获取利润。支付平台与银行的合作经历了一个过程。起初，在移动支付刚兴起时，银行因为忌惮移动支付可能会取代银行业务，便拒绝为移动支付平台提供资金上的帮助。而在移动支付广泛普及之后，其快速发展令银行重新调整了态度，开始思考移动支付与银行间的发展关系。于是，在 2018 年 8 月，中国银行和中国银联在北京签署了移动支付战略合作协议，与此同时，也启动了云闪付主题宣传月活动。由此，我们可以看出移动支付的发展势头不可阻挡，银行与移动支付平台的合作是最佳的选择，二者各取所长，形成优势互补，共同为经济社会发展建设贡献力量。

2. 移动支付的应用

随着移动互联网的普及和快速发展，新技术不断涌现。其中，移动支付通过为人们提供方便快捷的无现金支付手段而受到广泛的应用。实际中，移动支付已被应用于很多场景，下面将介绍常见的几个应用实例。

（1）购物方面

随着电子商务的快速发展，人们越来越热衷于通过电商平台来购买服饰等生活用品，这样既省时又省力，同时也促进了移动支付的发展。随着移动支付的快速发展，除了网络购物以外，线下各大型商场，甚至街边的小服装店、饰品店等也为消费者提供扫码支付等移动支付方式。现如今，人们可以通过手机直接购买自己想买的服饰，可以不带现金出门逛街，并通过移动支付的方式来结账，也不用担心逛街时选好物品却发现钱没带够的窘境出现。

（2）饮食方面

随着各种餐饮类应用软件的兴起和发展，如美团、饿了么等网上订餐平台，移动支付开始进入餐饮行业，这给不会或者不愿做饭的人们带来了极大的便利。消费者可以直接在网上订餐平台选择食物并支付费用，然后只需在家中或宿舍等待外卖的到来。当然，除了线上的餐饮平台以外，线下的各类餐饮店，不论规模大小，也都实现了在移动支付平台上点餐下单和支付。

（3）生活方面

随着支付宝等移动支付平台的发展，移动支付也开始扩大其范围。如今，人们可以通过支付宝、微信支付等移动支付平台缴纳家中的水费、电费、燃气费；可以购买理财产品、保险等；可以缴纳手机话费；可以向别人转账；可以随时随地查询自己最近一周甚至一年的消费情况；在菜市场买菜时，也可以使用移动支付来付款。

（4）出行方面

现如今，人们出行也可以使用移动支付了。例如：滴滴出行、共享单车等移动出行平台，人们可以在平台上选择乘坐专车或出租车，也可以自己骑单车出行游玩。而且，目前全国各大城市都已经推出了移动支付平台扫码乘坐公交和地铁的便民举措，给人们的出行带来了极大的便利，人们再也不用纠结乘坐公交车时身上没有零钱的问题了。

3. 移动支付的具体过程

移动支付将终端设备、互联网、应用提供商以及金融机构相互融合，为用户提供货币支付、生活缴费等金融业务。近年来，移动支付改变了我们的生活方式，也大大方便了我们的生活。我国经过近几年的迅猛发展，已经成为全球移动支付规模最大的国家。通过手机支付实现日常的各种消费结算，这种高效的支付方式对应的是消费活动的安全性、低成本和灵活性。

要实现移动支付，除了要有一部能联网的移动终端以外，还需要以下条件。

1）移动运营商提供网络服务。

2）银行提供线上支付服务。

3）有一个移动支付平台。

4）商户提供商品或服务。

移动支付的整个流程包括：购买请求、收费请求、认证请求、认证、授权请求、授权、收费完成、支付完成。目前，移动支付的使用方法包括：短信支付、扫码支付、指纹支付、人脸支付等。

一般来说，移动支付主要涉及消费者、商家、移动支付系统和金融机构。其中，移动支付系统由移动运营商提供，它在整个移动支付环节中提供了前提与可能性，维系着移动支付流程中的每一个环节，是一个具有核心纽带功能的重要组成部分。移动支付过程如图 9-1 所示。

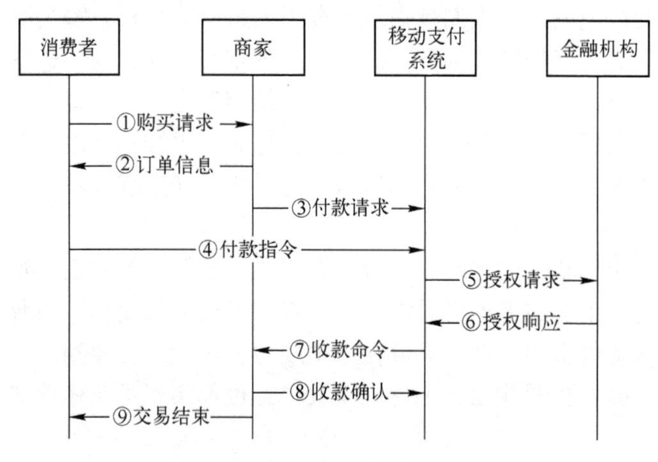

图 9-1　移动支付流程

① 消费者浏览商家的商品信息，选择商品并提出购买请求。

② 商家收到购买请求并返回消费者的订单信息。

③ 商家向移动支付系统发出付款请求。

④ 消费者向移动支付系统发出付款指令。

⑤ 移动支付系统向金融机构请求付款的授权。

⑥ 移动支付系统得到授权响应后进行扣款。

⑦ 扣款完成后，移动支付系统向商家发出收款命令。

⑧ 收款后，商家向移动支付系统确认收款。

⑨ 交易结束。

从图 9-1 的移动支付流程可以看出，移动支付系统是整个支付过程中具有核心功能的部分，要完成对消费者的鉴别和认证、将支付信息提供给金融机构、监督商家提供产品和服务以及进行利益分配等功能。

从认证需要验证的条件来看，常用的身份认证方式主要有以下 4 种。

1）用户名/密码方式：这是简单也是常用的身份认证方法。每个用户的密码由用户自己设定，因此只要某人能够正确输入密码，系统就认为他是这个用户。

2）IC 卡认证：IC 卡是一种内置集成电路的卡片，卡片中存有与用户身份相关的数据。IC 卡由专门的厂商通过专门的设备生产，可以认为是不可复制的硬件。IC 卡由合法用户随身携带，登录时必须将 IC 卡插入专用的读卡器来读取其中的信息，以验证用户的身份。这是通过 IC 卡硬件的不可复制性来保证用户身份不会被仿冒。然而，由于每次从 IC 卡中读取的数据是静态的，因此通过内存扫描或网络监听等技术很容易截获用户的身份验证信息。

3）生物特征识别：基于生物特征的识别技术，由于受到技术成熟度的影响，其准确性和稳定性还有待提高。特别是用户身份如果受到伤病或污渍的影响，往往会导致无法正常识别，造成合法用户无法登录的状况。另外，由于研发投入较大，而产量较小，因此生物特征认证系统的成本比较高。采用生物特征认证还具有较大的局限性，适用于一些对安全性要求非常高的场合，如银行和军队等。

4）数字签名：又称“公钥数字签名”，是利用公钥密码技术实现的类似于写在纸上的物理签名技术，保证信息传输的完整性和发送者的身份认证，以防止交易中抵赖行为的发生。数字签名广泛应用于网页、表单和传输/存储的文件签名，可以实现操作及交易行为的不可否认性和事后可追溯性。

从实现原理上讲，数字签名是附加在数据单元上的一些数据，或是对数据单元所做的密码变换。这种数据或变换允许数据单元的接收者用于确认数据单元的来源和完整性并保护数据，防止被其他人伪造。数字签名技术是在网络系统虚拟环境中确认身份的重要技术，完全可以代替现实中的亲笔签名，在技术和法律上也有相应保证。

手机数字签名是数字签名技术在移动网络中的应用，它是以公钥密码和 PKI 技术为基础，利用手机作为数字签名载体和工具的一种技术。手机数字签名可以为网络设备、服务器及网络应用等系统提供一种全新的数字签名服务、身份鉴别服务和安全加解密服务途径，确保系统身份鉴别的安全性、交易的不可否认性以及数据的机密性和完整性。

手机数字签名可以实现移动支付业务中所要求的身份认证、数据完整性和不可否认性，是移动支付业务中最关键的安全保障之一。只有实现了足够的安全性才能打消用户对移动支付安全性的顾虑，进而更好地开展移动支付业务。

4. 移动支付的特点

移动支付属于电子支付方式的一种，因而具有电子支付的特征，但因其与移动通信技术、无线射频技术、互联网技术相互融合，又具有自己的特征。移动支付的特点包含以下几点。

1）移动性：移动互联网时代下的支付手段打破了传统支付对于时空的限制，使用户可以随时随地进行支付活动。传统支付以现金支付为主，而且需要用户与商户面对面进行支付操作，因此，对支付时间和地点都有很大的限制；移动支付以手机支付为主，用户可以用手机随时随地进行支付活动，不受时间和空间的限制。

2）及时性：不受时间地点的限制，信息获取更为及时，用户可以随时通过手机对账户进行查询、转账或消费支付等操作。

3）隐私性：移动支付是用户将银行卡与手机绑定，进行支付活动时，需要输入支付密码或验证指纹，而且支付密码一般不同于银行卡密码。这使得移动支付可以较好地保护用户的隐私。

4）集成性：移动支付有较高的集成度，可以为用户提供多种不同类型的服务。而且，通过使用 RFID、NFC、蓝牙等近距离通信技术，运营商可以将移动通信卡、公交卡、地铁卡、银行卡等各类信息整合到以手机为载体的平台中进行集成管理，并搭建与之配套的网络体系，从而为用户提供方便快捷的身份认证和支付渠道。

5. 移动支付的影响

移动支付的出现和普及，将互联网、终端设备、金融机构有效地联合起来，形成了一个新型的支付体系，在给普通百姓和商业活动带来前所未有的应用便利的同时，也产生了深远的影响。

（1）移动支付对消费者的影响

对于消费者来说，可以在实体店直接通过扫描二维码轻松地完成付款。无需携带现金、无需找零、无需刷卡签字，在很大程度上节约了消费者的时间，并且可以避免假币问题带来的麻烦。而且，第三方支付平台经常会在线上做一些满减、抢红包的活动，不仅给予消费者优惠，更带来了很多乐趣；另外，通过移动支付，我们还可以轻松地实现生活缴费、购买车票、手机话费充值等行为，真正做到了足不出户也能办理各种业务；除此之外，第三方支付机构还具有财富管理、教育公益、购物娱乐、提供第三方服务等功能，可以满足消费者不同层次的需求，极大地丰富了消费者的生活。

（2）移动支付对商户的影响

对于商家来说，移动支付带来了很多的好处。首先，移动支付手续费较低，扩大了商家的盈利空间；另外，商家可以通过微信、支付宝的优惠活动，来进行满减、随机优惠的活动，不仅可以增加营业额，而且可以扩大宣传效果，促进商家良好口碑的建立。

（3）移动支付对传统行业的影响

移动支付为买卖双方搭建起了一座桥梁，给消费者的生活和商家的经营活动带来了很大的便利。然而，移动支付的兴起也给许多其他传统行业造成了冲击。比如对 ATM 厂商来说，移动支付在客观上代替了现金交易，而 ATM 机主要是提供现金提取、查询账户和转账等业务功能，这些功能现在都可以随时随地在手机上完成。因此，移动支付的发展对 ATM 等相关行业造成了很大冲击。

（4）移动支付对商业银行的影响

在支付宝和微信支付等第三方支付平台的冲击下，各大商业银行的资金业务数量急剧下降。目前，移动支付已经可以真正做到随时随地以任何方式进行支付，不仅解决了小额支付的问题，也能解决大额支付，替代了现金和支票的功能。同时，第三方支付平台还衍生出了信用卡借贷的功能，很多业务都已经可以绕开银行来处理。另外，由于第三方平台高效快捷以及服务费用低，更受大众青睐，对商业银行的经营业务造成很大影响。商业银行和第三方支付平台有很多业务是重叠的，包括支付业务、转账业务、存贷款业务和基金理财业务等，而这些业务同样是商业银行获取收益的主要来源。双方就市场空间和利益分配等问题产生摩擦，使得原先平衡的合作环境逐渐被打破，两者间的竞争越来越激烈，给商业银行造成的冲击也越来越大。

9.1.2 二维码技术

二维码支付手段是在我国 IT 技术的快速发展以及电子商务快速推进的背景下发展起来

的。IT 技术的日渐成熟，推动了智能手机、平板计算机等移动终端的诞生，这使得人们的生活变得更加丰富多彩。与此同时，国内电商也紧跟移动互联网和 O2O 商业模式（O2O 是英文 Outline 与 Offline 的缩写，它指的是在线上支付，并在线下体验的消费模式）的发展，大批的移动设备和大量的移动消费使得支付成本成为关键问题。因此，二维码支付解决方案得以应运而生。

1. 二维码概述

二维码是 20 世纪 70 年代在一维条码技术的基础上由日本发明的一项将数据信息记录在图形中的条码技术。常见的二维码是 QR Code，QR 全称是 Quick Response，是一种近些年来在移动设备上流行的编码方式。二维码是用某种特定的几何图形按一定规律在平面上分布黑白相间的图形来记录数据符号信息的，在代码编制上巧妙地利用了构成计算机内部逻辑的“0”“1”比特流的概念，使用若干个与二进制相对应的几何图形来表示文字数值信息，通过图像输入设备或光电扫描设备自动识读以实现信息自动处理，二维码的组成如图 9-2 所示。二维码具有条码技术的一些共性：每种码制有其特定的字符集；每个字符占有一定的宽度；具有一定的校验功能等。同时，二维码还具有对不同行列的信息进行自动识别的功能，即可以处理图形的旋转变化。

图 9-2　二维码的组成

二维码比传统的一维条码具有信息容量大、编码密度高、纠错能力强、存储信息范围广、译码可靠性高、保密防伪性强、信息传输效率高、持久耐用等特征优势，已发展成为信息传播的重要载体和入口。

2. 二维码的应用

二维码应用根据业务形态不同可分为两类，即被读类和主读类。手机二维码识读业务是指手机通过自带的摄像头扫描平面媒体上的二维码图形，由手机内置的二维码识读软件来进行识别译码，获取存储在二维码图形中的信息并触发相关业务应用。图 9-3 和 9-4 所示，手机二维码识读业务又可分为直接识读和间接识读两种业务类型。

直接模式 1：本地应用

用户手机识读二维码，直接启动本地应用，如存储信息、拨号、发短信、发邮件

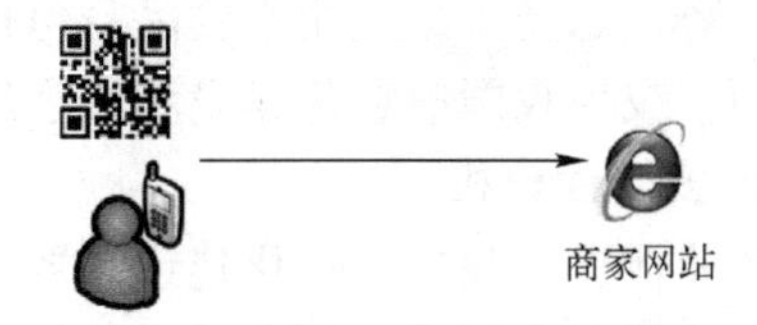

直接模式 2：直接链接

用户手机识读二维码，直接链接商家网站

图 9-3　手机识读二维码的直接模式

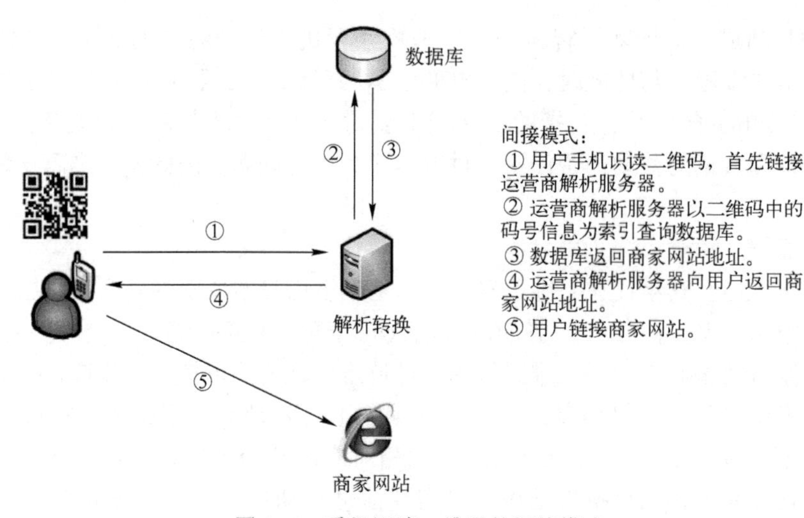

图 9-4 手机识读二维码的间接模式

直接识读业务是指手机根据译码得到的信息启动本地应用或直接链接网站的业务，它对二维码容量有一定要求，常用码制有 QR 码和 GM 码等。间接识读业务是指手机需要将译码得到的信息提交给网络侧的服务器，由网络服务器控制完成相关应用，它对二维码的容量要求较低，常用码制有 DM 码和 GM-U 码等。

二维码支付是一种基于账户体系的无线支付方式。用户通过手机客户端扫描二维码图形，便可实现与商家账户的支付结算。之后，商家根据支付交易信息中的用户收货地址和联系电话，就可以进行商品配送，完成交易。

在移动互联业务模式下，人们的经营活动范围更加广阔，也因此更需要适时地进行信息的交互和分享。随着 3G 和 4G 移动网络环境下智能手机和平板计算机的普及，二维码应用不再受到时空和硬件设备的局限。对产品基本属性、图片、声音、文字、指纹等可以数字化的信息进行编码捆绑，适用于产品的仓储物流、物料单据识别、产品促销和质量安全追溯等环节。通过移动网络，可以实现物料流通的实时跟踪和追溯，帮助进行设备远程维修和保养，有利于产品打假和激励终端消费者，并促进企业供应链流程的再造，以进一步提高客户响应度，将产品和服务延伸到终端客户。厂家也能够实时掌握市场动态，开发出更实用的产品以满足客户的需求，并最终实现按单生产，可以大幅度降低生产和运营成本。

相较于发达国家，我国的二维码产业虽然起步较晚，但随着移动互联网和智能终端的普及，以及二维码作为目前唯一一款能够有效表达汉字的图码字符，我国二维码产业呈现出爆发式增长的态势，已经广泛应用于物品身份标识、广告宣传、仓储物流、产品追溯、移动支付等诸多方面，成为我国信息化建设和数字经济的重要支撑。

3. 二维码安全性分析

二维码产业促进了我国信息化建设和数字经济的发展，与此同时其发展中存在的一些问题日益凸显，开始影响到整个行业乃至经济社会的稳定健康发展。关于二维码的风险问题主要可以分为以下几个方面。

（1）二维码被恶意使用

由于二维码承载的内容不能直接可见，已逐渐成为病毒木马、钓鱼网站传播的新渠道。二维码本身不会携带病毒，但是扫描二维码有时会刷出一条链接，提示下载软件，而有的软件可能就会藏有病毒。其中一部分病毒下载安装后会对手机、平板计算机造成影响；还有一部分病毒则是不法分子伪装成应用的吸费木马，霸占手机的短信发送接口，一旦下载就会导致手机自动发送信息并扣除大量话费。

用户应提高防范意识，扫描二维码之前首先需要确认其发布来源是否权威可信。一般来说，正规的报纸、杂志，以及知名商场的海报上提供的二维码是安全的，但在网站上发布的不知来源的二维码需要引起警惕。应该选用专业的加入监测功能的扫码工具，扫描到可疑网址时，会有安全提示。如果通过二维码来安装软件，安装好以后，最好先用杀毒软件扫描一遍再打开。

（2）越权问题

由于用户不能直观地看到二维码所承载的内容，而且无法知晓具体的执行流程，用户在扫描二维码过程中可能会出现违背用户意图或骗取系统权限的越权操作问题，会对用户终端和账户安全构成威胁。

（3）缺乏安全检测

随着移动支付的发展，越来越多的用户开始使用二维码支付，但由于目前缺乏二维码的安全检测技术，使其成为了金融诈骗的新手段。

（4）隐私泄露

由于目前市场上常用的日本 QR 码、美国 DM 码等多为开源、通用的码制，直接对信息明文进行编码，增加了二维码承载的个人、企业、政府等用户信息的泄露风险。用户的私有信息可能会随着二维码的传播而被泄露，这会给用户带来困扰。例如，在火车票实名制实施初期，票面二维码就采用明文 QR 编码，曾被不法分子利用来收集旅客姓名、身份证等个人隐私信息，这一状况后经特殊码制加密处理才得以有效遏制。

4. 二维码安全风险应对策略

二维码作为一个跨学科、跨领域、跨行业的信息化应用工具，与百姓生活、社会公共安全、经济运行安全和国家网络信息安全息息相关。但由于我国目前暂无专门的二维码安全监管责任部门，而且配套的管理政策和法律缺失，统一协调管理机制相对滞后，尚未建立起自主安全的监管体系，这就导致了在二维码的使用过程中存在很多安全隐患。为了进一步应对二维码可能带来的安全风险，需要落实以下几项应对措施。

（1）加强政策引导，强化二维码安全发展的基础支撑

明确二维码安全监管责任部门，组织建立协调统一的服务支撑体系，研究制定二维码安全发展政策及法律法规，加强我国二维码安全管理体系建设，统筹推进二维码产业发展，建立“自主、安全、规范、可控”的二维码产业体系。

（2）建立健全标准规范体系，推动二维码产业规范发展

加快推进二维码统一编码、注册管理、安全识读、安全认证等关键环节的统一标准规范的编制工作，建立健全规范统一的二维码标准体系。加大二维码标准的宣传贯彻实施工作，加快推进统一的二维码标准规范应用，建立二维码安全管理长效机制，加快建立二维码产业发展服务体系，推动二维码产业规范发展。

（3）强化安全管理技术手段，增强安全支撑能力

引入敏感信息过滤、风险检测、签名认证、发布预审、加密等技术手段，提高二维码防篡改、反逆向、可溯源、安全检测等安全支撑能力，实现二维码生成及识读工具软件的统一

规范管理以及二维码信息内容的有效追溯，抓好二维码“生成”和“识读”两个关键环节，系统化解决二维码的安全问题。

（4）加强安全使用宣传，提高用户防范意识

政府需要加强二维码基础知识、安全防范知识、案例剖析等普及教育工作，定期发布安全警示，制作安全使用手册。同时，还可以组织二维码创新大赛、高峰论坛、技术应用培训等活动，营造良好社会氛围，促使企业注册使用安全规范的二维码，引导公众使用符合安全认证要求的二维码软件，提高用户安全防范意识。

9.1.3 移动支付安全风险分析

目前，移动支付已经得到普及，4G具有的多应用和开放性等业务特点对移动通信系统的安全性能提出了更高的要求。由于移动支付涉及的关系方较多以及数据管理等问题，造成了移动支付各环节的复杂性，使得移动支付的安全性备受挑战。所以，安全问题一直是移动支付能否健康发展的一个瓶颈。移动支付面临的主要安全风险体现在以下几个方面。

1. 移动支付的技术风险

目前，移动支付的运营模式主要有运营商主导模式、银行机构主导模式以及非银行支付机构主导模式。无论哪一种运营模式下的移动支付，都是在移动支付产业链上的各方相互配合的基础上实现的。移动支付产业链比较长，涉及银行、非银行机构、清算机构、移动设备运营相关机构等多个行业。不同的场景和方案面临的安全需求和安全问题各不相同，导致移动支付的安全体系构建十分复杂，安全测评的难度也比较大。

而且，在移动支付的发展过程中，支付交易中的身份确认往往存在风险。移动支付交易根据不同的场景会涉及个人、商户、第三方支付、银行等多个参与方。因此，必须有效解决交易各方的身份认证问题，而交易过程中的身份认证问题又可分为用户的身份认证和设备的身份认证。在移动支付过程中，必须明确交易验证的严谨性，确保支付交易中的身份信息得到有效确认，降低相关技术风险。

2. 移动支付的应用风险

由于智能终端的操作系统及其App存在以下几种安全风险，使得移动支付应用的安全性受到严峻挑战。

（1）病毒感染

大量手机支付类病毒爆发式出现，包括伪装成淘宝App窃取用户账号密码隐私的“伪淘宝”病毒、盗取多家手机银行账号隐私的“银行窃贼”以及感染建设银行App的“洛克蛔虫”等有高危风险的手机支付病毒。而移动支付类软件感染的主要典型病毒，又分为电商类App病毒、第三方支付类App病毒、理财类App病毒、团购类App病毒以及银行类App病毒。根据腾讯移动安全实验室发布的手机安全报告显示，“盗信僵尸”等转发用户手机验证码的新兴手机支付类病毒已对手机用户支付安全造成了严重威胁。

（2）操作系统漏洞

2013年7月，国家互联网应急中心指出：Android操作系统存在一个绕过Android签名校验的高危漏洞，即MasterKey漏洞。黑客们可以通过这个漏洞绕过系统认证安装手机病毒或恶意软件，操控用户的Android系统及其设备。Android等操作系统存在的漏洞加剧了手机支付面临的安全威胁。

(3) 诈骗电话及短信

诈骗短信、骚扰电话也造成了一定的手机支付风险。腾讯移动安全实验室监测到，诈骗分子除了通过诈骗骚扰电话诱导手机用户进行银行转账之外，主要还是通过发送带钓鱼网址或恶意木马程序下载链接的诈骗短信来诱导用户登录恶意诈骗网站，并引导用户进行购物支付。其中比较典型的案例有3类，即网银升级、U盾失效类诈骗，社保诈骗和热门节目中奖诈骗。

3. 移动支付的数据安全风险

商家和用户在公用网络上传送的敏感信息易被他人窃取、滥用和非法篡改，造成损失，所以必须实现信息传输的机密性和完整性，并确保交易的不可否认性。

加密和即时性问题是移动支付普及的首要障碍，虽然OTA（Over-The-Air）功能能够采用空中加密技术，相对而言存在有效的安全保证，但是承载在开放网络上的激活指令和交易数据依然有被截获的风险。

4. 移动支付的法律风险

新兴的支付形式存在不同种类的技术风险和法律风险，任何一项法律的制定都是经过漫长而严谨的过程，政策的制定必须顺应时代的发展要求。目前，我国移动支付的相关法律法规不断完善，但进展步伐略显滞后。许多新事物在出现之后会在应用过程中呈现出各种各样的问题，然后再以立法形式进行规范。移动支付也同样如此，由于其产业链较长，涉及的行业较多，而每个行业相关的标准规范和侧重点又各不相同，甚至会出现重复和冲突的地方。标准规范上的不统一容易导致移动产业链上的各个成员采用不同的行业标准，会造成支付漏洞及隐患，进而产生移动支付安全风险。

虽然移动支付有着广阔的发展前景，但我国相应的法律法规却还未得到相应的完善。我国现已制定包括《电子银行业务管理办法》《非金融机构支付服务管理办法》《中华人民共和国电子签名法》等相关法律法规，但这些法律法规太过笼统，没有针对移动支付提出具体的操作规范，缺乏对移动支付的实际指导意义。与此同时，在对移动支付的监管中，没有明确各部门的监管责任，容易导致监管不明或交叉监管的现象，而且移动支付的主体随其支付模式的不同而不同，也导致了其监管主体具有不确定性。

如果根据移动支付的数据流向和涉及的对象，移动支付的安全风险又可以分为：移动终端接入支付平台的安全、支付平台上的数据存储安全、支付平台内部数据传输的安全。

1）移动终端接入支付平台的安全：主要包括用户注册和签约，以及用户通过移动终端登录系统，其间传递的数据如签约用户名、签约密码等的安全性。

2）支付平台上的数据存储安全：主要涉及签约用户的银行账户、取款密码、签约用户名和签约密码等的安全性。

3）支付平台内部数据传输的安全：即支付平台内部各模块之间数据传输的安全性。

9.1.4 移动支付安全防护

针对移动支付多种不同的应用场景，目前主要有以下4种安全技术来对支付过程实施安全防护。

1. 远程支付技术方案的安全防护技术

在远程支付过程中，终端App通过TLS/SSL协议完成用户和远程服务器之间的网络安全连接，通过数字证书实现双端身份认证，并使用协商的对称会话密钥对后续传输的交易信息进行加密和完整性保护。

此类方案的核心安全问题在于私钥的存储问题。目前大多数方案中，私钥是以文件的形式保存在手机本地，然而面对操作系统漏洞、木马等威胁，此类方式存在很大的安全隐患。为了解决这一问题，目前也出现了基于手机 Key、安全元件（Secure Element，SE）以及可信执行环境的解决方案。在未来，为移动终端提供更为便捷和安全可信的软硬件计算环境将成为重要的发展方向。

2. 基于单独支付硬件技术方案的安全防护技术

单独支付硬件（如 IC 卡）提供了一种基于芯片技术的支付安全解决方案，它借助于 IC 卡所提供的安全计算和安全存储能力，可构建高安全性的支付体系。在此类方案中，移动支付完全由支付硬件独立完成，其安全性不依赖于手机环境，而等同于金融 IC 卡。

在身份认证方面，用户身份认证通过“口令+签名”的方式来完成。设备身份认证又可分为发卡行认证和卡片认证两种。IC 卡对发卡行的认证采用基于对称密码算法的挑战响应协议来实现；终端对卡片的认证则通过 IC 卡使用卡内私钥对卡片数据和终端挑战值进行数字签名来实现。这一方法被称为动态数据认证。动态数据认证方法可有效地防止银行卡的复制伪造。

在信息机密性方面，终端和服务器通过派生出相同的过程密钥，对交互数据进行加密保护，如金融 IC 卡发卡行脚本的加密方法。

在信息完整性保护方面，主要有两种方法：一是数字签名技术，如金融 IC 卡中的静态数据认证方法即通过数字签名来保证卡片数据的完整性；二是消息认证码技术，如交易交互数据的保护多采用基于对称密码算法的消息认证码技术。

在交易不可否认性方面，数字签名技术可以提供有效保证。如金融 IC 卡的复合动态数据认证，使用卡片私钥完成对重要交易数据的签名认证。

3. 标准 NFC 技术方案的安全防护技术

银联云闪付、Apple Pay 和 Samsung Pay 都是典型的标准 NFC 技术方案（基于智能卡和手机的支付方案）。因此，手机中的安全元件与交易终端的交互安全解决方案同传统智能卡方案是基本一致的。而这一方案的最大不同在于它充分利用了智能手机的功能和交易特点来有效地提高用户支付的安全性和便捷性，这主要体现在以下 4 个方面。

一是支付标记化（Payment Tokenization）技术。它通过支付标记（Token）代替银行卡号进行交易，同时确保该 Token 的应用被限定在特定的商户、渠道或设备，从而避免卡号信息泄露所带来的风险。

二是可信执行环境技术。可信执行环境提供了良好的安全隔离机制。它独立运行于通用操作系统之外，并向其提供安全服务。ARM 芯片中的 Trust Zone 和苹果手机中的 Secure Enclave 都是可信执行环境的典型代表。

三是多因素身份认证。Apple Pay 等充分利用了手机端的指纹识别功能，将生物特征识别引入持卡人身份认证过程，并且基于可信执行环境技术，提供了生物特征信息在手机端的安全存储和比对，以确保用户隐私。

四是基于纯软件的本地安全存储技术，在主机卡模拟（Host-based Card Emulation，HCE）方案中得到了应用。首先，HCE 引入了限制密钥的概念，密钥使用次数和周期受限并定期更新，从而降低密钥存储的风险；其次，通过基于口令的密钥派生方法和白盒密码技术对敏感数据进行加密存储，以保障数据的机密性。

4. 条码支付方案的安全风险与防范

条码支付方案从安全技术的角度来看，依然存在较大的风险和隐患。

在身份认证方面，目前的条码支付多依赖于用户登录 App 的用户名和口令。由于条码读取方和条码生成器之间为单向信息传输，因此不存在设备间的双向身份认证，难以避免设备伪造问题。

在信息机密性方面，条码支付存在交易介质可视化问题。在交易过程中二维码被公开呈现，这增加了敏感信息被非法截取及转发的风险。

在信息完整性方面，条码支付凭借二维码及商户提供的信息创建线上订单，并非传统方案中在线下建立订单后使用密码学机制进行完整性保护后再上传，存在伪造线下交易场景、篡改订单的风险。

在交易不可否认性方面，条码支付没有使用用户对交易信息的签名，无法保证交易的不可否认性。

基于条码本身的技术局限性，目前条码支付的安全方案主要是结合一些系统级的安全策略来降低风险，比如，每一个条码仅允许一次支付并且必须在一定的时间内有效，仅在一定的额度范围内允许无口令支付，以及终端硬件进行一定的支付绑定。

9.1.5 移动支付展望

移动支付天然具有的便利性，将使其成为未来的主流支付方式。随着 3G 技术的问世和发展，带来了电子商务的兴起，移动支付成为更便捷的交易方式。然而，由于网速、网络稳定性的制约，大量和移动支付相关的应用无法流畅地使用，移动支付的发展仍然不尽如人意。例如，在逛街购物时，用支付软件进行支付交易，软件 App 打开互联网就需要很长时间，连上网络之后，支付后的信息反馈又需要很长时间，这种用户体验无法让消费者接受。

随着 2013 年 4G 网络开始普及，支持 4G 通信的智能手机也随之普及开来，高速无线网络满足了用户对移动带宽及实时性的需求，带给了用户良好的手机上网支付体验，移动支付开始爆发式增长。诸多企业以移动支付为依托，创造出各种各样的服务平台，如共享单车、旅游出行、外卖网购，移动支付逐渐成为人们日常生活的一部分。

发展至今，无论是科技发达的美国、日本还是欧洲，都没办法像我国这样依靠手机和二维码就能完成近乎零现金的日常生活。根据 Analysys 易观发布的《中国第三方支付移动支付市场季度监测报告 2018 年第 4 季度》数据显示，2018 年第四季度，中国第三方支付移动支付市场交易规模达 472446.1 亿元人民币，环比增长 7.78%。在 4G 网络的支持下，中国的移动支付已然领先世界，并开始引领世界潮流。

5G 的速度将是 4G 的 100 倍，5G 意味着更高的速率、更加广泛的连接，标志着我们将进入一个万物互联的时代，由此也为移动支付带来了更加广阔的发展空间。此外，5G 将给移动支付的发展带来很多新的机遇。例如基于复杂生物识别（刷脸支付、静脉支付、虹膜支付）的整体支付解决方案已经进入大众视野，万物互联也将使每个商品都安装传感器，用户在选择商品的同时即可完成商品的识别与支付，无人值守、自动完成购物付款的超市也正在变为现实。同时，基于 5G 的高速率传输与区块链等去中心化技术的结合使用，将大大减轻各银行及支付公司系统的数据交换压力，使分布式计算能力得到无限扩展，将大大提升支付的效率和可靠性。

9.2 移动互联网金融安全

移动互联网的迅速普及，使得人们更加方便地随时随地接入网络，人们的注意力进一步集中在了移动终端。移动互联网影响着整个互联网时代的发展，对金融行业也有着非常重要的影响。现在，通过移动互联网进行投资理财操作的人群也越来越多，所以移动互联网对互联网金融来说是一个很大的变革。移动端的互联网金融融入到了我们的生活，在给我们的生活带来很多便利的同时，移动互联网金融的安全问题也不容忽视。

9.2.1 移动互联网金融概述

移动互联网金融是传统金融行业与移动互联网相结合的新兴领域。移动互联网金融与传统金融服务业的区别在于两者所采用的媒介不同，移动互联网金融主要通过智能手机、平板计算机和无线 POS 机等各类移动设备来开展第三方支付、在线理财、信用评估审核、金融中介和金融电子商务等金融业务，因而使得移动互联网金融业务具备透明度更强、参与度更高、协作性更好、中间成本更低、操作更便捷等一系列特征。

目前，根据市场上移动互联网金融所能提供的金融服务的形式，我们大致可以将移动互联网金融分为 4 个大类，分别是移动支付类金融产品、移动交易类金融产品、移动金融 App 和 O2O 模式。例如，P2P 网贷机构宜信推出了“宜信普惠”“宜信贷款”“宜信金融”等移动端 App，人人贷网贷机构推出了“人人贷借款”“人人贷理财”等移动端 App。而金融机构推出的创新型互联网平台，目前有中国建设银行的“普融商务”、交通银行的“交博汇”、招商银行的“非常 e 购”以及华夏银行的“电商快线”等。通过手机端就能帮助我们很好地解决日常的金融问题。这种新型的金融方式，构成了更完善的金融体系。移动互联网金融相比 PC 端具有以下 3 点优势。

1）在移动互联网时代，用户使用客户端和微信公众号的频率要远远高于直接在 PC 端打开互联网金融理财网站的频率。如今，很多用户除了上班时间会使用计算机之外，其他时间都在使用智能手机上网，尤其对于很多互联网理财用户来说更是如此。

2）从用户的体验度来看，移动端充值、投资、提现的流程相比 PC 端更为通畅、便捷，符合用户使用习惯和操作逻辑。而且，手机理财随处都可以操作，从便利性来说，比 PC 端要高出很多。

3）从获取用户的成本角度来看，移动用户只需拿出手机扫描二维码就可以关注理财平台的微信公众号，就能轻松成为该理财平台的粉丝，进而成为该平台的忠实用户。

9.2.2 移动互联网下的金融科技

Fintech 是 Financial Technology 的缩写，可以简单理解为金融（Finance）+科技（Technology），但是又不是两者的简单组合。它是指通过利用各类科技手段创新传统金融行业所提供的产品和服务，提升效率并有效降低运营成本。金融科技的关键技术，包括互联网技术（如互联网、移动互联网、物联网）、大数据、人工智能、分布式技术（如区块链、云计算）

和安全技术（如生物识别技术）等。

金融科技重塑了传统金融业，产生了一系列新兴金融生态，包括零售银行、网络借贷与融资、数字货币、资产管理、互联网保险、监管科技等。互联网金融可以看作是金融业务科技化在特定阶段产生的概念。金融科技更偏向于科技，而互联网金融更多的是指一种商业模式。二者具体的区别如下。

1. 覆盖范围不同

1）对于金融科技，沃顿商学院将其定义为："用科技改进金融体系效率的经济行业"。因此，金融科技可全面应用于支付、清算、融资租赁、保险、互联网金融等方面，提升金融产业的效率。

2）互联网金融，即"互联网+金融"，是传统金融机构与互联网企业利用互联网技术和信息通信技术实现资金融通、支付、投资和信息中介服务的新型金融业务模式。

3）金融科技包含一切能够应用于金融行业的科技创新与应用，而互联网金融更专注于互联网技术和信息通信技术。

2. 发展意义不同

1）2007 年美国次贷危机后，金融科技作为以科技手段改善金融服务效率的新兴产业开始被创投者们高度关注，目前主要在以英美为代表的欧美地区、以中日为代表的亚太地区和以约旦、以色列为代表的中东地区快速发展。

2）互联网金融以余额宝等"宝宝类"线上理财出现为标志，开始真正进入大众视线。长期被抑制的普惠金融需求缺口，使众多新兴互联网金融公司在包容监管的环境下快速成长，互联网金融是"互联网+"体系中极为重要的金融领域基础版块。

3）金融科技是新老金融企业的一次科技革命，互联网金融更像是互联网化金融服务的补漏。

3. 推动主体不同

1）金融科技以创新改善了传统金融体系，实现深层结构优化，所有金融服务参与者，从大型金融机构、企业到高净值人群与普罗大众，都是金融科技的受众。

2）互联网金融更多是传统金融嫁接互联网，或互联网企业对金融领域最初的探索。其主要从满足当前未被金融体系满足的需求出发，并未对行业层面形成足够推动，金融体系结构并没有发生根本性的变化。

4. 服务方向不同

1）金融科技侧重于借助科技手段，实现更好的金融服务；从金融科技公司形式上看，都是直接提供金融服务的公司或提供金融科技技术服务支持、间接参与金融服务的公司。

2）互联网金融侧重于以金融服务满足互联网用户的需求；从互联网金融公司的形式上看，既有互联网公司加入金融元素，也有传统金融公司进行互联网化嫁接，以更信息化的方式去提供服务。

3）互联网金融是普惠金融，让金融服务平民化；金融科技让不同层级的用户在原有的基础上得到更好的服务。

4）简而言之，互联网金融其实是金融科技进入我国后"本土化"初级阶段的产物。在"先头部队"一波探索之后，由于金融基础、服务人群等现实因素的影响，互联网金融与金融科技之间的差别逐渐显现。如今，越来越多的人已经开始正视这两者的不同，互联网金融将因其技术与行业模式的局限性而遇到规模和竞争力发展瓶颈；显然，涵盖技术、金融以及与生俱来的跨领域融合优势，赋予金融科技强大而灵活的环境适应力，将以博采众长的方式吸取各领域的精华，推动互联网金融升级为一种更先进、可持续演进的正确模式。

9.2.3 移动互联网下的金融安全

随着科技水平的飞跃式发展，以及移动互联网、移动终端的高速普及，移动互联网金融进一步突破了时间和空间局限，促使金融交易活动更加直观、快捷。移动互联网金融虽然发展较快，但也存在诸多隐患，监管机制跟不上科技发展的速度，金融科技的快速发展给移动互联网金融产业带来了无限生机的同时也滋生了诸多风险因素。

移动互联网金融安全不仅包括互联网金融安全问题，还包括移动端的安全问题。金融要保障资金安全，互联网平台则要保障信息系统的安全，而移动互联网金融既要保障移动端的金融信息系统安全，也要保障资金安全。移动互联网金融安全风险可分为以下 3 个方面。

1）信用风险。现阶段，我国的信用体系和互联网金融相关的法律还有待进一步完善，互联网金融违约成本较低，容易诱发恶意骗贷、卷款跑路等风险问题。特别是 P2P 网贷平台，由于准入门槛低和缺乏监管，容易成为不法分子从事非法集资和诈骗等犯罪活动的温床。

2）网络安全风险。当前，国内外互联网安全问题突出，网络金融犯罪问题不容忽视。手机端由于用户随身携带，经常会连接一些陌生的 Wi-Fi，导致网银密码被盗，也有可能在一些陌生的场合输入密码时被陌生人盗取，一旦遭遇黑客攻击，将危及消费者的资金安全和个人信息安全。

3）移动端风险。移动端相比 PC 端面临的安全挑战更加巨大，这是因为在传统 PC 领域，以成熟的数字认证体系、银行 U 盾为安全核心的保障手段均无法在手机端实施。所以，以在线支付为诱饵的众多伪基站、木马病毒、手机短信拦截等诈骗手段层出不穷，使受害者苦不堪言。移动金融 App 的安全风险关系到用户的资金和信息安全，同时移动端还面临着手机不慎丢失、理财账户被盗、没有及时退出账户等风险，这些风险都会衍生出一定的资金安全问题。

互联网金融是全新的业态，要实现对互联网金融的有效监管需要技术和管理并重。目前，移动端的安全措施主要包括登录密码、手势密码、指纹密码，以及对数据库和数据传输过程进行多重加密等。只有建立在安全基础上的移动金融产品和服务，才能产生较好的用户黏性，提升品牌美誉度。

我国在互联网金融监管方面也做了许多工作。2015 年，中国人民银行等十部委联合发布了《关于促进互联网金融健康发展的指导意见》，该意见明确了我国互联网金融监管的总体要求、原则和职责分工。2015 年 12 月，中共中央召开了经济工作会议，会上互联网金融领域专项整治议题被明确提出，规范发展互联网金融刻不容缓。2016 年 10 月，国务院办公厅紧急出台《互联网金融风险专项整治工作实施方案》，更为全面地对互联网金融的专项整治工作进行了安全部署。

我国目前所建立的互联网金融风险分析技术平台，其主要功能由以下 5 个部分组成。

1）事前摸底部分：就是对全国互联网金融的态势进行摸底，例如有多少平台、多少用户、多少资金，而且对于互联网金融的每个平台进行详细的画像。

2）事中检测功能：即从资金、运行、舆情、网络安全等角度对互联网金融平台的运行情况进行检测并采取实时预警。

3）事后跟踪功能：实施以后，可能会要求在一些事件上配合国家相关部门的调查处理。

4）综合分析功能：主要是对资金流向进行监测，即分析资金从哪里来到哪里去，另外还会对一些重点企业或者个人进行分析和监测。

5）前沿探索功能：针对一些新的领域，比如对虚拟货币的监测，就需要进行分析虚拟货币的总体情况、关注虚拟货币的跨境资金流动情况、调查涉嫌传销的伪虚拟货币和虚拟货币反匿名等工作。

9.3 移动数字版权保护

随着4G技术的迅速普及，凭借着4G更快的传输速度以及移动终端强大的处理能力，数字多媒体业务得到了快速的发展，人们可以通过4G网络高速下载获得高品质的多媒体数字内容。一方面，数字产品的交易流通给商家带来了可观的经济效益，同时丰富了人们的精神文化生活；另一方面，由于网络的开放性，在数字产品的交易流通过程中，不可避免会出现侵权和盗版行为。因此，数字版权保护成为关系到数字多媒体市场生存与发展的关键问题。

9.3.1 数字版权管理概述

由于数字内容本身具有易于传输和无损复制等特性，因而很容易被盗版或被非法分发、篡改和使用。如果缺乏对数字内容的保护和对数字版权的管理，那么将会导致严重的负面现象，由此滋生的大量盗版及不规范使用行为将会对数字媒体产业造成巨大的冲击。然而，在开放的网络环境下，单纯依靠法律手段已远远不能满足对数字媒体产品进行版权和内容保护的需求。因此，建立一个安全、公平和高效的数字版权管理系统已成为网络环境中数字版权保护的重要研究内容。数字版权管理（Digital Rights Management，DRM）就是在这一背景下产生的，它是对数字化信息产品在网络中交易、传输和使用时所涉及的各方权利进行定义、描述、保护和监控的整体机制，是数字化信息环境可靠运行和不断发展的基本保障之一。DRM不仅仅指版权保护，同时也提供了数字多媒体内容的传输、管理和发行等一套完整的解决方案，因此DRM是一个系统概念，它包含数字版权信息使用、受版权保护的数字媒体内容的管理和分发。

数字版权管理（DRM）是结合硬件和软件的存取机制，对数字化信息内容在其生存周期内的存取进行控制，它包含了对版权使用的描述、识别、交易、监控，对有形和无形资产的各种权限的跟踪和对版权所有人关系的管理等内容。DRM的核心功能就是通过各种信息安全技术锁定和限制数字内容及其分发途径，从而达到防范对数字产品无授权复制和使用、保护知识产权的基本目标。数字版权管理是实现数字信息产品通过网络销售的前提条件，采用数字版权保护技术可有效地杜绝通过网络和计算机非法复制、传送数字信息产品，保护数字产品提供商的知识产权和经济利益。

1. DRM 系统的基本要素

图 9-5 所示，DRM 系统的 3 个基本要素是加密后的数字内容、用于加解密该数字内容的密钥和用户使用该数字内容的权限。

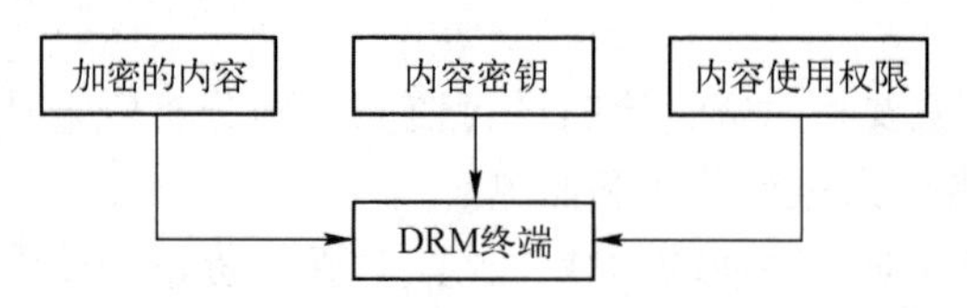

图 9-5　DRM 系统的基本要素

用户只有通过 DRM 终端完整地获得与所订购的数字内容相关的 3 个基本要素之后，方能正确解密并按所订购的使用权限正常使用受保护的数字内容。

2. DRM 系统的功能结构

通常来说，一个 DRM 系统可以使受版权保护的音乐、视频、图片或文档等数字内容能够通过移动互联网或移动磁盘等其他电子介质进行安全地传输和交换。它允许数字内容拥有者通过适当的分发渠道向经过授权的接收者安全地分发数字内容，并授予他们相应的使用控制权限。因此，一个典型 DRM 系统应该包括内容服务器、许可证服务器和客户端 3 个主要部分。这 3 个部分必须协同工作才能构成完整的数字版权管理系统。图 9-6 展示了一个典型的 DRM 的系统结构。

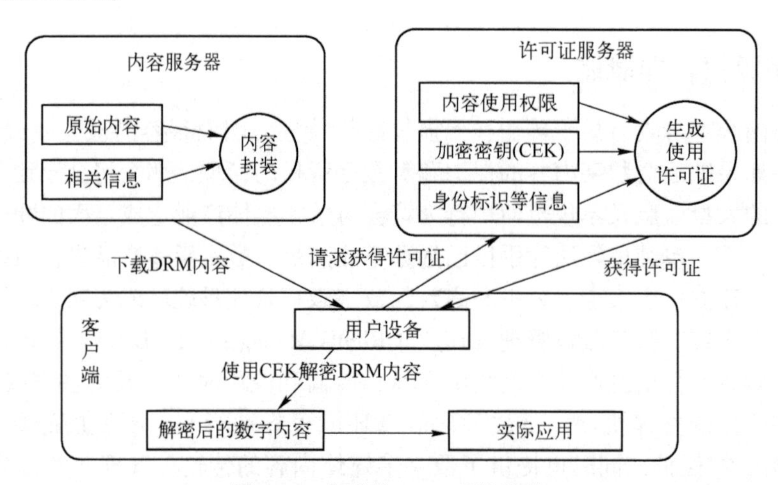

图 9-6　典型的 DRM 系统结构

内容服务器除了要保证内容安全到达客户端以外，还要保证内容的完整性和机密性，既不能被攻击者中间窃取，也不能被伪造或篡改。因此，在分发数字内容之前，内容服务器要先使用内容加密密钥（CEK）对原始数字内容进行加密，再把加密后的数字内容与一些相关的描述信息打包封装在一起。经过封装后的数字内容一般被称为 DRM 内容，DRM 内容可以开放给用户下载或通过其他途径分发。

许可证服务器主要是根据用户提供的信息和使用权限需求，生成相应的使用许可证。使用许可证主要包含数字内容的身份标识、数字内容的使用权限（如允许对该数字内容进行的操作类型、具体的操作限制、使用期限、权限转移许可）和内容加密密钥 CEK。其中，CEK 是唯一能够正确解密 DRM 内容的密钥，当授权用户在 DRM 内容使用权限许可范围内使用数字内容时，CEK 被用来解密 DRM 内容，使得该数字内容能够被正常使用。CEK 只能从许可证中读取，并且禁止复制、保留和存储到其他位置。许可证是唯一的数字内容授权实体，负责对相应的数字内容的使用进行授权。

客户端主要负责下载 DRM 内容，并与许可证服务器进行交互来获得 DRM 内容的使用许可证，其主要的功能实体是用户设备。用户设备是 DRM 内容的最终接收者和使用者，是从许可证服务器中获得数字内容使用许可证并按相应的权限使用数字内容的实体。

3. DRM 基本功能需求

数字版权管理的基本原理是使用技术手段，对数字内容在分发、传输和使用等各环节进行控制，使得数字内容只能被授权给使用的人，按照授权的方式，在授权使用的期限内使用。因此，DRM 系统的基本功能需求是安全需求，即要求 DRM 系统能够抵御数字内容在生存周期内所遇到的各种风险。数字版权管理应贯穿数字内容的整个生命周期，包括内容制作、内容存储、内容发行、内容接收、内容播放、内容显示等。在这样一个数字内容生存周期中，可能存在如下风险。

1）内容提供商非法提供数字内容，即内容提供商并不拥有该数字内容的版权。

2）内容服务器非法发布数字内容，即内容服务器发布的数字内容未经内容拥有者授权。

3）非法内容服务器或非法用户发布数字内容。

4）非法用户从内容服务器和许可证服务器获得数字内容及相应的使用权限。

5）合法用户对内容进行了未经授权的操作。

6）合法用户非法修改或传播使用权限。

7）合法用户非法传播数字内容给其他用户。

8）合法用户在数字内容达到销毁条件时不对数字内容进行销毁操作。

通过对数字内容生存周期中存在安全风险的分析，可以得到 DRM 系统基本的功能需求。

1）保证正确、合法的数字内容及其 DRM 权限被分配给正确、合法的用户，即需要内容服务器/许可证服务器和用户之间进行身份的相互认证。

2）防止数字内容被非法修改和传播，即满足数字内容的保密性和完整性保护需求。

3）保证用户严格遵循 DRM 权限来对数字内容进行操作，禁止非法的复制和存储。

鉴于以上这 3 个基本的功能需求，DRM 系统除了通过软件或硬件的方式使用户设备具备 DRM 功能模块以外，还通过多种技术手段对数字内容生存周期中的其他各关键环节进行严格的控制，主要包括基于硬件设备的身份认证、DRM 权限同硬件设备绑定、严格的访问控制和审查追踪机制等。

9.3.2 数字版权管理技术

要实现对数字版权的保护，DRM 至少要满足保证内容不被非法复制、保证内容不被非法篡改、保证版权相关信息的可验证性和完整性、保证内容拥有者可以控制内容的再次传播等 4 个目标。

利用 DRM 技术，电子出版物的内容制造者可以用自定义的加密技术来控制对数字印刷品、音乐或图像等的访问。分销商把自定义的私钥提供给拥有权限的终端用户，让他们使用这些出版物，但同时会对用户复制、打印和重新分发等行为加以限制。当一位数字版权拥有者下载一份数字出版物文件时，DRM 软件会检查该用户的身份，与票据交换联系起来安排费用的支付和文件解密，并为以后的访问指派私钥。出版物的出版商可以用多种方式限制访问权限，例如，是否允许查看、是否允许打印、是否允许复制或在限定的期限内使用等。DRM 的基本思想是利用一个系统来保障数字信息交易的安全，相关的权利要求则附在数字信息的内容上。总体上，DRM 的过程可分为两个方面：一是电子出版物的生产者描述和规定该电子出版物的使用方式和授权条件；二是通过 DRM 系统来实现前述内容和目的。

目前在数字版权管理方面主要有两类技术，即密码技术和数字水印技术。除了实现技术不同，这两类版权保护技术的用途也各有侧重。密码技术是传统的版权保护技术，主要用于控制内容的非法复制和传播，而对于版权的认定、追踪和鉴别则显得力不从心；数字水印技术则主要用于隐藏版权信息，在版权信息受到非法侵害时提供电子证据，正好弥补了加密技术的不足之处。因此，数字水印技术越来越受到信息安全领域专家和学者的重视，数字水印技术与密码技术相结合是实现数字版权管理的有效手段和研究方向。

1. 密码技术

密码技术是传统的版权保护技术，侧重于对数字内容的访问控制，主要包括数字签名技术、基于 PKI 的身份认证技术等。密码学的主要任务是解决信息的保密性和可认证性问题，即保证信息在生成、传递、处理、保存等过程中，不被未授权者非法提取、篡改、删除、重放和伪造。

（1）加密算法

以加密技术为核心的版权保护系统采用加密数字媒体内容确保非授权用户不能访问相关内容，加上硬件绑定技术，这种方法在一定程度上达到了版权保护的目的。

加密算法分为对称密码算法和公开密钥算法。对称密码算法具有运行占用空间小、加密速度快等优点，但其缺陷是密钥的交换、分配和管理比较困难。典型的对称加密算法有 DES 算法、高级加密标准 AES 等。公开密钥算法，又称为非对称密码算法，需要使用一对密钥分别来完成加密和解密。常用的公开密钥算法有 RSA 算法、椭圆曲线密码算法 ECC 等。

在 DRM 系统中，数字内容一般采用对称加密算法加密，内容加密密钥一般采用非对称加密算法加密。DRM 系统的密钥管理是指内容加密密钥的产生、安全存储和安全分发。

（2）数字签名技术

密码技术中的数字签名技术，具有可信性、不可伪造、不可复制、不可改变、不可抵赖等特性。所以，数字签名能够标识签名者的身份，保证内容的完整性，并且可以解决否认、伪造、篡改和冒充等问题。

数字签名不仅可用于身份认证，还可用于版权保护。数字签名技术主要采用的是公钥密码算法，签名者利用自己的私钥对信息进行签名，验证者利用签名者的公钥进行验证。一个数字签名方案由两部分组成，即签名算法和验证算法。采用数字签名可以保证签名者无法根据自己的利益抵赖签署过的信息，而验证者也无法根据自己的利益伪造他人的签名，因此内容提供者和消费者可以相互确认对方身份。数字签名用于版权保护的一般过程为：版权拥有者使用自己的私钥对数字媒体的摘要进行加密操作，得到签名，用以标识版权；签名和数字内容一起传输，当发生版权归属纠纷时，鉴别者使用版权拥有者的公钥解密签名，再与数字内容的摘要比对，即可进行判断。这种方法的特点是数字签名和受保护的信息分离，常采用加密保护信息和签名并将它们一起传输的方法保证数字签名在用于签名验证之前不被破坏。

（3）公钥基础设施

公钥基础设施（PKI）是提供公钥加密和数字签名服务的系统或平台，主要用于公钥密码体系中的密钥管理，同时起到身份认证的功能。PKI 是一个采用非对称密码算法原理和技术来实现并提供安全服务的、具有通用性的安全基础设施。PKI 技术采用证书管理公钥，先把要传输的数字信息进行加密和签名，再通过第三方的可信任机构即认证中心，把用户的公钥和用户的其他标识信息捆绑在一起，在互联网上验证用户的身份，提供安全可靠的信息处理。一个完整的 PKI 系统对于数字证书的操作通常包括证书颁发、证书更新、证书废除、证书和 CRL 的公布、证书状态的在线查询、证书认证等。

PKI 所提供的安全服务以一种对用户完全透明的方式完成所有与安全相关的工作，极大地简化了终端用户使用设备和应用程序的方式，而且简化了设备和应用程序的管理工作，保证了他们遵循同样的安全策略。PKI 技术可以让人们随时随地方便地同任何人进行秘密通信。PKI 技术是开放、快速变化的社会信息交换的必然要求，是电子商务、电子政务及远程教育正常开展的基础。

DRM 系统的信息与安全模型一般采用 PKI/CA 体系来实现 DRM 系统中各种角色的身份认证。

2. 数字水印技术

数字水印是 20 世纪 90 年代迅猛发展起来的新兴信息安全技术，建立在现代通信、数字信息处理和编码基础之上。类似纸币中用于防伪的印刷水印，数字水印携带特定信息嵌入到数字内容中，可用于版权保护。所谓的“嵌入”，是指特定信息和数字内容融为一体，这是利用数字内容的冗余性，修改数字内容实现的。通常情况下，这种修改是不可见的，也就是不会明显降低数字内容的感官效果。嵌入到数字内容中的特定信息，可能是包含作者、所有者、发行者以及授权使用者等相关人员信息的版权信息，也可能是数字内容的序列号，或者两者都有，以达到版权保护和盗版跟踪等目的。目前，大多数水印制作方案都采用密码学中的加密体系来加强，在水印的嵌入和提取时采用一种密钥，甚至几种密钥的联合使用。

数字水印在数字版权保护方面的应用可以分为以下几个方面。

（1）版权保护

使用水印技术嵌入权利拥有者信息，发生纠纷时，提供该信息作为身份依据，从而防止他人对该作品宣称拥有版权等相关权利。

（2）盗版跟踪

在用户购买的每一个数字内容副本中，都预先被嵌入了包含购买者信息的数字水印。这是数字水印的一种特殊应用，这类水印又称之为数字指纹。它们的区别在于，数字水印主要包含产品作者信息，而数字指纹主要包含产品购买者信息。数字指纹对于跟踪和监控产品在市场上的非法复制是非常有用的。当市场上发现盗版时，可以根据其中的数字指纹，识别出哪个用户应该对盗版负责。

（3）复制控制

这也是数字水印的一种特殊应用。对于嵌入了数字水印的产品，经正常授权的用户可以无障碍地使用，而对于非授权的用户，该产品则无法正常使用。在某些应用中，复制保护是可以实现的。如DVD系统，在DVD数据中嵌入复制信息，如“禁止复制”或允许“一次复制”，而DVD播放器中有相应的功能，对于带有“禁止复制”标志的DVD数据则无法播放。

（4）内容认证

在上述应用中，数字水印都被设计成有较强的健壮性，即攻击者难以在不影响数字内容品质的情况下去除数字内容中的水印。而应用于内容认证时，数字水印就被设计为脆弱或半脆弱的。一旦嵌入了脆弱水印的数字内容在遭受到任何不能容忍的微小破坏后，从中提取的水印信息便不完整，反之则能确保数字内容的完整性。有些场合会允许受保护内容保持操作修改，例如格式转换、压缩、图像去噪，这些操作没有改变数字内容的信息，但禁止篡改操作，例如替换、删除、增加图像中的头像、物体、背景，在进行这些操作时使用半脆弱水印。这种水印对两类操作抵抗能力的不同，提供了图像是否经过篡改的判断信息。

3. 安全容器技术

安全容器技术是采用加密技术封装的信息包，其中包含了数字媒体及其产权信息，以及媒体使用规则。安全容器技术的主要代表是InterTrust的DigiBox技术和IBM的Cryptolope技术。

（1）InterTrust的DigiBox技术

DigiBox是一种安全的内容封装程序。这种结构有两类对象：一是数字媒体内容，二是权限描述。权限描述定义了操作数字媒体内容的规则，数字媒体内容只能以权限描述定义的方法使用。一个DigiBox可容纳多个数字媒体内容或权限描述。权限描述能在同一个DigiBox中传送，也能在不同的DigiBox中传送。在DigiBox中，根据安全级别的不同，任意对象都可被加密。然而，系统整体安全性主要还是依赖于对例如头信息和总体信息这些高层元素的加密。头信息用传输密钥加密，数字媒体内容使用与可信软件协商的内容密钥加密。加密算法用三重DES和RSA，完整性认证使用加密的哈希函数。DigiBox部分内容使用公开密钥算法加密，该方式的优点在于可防止任意两个密钥之间的相互计算，缺点是要求在不同的参与方中分配密钥。更高安全级别要求每个主机有一个称为InterRight点的安全存储，一旦DigiBox打开，按照掌管控制的原则，有两种不同的信息流会产生，一方面是出于计费需求，另一方面是根据DigiBox的控制集要求收集返回的用户使用信息。

DigiBox技术与Cryptolope技术非常相似，都是用于分布式环境的版权保护技术，都是强调文档级别安全性而不是信道级别安全性的技术。两者的关键区别之一是DigiBox技术不是一种直接面向终端用户的产品或服务，而是一个授权给提供商业应用或服务的合作方的技术平台。具体地说，终端用户并不知道自己正在使用DigiBox技术，实际上是他们使用的软件集成了DigiBox技术。作为InterTrust DRM技术的一部分，DigiBox于2001年被Nokia选择作为版权保护方案，同年集成了Adobe Acrobat 5.0，DigiBox处于安全容器技术的领先地位。

（2）IBM的Cryptolope

作为infoMarket服务的一项技术，Cryptolope诞生于1995年4月。IBM合并词组Cryptographic envelope，并用Cryptolope命名这项文档保护技术。Cryptolope的核心思想是把加密内容封装在安全容器之中进行传输，是一种基于Java的软件。Cryptolope执行过程需要3个部件支撑：内容打包器（Content Builder或Cryptolope Packer）、Cryptolope播放器（Cryptolope Player）和可信环境（Royalty Clearing Center或Clearing House and Cache）。

内容提供者用打包器构造加密软件包（Cryptolope）。包中主要包括数字媒体内容和它们的商业使用规则。数字媒体内容分存为多个部分，每个部分使用相应的密钥加密，这些密钥称之为 PEK（Part Encryption Key）。所有的 PEK 又被 Master Key 加密并依次存储在密钥文件的各个记录中。任何没有购买 PEK 的用户无法使用加密软件包中的数字媒体内容。加密软件包还封装了诸如校验和（用于篡改验证）、加密数字媒体内容摘要、大小、格式、作者信息（明文，供用户浏览并决定是否购买）、数字证书（用于内容和用户的身份验证）以及其他鉴别信息。

Cryptolope 播放器是为信息的消费者设计的，是访问加密软件包封装的数字媒体内容的解释器。它会阻止自身以外的任何本地程序访问这些内容。它通过 HTML 的解释器与可信环境进行交互。可信环境提供密钥管理、付费系统、事件登录和使用测量。

这 3 个组件共同协作完成分发购买流程。内容提供商用打包器封装并以加密软件包的形式分发数字媒体内容；用户获得加密软件包后，通过 Cryptolope 播放器查看数字媒体的介绍信息，并由播放器引导进入可信环境申购相关内容；可信环境接收到包含加密的相关内容的 PEK 和用户公钥的购买申请消息后，解密 PEK 并使用用户公钥对它们进行加密；用户通过播放器收到包含 PEK 的许可信息后，使用自己的私钥解密它们并用这些 PEK 解密数字媒体内容。

Cryptolope 面临的主要问题是它是一个封闭的版权保护系统，并与 InfoMarket 紧密结合，用户必须在 IBM InfoMarket 网络环境下使用这项技术，这在一定程度上导致了 Cryptolope 技术未被广泛接受。

4. 移动代理

移动代理是指能够代替用户或其他程序执行某种任务的可执行代码，它能不固定于开始运行的系统，自主地在网络中的一个节点挂起而后移动到另一个节点继续运行，必要时可以进行自我复制以及生成子移动代理。移动代理最突出的优点是自主性和移动性，将移动代理技术应用于版权保护，可在以下几个方面增强现有版权管理系统的性能并弥补其不足。

1）节省网络带宽：移动代理传输代码而不是数据，直接在数据段执行，减少中间结果的传递。这些措施节约网络带宽的效果在大量数据处理的情况下尤其显著。

2）支持离线操作：移动代理可以自主运行，因此任务执行期间，网络可以中断。网络连接恢复后，用户即可获得运行效果。

3）提供平台无关性：移动代理能够跨平台运行。

4）简化用户操作：现有 DRM 系统主要关注内容提供商的利益，用户权益保证并没有被充分考虑。例如，需要操作一系列复杂的步骤（如获取数字证书、身份认证），以便在购买数字产品时证明自己的身份；为了使用 DRM 系统，不但要注册而且还被要求提供个人详细信息，从而无法保证匿名性，可能会导致包括个人信息和购物行为等信息被不良商贩兜售。在 DRM 系统中引入移动代理技术可以发挥移动代理的高度自主性和移动特性，极大地减少权限认证过程中用户的参与度，方便用户的同时，利用其自身具体行为难以被非法用户模拟的特点，保证了系统的安全性。

5）改进盗版追踪性能：互联网上数字内容数以万计，为了发现盗版必须在网上实施版权验证，这是一项烦琐而复杂的工作。如果结合移动代理技术，可以实现版权验证的分布式处理，从而较好地解决这个问题。移动代理为数字版权保护提供了新的思路。

早期的DRM技术主要致力于对数字化内容的安全性和加密技术的开发，侧重于对内容的加密，限制非法复制和传播。发布数字作品之前先对其加密，只有已经购买了作品的用户才拥有解密密钥，而且密钥可以与用户的硬件信息绑定，以此防止盗版者获得该作品的数字内容，而目前的DRM在之前的基础上，更侧重于DRM系统的权限管理。由于数字水印不仅可以标识和验证出数字化图像、视频和音频记录的作者、所有者、发行者或授权消费者的信息，还可以追溯数字作品的非法分发，所以数字水印技术是目前进行数字作品版权保护的一种较为有效的技术手段。

数字水印技术与加密技术有许多不同点。从研究内容方面来看，加密技术主要是研究如何将机密的信息进行特殊的编码以形成不可识别的密文进行传递；而数字水印技术则主要研究如何将特定意义的信息水印隐藏于某一公开的数字媒体产品内容中，使得未授权者无法发觉它的存在。从主要用途来看，加密技术可以阻止未授权用户访问数字媒体内容，但当合法用户用密钥对加密的数字内容进行解密后，加密技术就无法对数字媒体内容进行有效地保护了；数字水印技术通过在数字媒体产品中嵌入标识版权的水印信息，可以对解密后的媒体内容继续进行保护。数字水印技术是对传统加密技术的一个很好的补充。

9.3.3 DRM与移动数字版权保护

随着移动通信设备的普及和功能的不断完善，用户们开始频繁地使用移动设备来传输多媒体数据。因此，数字版权管理这项技术在无线领域同样被看重，移动数字版权管理这一领域受到了学术界和工业界的广泛关注。电信业，特别是3G业务推出后，一些电信运营商为了保护和监控数字化信息产品在网络中交易、传输和使用时所涉及的各种权利，解决移动互联网上数字多媒体内容的版权保护、传输、管理和发行等问题，纷纷推出了自己的DRM系统。

目前已经有若干针对各应用领域投入使用的DRM系统，具体如下。

（1）eBook的DRM系统

eBook的DRM技术相对比较成熟，国内外的应用也较多。国外的eBook DRM系统有Microsoft DAS，Adobe Content Server等，国内的eBook DRM系统有方正Apabi数字版权保护系统以及书生公司的SureDRM版权保护系统等。

（2）流媒体的DRM

流媒体的DRM主要有IBM的EMMS、Microsoft的Windows Media DRM、苹果公司的FairPlay和RealNetworks的RealSystems Media Commerce Suite等。

（3）电子文档的DRM

电子文档的DRM有SealedMedia Enterprise License Server、Authentica Active Rights Management以及方正Apabi Office DRM、方正Apabi CEB DRM等。

（4）其他DRM研究成果

其他的DRM研究成果有Intertrust的DigiBox和Rights System、IBM的Cryptolope、瑞士Geneva大学的Hep、Edgar Weippl的RBAC等，这些系统注重DRM基本原理的研究，不针对具体的某一类数字内容。

在DRM技术标准的制定方面，由于DRM本身涉及的层面较多，需求复杂，对于DRM系统结构、数字内容的安全交换及权利语言等关键方面并未达成一致的标准，基本上没有一个统一的可互操作的技术框架，导致各厂商的产品互不兼容。目前比较著名的标准如下。

1）开放移动联盟（Open Mobile Alliance）面向移动数据业务制定的 OMA DRM1.0 和 2.0 标准，现已成为移动通信领域广泛采用的 DRM 技术标准。

2）MPEG 组织针对 MPEG4 流媒体保护制定了 IPMP 方案。

3）ISMA 组织针对互联网流媒体、MPEG4 和 H264 音视频编码保护制定了 ISMACrypt 流加密标准。

4）ContentGuard 公司将其 1998 年申请的关于 DRM REL 的专利写入了 MPEG21 的标准语言 XrML 中。

5）IPR System 的开放式数字权利语言（ODRL）。

同时，DRM 技术为移动数据增值业务的开展提供了以下有效的控制手段。

（1）权限管理

对版权保护的基本要求就是权限控制。具有使用权限的合法用户能够正常使用数字内容，没有使用权限的用户将被部分或完全禁止对数字内容的访问。不同的权限具有不同的访问使用能力。允许内容提供商定义媒体对象使用的规则，用户必须按照这些规则进行内容的消费。

（2）版权管理

通过对版权的控制，使内容的真正价值体现于版权，而非媒体对象本身。在这种情况下，内容可以在移动互联网内根据用户的喜好进行转发和传播，从而形成业务的流行，但内容的使用必须重新申请新的版权许可，从而既保证了业务的传播，又保证了内容提供商的利益。

（3）付费模式

DRM 使媒体对象的数字版权成为计费的来源，不同的业务可以使用同一个 DRM 授权中心生成数字版权，并同时生成计费原始话单记录，从而简化了计费体系，并堵住了计费漏洞，保证了业务收入。3G 时代，手机作为使用数字内容的主要设备之一，并且数字内容都属于小额付费，所以支付方式采用手机付费更为方便。可以对一个媒体对象定义不同的版本，并制定不同的价格，比如按照不同的使用次数、使用时间以及播放、显示、运行等不同操作定义不同的版本以供用户选择，为一系列新的商业模式的实现提供了可能，如按使用次数控制视频节目的播放。

付费模式可以采用按单个数字内容付费、包月付费不限制下载、按设备数量付费等多种形式。另外，还可以通过增加新用户免费使用、赠送数字内容给其他用户等方式来增加用户数量。

（4）数字内容分发模式

将数字内容和许可证从逻辑上进行分离，既可将其组合在一起传输，也可分别传输，并且可以采用各种承载协议和传输方式，如 Pull、Push 和 RTP 流传输。实际应用中可以采取先下载数字内容，然后购买获取许可证的方式。另外还有一种超级分发模式，即用户之间可以直接互相传输 DRM 数字内容，然后再到许可证服务器购买许可证，所以可以在数字内容中加入预览内容。用户在得到数字内容后可以先观看预览内容再决定是否购买，并且每次转发时将转发者的设备 ID 记录到数字内容中，当被转发者购买了该数字内容后，转发者可以获得奖励。这样既增强了被转发者的购买欲望，又提高了转发者的积极性，对于迅速扩大用户群有很大帮助。

（5）安全性

安全性是版权保护系统最基本的要求之一，安全性包括算法安全、协议安全、存储安全、认证安全和传输安全等。另外，安全性也包括传统的网络安全和服务器安全，例如保证账号和交易安全，可以采用手机与账号绑定的方法来保护账号安全，在注册账号和购买数字内容时需要进行手机短信确认才能完成操作，这样即使账号被盗也无法购买，并且可以通过手机和其他安全信息找回账号。

（6）低实施复杂度

低实施复杂度主要是指版权保护系统的实施难度和软硬件成本要求，在满足用户其他要求的前提下，应尽量降低其实施复杂度。比如，避免在 PKI 中使用复杂的公钥算法来加密；尽量通过对现有系统软硬件的利用与扩展来实现新的功能；使用易与现有设备集成并能跨平台的工具包编程。

9.3.4 DRM 标准

基于对 DRM 重要性的关注，全球许多标准组织和厂商纷纷独立或联合进行了 DRM 的技术研究并提出了各自的技术标准。在目前现有的 DRM 技术标准中，开放移动联盟（Open Mobile Alliance，OMA）制定的 OMA DRM 2.0 标准是最成熟、参与者最多、影响力最大的主流 DRM 标准之一。

1. DRM 标准概述

2002 年 11 月，OMA 组织正式发布了 OMA DRM 1.0 标准（包括 OMA DCF 1.0 和 OMA REL 1.0），面向简单数字内容，提供内容禁止转发、加密内容以及版权信息组合分发和独立分发 3 种简单保护功能。

2004 年 7 月，OMA 组织首次发布了 OMA DRM 2.0 标准（包括 OMA DCF 2.0 和 OMA REL 2.0）。在 OMA DRM 1.0 的基础上，OMA DRM 2.0 面向高价值数字内容引入了以公钥体系为基础的安全机制，提供更强大、更可靠、更完整的版权保护管理体系。

OMA 的 DRM 技术标准主要包括 DRM 系统、数字内容封装和版权描述 3 大部分。DRM 系统部分关注消息交互、密钥交换以及设备管理等。数字内容封装部分（DCF）定义了数字内容的封装格式和一些与使用相关的头信息。版权描述语言部分（REL）定义了对数字内容使用的限制、许可信息和对应的密钥信息等。

2. OMA DRM 基本架构

OMA DRM 1.0 直接采用了移动下载的体系结构，而 OMA DRM 2.0 确定了独立的基本架构，如图 9-7 所示。

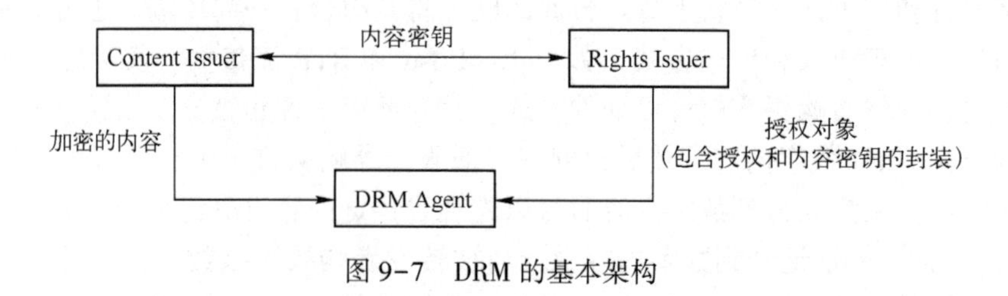

图 9-7 DRM 的基本架构

DRM Agent：简称为DA，即DRM代理，是设备中负责执行DRM客户端功能的可信赖功能实体，负责强制执行附带在DRM内容上的访问权限控制功能，实现对DRM内容的可控访问。DA在收到授权对象之后，从中解密获得内容密钥，对来自内容子系统的加密内容进行解密以获得原始数字内容，并按照授权对象规定的权限使用该数字内容。

Content Issuer：简称为CI，即内容发布中心，负责DRM内容分发的逻辑功能实体，按OMA DCF定义的DRM内容打包格式对原始数字内容进行加密打包，并通过多种承载和传送方式将加密打包后的内容传送到DA。

Rights Issuer：简称为RI，即授权发布中心，向DA提供描述用户使用数字内容权限的授权对象，同时还将内容密钥加密封装在授权对象中下发到DA。因此，用户终端想解密并使用DRM内容，还必须获得相应的授权对象。

3. OMA DRM 2.0 内容保护机制

OMA DRM定义了保护DRM内容的机制和格式、保护授权对象的机制和格式、加解密安全模型、DA和RI间信任模型、DRM内容和RO（Rights Object）文件到终端设备的安全传送机制。虽然OMA DRM是为移动数据业务而设计的，但也可用于固定数据业务，因为它们都建立在TCP/IP的基础之上，OMA DRM 2.0的安全机制同样适用于固定数据网络和业务体系。

OMA DRM 2.0的完整内容保护基于以下机制。

1）内容加密：CI对DRM内容使用对称加密密钥（CEK）进行加密，然后打包在一个受保护的安全容器即OMA DCF 2.0格式的文件中。DRM内容可在分发前预先加密打包存放，也可在分发时即时加密打包。

2）内容完整性：RI向DA发送的RO包含对应内容的哈希值，DA对收到的DRM内容计算哈希值，并与对应RO中携带的哈希值比较，若两者相同则表示该DRM内容在传输过程中未被修改。

3）DA与RI身份认证：所有DA和RI都各自拥有唯一的一对公/私钥和数字证书，DA证书包含了制造商、终端类型、软件版本、序列号等终端信息。通过PKI证书认证机制，RI和DA可相互确认对方身份的合法性。

4）RO的可靠性与完整性：RO中携带的重要信息（如内容密钥）被加密封装在RO中，加密封装使用指定DA的公钥，从而将RO绑定到该DA，确保只有指定的DA才能正确访问该RO，使用其私钥从中提取内容密钥。为保证RO的可靠性和传输完整性，RI在向DA发送RO之前，先用其私钥对RO进行数字签名。DA对收到的RO用RI的公钥验证其数字签名，从而确认该RO是否来自该RI以及在传输过程中是否被修改。

5）内容与RO安全分发：OMA DRM将DRM内容和授权对象从逻辑上进行了分离，因此传输RO和DCF到目标DA既可将其组合在一起传输，也可分别传输，并且可以采用各种协议和传输方式，如Pull（HTTP Pull，OMA Download）、Push（WAP Push，MMS）和流传输。OMA DRM 2.0专门为安全传输RO定义了授权对象获取协议ROAP。

6）域RO机制：RI可以将一个RO有选择地同时绑定多个DA，DRM内容和RO可在这一组DA形成的域内被共享访问。例如，一个用户可以用其手机和平板计算机一起购买某DRM内容。

OMA DRM 2.0实现内容保护的基本步骤如下。

1）CI 将数字内容进行加密打包后发布，并将内容密钥提供给 RI。

2）DA 从 CI 下载获取加密后的内容（解密该内容所需的密钥包含在该用户订购的 RO 中）。

3）RI 按用户订购该内容的权限要求生成 RO，并用 DA 公钥对 RO 中的内容密钥进行加密封装。

4）DA 通过 ROAP 协议登记注册到 RI，向 RI 请求 RO。

5）RI 向 DA 发 RO，并对 RO 使用 RI 证书私钥进行数字签名以保证 RO 的可靠性和传输完整性。

6）DA 收到 RO，用 RI 证书公钥验证数字签名以确认 RO 的可靠性和完整性，然后用其证书私钥解密提取内容密钥以及使用该内容的权限。

7）DA 用提取自 RO 中的内容密钥对内容进行解密，按相应权限使用解密后的数字内容。

4. DRM 权限表示和密钥传输

版权描述语言是一种标准化描述工具，用来统一、精确表达对数字内容的使用权限。REL 以 XML 方式定义了对 DRM 内容的各种访问许可权和限制。OMA REL 遵循开放式数字权利语言（ODRL）在其子集基础上，根据移动数字内容的特点进行了扩充。

ODRL 为 DRM 相关角色定义了相应的 3 类 12 种许可权和 8 类 34 种限制。

（1）3 类 12 种许可权

4 种使用类许可权：播放、显示、执行、副本（如纸质）。

4 种转移类许可权：销售、出借、赠送、出租。

4 种重用类许可权：修改、摘录、集成、标注。

（2）8 类 34 种限制

9 种管理类许可权：移动、复制、删除、验证、备份、恢复、安装、卸载、保存。

2 个用户类限制：用户身份标识、用户群组。

9 个设备类限制：中央处理器、网络、屏幕、存储、内存、打印机、软件、硬件。

3 个界限类限制：次数、范围、地理范围。

3 个时域类限制：时段、累计时长、时长。

4 个特性类限制：质量、格式、单元、水印。

3 个目的类限制：目的、产业、环境。

1 个权限类限制：允许传输。

OMA 为 DRM 1.0 和 DRM 2.0 分别制定了 REL 1.0 和 REL 2.0 两个版本。OMA REL 1.0 直接引用了 ODRL 的 4 种使用类许可权（播放、显示、执行、副本（如纸质））和 3 种限制（次数、时段、时长）。

OMA REL 2.0 在 OMA REL 1.0 基础上新增了 1 种许可权（导出）和 4 种限制（基于时长的次数、累计时长、用户身份标识、DRM 系统），其中导出许可权、基于时长的次数和 DRM 系统限制是新增加的，没有 ODRL。

除了表达权限，还需传送内容加密密钥。OMA REL 还提供了携带内容加密密钥的机制。由于 OMA DRM 1.0 仅考虑禁止转发、组合分发和独立分发 3 类对简单数字内容的使用，REL 1.0 未提供对内容密钥的安全保护机制，而是在 REL 中直接携带内容加密密钥。另外，REL 1.0 也未对版权、内容和两者关联关系提供完整性保护机制。

由于 OMA DRM 2.0 是为保护高价值数字内容而设计的，因而考虑到内容加密密钥安全性、内容完整性、版权完整性、内容版权关联关系的完整性，REL 2.0 使用用户 DRM 设备公钥对内容密钥进行加密封装、为加密后的内容增加摘要、使用版权中心私钥对整个授权对象进行数字签名等手段，提供了所有必要的安全和完整性保护。

5. DRM 授权对象的获取

授权对象获取协议（ROAP）是一组用于 RI 和 DA 之间进行授权对象安全交换的协议。ROAP 协议包括以下协议。

1）4-pass 注册协议：建立 RI 和 DA 之间的互信关系、协商协议参数、同步 DRM 时间等。

2）2-pass 获取 RO 协议：基于 DA 与 RI 间的互信关系，DA 向 RI 请求 RO，RI 以数字签名方式可靠提供特定 RO，其中包括内容密钥的非对称加密封装。

3）1-pass 获取 RO 协议：用于 RI 基于与 DA 间的互信关系，向 DA 直接推送 RO。

4）1-pass 加入域协议：用于 DA 基于与 RI 间的互信关系，为获取群组 RO 而向 RI 请求加入特定用户设备群组。

5）1-pass 离开域协议：用于 DA 基于与 RI 间的互信关系，因不再需要群组 RO 权限而向 RI 请求离开特定用户设备群组。

6）ROAP 触发器（ROAP Trigger）：除了 1-pass 获取 RO 协议之外，以上其他协议都可由相应触发器触发。ROAP 触发器是 RI 生成并下发给 DA 的一段包含触发相应协议所需信息的 XML 文档，DA 收到触发器信息，就会发起相应的 ROAP 操作请求。ROAP 协议也可通过用户交互由终端主动触发。

6. DRM 内容保护和分发

OMA DRM 将数字媒体对象加密、打包为一种特定格式的文件，该文件包含加密后的媒体对象数据和相关的描述信息。OMA DRM 内容格式分两种：DCF 和 PDCF，分别用于加密保存和传输离散媒体（如铃音应用程序、图像）对象和连续媒体（如音频、视频）对象。DCF 和 PDCF 均遵循 ISO 的 BOX 扩展机制，定义了若干 BOX，分别保存 DRM 相关的描述信息（如内容标识、加密算法、RI 地址、CI 地址）和加密后的媒体对象数据。

OMA DRM 将 DRM 内容和授权对象从逻辑上进行了分离，因此传输 RO 和 DCF 到目标 DA，既可将其组合在一起传输，也可分别传输，并且可以采用各种承载协议和传输方式。

7. DRM 技术与标准化趋势

随着电子信息技术与网络应用的快速发展，数字内容的交互途径越来越简单，版权管理越来越凸显其重要性。DRM 技术的广泛应用不仅能有效保护数字内容所有者的利益，也将促进整个数字内容消费体系的有序化和可管理化。DRM 是整个数字媒体产业基础设施建设中重要的一环。

目前，DRM 系统主要针对移动数字内容的下载，如音乐、图片、铃声、文本等文件下载类的应用软件。未来，DRM 的技术发展和标准制定需要考虑多方面的需求。

1）与其他具有版权需求的应用领域进行结合，如流媒体播放、软件发布和网络游戏。

2）与运营商现有的运营环境进行结合。

3）应用于数字电视（包括网络电视）、卫星广播等固定宽带数据业务。DRM 可丰富用户体验，如按费用选择图像质量、音频效果，可以提供灵活的权限管理功能。

4）与条件接收系统进行融合。

5）应用软件的可运营化（用户按需购买特定功能，既满足需要又节省开支）。

6）应用于消费电子类产品的 DRM 芯片技术。

7）内容保护以加密为主，辅助使用数字水印和指纹技术进行盗版跟踪与审核。

在 DRM 技术发展和标准制定的过程中，国外的厂商和标准组织在这方面做了大量的工作。随着我国的数字媒体等产业的发展，也有必要建立起开放的、具有自己知识产权的 DRM 标准，而不仅仅是引用国外某组织的标准。希望在基础能力构建的基础上繁荣我国的数字媒体产业，为设备与系统、数字电视（包括网络电视、移动电视）、数字音乐、运营、芯片、软件、服务以及各种业务领域创造发展机遇。如此关键的核心领域若由外国公司控制，对我国数字内容服务产业的健康发展非常不利。因此，研究具有自主知识产权的 DRM 核心技术，制定统一自主的 DRM 国家标准，对我国数字内容服务产业的良性发展十分重要和紧迫。

随着 5G 时代的到来，5G 网络将在我国全面铺开。凭借着 5G 更快的传输速度和移动终端更强大的处理能力，移动多媒体业务将会得到更快的发展，人们可以通过 5G 网络高速下载获得高品质的多媒体数字内容。电信业在数字权益管理上将面临重大挑战，发展 DRM 业务是电信业不可回避的问题。制定相应的技术规范，满足未来电信业 DRM 的发展趋势成为当前一个亟待解决的问题。

本章小结

移动互联网的迅猛发展，带动了与传统互联网相关技术的融合，催生了大量新技术类型。这些新技术在发展过程中，面临着不同程度的安全威胁以及移动互联网的开放共享属性所带来的安全风险。移动支付是具有代表性的一种技术类型。根据移动支付的体系架构，移动支付的安全风险主要涉及移动终端接入支付平台的安全、支付平台内部数据传输的安全、支付平台数据存储的安全。除此之外，移动支付还受到手机病毒、漏洞和欺诈信息的困扰。在应对这些安全威胁时，需要做好端到端的数据加密，部署 WPKI 安全机制，通过管理实体间关系、密钥和证书来增强移动支付安全。移动数字版权保护是为了在数字产品的交易流通过程中防止侵权和盗版行为，维护多媒体数字内容所有者的版权利益，促进移动多媒体业务的健康稳定发展。数字版权管理 DRM 的基本原理是使用技术手段，对数字内容在分发、传输和使用等环节进行控制，确保数字内容只能被授权给合法使用者，并按照授权的方式，在规定的期限内进行使用。

习题

1. 请列举几个移动支付在实际生活中具体实现的例子。
2. 请简述移动支付主要面临哪些方面的安全风险。
3. 移动支付的安全防护技术有哪些？
4. 请简要阐述金融科技和互联网金融的关系和区别。
5. 目前使用的数字版权管理技术有哪些？
6. DRM 基本架构由哪几部分组成？

第 10 章　移动云计算安全

云计算完成了互联网资源和计算能力的分布式共享，使得计算机用户可以通过轻量级便携设备访问互联网服务。云计算作为一种分布式计算范式，是一个虚拟化的互联网计算机集合，在按使用量付费的基础上，以统一的计算资源进行呈现。它专注于构建软件中的计算系统设计、应用开发和服务调整，并建立在动态配置的基础之上。随着云计算技术在移动互联网领域的深入发展，相关新型业务在世界范围内也迅速发展起来，其自身的安全问题也引起了广泛的关注。

本章将首先介绍云计算的相关内容，然后介绍移动云计算的概念、应用场景，并讨论移动云计算所面临的安全风险和安全防护问题。

10.1　云计算

随着信息技术的进步和大数据时代的到来，越来越多的人能访问更广泛的信息资源。以往单个物理机难以对大规模数据进行处理，用户急需可扩展、可定制、高效可靠的计算模式来支撑其应用需求。在这种情况下，分布式计算、网格计算和效用计算混合演进形成了现如今较为成熟的云计算服务模式和商业模型。

10.1.1　云计算概述

云计算（Cloud Computing）是分布式计算的一种，指的是通过网络“云”将巨大的数据计算处理程序分解成无数个小程序，然后通过多个服务器组成的系统进行处理，分析这些小程序得到结果并返回给用户。通过云计算技术，可以在很短的时间内完成对数以万计的数据进行处理，从而形成强大的网络服务。发展到现在的云服务已经不单单是一种分布式计算，而是集成了分布式计算、效用计算、负载均衡、并行计算、网络存储、热备份冗余和虚拟化等计算机技术混合演进并实现技术跃升的结果。

一般而言，云计算是指分布式处理、并行处理、网格计算、网络存储和大型数据中心的进一步发展和商业实现。其基本原理是，用户所需的应用程序并不需要运行在用户的个人计算机、手机等终端设备上，而是运行在互联网的大规模服务器集群中。用户所处理的数据也并不存储在本地，而是保存在互联网的数据中心。这些数据中心正常运转的管理和维护则由提供云计算服务的企业负责，并由它们来提供足够强大的计算能力和足够大的存储空间给用户使用。在任何时间和任何地点，用户都可以随意连接到互联网的终端设备。因此，无论是企业还是个人，都能在云（网络）上实现随需随用。同时，用户终端的功能将会被大大简化，而诸多复杂的功能都将转移到终端背后的网络上去完成。

10.1.2　云计算服务模式

如果按照服务类型的不同，可以把云计算分为 3 类，即 IaaS、PaaS 和 SaaS，如图 10-1

所示。以下是这 3 种服务的概述。

1. 基础设施即服务（Infrastructure as a Service，IaaS）

用户通过互联网租用云计算服务提供商完善的计算机基础设施资源（包括计算、存储和网络带宽等）。用户不用理会云系统底层的基础架构，可以在上面运行软件、存储数据和发布程序。如 IBM 的蓝云和亚马逊的 EC2。

2. 平台即服务（Platform as a Service，PaaS）

将软件研发、测试和管理平台作为一种服务（系统中资源的部署、分配、监控和安全管理以及分布式并发控制等）提供给用户。在 PaaS 平台上，企业用户不用担心程序运行时所需的资源，可以快速开发应用程序，第三方软件提供商也可以快速开发出适合企业的定制化应用软件。如 Salesforce 公司的 force. com 平台。

3. 软件即服务（Software as a Service，SaaS）

通过互联网向用户提供按需付费的云端软件应用服务和用户交互接口等服务。由云计算提供商来托管和管理软件应用程序，允许其用户连接到应用程序并通过互联网访问应用程序。由于这些应用软件安装在云端，从而用户可以省去购买软件的费用并且不用下载应用软件到自己的计算机上进行安装。如 Salesforce 公司的 CRM、Microsoft 公司的在线办公平台和 Google 公司的 Apps。

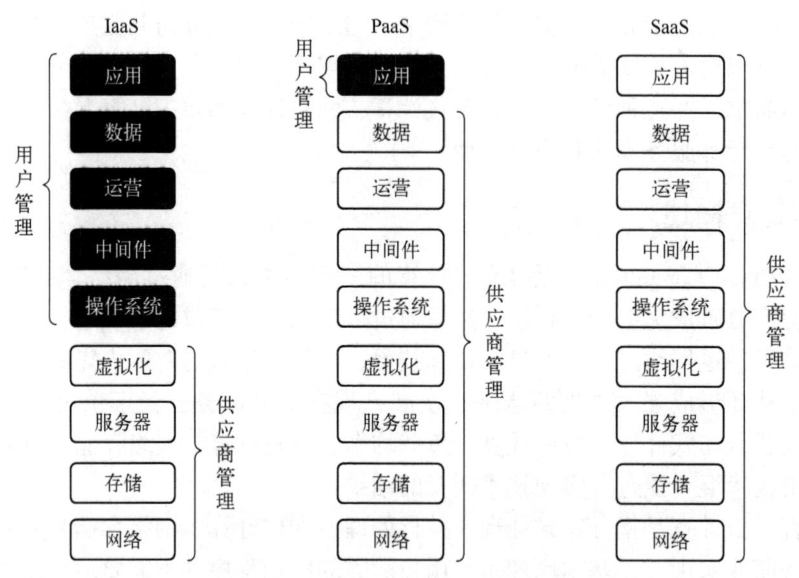

图 10-1　IaaS、PaaS 和 SaaS 之间的功能区分

10.1.3　云计算部署模型

云计算可以使用 4 种主要模型进行部署，分别是：公有云、私有云、社区云和混合云。

1）公有云：这种云基础架构由第三方提供商完全承载和管理，为用户提供价格合理的计算资源访问服务，用户无需购买硬件、软件或支持基础架构，只需为其使用的资源付费。公有云用户无需支付硬件带宽费用、投入成本低，但数据安全性低于私有云。

2）私有云：这种云基础架构是由企业自己采购基础设施、搭建云平台，并在此基础上开发应用软件的云服务。私有云可以充分保障虚拟化私有网络的安全，但投入成本比公有云要高。

3）社区云：这种云基础架构由多个组织共享，可以支持一个特殊的社区，它们有共同的关注，例如，任务、安全需求、策略、合规考虑。社区云由组织本身或第三方进行管理，可以是内部部署，也可是外部部署。

4）混合云：这种云基础架构一般由用户创建，而管理和运维职责由用户和云计算提供商共同分担，用户在使用私有云作为基础的同时结合了公有云的服务策略，可以根据业务私密性程度的不同自主在公有云和私有云之间进行切换。

国内大型企业更偏好私有云而非公有云模式。私有云和公有云的核心区别在于使用云服务的客户是否自己拥有对应的云基础设施。公有云模式配置灵活、成本低廉的优点受到中小企业的欢迎，而大型企业更关注解决方案的针对性和信息安全性，对成本相对不敏感。同时，银行、电力等行业公有云的部署也受到监管的限制，使得私有云模式较多地被国内大型企业所采用。对数据安全性较敏感的政府部门以私有云为主要部署模式，银行、电信等大型企业也建有自己的私有云，传媒、零售、服务业等轻资产公司对私有云偏好不高。

10.1.4 云计算的优势与特点

云计算作为一种新型计算应用模式，能为大量的用户提供可靠的、高质量的云服务。与传统的网络应用模式相比，云计算具有以下优势和特点。

1. 虚拟化技术

云计算最为显著的特点之一是采用了虚拟化技术，突破了时间、空间的限制。虚拟化技术包括应用虚拟化和资源虚拟化两种。通常物理平台与应用部署的环境在空间上是没有任何联系的，正是通过虚拟平台对相应终端的操作来完成数据备份、数据迁移和扩展等功能。

2. 动态可扩展

云计算具有高效的运算能力，在原有服务器基础上增加云计算功能可以使计算速度迅速提升，最终达到动态扩展虚拟化的层次，实现对应用进行扩展的目的。

3. 按需部署

计算机包含了许多的应用软件和程序代码，不同的应用软件对应的数据资源库也不相同，所以用户运行不同的应用软件需要较强的计算能力对资源进行部署，而云计算平台能够根据用户的需求快速配备计算能力和资源。

4. 灵活性高

目前市场上大多数IT资源、软件和硬件都支持虚拟化，例如操作系统和存储设备。虚拟化要素统一存放在云系统资源虚拟池当中进行管理，所以云计算的兼容性非常强，不仅可以兼容低配置机器、不同厂商的硬件产品，还能够使外部设备获得更高的计算性能。

5. 可扩展性

用户可以利用应用软件的快速部署条件来简单快捷地将自身所需的已有业务以及新业务进行扩展。例如，如果云计算系统中出现设备故障，对于用户来说，无论是在计算机层面还是在具体应用上均不会受到阻碍，可以利用云计算具有的动态扩展功能对其他服务器进行有效扩展。这样就能确保用户任务得以有序完成。在对虚拟化资源进行动态扩展的情况下，同时能够高效扩展应用，提高云计算的操作水平。

6. 可靠性高

如果服务器发生故障，不会影响计算和应用软件的正常运行。因为单点服务器若出现故障，可以通过虚拟化技术将分布在不同物理服务器上的应用程序进行恢复或利用动态扩展功能部署新的服务器来进行计算。

7. 性价比高

将资源放在虚拟资源池中进行统一管理，在一定程度上优化了物理资源，用户不再需要具有大存储空间、价格昂贵的主机，可以选择相对廉价的 PC 机组成云。一方面降低了费用，另一方面又使计算性能不逊于大型主机。

10.1.5 云计算关键技术

云计算是一种新型的业务交付模式，同时也是新型的 IT 基础设施管理方法。在新型的业务交付模式下，用户能够通过网络充分利用优化的硬件、软件和网络资源，并以此为基础提供创新的应用服务。新型的 IT 基础设施管理方法让 IT 部门可以把海量资源作为一个统一的资源库进行管理，支持 IT 部门在大量增加资源的同时无需显著增加相应的人员进行维护管理。云计算采用的关键技术主要包括如下几项。

1. 虚拟化

在云计算中，为了达成动态资源配置和资源共享的目标，需要在多个层面采用虚拟化技术。虚拟化是云计算的核心关键技术，其本质上是一种资源管理技术，可以将计算机的各种实体资源（如服务器、内存、网络及存储）予以抽象、转换后呈现出来，使用户能够以比原本的组态更好的方式来使用这些资源，可以大幅度提高资源和应用程序的服务效率和可用性。

2. 分布式海量数据存储

云计算系统由大量服务器组成，可以同时为大量用户提供服务。云计算系统采用了分布式存储的方式来存储数据，用冗余存储的方式（如集群计算、数据冗余和分布式存储等）来保证数据的可靠性。冗余的方式通过任务分解和集群，可以用低配置机器来替代超级计算机，以此保证低成本，这种方式保证了分布式数据的高可用性、高可靠性和经济性，同时也为同一份数据存储多个副本。云计算系统中广泛使用的数据存储系统是 Google 公司的 GFS 和 Hadoop 团队开发的 GFS 的开源实现版本 HDFS。

3. 海量数据管理技术

云计算需要对分布式、海量的数据进行处理和分析。因此，数据管理技术必须能够高效地管理大量的数据。云计算系统中使用的数据管理技术主要是 Google 公司的 BigTable 数据管理技术和 Hadoop 团队开发的开源数据管理模块 HBase。由于云数据存储管理形式不同于传统的 RDBMS 数据管理方式，如何在规模巨大的分布式数据中找到特定的数据，是云计算数据管理技术所必须解决的问题。另外，在云数据管理方面，如何保证数据安全性和数据访问高效性也是需要重点关注的问题。

4. 编程方式

云计算提供了分布式的计算模式，客观上要求其自身必须使用分布式的编程模式。云计算采用了一种思想简洁的分布式并行编程模型 Map-Reduce。Map-Reduce 是一种编程模型和任务调度模型，主要用于数据集的并行运算和并行任务的调度处理。在该模式下，用户只需自行编写 Map 函数和 Reduce 函数即可实现并行计算。其中，Map 函数中定义了各节点上的分块数据的处理方法，而 Reduce 函数定义了中间结果的保存方法以及最终结果的归纳方法。

5. 云计算平台管理技术

云计算资源规模庞大，服务器数量众多并分布在不同的地点，同时运行着数百种应用软件，如何有效地管理这些服务器，并保证整个系统能够提供不间断的服务是其面临的巨大挑战。云计算系统的平台管理技术能够使大量的服务器协同工作，方便地进行业务部署和开通，可以快速发现并恢复系统故障，通过自动化、智能化的手段实现大规模系统的可靠运营。

10.2 移动云计算

随着移动互联网产业的飞速发展，手机、平板计算机等移动终端的普及带来了大量的移动终端用户，移动设备已成为人们生活中便捷的通信工具。移动终端用户都希望自己的终端能够更加强大，同时又具有个性化的服务功能。然而，与个人计算机相比，移动设备的计算资源较为缺乏，突出表现在计算性能较差、存储容量有限且有电池容量限制等。移动设备的这些不足严重阻碍了其服务质量的提升。

近些年来，以虚拟化技术为核心的云计算技术逐渐被用于弥补移动设备的这种内在缺陷，开始在手机、平板计算机等移动终端上得到广泛应用。主要方法是把原先需要移动设备来完成的计算和存储任务交给云服务提供商来完成，任务完成后云服务提供商会把计算结果返回给移动设备。在结合了移动设备的移动通信、位置定位、相机等功能之后，移动云计算使移动设备突破了自身的硬件性能限制，孕育了巨大的应用市场，是 IT 行业炙手可热的新业务发展模式，成为移动互联网服务发展的新热点。

10.2.1 移动云计算概述

云计算是一种在服务器端提供给用户软硬件资源并进行计费的服务模式，由云端来搭建和配置包括服务器、存储设备、网络和应用程序在内的应用服务，用户可以按照自己的需求来使用这些服务。所有的资源管理工作都交给云端来完成，用户只需使用服务即可。云计算可以把应用程序需要进行的计算任务交给远程服务器来处理，终端设备只需要负责简单的数据输入和结果的输出显示，不需要具有较高的计算和存储能力。这样的方式可以极大地降低对终端设备硬件配置和性能的要求，实现应用服务的多元化。

移动通信网络和互联网的相互结合形成了移动互联网这种模式，这种全新的模式带来了更多网络应用的发展空间。移动终端的发展造成了对移动互联网发展的大需求量，推动着各大终端和应用服务提供商都开始以发展移动互联网为主的业务模式。

在移动网络和云计算的背景下，移动终端的云计算服务应运而生。移动云计算正是移动互联网与云计算技术的结合。移动云计算的服务模式就是移动终端通过网络连接到远端的服务提供商，将移动终端需要处理的计算任务交给远程服务器来完成。移动用户的数据也存储在云端，所有的资源都通过网络来传输。移动终端不用进行数据的运算，只需负责数据的输入和输出，减少了对计算和存储的需求，这样可以大大降低对移动终端的配置要求。而且，移动终端使用的应用软件也可以由服务器端来提供，用户不需要下载、安装和配置应用软件，可以不再局限于移动终端对应用软件的较低兼容性，只需要使用应用软件的功能即可。

移动云计算可以让多个移动终端来共享使用同一款应用软件，提升了服务器的计算效率和资源的利用率。

10.2.2 移动云计算架构

移动云计算是移动网络和云计算的结合体。移动云是云计算移动虚拟化中非常重要的一部分。它将云计算集成到移动环境中，支持用户以按需的方式使用资源。移动云计算通过在移动设备之外的云端执行数据存储和数据处理，来为移动 App 和服务提供简单的基础设施。移动云计算的架构是构建这一功能系统的核心。接下来，将对移动云计算的几种架构进行介绍和分析。

1. 面向服务的架构

移动云计算面向服务的架构（即 SOA）包括 3 层，即移动网络、互联网服务和云服务，如图 10-2 所示。

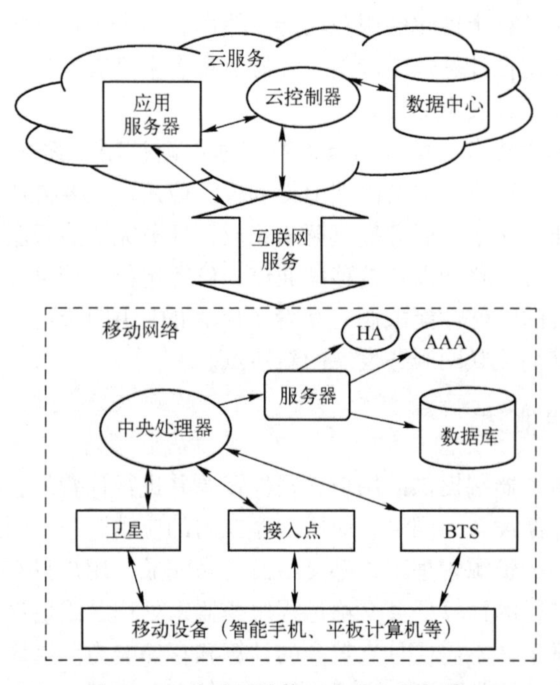

图 10-2　移动云计算面向服务的架构

（1）移动网络

移动网络包括移动设备和网络运营商。移动设备可以是智能手机、平板计算机或卫星电话。它们通过基站收发台（BTS）、接入点或卫星与网络运营商建立连接。这些移动设备建立并控制了移动设备和网络运营商功能接口之间的连接。诸如标识符（ID）和位置等移动设备的信息被发送到网络提供商的服务器上。在这里，基于存储在数据库中的本地代理和订购用户的数据，运营商可以提供认证、授权和计费（AAA）等各种服务。

（2）互联网服务

互联网服务在移动网络和云服务之间发挥着桥梁作用。用户的请求通过高速互联网服务发送到云端。使用有线连接或诸如 HSPA、通用移动通信系统（UMTS）、WCDMA 和 LTE 在内的3G或4G网络技术，用户可以从云端获取不间断的服务。

（3）云服务

收到所有用户的请求后，云控制器对这些请求进行处理，并根据用户需求为其提供相应服务。图10-3所示，云端拥有若干个服务提供层。

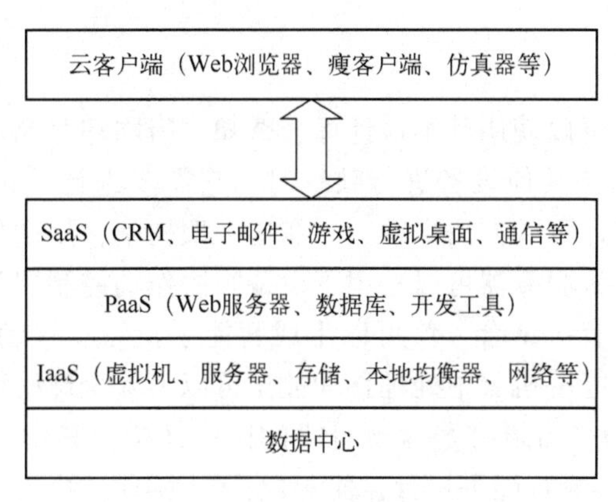

图10-3　云计算的服务模式

1）数据中心：数据中心为云端提供硬件等基础设施。在数据中心，存在与高速网络相连的多台服务器和大功率电源。通常情况下，它们都建在人口较少、灾害风险较低的地方。

2）IaaS：位于数据中心之上。它提供存储器、服务器、网络组件和硬件，并按照使用量付费的方式为用户提供服务。IaaS具有弹性特征，因而基础设施可以基于用户需求进行动态扩展。IaaS的典型实例包括亚马逊的EC2和S3（简单存储服务）。

3）PaaS：为用户构建、测试和部署多种应用服务提供了一种集成环境和平台，如Java、.Net和PHP。PaaS的典型实例包括Google公司的App Engine和Microsoft公司的Azure。

4）SaaS：SaaS是一种由应用服务提供商（ASP）提供的软件交付模式。软件及相关数据都集中托管在云端。SaaS可以提供客户关系管理（CRM）、企业资源计划（ERP）、管理信息系统（MIS）和人力资源管理（HRM）等多种软件解决方案，且无需在客户端站点安装任何专用软件，即可按需提供服务。

这种在数据存储和计算中使用的方式被迁移到云端，用户可以获得无缝和按需服务，而不必担心移动设备的处理能力和电池寿命。

2. 代理-客户端架构

在这种架构中，移动设备没有直接连接到云端。它们通过一些诸如微云的代理或同时使用两种代理连接到云端，如图10-4所示。移动云计算和广域网WAN与云端密切相关。通常云端距离用户非常远，因而存在着时延或低效的可能性。这些代理能够满足用户对高带宽、低时延和低成本的需求。只有当代理无法满足用户需求时，这些请求才会到达云端。在图10-4中，M1、M2、M3和M4并不是直接连接到云端，而是通过微云等代理来连接到云端。

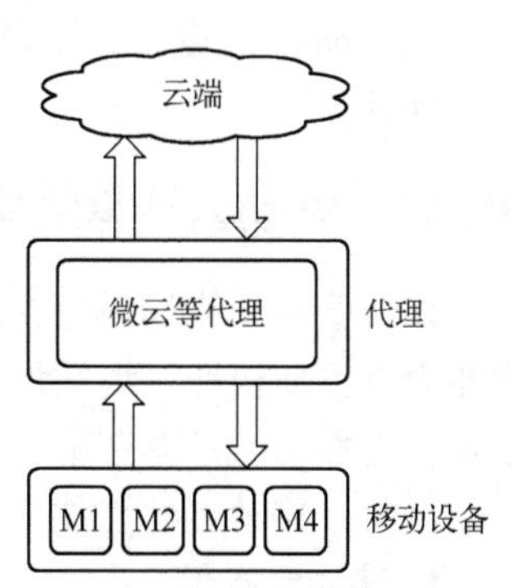

图10-4　移动云计算的代理-客户端架构

这里提到的微云是一种资源丰富的计算机或计算机集群，

它们是可信的，能够连接到高速互联网，并能够为移动设备提供服务。出于时延或成本方面的考虑，用户不再直接将任务卸载到云端，而是将其卸载到最近的微云上。如果设备无法找到任何一朵可用的微云，那么它才将请求发送给云端，或者在最快的情况下，使用自身资源来完成该任务。因此，用户能够以低时延、单跳、高带宽和低成本的方式接入到微云，以此来获得实时响应。

3. 协作架构

如今，智能手机已经可以使用其本地计算、感知、组网和存储功能进行独立运行。当数据通过集中式服务器或云与其他设备进行共享时，它需要进行成本高昂的上传和下载。同时，这一问题可通过协作计算的方法来解决。在这一架构中，使用移动设备资源时，通常将设备看作是云的一部分。云服务器可以是用于设备间协作的控制器和调度器。通过将智能手机的数据和计算能力进行有机结合，就可以生成智能手机云。移动 App 可以利用智能手机云的这些资源，因而在智能手机云中处理移动数据可以消除全球网络的瓶颈以及卸载数据到远程服务器的限制。图 10-5 给出了移动云计算的协作架构，其中 M1、M2、M3 和 M4 是移动设备，M2、M3 和 M4 形成智能手机云，而 M1 正在使用这种云。

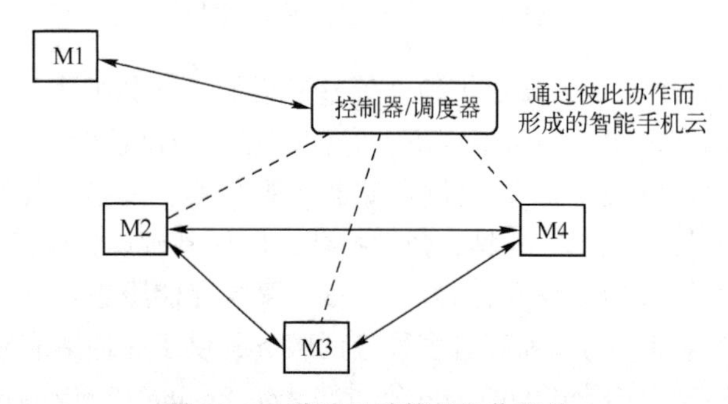

图 10-5　移动云计算的协作架构

目前，诸如 Android 或 iPhone 智能手机都可以支持云计算。Hyrax 是一种基于 Hadoop 的平台，支持在 Android 智能手机上进行云计算。Hyrax 允许客户端应用软件可以方便地使用数据，并支持在智能手机网络以及手机和服务器的异构网络中执行计算任务。通过支持设备的数量变化，可以容忍节点离开网络，Hyrax 允许应用软件将分布式资源抽象为云的形式进行使用。例如，对于一台 x86 虚拟机，不同的应用程序既可以在 BOINC 服务器上运行，也可以在 iPhone 上运行，该虚拟机继承了网格计算架构。通过采用这项技术，iPhone 可以支持云计算方法。

10.2.3　移动云计算的应用

伴随着移动终端设备在配置方面的不断提高，各大运营商提供的无线宽带技术的数据传输能力也更加快速。终端设备性能和网络传输能力的提高共同促进了移动云计算服务需求的增长，给移动云计算带来了很大的发展空间。

目前，移动云计算技术在实际中的应用类型主要包括以下几种。

1. 移动云存储

近些年来，移动云计算技术不断向个人消费市场进行渗透，较典型的当属 Google 公司和苹果公司面向移动环境而各自搭建的 Android 生态系统和 iOS 生态系统，实现了传统互联网和移动互联网的信息、内容、服务的有机整合，提供了信息搜索、地图导航、电子邮件、相片与文档的云存储备份和跨终端共享等服务功能。同时，移动云服务正逐步向企业级应用市场进行渗透，为企业用户提升运营效率、降低成本带来助益。而且，移动云服务可以处理用户上传的运算量很大的任务，并在运算完之后将结果返回给用户终端。这种处理方式突破了移动终端的硬件和性能限制，避免了不同终端的混乱使用，有利于在移动互联网应用行业的推广和使用。

2. 移动电子商务

移动电子商务可以看作是电子商务的移动版本。移动电子商务是通过无线技术，在任何地点将电子商务能力直接交付到消费者手中的过程。移动电子商务包括移动交易、移动支付、手机短信、票务、移动广告和购物等应用模式。通过使用云计算和云存储技术，电子商务的每一项功能都可以在移动设备上进行实现，极大地满足了用户的商务需求。

3. 移动学习

移动学习（Mobile Learning）是用户在移动设备的帮助下能够在任何时间、任何地点进行学习的方式。移动学习通过社交和内容互动，使用户借助移动设备可以在多个情景中进行学习。传统的移动学习应用受到教育资源有限、设备和网络成本过高等限制。移动云计算可以有效克服这些缺点，并能够提供更大的存储空间、更高的处理能力和更长的电池寿命。移动学习被认为是一种未来学习不可或缺的学习模式。

4. 移动互联网业务个性化推荐服务

与传统电子商务相比，移动云计算技术能够获得更多关于用户动态情形的信息，如位置信息、终端设备信息等，从而可以更好地为移动用户提供个性化的实时服务。移动云计算技术在征得用户同意后可以对用户的位置进行确认，并为用户提供更便利的服务。例如，商家可以将广告信息推送到附近的人，通过分析客户的购买记录，可以向客户推送相关的服务信息。鉴于每个用户的喜好和需求不同，商家以此为依据可以更加灵活地为客户定制信息和服务，例如，用户可以调整交货时间、随时获取所需的服务等。

10.2.4 移动云计算的优势

云计算技术在移动互联网中的应用加速了移动 App 和服务产业的发展，个人消费市场的移动云计算服务也不断深入。在实际的发展应用中，移动云计算具有以下几点优势。

1. 不受终端硬件限制

现在手机的使用已经非常普及，而且目前手机市场上主流智能手机的 CPU 配置已经达到了八核，手机存储容量大多在 64 GB 以上，运行内存一般在 4 GB 以上，但与传统的 PC 机相比还有很大的差距。移动终端硬件是需要突破的最大障碍，尤其是移动终端在处理大量的信息和数据的时候，移动云计算技术的出现解决了移动终端硬件的限制问题。

2. 数据存储方便

随着移动云计算技术的发展，市场上逐渐出现了一些存储软件（如百度云盘、360 云盘），一些手机上会自带诸如云相册的云存储应用软件。在移动互联网上运用这项技术，为使用者提供了一定的存储空间，方便了用户的数据存储。同时，用户访问存储数据时也很方便，在没有无线网络的情况下也可以对其进行访问，甚至可以达到本地访问的速度。而且还可以实现不同用户之间的数据共享，防止由于手机被盗或丢失而导致的数据遗失。

3. 智能平衡负载

移动云计算在移动互联网中应用时，负载可能会变大。通过移动云计算，用户使用资源的方式是弹性的。移动云计算可以灵活地应对各应用软件之间对资源的需求现象，使得应用软件的负载更加智能和均衡，优化资源配置，保证应用软件的服务质量并提升用户体验。

4. 管理成本降低

移动云计算技术的运行流程处于全自动化的管理之下，这样可以有效地降低管理成本。

10.2.5 移动云计算的应用问题

除了以上几点应用优势，移动云计算技术在具体的应用过程中还面临以下几个问题。

1. 访问延迟

访问延迟是移动云计算进行部署所面临的一个重要问题。因为在移动云计算的应用过程中，数据的交互非常频繁，有些传输过程的数据量很大，比如视频、3D 游戏和网站图片组。当数据量非常大时，延迟就会显著增加，这对实时性要求较高的业务和应用是无法忍受的。

2. 访问稳定性

目前，应用广泛的移动终端仍是手机设备。随着智能手机的发展，一部手机需要处理越来越多的应用程序。这就不但要求手机存储容量最大化，而且还需要应用程序自身所在的服务器能够稳定快速地运行，可以迅速响应并接收用户终端的数据请求，完成快速访问。

3. 无线网络的异构性

随着无线通信技术的飞速发展，出现了移动蜂窝通信网络、无线局域网、无线城域网等拥有新兴组网技术的异构网络。因此，对于云服务提供商而言，在这些异构网络之间提供无缝漫游和服务是一个极大的挑战。

4. 云服务质量

移动异构网络环境存在着各种不稳定和限制因素。因此，作为移动云计算服务的供应商，在提供海量云计算服务的同时，如何确保云服务的质量就成为用户主要关注的问题之一。

10.3 移动云计算安全分析与对策

在移动云计算中，数据被存储在云端。由于数据的访问和存储是在移动设备外部完成的，而且由远程云服务器进行处理，用户无法对其进行控制。因此，安全和隐私是移动云计算在应用过程中面临的重要挑战。而且，随着 4G 网络的普及、5G 网络技术的商用以及云计算应用模式的引入，移动互联网的发展进入到一个新纪元，它在给人们带来便利的同时，也会让移动云计算面临许多新的问题。

移动云计算的安全防护比传统云计算的安全防护更为复杂，主要是由于移动终端的访问位置灵活，访问并发数量更大，而且移动设备更容易发生丢失和泄密。为应对这些挑战，制定移动云安全策略，发展移动云安全服务逐渐成为新的研究方向。

为保障移动云的信息安全，需要了解移动云计算面临的特有的安全威胁和挑战。由于自身的结构和特点，移动云计算呈现出了许多安全上的优势，包括数据与处理隔离、冗余、安全集中化、高可用性等。移动云计算技术面临大量的安全挑战，包括数据复制、有限可扩展性、身份认证、可持续性和隐私保护等。一般而言，网络安全主要保证数据的机密性、完整性和可用性。需要保证安全的资产主要有 3 大类：软件、硬件和数据。下面将分析移动云计算的主要安全问题，并探讨相应的对策。

1. 认证层面

移动云计算支持海量用户认证与接入，对用户的身份认证和接入管理必须完全自动化，为提高认证接入管理的用户体验，需要简化用户的认证过程，比如提供云内所有业务统一的单点登录与权限管理。支持移动性和分布式网络计算也是移动云计算的重要特征，这增加了用户认证管理的难度，为了实现用户随时随地都可以访问云资源，就需要接受来自不同位置和不同客户端的登录访问。如果入侵者攻破认证入口，就可以进入云系统内部，掌握内部资源，会给移动云计算用户带来严重损失。通常，入侵者利用租用的虚拟机来发起攻击，或者攻击虚拟化管理平台，利用操作系统或网页的漏洞，非法截获用户数据并获取用户密码等敏感信息。

2. 数据层面

移动云计算要处理海量数据，而且这些数据还采用分布式计算，即很多数据计算是由位于各地的计算资源共同完成的，所以会有大量的中间数据需要通过网络来传输，这个过程是没有保护的，存在极大的安全隐患。而且，在移动云计算模式下，数据的所有权和管理权是分离的。用户将自己的数据委托给移动云计算服务商，服务商拥有最高权限，而云服务商没有充足的理由说服用户相信其数据是被正确使用的，例如数据是否被篡改或者是否被云服务商泄露给其竞争者。用户对数据安全的担忧成为移动云计算发展的重要障碍。同时，存储在数据中心的数据也面临安全威胁。但是，用户可以通过客户端对这些数据进行加密保存，然后将数据存储到云端。用户的数据加密密钥保存在客户端，云端无法获取密钥对数据进行解密。需要特别考虑并设计用户许可证和访问规则，决定并发访问 SaaS 应用程序的授权用户的最大数量、位置约束、访问权限等，要求用户使用密码访问特定的 SaaS 程序，对注册的移动设备进行跟踪，报告失窃后及时进行远程数据擦除等。

另外，移动终端设备大部分都是通过无线网的方式对数据进行接收和传输的。在此过程中，所传输的数据信息容易因为无线网信号被劫持而出现丢失的现象，进而造成数据信息的不完整。因此，在用户与移动云进行数据传输的时候，将私有的数据信息进行加密处理，就能够有效避免数据丢失现象的发生。而且，移动云模式存在众多不同类别的提供商，需要进一步提升安全防范能力来加以应对。

最后，当移动用户从移动云中退出后，该用户的数据空间可以直接释放给其他用户使用，残留的数据如果不及时清理，其他用户就可以获取到原先用户的私密信息，数据将面临泄露的可能。移动云计算对数据内容的辨识能力较低，获取数据后通常会直接进行计算，缺乏检查和校验机制，这往往会使一些无效数据或伪造数据混杂其中，一方面可能影响计算的结果，另一方面也会占用大量的计算资源，影响计算效果。

3. 虚拟层面

虚拟化是目前移动云计算供应商使用最广泛的技术之一。服务器、存储、网络等虚拟化技术为移动云计算提供了基础技术支持，解决了资源利用率、资源提供的自动扩展等问题。其中，服务器的虚拟化技术支持将单台物理服务器虚拟为多台虚拟服务器，进而大幅提高有限计算资源的利用率。然而，虚拟化技术在提供便利的同时也带来了安全风险，比如虚拟化自身的安全漏洞和虚拟机之间流量交换。由于虚拟机可以被动态创建和迁移，虚拟机的安全措施必须相应地自动创建和迁移。但是，虚拟机本身很难做安全防护，尤其在迁移的过程中。虚拟机在没有安全措施或安全措施没有自动创建时，容易导致接入和管理虚拟机的密钥被盗、相应的服务遭受攻击、弱密码或无密码的账号被盗用，因此虚拟化增大了安全风险。

目前，在主流虚拟化技术（KVM、Xen、VMware 等）中广泛存在着虚拟化漏洞。Hypervisor 是一款虚拟化管理软件，使用了目前虚拟化的核心技术，可以捕获 CPU 指令，为指令访问硬件控制器和外设充当中介，协调所有的 CPU 资源分配，运行在比操作系统特权还高的最高优先级。一旦存在漏洞并被攻破，在 Hypervisor 上的所有虚拟机都将没有任何安全保障，甚至将影响虚拟化以下的宿主机本身的安全。攻击者主要从以下 3 个方面利用虚拟化漏洞。

1）对宿主机进行破坏，导致宿主机以上的所有虚拟机崩溃、业务中断。

2）虚拟机逃逸，在获取宿主机的控制权后，利用宿主机对云计算平台进行渗透。

3）利用宿主机控制权来获取同一宿主机下其他虚拟机的敏感信息。

同时，移动云计算环境还拥有多种不同的虚拟化管理组件（虚拟机监视器、网络策略控制器、存储控制器等），这些都是实现多租户共享硬件并隔离业务和数据的核心组件，一旦这些虚拟化管理软件的漏洞被黑客利用，那么租户的安全就无法得到有效保障。

4. 网络层面

移动云计算依托网络来完成分布式计算，其本质就是利用网络将处于不同位置的计算资源集中起来，然后通过协同软件，让所有的计算资源一起工作、完成某些计算功能。这样的话，移动云计算的运行过程就会有大量的数据需要通过网络来传输，在传输过程中数据的私密性和完整性存在很大风险。而传统计算不会涉及类似的问题，传统计算直接将数据放到某个特定服务器上来完成计算，只要这个服务器有安全防护，就可以基本保证计算过程不受干扰。

移动云计算必须基于随时可以接入的移动互联网络，便于用户通过网络接入来使用移动云计算资源，这使得移动云计算资源需要分布式部署路由，会造成域名配置复杂化，更容易遭受网络攻击。对于 IaaS 而言，DDoS 攻击不仅来自外部网络，也可能来自内部网络。传统网络面临的攻击，在移动云计算环境中都普遍存在，而且其威胁会被放大，所以需要针对移动云计算来制定相关的安全防护策略。

5. 移动终端安全

一方面，移动终端本身具有潜在的威胁，例如通过操作系统的漏洞来窃取用户的隐私信息，利用病毒和恶意代码进行系统破坏；另一方面，浏览器普遍成为云服务应用的客户端，目前互联网的浏览器基本上都存在软件漏洞，这会增加移动终端被攻击的风险。

6. 移动云计算架构层面

在移动云计算平台上，资源以虚拟化、多用户租用的模式提供给用户，移动云计算服务商根据租户对于共享资源的使用量来进行计费。虽然多租户架构通过共享系统或计算机运算资源的方式提升了资源利用率，但是这些虚拟资源会根据实际运行所需来绑定物理资源。这也就意味着同一时刻可能有多个用户访问相同的物理资源，一旦移动云计算中的虚拟化软件存在安全漏洞，用户的数据就可能被非法用户访问。在多租户的移动云计算环境里，由于移动云计算平台的开放性，平台上的租户繁杂，不能排除其中存在恶意租户，租户间也可能存在一定的利益竞争关系，使得移动云计算资源滥用、租户间的攻击成为可能。传统的安全防护措施在面对这些来自移动云环境内部的安全挑战时会显得捉襟见肘。

而且，目前租户之间未得到有效隔离。在多租户隔离的技术上，各移动云计算供应商已经提供了完善的VPC（Virtual Private Cloud）多租户虚拟化网络解决方案。虽然目前VPC解决方案相对完善，但并不能排除在移动云计算技术的发展过程中被攻击者寻找到可利用的漏洞，进而跨越通过VPC技术实现的租户隔离。租户间如果因为未得到有效隔离而造成租户间的攻击将极大影响移动云计算用户的使用体验，同时也极大地增加了信息系统被渗透的可能性。

采用混合云模式可以避免核心业务数据存放在服务商手中，又可享用公有云的经济性和便捷性，将成为日后的主流模式；使用加密存储、虚拟局域网、网络中间件、数据隔离技术可以有效防止非法访问并提高数据可靠性；采用SIM卡绑定和短信确认等多重认证方式相结合的形式来确保用户身份的合法性。三方密钥交换（3PAKE）协议可以有效抵抗各种攻击，改进的3PAKE在移动云计算领域将具有广阔的应用前景；保障移动云计算安全仅依靠移动云计算服务商和用户是远远不够的，需要尽快成立高效可靠的第三方监管机构来协调指引；提高云服务的质量和用户的安全意识，提供良好的移动网络是促进移动云计算发展的不可或缺的动力与前提。移动互联网应用在移动云计算环境下将迎来爆发式增长，一些新经济模式和增长点也将应运而生。目前的移动云计算尚处于初步发展阶段，随着4G网络不断发展优化和5G网络的应用，移动互联网与云计算、物联网的无缝融合，可以让一切需要信息处理的领域均可应用移动云计算技术使其“移动化”，比如当前人们已将旅游作为一种生活放松方式，利用移动云计算技术构建智能、便捷的移动云旅游系统，用户可以随时随地预订或修改旅行计划。

7. 云数据隐私安全

移动云计算将数据库共享在网络环境中，虽然会根据不同的使用要求对移动云计算数据库做加密处理，但应对网络环境中的黑客入侵攻击，仍然存在数据隐私被窃取的风险。当前大部分移动设备中都设置了GPS定位功能，用户根据自己不同的使用需求选择是否打开GPS功能分享自己的地理位置，也正是这一功能增大了移动云计算侵犯隐私的风险性。地理位置被共享后，用户经常出现的场所将会被他人掌握，一些不法分子运用这一数据特征可能会对用户造成进一步的伤害，这也是当前移动云计算技术大力发展的背景下需要首先克服的问题。根据移动云计算的安全性需求，系统配置中会针对隐私入侵风险设计出独立的隐私区域。将关系到用户操作安全的隐私信息都保存在隐私区域中，只有在特定的登录用户及密码配合下才能进入。这样就可以保证隐私区域访问权限的唯一性，从而降低了用户在使用移动云计算服务时个人信息被非法窃取的风险。

10.4 移动云计算的发展前景

云计算技术被称为IT界的“第三次工业革命”，云计算将带来工作方式和商业模式的根本性变革。国家“十二五”规划纲要和《国务院关于加快培育和发展战略性新兴产业的决定》把云计算列为重点发展产业。这对云计算技术的发展起到了极大的推动作用。

移动云计算在继承了云计算优势的同时，还有效地降低了应用软件执行时的能量和时间消耗，增强了移动设备的数据存储能力，并延长了移动设备的电池寿命。然而，在移动云计算的一些领域，还需要进一步改善网络访问管理、服务质量、标准接口、资源管理和应用迁移等方面的性能。

目前，移动云计算已成为人们日常生活不可或缺的重要组成部分，并成为IT行业炙手可热的新业务发展模式。随着移动App的迅猛发展及云计算技术为移动用户提供的服务支持越来越多，移动云计算会继续为用户充分利用云计算服务提供有力的支撑。

由于拥有开放的技术接口、分布式的计算理念以及超强而又灵活的处理能力，移动云计算不断催生出新的巨大的产业机会。当前，移动通信网络已经开始向5G网络过渡。5G网络增加了用户的带宽容量，降低了传输时延，并提高了传输质量。5G网络的普及会进一步提升移动云计算的服务质量和效率。

未来，移动云计算市场规模巨大，发展迅速，人才缺口极大。这一市场逐步成为IT行业的平台选择。移动运营商与IT平台频繁的合作使更多的用户进入到移动云计算领域。随着用户对云计算技术的认知不断深化和信任感的增强，移动云计算将会迎来更加辉煌的发展前景。

本章小结

云计算技术通过互联网资源和计算能力的分布式共享，解决了互联网上计算资源利用率不平衡的状态。云计算通过云端搭建和配置服务器、存储设备、网络等基础设施，用户可以按照自己的需要来选择使用这些服务。所有的资源管理工作都交给云端来完成，用户只需使用服务即可。移动云计算是云计算技术在移动互联网中的应用。移动终端通过网络连接到远端的服务提供商，使用云端的硬件设备提供的网络、平台、计算存储和应用资源等服务。移动终端不用进行数据的运算，只需要负责数据的输入和输出，减少了对计算和存储的需求，这样可以大大降低对移动终端的配置要求。移动云计算的架构主要有3种：面向服务的架构、代理-客户端架构和协作架构。移动云计算在应用过程中的安全问题主要涉及认证层面、数据层面、虚拟化层面、网络层面、移动终端层面、移动云计算架构层面和云数据隐私安全。

习题

1. 请简述自己对云计算的理解。
2. 按照服务类型的不同，云计算可以划分为哪几类？
3. 云计算具有哪些特点？
4. 请简述移动云计算技术在应用过程中具有哪些优势？
5. 目前，移动云计算有哪几种架构？请简要阐述。
6. 移动云计算在应用过程中主要面临哪些安全风险？如何进行应对？

第 11 章　移动大数据安全

半个世纪以来，随着计算机技术全面融入人类的社会生活，信息已经积累到了一个开始引发变革的程度。它不仅使世界充斥着比以往更多的信息，而且其增长速度也在加快。21 世纪是数据信息大发展的时代，移动互联网、社交网络和电子商务等极大地拓展了互联网的边界和应用范围，各种数据正在迅速膨胀变大。正是在这一背景下，移动互联网的快速、便捷和用户规模等特点催生了海量的数据，同时数据安全也面临着各种风险和挑战。

本章将首先介绍大数据的相关内容，然后介绍移动大数据的概念和应用场景，并对移动大数据所面临的安全风险进行分析，探讨相应的防护措施。

11.1　大数据

目前，人类已经进入了信息时代，科技发达，信息流通，人们之间的交流越来越密切，生活也越来越便利。人类每天都在产生巨量的数据，如何从这些海量数据中寻找到有价值的信息，就成为很重要的问题，大数据技术便应运而生。随着云时代的来临，大数据也吸引了越来越多的关注。

11.1.1　大数据概述

大数据（Big Data），指的是在一定时间范围内无法用常规软件工具对其进行捕捉、管理、计算、分析和处理的数据集合。大数据的战略意义不在于掌握庞大的数据信息，而在于对这些含有意义的数据进行专业化处理，使其为人类提供决策力、洞察力和流程优化能力。换言之，如果把大数据比作一种产业，那么这种产业实现盈利的关键，在于提高对数据的“加工能力”，通过“加工”实现数据的“增值”。

从技术上看，大数据与云计算的关系就如同一枚硬币的正反面一样密不可分。大数据必然无法用单台计算机进行处理，必须采用分布式架构。它的特点在于对海量数据进行分布式的数据挖掘，但它必须依托云计算的分布式处理、分布式数据库、云存储和虚拟化技术。

大数据的价值体现在以下几个方面。

1）为大量消费者提供产品或服务的企业可以利用大数据进行精准营销。

2）采用“小而美”模式的中小微企业可以利用大数据做服务转型。

3）在互联网压力下，传统企业可以利用大数据来实现转型。

11.1.2　大数据的特点

大数据具有 4 个特点，即大数据“4 V”特征：大量（Volume）、多样（Variety）、高速（Velocity）、价值（Value）。下面对这 4 个大数据特点做简要介绍。

1. 大量

在这里，“大量”指的是数据量大，包括采集、存储和计算的量都非常大。截至目前，人类生产的所有印刷品的数据量是 200 PB（1 PB = 2^{10} TB），而历史上全人类说过的所有话的数据量大约是 5 EB（1 EB = 2^{10} PB）。当前，典型的个人计算机硬盘的容量为 TB 量级，而一些大企业的数据量已经接近 EB 量级。

2. 多样

“多样”指的是大数据的类型和来源多样化。数据类型可以分为结构化、半结构化和非结构化数据。相对于以往便于存储的以文本为主的结构化数据，如今的非结构化数据开始越来越多，包括网络日志、音频、视频、图片、地理位置信息等，而且这些数据有不同的来源，如传感器、互联网等。这些多类型的数据对数据处理能力提出了更高的要求。

3. 高速

大数据的产生速度非常迅速，处理速度也很快，而且主要通过互联网进行传输。同时，大数据对时效性的要求很高。如果采集到的数据没有得到及时处理，最终会过期作废，而且客户的体验是分秒级别的，数据没有得到快速处理，就会给客户带来较差的使用体验，所带来的商业价值就会大打折扣。这是大数据区别于传统数据挖掘的显著特征。

4. 价值

在这里，“价值”指的是数据价值密度相对较低。随着移动互联网以及物联网的广泛应用，信息感知无处不在。尽管大数据的数据量巨大，但是有价值的信息极少，如何结合业务逻辑并通过强大的机器学习算法来挖掘数据价值，是大数据时代需要解决的核心问题。

11.1.3　大数据的应用

2007 年 1 月 11 日，在美国加州山景城召开的 NRC-CSTB（National Research Council-Computer Science and Telecommunications Board）大会上，图灵奖得主、关系型数据库的鼻祖 Jim Gray 发表了主题为“科学方法的革命”的演讲，提出了将科学研究分为 4 类范式的思想。这 4 类范式依次是实验归纳、模型推演、模拟仿真和数据密集型科学发现。

科学研究最初只有实验科学，即第一范式，主要以记录和描述自然现象为特征。从原始时代的钻木取火，一直发展到以伽利略为代表的文艺复兴时期的科学研究阶段，开启了现代科学的大门。但是，这些研究受到了当时实验条件的限制，难以完成对自然现象更精确的理解。随后出现了理论科学，科学家们尝试对实验模型进行简化，去掉一些复杂的干扰因素，只留下关键因素，然后通过演算进行归纳总结，这就是第二范式。这种研究范式运用了各种定律和定理，一直持续到 19 世纪末，它所取得的研究成果都堪称完美，例如牛顿运动三大定律成功地创立了经典力学。但后来出现的相对论和量子力学则是以理论研究为主，通过思想实验和复杂的公式计算超越了实验研究。之后，对于许多问题，理论分析方法变得非常复杂，而且验证理论的难度和投入的成本也越来越高，科学研究开始显得力不从心，人们开始寻求其他的方法。到了 20 世纪中叶，随着现代电子计算机的出现，利用计算机对科学实验进行模拟仿真的计算科学模式得到迅速普及。科研人员可以对复杂现象进行模拟仿真，然后推演出可能的复杂现象，典型案例是核试验模拟和天气预报。随着计算机仿真越来越多地取代实验，逐渐形成了科学研究的常规方法，即第三范式。之后，随着科学不断地向前发展，模拟仿真连同实验又产生了大量的数据。针对如何处理海量数据的问题，基于数据密集型研究的大数据技术就应运而生了。随着数据量的爆炸式增长，计算机不仅仅能做模拟仿真，还能进行数据分析，通过数据训练来构建模型，最后进行总结并得出理论，这就是科学研究的第四范式。

第三范式与第四范式都是通过计算机来进行计算分析，而第四范式是从第三范式中分离出来的一种独特的科学研究范式。两者对比而言，第三范式一般是先提出可能的理论，再搜集数据，然后通过计算来验证。而基于大数据的第四范式，则是先有了大量的数据，然后通过计算分析得出之前未知的理论。在未来，过去由科学家从事的工作，完全有可能由计算机来代劳。

正如数据科学家维克托·迈尔·舍恩伯格在《大数据时代》一书中指出的，大数据时代最大的转变，就是放弃了对因果关系的渴求，取而代之关注的是相关关系。这种只要知道“是什么”而不需要知道“为什么”的范式方法颠覆了千百年来人类的思维惯例，对人类的认知和理解世界的方式提出了全新的挑战。现实中，人类总是会思考事物之间的因果联系，对基于数据的相关性不是很敏感，而计算机本身则无法理解因果关系，对相关性分析却很擅长。然而，要发现事物之间的因果联系，在大多数情况下都是很困难的。人类推导出的因果联系，往往都是基于过去的认知，并获得一些确定性的机理分解，再通过建立模型来进行推导。但是，人们凭借的过去的经验和常识，可能是不完备的，甚至可能忽略了至关重要的因素，会导致科学研究误入歧途。正如经典力学是建立在绝对时空的基础上的，而爱因斯坦提出的相对论正是推翻前人不完备的经验常识而建立的，后来人们发现经典力学正是相对论在低速条件下的客观反映。

一个完整的科学研究周期包含 4 个部分：数据采集、数据整理、数据分析和数据可视化。现代科学研究可以通过多种方式收集和生成数据，对于收集到的大量数据，却缺乏好的整理和分析工具。信息技术的发展促进了各学科的信息化进程。第四范式的提出为科学研究提供了一种全新的思维与科研模式，这种工具的应用旨在解决现代科研中的海量数据问题，促进各学科更快地发展。海量数据的涌现，不仅超出了普通人的理解和认知能力，也给计算机科学本身带来了巨大的挑战。

随着大数据技术、计算集群、分布式数据库和基于互联网的云计算技术的出现，使得运用第四范式进行科学研究成为可能。大数据技术通过处理和分析海量数据，可以从数据中提取出有价值的东西。大数据的应用改变了科学研究的范式，推动了机器学习等数据驱动的研究方法和模型的产生与发展。深度学习是机器学习研究领域的一个分支，是用于更高阶层数据学习的网络结构。深度学习通过建立具有阶层结构的人工神经网络（Artificial Neural Network，ANN），在计算系统中实现了人工智能（Artificial Intelligence，AI）。根据构筑类型的不同，深度学习的形式又可分为：多层感知器、卷积神经网络、循环神经网络和深度置信网络。

大数据、人工智能等技术的应用使得用户可以对海量数据进行更高效的处理和分析，更加有效地挖掘深层机理、固化经验知识。在应用方面，深度学习被用于对复杂结构和大样本的高维数据进行学习，并广泛运用于计算机视觉、自然语言处理、生物信息学、自动控制等领域的研究。由 Google 旗下的 DeepMind 公司开发的 AlphaGo，采用深度学习算法并通过自主学习围棋棋谱，成为第一个战胜围棋世界冠军的人工智能机器人。目前，深度学习已经在面部识别、机器翻译、自动驾驶等现实问题中取得了巨大的成功。

大数据所具有的价值密度低和数据体量大等特征，在人工处理面前成为巨大的困难，而通过深度学习就实现了从经验数据学习到提取特征并形成智能的伟大飞跃。在实际中，通过大数据分析，企业可以更加了解客户并对其做出定位，对客户进行用户画像分析，从而更全面地了解客户以及他们的行为和喜好，构建销售模型，并有针对性地为客户提供个性化的服务，实现从群体到个人的精准营销。大数据技术还被应用于人力资源业务流程、供应链或配送路径等业务领域的优化。以货物运输为例，企业通过定位和识别系统来跟踪货物或运输车辆，并根据实时交通路况数据来优化运输路线，从而节省运输时间和成本。大数据技术已经在人类社会实践中发挥着巨大的优势，与其他行业融合的深度和广度也超出了预期，其利用价值也超出了我们的想象。

11.2 移动大数据

21 世纪是数据信息大发展的时代，移动互联网、社交网络、电子商务等极大地拓展了互联网的边界和应用范围，各种数据正在迅速膨胀并变大。随着移动互联网技术的不断进步，终端设备数量呈爆发式增长。2018 年，中国移动互联网活跃用户规模已增至 11 亿。微信月活跃用户数已达 9.3 亿，微信公众号数量超过 2000 万，月活跃粉丝数约 8 亿，微信小程序迅速发展，已达 100 多万个，微信生态不断扩张。而且，其他的应用 App 也在迅速发展中。与此同时，随着 4G 网络的全面铺开以及 5G 时代的到来，移动互联网的网络瓶颈逐渐被突破，包括物联网、可穿戴设备、车联网、智能医疗、智能家居等在内的智能硬件产业行将爆发，这些设备将源源不断地产生数据并传送到云端。目前爆发的大数据只能算是“核弹”级别，真正的大数据爆发将会是“氢弹”级别的规模。

在这一背景下，移动互联网产生并积累着巨量的数据，这既是一笔财富，同时又潜伏着巨大的安全隐患。如果安全管理不到位，会造成数据和用户隐私的泄露，给用户、企业带来不可估量的损失。

11.2.1 移动大数据概述

移动互联网在应用过程中产生各种数据，这些数据的体量都是庞大的。通过对这些数据的分析、处理和应用，将给社会各行业的发展提供积极的指引作用。通俗地说，移动大数据是指以移动互联网为媒介，从移动终端的应用过程中获取海量的数据流，并在合理时间内对其进行管理、处理和分析，使之成为能被人类解读的数据资讯的总称，如图 11-1 所示。

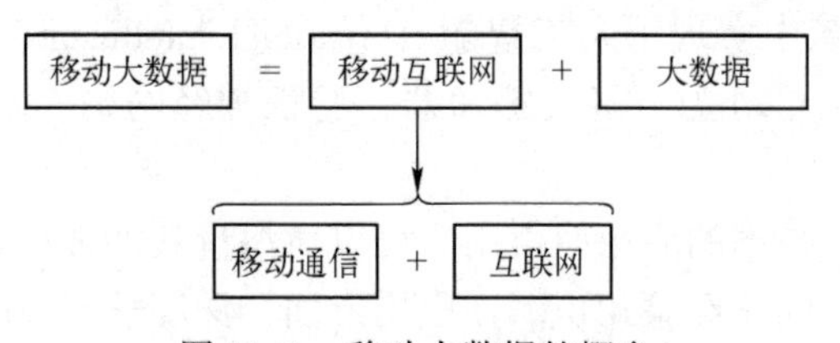

图 11-1 移动大数据的概念

在移动大数据环境下，数据呈现出碎片化、非结构性和价值密度低的特征，需要对现有数据进行分析和整合。而且，这种分析和整合必须在有效的策略指导下才能更好地完成，即通过入口掌控、平台搭建和资源置换。入口掌控是实现对数据流源头和入口的掌控，从而可以有序地获取移动大数据。平台搭建是基于移动互联网的各种业务来完成的，是为了给数据提供一个可以承载其庞大体量的平台，从而可以对平台上的数据进行管理和分析，实现移动大数据的获取。资源置换是企业在自身无法获取完备行业数据流的情形下与运营商进行合作，实现数据资源的置换获取，从而提高企业数据的丰富度。

在移动互联网应用中产生的真实的、大量的、有噪声的、随机的数据源，需要从中提取隐含的具有潜在价值的信息和知识，这一数据处理的过程就是移动大数据挖掘。数据挖掘所提取的信息和知识可以提供多种用途，如信息管理、查询优化和决策支持，甚至还可以作用于数据本身，为其提供维护的依据。

在移动互联网时代，利用大数据的分析、处理而实现对信息的掌控是企业和商家抢占先机的关键所在。想要完成数据的信息提取，首先需要建立并拥有一套针对碎片化、可扩展性的数据挖掘的基础设施。如图 11-2 所示，移动大数据挖掘的基础设施由 4 部分组成，即云计算数据中心、存储服务器、虚拟化模式和虚拟数据中心。

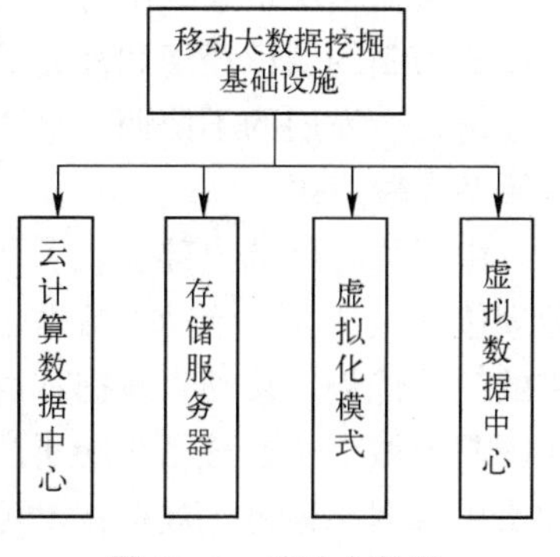

图 11-2　移动大数据挖掘的基础设施

在移动互联网时代，大数据无处不在，来源也是多样化的。下面简要介绍几种移动大数据的来源。

1. 电信行业

主要用于社交的电信行业在执行社交网络分析的过程中会对庞大的数据集进行处理，所以源于电信行业的社交网络数据本身就是一种移动大数据的来源。

2. 车险行业

在车险行业中，移动大数据的来源主要是汽车内置的传感器与黑盒收集和掌握的相关信息数据，即车载信息服务数据，包括汽车行驶速度、行驶里程、紧急制动系统的使用情况和汽车行驶过程中的其他情况。

3. 销售业

基于移动地理位置服务（Location Based Service，LBS）等技术的发展以及不断增加的移动终端用户，时间和位置信息一直在迅猛增长。企业利用从用户那里收集的时间和位置方面的相关信息，对其加以分析和处理，用于制定对自身发展有益的策略。

4. 视频游戏

在视频游戏中，遥控数据是用来捕捉游戏活动状况的信息，也是移动大数据的一种来源。由于其数据信息的获取是通过游戏遥控技术来实现的，所以又称为遥控数据。利用遥控技术收集的移动大数据包含客户游戏软件的购买情况、客户玩游戏的持续时长以及客户过关情况等信息。

11.2.2　移动大数据的应用

随着移动互联网的快速发展，以及“互联网+”理念的推广和普及，目前移动大数据已经广泛应用于各个行业。接下来，将分别介绍移动大数据在交通运输领域、电子商务和政务平台的应用情况。

1. 移动大数据在交通运输领域的应用

城市交通拥堵已成为制约大中型城市发展的瓶颈问题，日常的交通出行也一直都是老百姓普遍关注的热点话题。随着我国社会经济的高速发展，城市化进程加快，人民生活水平不断提高，城市交通需求迅速增长。根据大数据统计分析结果显示，截至 2019 年 3 月底，全国机动车保有量达 3.3 亿辆，其中汽车达 2.46 亿辆，驾驶人达 4.1 亿，机动车、驾驶人总量及增量均居世界第一。由于城市空间资源有限，交通拥堵越来越严重，已呈现常态化趋势，并成为大中城市普遍存在的顽疾和困扰城市发展的重大难题。

交通拥堵所带来的出行时间浪费、运营成本上升、交通事故、环境污染、噪声污染等问题已成为制约城市经济和社会发展的瓶颈。城市交通拥堵问题根本的原因是：城市交通发展与经济社会发展的不协调，交通供求出现严重不平衡；汽车保有量不断攀升，城市道路空间资源及发展有限。

由于移动终端内部装载了不同类型的传感器，所以可以随时随地反映出移动用户所处的地理位置。从而，移动大数据也带有用户的位置信息，使其具有在交通运输领域得到广泛应用的巨大优势。移动大数据本身就可以勾勒出用户的所有特点。

基于城市中的移动终端所产生的数据，并结合交通道路、车辆、环境等产生的实时数据和历史数据，通过大数据技术可以构建基于移动大数据的城市交通综合管理系统。这一系统可以提供城市交通综合管理信息服务，具备交通状况的动态监测、拥堵分析识别、路况查询、路况预警与应急疏导、电子地图服务、出行信息实时发布等功能，不仅可以实时判断城市道路的通行状况，及时向交通管理部门发送相关信息，为交通管理部门采取交通诱导、分流、限速、限行、限量或封闭等措施提供数据依据，向社会公众及时发布道路状况信息，优化出行路径，提高出行效率，防止交通拥堵；而且可以进行城市人口分布分析、城市人口 OD 交通量调查、重点场所人流分析，为城市综合交通规划、道路优化设计、公共交通线路及站点设置、安全应急管理、交通政策制定等提供强有力的技术支持。图 11-3 所示为北京市出行高峰期的区域热图。综合管理信息服务平台将有助于提高城市道路交通的通行效率，有助于提升城市道路的使用效率，有助于公众交通出行和绿色出行，具有重要的社会、经济和环保意义。

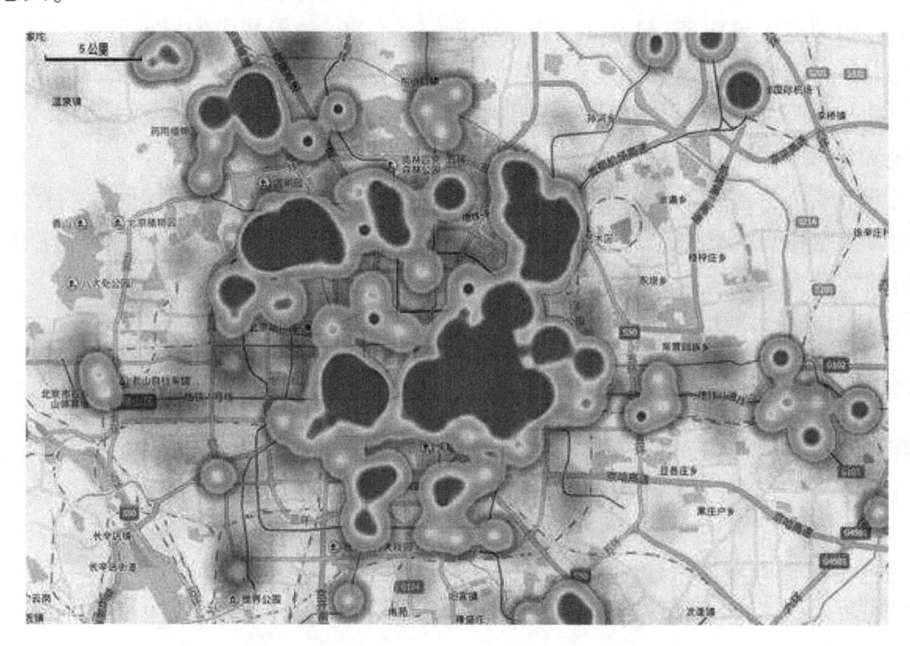

图 11-3　北京市出行高峰期的区域热图

通过移动大数据的分析研究，用大数据思维，综合运用技术管理和经济管理的相关知识来探讨解决我国大中型城市交通拥堵的对策，即用信息化技术手段支撑城市综合交通规划的完善，建立城市交通“治堵”的市场机制，提高城市交通综合管理水平，大力发展公共交通并提供全面的交通出行信息服务等，达到缓解并最终解决好城市交通拥堵的目的。

2. 移动大数据在移动电子商务领域的应用

移动电子商务就是利用智能手机、平板计算机等无线终端进行的 B2B、B2C 或 C2C 的电子商务活动。移动电子商务基于移动通信网络，并综合运用了多种技术（如 RFID、二维码和多信息采集），与移动信息化、移动互联网及物联网等新兴产业融合发展。

借助移动互联网开放的环境，移动电子商务实现了消费者网上购物、商户之间网上交易和在线电子支付等一系列商务、金融活动。新时期，移动电子商务正从各个方面对企业以及区域经济活动发挥影响。以往进行的电子商务活动，其载体以计算机为主，移动电子商务则是在原有基础上的突破，其依靠的载体是智能手机等移动设备。通过这些设备与无线网络相连，利用通信技术来对信息进行处理，确保人们在任意时间和地点都能进行线上和线下的购物与交易，并进行电子支付或开展其他商务活动，如图 11-4 所示。因此，移动电子商务具有很好的快捷性，也必将发展成为电子商务的主流形式。

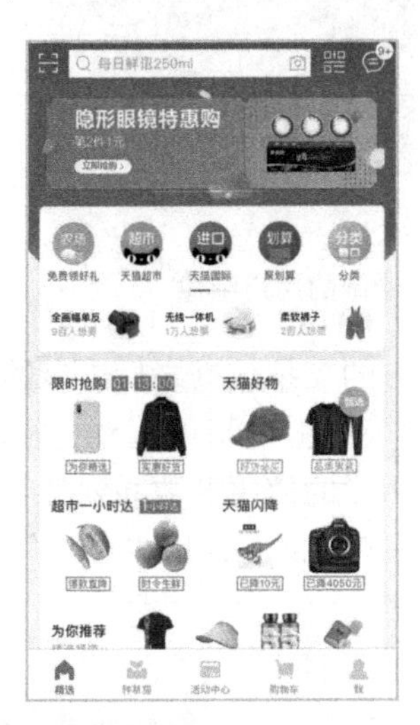

图 11-4　移动电子商务平台

移动大数据在移动电子商务领域的应用具有以下优势。

（1）实现了资源的高效管理和整合

通过将大数据技术应用在移动电子商务领域，能够有效整合跨区域和跨单位以及跨平台等方面的资源，建立快速、高效的客户服务体系，并通过采用数据挖掘技术，可以分析非常大体量的数据，在识别用户需求以及仓储与配送等方面更加智能化，进而有效地对物流资源进行管理，尽可能地缩短服务周期，不断提升用户对平台的满意度。

（2）丰富了电子商务用户的体验

电子商务平台通过应用大数据技术，可以不断丰富用户的体验。现阶段，很多新兴平台层出不穷，相关企业之间的竞争也越发激烈。其竞争的重点不仅体现在硬件建设方面，也体现在对用户体验的重视程度上。在移动电子商务领域，用户的参与度越来越高，如何提升其体验度是非常紧迫而又必须要解决好的难题。通过使用大数据技术，能够非常直接有效地优化用户体验。因为大数据技术可以通过收集用户的平台浏览和交易等数据，对其行为模式以及消费习惯进行分析，绘制用户画像，总结购买特征和相关指数，如图 11-5 所示。平台根据大数据绘制的用户画像和相关特征指数，可以为用户提供更精准的服务，以此来丰富用户体验。对于用户来说，也可以结合个人的偏好，选择性地使用 App，进行商品的选购，同时获得较好的购物体验。

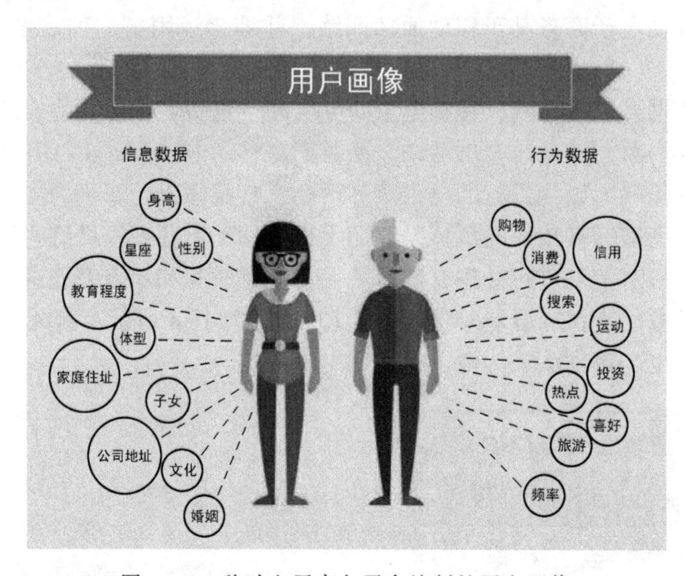

图 11-5　移动电子商务平台绘制的用户画像

而且，移动电子商务平台在积累了大量买卖双方的交易数据之后，借助大数据技术，分析用户喜好并主动推送商品信息和购买链接，促进了线上线下的互动，推动了商业经济发展。之后，在金融交易数据的支持下，平台计算出用户的信用分数并划分等级，建立起个人信用评估体系，如图 11-6 所示。当信用分数达到一定数值后，用户可以凭借信用等级获得不同程度的金融与商业服务和优惠。

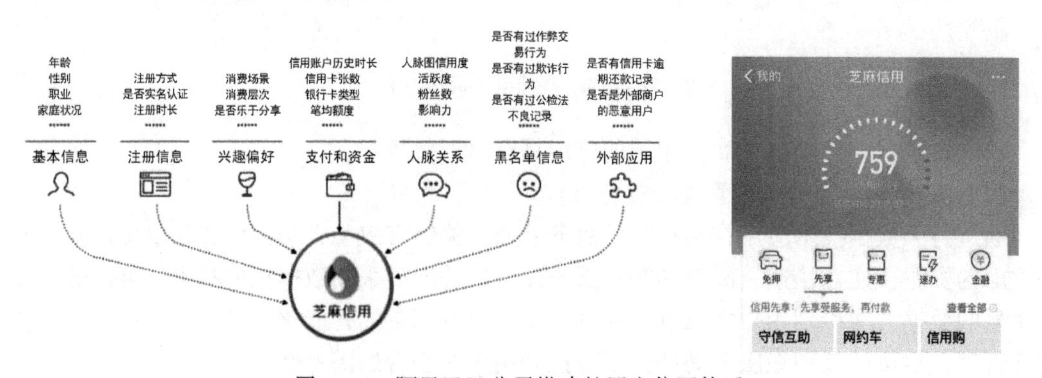

图 11-6　阿里巴巴公司搭建的用户信用体系

（3）在解决信用体系建设难题方面的应用

对于移动电子商务来说，建设信用体系所面临的最大问题就是采集信用信息的难度非常大，而且用户行为跟踪与辨别评价也非常困难，但这些方面的问题都可以通过大数据技术进行解决。通过应用大数据技术，能够实现全方位跟踪个人和企业的行为。与此同时，通过这一技术也能实现对物联网的实时状态进行跟踪，进而做到对风险进行有效的控制和预防。

移动电子商务在应用大数据技术时，需要注意以下几点。

（1）严格控制数据的真实性

政府和企业在应用大数据技术时，需要对数据进行筛选，确保所使用数据的真实性，将不真实的数据剔除出去。在电子商务平台上，要对商品的信息建立信用机制，将消费者在购买商品之后的反馈进行记录，使商家店面的信用信息更加公开化、透明化，通过这种方式可以大大提升数据的真实性，进而确保分析结果的准确性。

（2）不断完善相关的法律法规

在移动电子商务与大数据技术进行相互融合时，需要政府部门制定并健全应用大数据技术以及促进移动电子商务平台发展方面的法律规范，不断提升平台应用大数据技术的安全性。一方面，需要结合现阶段电子商务发展的实际情况，来健全应用和管理大数据技术的法规，并不断提升对大数据进行管理的水平。如果出现安全隐患，要按照惩罚机制进行处理。另一方面，要加大法律知识的宣传力度，不断强化用户使用移动电子商务平台进行购物消费的安全意识。

（3）完善移动电子商务的基础设施建设

随着大数据技术的不断发展，移动电子商务原有的基础设施在应用该技术时存在很多的不足，有效性难以保障。企业要根据自身情况不断完善基础设施建设，搭建云计算平台，以更好地对数据进行存储和管理，为更好地应用大数据技术奠定基础。与此同时，政府也要加强引导，不断促进数据资源共享程度的提升，进而确保应用大数据技术所取得的效果。

3. 移动大数据在政务领域的应用

2017 年 5 月，国务院印发并正式实施的《政务信息系统整合共享实施方案》明确提出：按照“五个统一”的总体原则，有效推进政务信息系统整合共享。建设“大平台、大数据、大系统”，形成覆盖全国、统筹利用、统一接入的数据共享大平台，建立物理分散、逻辑集中、资源共享、政企互联的政务信息资源大数据。2017 年，杭州、广州、沈阳、成都、合肥等多个城市纷纷设立大数据管理局，归集处理政务民生数据，提高政府机关的服务效率，国家各部委也在筹划部署相应行动。

近年来，政府部门为了简化办事流程并提高办公效率，开始推广政务 App 和微信公众号，提供一站式办理，方便群众。政府本身在管理国家的过程中收集到海量的数据并存档在案。与此同时，政府又需要不断地统计分析并预测一些宏观情况来辅助决策，让政府的治理与决策更加精细化、科学化，促进公共服务能力与水平的全面提升。

2019 年两会期间，与大数据相关的提案呈现出井喷之势。百度公司的李彦宏在政协记者会上表示，政府应该把更多和人民生活有关的数据资料公开地放到网络上；小米公司的雷军则直接建议将大数据纳入国家战略，推动大数据切实地用起来；科大讯飞的刘庆峰建议国家建设声纹数据库，进行大数据反恐。由此看出，大数据的重要性正在从科研理论群体转向政府决策部门。

国内一些大中型城市都在积极响应国家的政策号召并落实政务大数据的相关应用平台。例如，上海市政府推出了“上海市民云 App”，其主要宗旨就是让数据多跑路，让百姓和企业少跑路，如图 11-7 所示。通过对收集到的百姓和企业的相关政务数据（如纳税、社保缴纳情况）进行分析，辅助政府机关加快待审批事项的审核和批准，有力地缓解并逐步解决了百姓和企业所面临的“办事难”问题，促进了经济社会的快速发展。

图 11-7　行政服务大厅与“上海市民云 App”平台

与此同时，杭州市政府通过对政府部门各类政务数据的归集、分析和转换优化，将数据广泛应用到不同的领域。目前，在医疗、公共信用平台、环保、药品检测等民生领域，大数据和数据资源已经得到了较好的利用。而且，杭州在政务大数据的基础上提出了“城市大脑”项目，目前已有几十家企业参与其中，为整个杭州市打造出了一个集成了大数据和人工智能的中央枢纽。通过这一中央枢纽将相关政府部门和公共事业单位的一些数据打通，并整合起来进行使用。

11.3　移动大数据的安全风险

大数据是信息通信技术发展和积累的结果，在移动互联网时代更是发展迅猛。而且，大数据的产生使数据分析与应用更加复杂，难以管理。据统计，过去 3 年里全球产生的数据量比以往 400 年的数据量加起来还要多，这些数据包括文档、图片、视频、Web 页面、电子邮件、微博等不同类型，其中只有 20%是结构化数据，而 80%则是非结构化数据。

随着移动互联网等信息技术日渐成熟和数据量的剧增，许多问题也日益凸显出来。由移动大数据产生的问题主要包括以下几种。

1）带宽问题：运营商的带宽能力能否应对大批量数据的传输。

2）存储问题：海量的数据在处理与分析过程中带来的存储压力和技术挑战。

3）数据平台：数据的动态交互导致数据平台在处理方面的复杂性增大。

4）信息延迟：当系统处理并分析从用户端采集的数据时，如果处理速度不能及时响应并反馈给用户，就会导致“过期”信息推送。

5）个人隐私问题：对移动终端用户数据的深度分析会产生个人隐私问题。

6）数据管理问题：政府和监管部门需要做好大数据的安全责任划分，有效监督和管理数据平台企业，保障大数据的安全可靠。

7）数据安全问题：如何应对数据安全威胁并满足保密性等安全需求。

8）成本问题：海量的数据会使数据相关企业的运营成本上升。

9）人才短缺问题：由于移动大数据是大数据技术在移动互联网中的应用，所以，精通移动互联网和大数据两种专业技术并做到熟练结合使用的人才比大数据专业人才更加稀少。

在面对上述问题时，移动大数据在应用方面会给个人和企业带来重大风险，主要体现在移动大数据平台的安全风险、移动终端与应用软件的安全风险、网络安全风险、数据安全风险和个人隐私保护问题。以下将对这5方面的问题逐一进行讨论。

1. 移动大数据平台的安全风险

目前的大数据技术，主要采取的是分布式计算方法。而采用分布式计算的时候必然面临着数据传输、信息交互等过程，攻击者能通过各种手段窃取和篡改数据。如何在这个过程中保护数据不泄露、信息不丢失，保护所有站点的安全与分布式系统的隐私是大数据发展所面临的重大挑战。但是，目前的移动大数据平台在实施过程中仍然面临如下风险。

（1）移动大数据平台缺乏整体安全规划，安全机制存在局限性

目前，Hadoop已经成为应用最广泛的大数据计算软件平台之一，并以开源模式进行技术发展。Hadoop是为了管理大量的Web数据而设计的，最初并没有设计安全机制和整体的安全规划。随着Hadoop的广泛应用，越权提交作业、篡改数据等恶意行为不断出现。之后，Hadoop开源社区开始考虑安全需求，并相继加入了Kerberos认证、文件访问控制、网络层加密等安全机制。这些安全功能可以解决部分安全问题，但仍然存在局限性。在身份管理和访问控制方面，Hadoop依赖于Linux的身份和权限管理机制，身份管理仅支持用户和用户组，不支持角色；仅有可读、可写、可执行3种权限，不能满足基于角色的身份管理和细粒度访问控制等新的安全需求。另外，开源发展模式也为Hadoop带来了潜在的安全隐患。企业在进行工具研发的过程中，较多关注功能的实现和性能的提高，对代码质量和数据安全关注较少。因此，开源组件缺乏完善的测试管理和安全认证，对组件漏洞和恶意后门的防范能力不足。

（2）移动大数据平台的传统安全机制难以满足需求

在移动大数据场景下，数据从多个渠道大量汇聚，数据类型、用户角色和应用需求更加多样化，访问控制面临诸多新问题。首先，多源数据的大量汇聚增加了访问控制及授权管理的难度，过度授权和授权不足现象严重。其次，数据多样性、用户角色和需求的细化增加了客体的描述难度。传统的访问控制方案往往采用数据属性来描述访问控制中的客体，非结构化的数据无法采用同样的方式进行精细化描述，导致无法准确为用户指定可以访问的数据范围，难以满足最小授权原则。大数据复杂的数据存储和流动场景使得数据加密的实现变得异常困难，海量数据的密钥管理也是亟待解决的难题。

（3）移动大数据平台的安全配置难度增加，安全检测技术不足

开源Hadoop生态系统的认证、权限管理、加密、审计等功能均通过对相关组件的配置来完成，没有配置检查和效果评估机制。而且，移动大数据平台的大规模分布式存储和计算模式也导致了安全配置的难度成倍增加，对安全运维人员的技术要求更高，一旦出错，会影响整个系统的正常运行。

与此同时，大数据存储、计算分析等技术的发展，催生出了很多新型的网络攻击手段，使得传统的检测、防御技术暴露出严重不足，无法有效抵御外界的入侵攻击。传统的检测方法是在单个时间点进行基于威胁特征的实时匹配检测，而针对大数据的高级持续性攻击（Advanced Persistent Threat，APT）采用长期隐蔽的攻击实施方式，并不具有能够被实时检

测的明显特征，发现难度较大。此外，由于大数据的价值密度低，安全分析工具难以聚焦在价值点上，黑客可以将攻击隐蔽在大数据中，传统的安全检测策略存在较大困难。

2. 移动终端与应用软件的安全风险

移动终端是移动互联网技术与用户体验连接最为紧密的环节之一。伴随着终端智能化和网络宽带化的发展趋势，移动终端功能已经从单一的语音服务向多样化的多媒体服务演进，而且越来越多涉及商业秘密和个人隐私等敏感信息，面临各种安全威胁。特别是应用移动大数据技术之后，移动终端时刻在产生各种数据，而且与移动大数据分析平台之间也在进行数据交互。所以，移动终端和应用软件的安全问题，会给移动大数据的处理过程带来巨大的风险挑战。

除此以外，移动终端自带的操作系统本身就面临开源模式、权限的许可访问问题、操作系统漏洞带来的安全风险。而且，移动用户可以在各自的移动终端上安装各种各样的应用软件，应用软件本身可能又存在诸如软件漏洞、盗版仿冒、诱骗欺诈、恶意软件、滥用权限、窃取信息、信息劫持等安全风险。移动应用软件的安全与否直接关系到用户的隐私信息和账户数据安全。所以，移动终端和应用软件的安全问题会使移动大数据面临更大的安全挑战。

3. 网络安全风险

在网络空间里，大数据是更容易被发现的大目标。一方面，网络访问便捷化和数据流的形成，为实现资源的快速弹性推送和个性化服务提供了基础。在开放的网络化社会，大数据的数据量大且相互关联，使得黑客成功攻击一次就能获得大量数据，无形中降低了黑客的进攻成本，增加了收益率。例如，黑客能够利用大数据发起僵尸网络攻击，同时控制上百万台傀儡机并发起攻击，或者利用大数据技术最大限度地收集有用的信息。

同时，移动互联网是移动通信网络与互联网的结合。移动大数据的数据交互传输处在移动互联网的环境之中，大数据技术在移动互联网中的应用必然会受到网络安全威胁的挑战。由于移动通信网络的基本架构由移动终端设备、接入网和核心网组成，所以各组成部分所面临的安全风险和挑战会共同作用于移动通信网络。随着4G网络的普及和5G时代的到来，虽然技术越来越先进，但网络结构也越来越复杂，特别是5G网络还引入了诸如网络切片的新技术，多个无线网络共存会使网络中的移动终端、无线接入网和核心网等组成部分面临不同级别的安全威胁。并且随着移动互联网技术的发展，通信网络传输速率越来越快，移动用户和移动终端的数量大幅增加，不法分子发动网络攻击的方式和方法也不断更新，对移动互联网造成的破坏也越来越大。

所以，如何有效防范和管控移动互联网的安全风险，并更好地服务于移动大数据的应用，成为该领域亟待解决的问题。

4. 数据安全风险

传统的数据安全措施往往是围绕数据生命周期来部署的，即数据的产生、存储、使用和销毁。随着移动大数据应用越来越多，数据的拥有者和管理者相互分离，原来的数据生命周期逐渐演变为数据的产生、采集、传输、存储和使用。在这一数据周期链条中，数据可能会丢失、泄露、被越权访问或被篡改，甚至涉及用户隐私和企业机密等内容。由于大数据的规模没有上限，而且许多数据的生命周期极为短暂，因此，传统数据安全产品要想继续发挥作用，就需要及时解决移动大数据存储、传输和处理的动态化、并行化难题，动态跟踪数据边界，管理对数据的操作行为。

同时，移动大数据又具有体量大、来源复杂、种类多等特点，而且大数据分析结果被广泛应用于移动互联网中，使得移动互联网环境下的大数据安全出现了有别于传统数据安全的新威胁。移动大数据的数据安全风险包括以下几个方面。

（1）数据采集环节的问题

在移动大数据的采集环节，由于数据体量大、种类多、来源复杂，针对数据的真实性和完整性校验会比较困难。目前尚无严格的数据真实性、可信度鉴别和监测手段，无法识别并剔除虚假甚至恶意的数据。若黑客利用移动终端或应用软件漏洞发起网络攻击篡改用户数据或向采集端注入脏数据，会破坏数据的真实性，并将数据分析的结果引向黑客预设的方向，进而实现操纵分析结果的攻击目的。

（2）数据处理过程的机密性保障问题

随着数字经济时代的到来，在企业或组织开展数据合作和共享的过程中，数据将突破组织和系统的边界进行流转，出现跨系统的访问或多方数据汇聚进行联合运算。保障个人信息、商业机密或独有数据资源在合作过程中的机密性，是企业或组织参与数据共享合作的前提，也是数据有序流动必须要解决的问题。

数据价值的提升会造成更多敏感性分析数据在移动设备间的传递，一些恶意软件甚至具备一定的数据上传和监控功能，能够跟踪用户位置、窃取数据和机密信息，严重威胁个人的信息安全，使安全事故等级升高。在移动设备与移动平台安全威胁飞速增长的情况下，如何跟踪移动恶意软件样本及其始作俑者、分析样本之间的关系，成为移动大数据安全需要解决的问题。

（3）海量数据的安全存储问题和数据泄露威胁

随着结构化数据和非结构化数据的持续增长以及数据来源的多样化，以往的存储系统已经无法满足大数据应用的需要。对于占数据总量 80% 以上的非结构化数据，通常采用 NoSQL 存储技术完成对大数据的抓取、管理和处理。虽然 NoSQL 数据存储易扩展、高可用、性能好，但也仍然存在一些问题，例如，访问控制和隐私管理模式问题、技术漏洞和成熟度问题、授权与验证的安全问题、数据管理与保密问题。而结构化数据的安全防护也存在漏洞，例如物理故障、人为误操作、软件问题、病毒、木马和黑客攻击都可能严重威胁数据的安全性。大数据所带来的海量存储、延迟、并发访问、安全和成本等问题，对大数据的存储系统架构和安全防护构成了严峻挑战。

大数据因其隐藏的巨大价值和集中化的存储管理模式成为网络攻击的重点目标。针对大数据的勒索攻击和数据泄露问题日趋严重，重大数据安全事件频发。Gemalto 公布的《2017 数据泄露水平指数报告》显示，2017 年上半年全球范围内数据泄露总量为 19 亿条，超过 2016 年全年的总量（14 亿条），比 2016 年下半年增长了 160%，而且数据泄露的数目呈现逐年上涨的趋势。

（4）数据滥用和数据溯源问题

大数据应用体系庞杂，频繁的数据共享和交换促使数据流动路径变得交错复杂，在移动互联网背景下，这种情况显得更加严重。数据从产生到销毁不再是单向、单路径的简单流动模式，也不再仅限于组织内部的流转，而会从一个数据控制者流向另一个控制者。在此过程中，实现异构网络环境下跨越数据控制者或安全域的全路径数据追踪溯源变得更加困难，特别是数据溯源中数据标记的可信性、数据标记与数据内容之间捆绑的安全性等问题更加突出。2018年3月的“剑桥分析”事件中，Facebook正是由于对第三方使用数据缺乏有效的管理和追责机制，导致了8700万名用户的资料被滥用，最终还遭受了股价暴跌、信誉度下降等严重后果。

5. 个人隐私保护问题

隐私的概念在不同国家、宗教、文化和法律背景下，涵盖的范围和差别会很大。通常隐私是指个体的敏感信息，群体或组织的敏感信息可以表示为个体的公共敏感信息。因此，可以将信息分为3类，即公开信息、秘密信息和隐私信息。对组织而言，信息包括公开信息和秘密信息；对个人而言，信息包括公开信息和隐私信息。

在互联网时代，含有隐私的信息会在网络中传播，并在各类信息服务系统中进行存储和处理（如编辑、融合、发布和转发）。随着移动互联网、云计算和大数据等技术的快速发展，又催生了众多新的服务模式和应用，这些模式和应用一方面为用户提供精准化、个性化的服务，给人们的生活带来了极大便利；另一方面，从个人用户的角度来说，在移动互联网时代，用户的智能手机内部的通信内容和地理位置等信息都可能被完全掌握。隐私信息是大数据的重要组成部分，隐私保护关乎个人、企业乃至国家利益。移动大数据采集了大量用户的相关信息，使得对大数据的开发利用很容易侵犯公民的隐私，恶意利用公民隐私的技术门槛也大大降低。因此，个人隐私保护已成为人们广泛关注的焦点。

大数据分析技术通过大数据中所包含的信息能够全面了解网络平台上出现过的用户，既包括个人用户也包括商家用户。不论是个人用户的基本资料信息还是企业或商家的产品等方面的信息，都可以被外界所获知。例如，在线社交网络（如微信、新浪微博和百度贴吧）已经成为人们相互交流、处理信息和扩大社会影响的重要平台，而社交网络的用户基本上都拥有个人资料、社交好友列表和行为记录。例如，行为记录可以是用户在Facebook上喜欢或共享的页面列表，也可以是用户在Google+或Google Play中喜欢或评级的一组移动应用程序，其中包含了用户自己声明的属性，如专业、雇主和城市生活信息。为了解决用户的隐私问题，在线社交网络运营商为用户提供了细粒度的隐私设置，例如，用户可以限制某些属性只能由其好友访问。此外，用户还可以在不提供任何属性信息的情况下创建账号，但是通过从在线社交网络收集的包括用户好友（或社交网络中的所有其他用户）的公共可用属性和社会结构等数据，利用大数据分析技术，就可以挖掘出用户的隐私信息。就位置信息来说，移动大数据的位置信息是其行为轨迹的呈现，只要进行充分的分析和挖掘，在一定程度上可以完全对人的行为做出预测，而且通过分析移动终端上的位置信息能够对用户的居住地、工作地点等隐私信息做出判断。图11-8显示的是福克兰群岛上的英国皇家空军基地的热图。由于基地内的士兵使用健身App，外人截获并分析了健身App的移动数据，导致英国的秘密军事基地被暴露。在移动互联网时代，个人行为也可能引起用户的隐私泄露。例如，刷卡消费记录会泄露个人消费习惯方面的信息，发送电子邮件会使个人联系信息

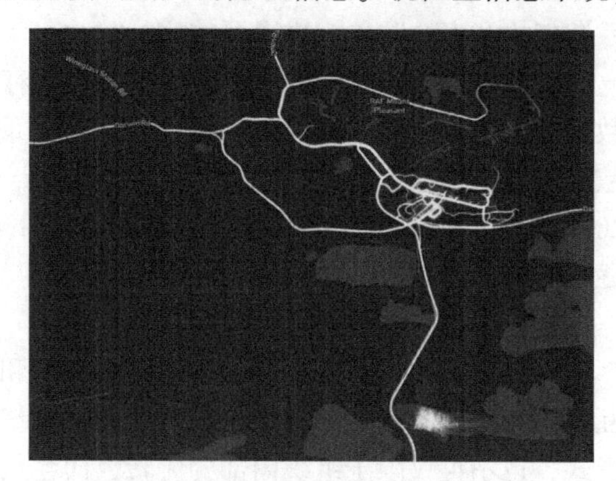

图11-8　福克兰群岛上英国皇家空军基地的热图

被记录下来。

随着移动互联网、云计算和大数据技术的广泛应用，电子商务、信息搜索、社交网络等服务在提供便利的同时，大数据分析使用户隐私泄露的风险日益凸显。已有的各类隐私保护方案大多针对单一场景，不同系统的隐私保护策略和能力的差异性使隐私的延伸管理更加困难，而且同一信息的隐私保护需求会随着时间而变化并需要多种隐私保护方案的组合协作。

11.4 移动大数据的安全防护

从上一节所讨论的内容可以看出，移动大数据的安全威胁渗透在数据产生、采集、处理和共享等大数据产业链的各个环节，风险成因复杂交织：既有外部攻击，也有内部泄露；既有技术漏洞，也有管理缺陷；既有新技术和新模式带来的新风险，也有传统安全问题的持续触发。

而且移动大数据安全不同于关系型数据安全，移动大数据无论是在数据体量、结构类型、处理速度、价值密度方面，还是在数据存储、查询模式、分析应用上都与关系型数据有着显著差异。移动大数据意味着数据及其承载系统的分布式，单个数据和系统的价值相对降低，空间和时间的大跨度、价值的稀疏，使得外部人员寻找价值攻击点更不容易。但是，在移动大数据环境下完全的去中心化很难做到。只要存在中心就可能成为被攻击的目标靶心，而对于低密度价值的提炼过程也是吸引攻击的内容。针对这些问题，传统安全产品所使用的监视、分析日志文件、发现数据和评估漏洞的技术在移动大数据环境中并不能有效运行。在很多传统安全技术方案中，数据的大小会影响到安全控制或配套操作能否正确运行。多数安全产品不能进行调整，无法满足移动大数据领域，也不能完全理解其面对的信息。而且，在移动大数据时代会有越来越多的数据开放和交叉使用，在这个过程中如何保护用户隐私是最需要考虑的问题之一。

面对上述的移动大数据安全威胁与挑战，产业界在安全防护技术方面进行了针对性的实践与探索。接下来，将从移动大数据平台安全技术、移动终端与应用软件的安全防护、网络安全防护、数据安全防护技术和个人隐私保护技术 5 个方面来介绍移动大数据的安全防护技术。

1. 移动大数据平台安全技术

随着市场对移动大数据安全需求的增加，Hadoop 开源社区增加了身份认证、访问控制、数据加密等安全机制。商业化 Hadoop 平台也逐步开发了集中化安全管理、细粒度访问控制等安全组件，对平台进行了安全升级。部分安全服务提供商也致力于通用的移动大数据平台安全加固技术和产品的研发。这些安全机制的应用为移动大数据平台提供了基本的安全保障。

商业化移动大数据平台已经具备了相对完善的安全机制。接下来将以华为公司推出的 FusionInsight 移动大数据平台为例进行说明。在集中安全管理和审计方面，通过专门的集中化组件形成了移动大数据平台总体安全管理视图，实现了集中的系统运维、安全策略管理和审计，通过统一的配置管理界面，解决了安全策略配置和管理繁杂的难题。在身份认证方面，通过边界防护保障了 Hadoop 集群入口的安全，通过集中身份管理和单点登录等方式简化了认证机制，通过界面化的配置管理方式可以方便地管理和启用基于 Kerberos 的认证。在访问控制方面，通过集中角色管理和批量授权等机制，降低了集群管理的难度，通过基于角色或标签的访问控制策略，实现资源（如文件、数据库等）的细粒度管理。在加密和密钥管理方面，提供了灵活的加密策略，保障数据在传输过程中及静态存储时都是以加密形式存在，同时提供了更好的密钥存储方案。

商业化通用安全组件为已建的移动大数据平台提供安全加固，一般实现方式是通过在Hadoop平台内部部署集中管理节点，负责整个平台的安全管理策略的设置和下发，实现对移动大数据平台的用户和系统内组件的统一认证管理和集中授权管理。通过在原功能组件上部署安全插件，对数据操作指令进行解析和拦截，实现安全策略的实施，从而实现身份认证、访问控制、权限管理、边界安全等功能。在身份认证方面，在兼容平台原有的Kerberos认证机制的基础上，支持口令、手机、PKI等多因素组合认证方式，实现外部用户认证和平台内部组件之间的认证，支持用户单点登录。在访问控制方面，通过引入多种访问控制模式，实现HDFS文件、计算资源、组件等细粒度的访问控制，明确安全、审计和操作的权限划分和三者之间的权限约束。

通用安全组件易于部署和维护，适合对已建移动大数据平台进行安全加固，而且灵活性较强，便于和现有的安全机制进行集成，可以在不改变现有系统架构的前提下，满足企业移动大数据平台的安全需求。

对移动大数据平台中存储、传输和处理的数据信息，按其风险度进行分类，并在此基础上对不同类的数据信息按照适度保护和剩余风险可接受原则，实行不同等级的安全防护。这样既可以解决大规模复杂系统难以实现整体高级别保护的问题，又可以通过适当的投入使需要重点保护的数据信息得到应有的安全防护。

2. 移动终端与应用软件的安全防护

由于移动终端有别于计算机的特性，其自身的安全有其特殊性。移动终端的安全防护由终端硬件安全、操作系统安全、应用软件安全、通信接口安全和用户数据安全5个方面组成。除此之外，安全容器作为一个应用程序，可以使移动应用软件免安装在系统之中且像真实运行在系统中一样。安全容器通过代理应用软件的通信过程来保护通信数据，以抵御网络攻击，可以为应用软件及移动终端提供安全防护。

为了应对移动应用软件所面临的安全威胁，需要制定具体的安全防护策略，可以通过安全检测、安全加固和安全监测3个方面来进行具体落实。目前，应用软件的安全检测技术主要包括静态检测、动态检测、漏洞扫描和人工渗透分析。此外，应用软件安全加固技术还可以从技术层面对系统文件和资源文件等提供保护。

3. 网络安全防护

由于4G是基于3G技术发展而来的，3G已经弥补了前代移动通信网络技术只有单向认证的不足，引入了双向认证机制，确保了用户和系统两方的真实性与合法性，并进一步完善了鉴权机制、空中接口加密机制、密钥协商管理机制、核心网安全机制和应用层安全机制。随着4G网络的全面普及和5G网络技术开始投入商用，数据的传输速率会更快，传输时延会更低，传输质量会更高。网络结构的复杂化以及多个无线网络共存的环境，使得网络中的移动终端、无线接入网和核心网等组成部分仍然面临不同级别的安全威胁，需要提前对安全问题进行深入研究并制定相关的安全措施，特别是针对引入的新技术，需要进一步完善移动互联网的安全机制和风险管控，做好安全风险评估、安全监测和安全维护管理。

4. 数据安全防护技术

数据是信息系统的核心资产，是移动大数据安全的最终保护对象。除了移动大数据平台提供的数据安全保障机制以外，目前所采用的数据安全技术，一般是在整体数据视图的基础上，设置分级分类的动态防护策略，降低已知的安全风险并减少对业务数据流动的干扰。对于结构化数据的安全措施，主要采用数据库审计、数据库防火墙以及数据库脱敏等数据库安全防护技术；对于非结构化数据的安全措施，主要采用数据泄露防护技术。同时，细粒度的数据行为审计与追踪溯源技术，能帮助系统在发生数据安全事件时，迅速定位问题，查漏补缺。下面介绍几种常用的数据安全防护技术。

（1）敏感数据识别技术

在敏感数据的监控方案中，基础部分就是从海量的数据中挑选出敏感数据，完成对敏感数据的识别，进而建立系统的总体数据视图，并采取分类、分级的安全防护策略保护数据安全。传统的数据识别主要采用关键字、字典和正则表达式匹配等方式，并结合模式匹配算法来展开。该方法简单实用，但人工参与的程度相对较多，自动化程度较低。随着人工智能识别技术的引入，通过机器学习可以实现大量文档的聚类分析，自动生成分类规则库，内容自动化识别程度也逐步提高，健全了对数据的安全监控。

（2）数据防泄露技术

数据防泄露（Data Leakage Prevention，DLP）是指通过一定的技术手段，防止用户的指定数据或信息资产以违反安全策略规定的形式流出企业的一类数据安全防护手段。针对数据泄露的主要途径，DLP 主要采用这些技术：针对使用泄露和存储泄露，通过采用身份认证管理、进程监控、日志分析和安全审计等技术手段，观察和记录操作员对计算机、软件、文件和数据的操作情况，发现、识别并监控计算机中的敏感数据的使用和流动，对敏感数据的违规使用进行警告和阻断；针对传输泄露，通常采取敏感数据动态识别、动态加密、访问阻断和数据库防火墙等技术，监控服务器、终端以及网络中动态传输的敏感数据，发现并阻止敏感数据通过聊天工具、网盘、微博、FTP、论坛等方式被泄露出去。目前的 DLP 普遍引入了自然语言处理、机器学习、聚类分类等新技术，将数据管理的细粒度进行了细化，对敏感数据和安全风险进行了智能识别。未来，DLP 技术的发展将在大数据分析技术和机器学习算法的推动下趋向于智能化。DLP 将实现用户行为分析与数据内容的智能识别，实现数据的智能化分层和分级保护，并提供终端、网络与云端协同一体的敏感数据动态集中管控体系。

（3）数据库安全防护技术

根据存储数据的类型和采用的技术不同，数据库可以分为结构化数据库和非结构化数据库。结构化的数据安全技术主要是指数据库安全防护技术，可以分为事前评估加固、事中安全管控和事后分析追责 3 类。其中，事前评估加固主要是指数据库漏洞扫描技术，事中安全管控主要包括数据库防火墙、数据加密和脱敏技术，事后分析追责主要是指数据库审计技术。目前，数据库安全防护技术已逐步发展成熟。而在云环境和大数据环境的安全方面，针对非结构化数据库所采取的防护技术的成熟度还不高，还有待进一步提升和完善。

（4）密文计算技术

随着多源数据计算场景的增多，在保证数据机密性的基础上实现数据的流通和合作应用一直是困扰产业界的难题，同态加密和安全多方计算等密文计算技术为解决这一难题提供了一种有效的解决思路。

同态加密提供了一种对加密数据进行处理的方法，对经过同态加密的数据进行处理可以得到一个输出，将这一输出进行解密，其结果与采用同一方法处理未加密的原始数据得到的输出结果一致。也就是说，其他人可以对加密数据进行处理，但是处理过程中不会泄露任何原始内容。同时，拥有密钥的用户对处理过的数据进行解密后，得到的正好是处理后的结果。由于具有这样良好的特性，同态加密特别适合应用于大数据环境中，既能满足数据应用的需求，又能保护用户隐私不被泄露，是一种理想的解决方案。

安全多方计算（Secure Multi-Party Computation，SMPC）是解决一组互不信任的参与方之间保护隐私的协同计算问题。SMPC 要确保输入的独立性和计算的正确性，同时不会泄露各输入值给参与计算的其他成员。安全多方计算的这一特点，对于大数据环境下的数据机密性保护有独特的优势。

(5) 数字水印和数据血缘追踪技术

数据的识别、安全监控与防护和密文计算分别属于“事前”和“事中”的安全保障技术，随着数据泄露事件的频繁发生，“事后”追踪和溯源技术变得越来越重要。在数据安全事件发生之后，泄露源头的追查和责任的判定是及时发现问题、查漏补缺的关键。同时，对数据安全管理制度的执行也会形成一定的威慑作用。目前常用的追踪溯源技术包括数字水印和数据血缘追踪技术。

数字水印技术是为了保持对分发后的数据流向进行追踪，在数据泄露行为发生后，可以对造成数据泄露的源头进行回溯。对于结构化数据，在分发数据中掺杂不影响运算结果的数据，采用增加伪行和伪列等方法，拿到泄密数据的样本，可以追溯到数据的泄露源。对于非结构化数据，数字水印可以应用于条码、文本、图像、音频、视频等数据信息中，在数据外发的环节加上隐蔽标识水印，可以追踪数据的扩散路径。未来，数字水印技术不仅要针对静态的数据集，还需要应对数据量巨大、更新速度极快的情况。

数据血缘是指数据产生的链路，记载数据处理的整个历史，包括数据的起源和处理这些数据的所有后续过程。通过数据血缘追踪，可以获得数据在数据流中的演化过程。当数据发生异常时，通过数据血缘分析能追踪到异常发生的原因，把风险控制在适当的水平。

5. 个人隐私保护技术

在移动互联网时代，个人隐私如果得不到有效的保护，轻则造成个人信息泄露和经济损失，重则会威胁国家安全。所以，需要对隐私的理论和保护体系进行针对性的研究，需要对隐私感知、隐私保护、隐私分析等过程中的隐私进行定量化描述，并构建针对隐私度量演化的公理化描述体系。

隐私计算是面向隐私信息全生命周期保护的计算理论和方法。隐私计算是在隐私信息的所有权、管理权和使用权分离的状态下，由隐私度量、隐私泄露代价、隐私保护与隐私分析复杂性共同构成的可计算模型和公理化系统。具体是指在处理文字、数值、图像、音频和视频等信息时，对所涉及的隐私信息进行描述、度量、评价和融合等操作，形成的一套符号化、公式化且具有量化评价标准的隐私计算理论、算法及应用技术，而且支持多系统融合的隐私信息保护。隐私计算涵盖了信息搜集者、发布者和使用者在信息产生、感知、发布、传播、存储、处理、使用和销毁等全生命周期的所有计算操作，并包含支持海量用户、高并发、高效能隐私保护的系统设计理论和架构。隐私计算是泛在网络空间隐私信息保护的重要理论基础。隐私计算的研究范畴包括隐私信息产生、隐私感知、隐私保护、隐私发布、隐私信息存储、隐私信息的融合处理、隐私交换、隐私分析和隐私销毁等。

在大数据应用的数据采集、存储、挖掘、发布和删除等整个数据生命周期的各个阶段，都存在隐私泄露的风险。大数据时代的隐私性是在不暴露用户敏感信息的前提下，进行有效的数据挖掘。传统的信息安全领域则更加关注文件的私密性等安全属性。而现有技术主要基于静态数据集，所以在大数据时代还必须考虑如何在数据快速变化的复杂环境下实现对动态数据的隐私保护和有效利用。

在移动大数据环境下，数据安全技术提供了机密性、完整性和可用性的防护基础，隐私保护是在此基础上，保证个人隐私信息不发生泄露或不被外界所知。目前，个人隐私保护方面应用广泛的是数据脱敏技术，其他的还有数据匿名化算法。以下将对这些隐私保护技术进行简要介绍。

（1）数据脱敏技术

数据脱敏是指对某些敏感信息通过脱敏规则进行数据的变形，实现对个人数据的隐私保护，是应用最广泛的隐私保护技术之一。目前的脱敏技术主要分为以下 3 种：第 1 种是加密算法，通过标准的加密算法对数据进行加密，使其完全失去业务属性，这属于低层次脱敏，算法开销大，适用于机密性要求高、不需要保持业务属性的场合；第 2 种是数据失真技术，常用的是随机干扰和乱序，是不可逆的，通过这种算法可以生成“看起来很真实的假数据”，适用于群体信息统计和需要保持业务属性的场合；第 3 种是可逆的置换算法，通过位置变换、表映射、算法映射等方式实现，既可逆又能保证业务属性的特征。数据应用系统在选择脱敏算法时，需要对可用性和隐私保护进行权衡，既要考虑系统开销，满足业务系统的需求，又要兼顾最小可用原则，最大限度地保护用户隐私。

（2）数据匿名化算法

数据匿名包括去除不同隐私数据间的关联性、数据泛化等，如 k-匿名、l-多样性、t-邻近性等方法，使得攻击者无法获得个人的具体数据。这类方法的主要问题是不能抵抗背景知识关联分析。差分隐私技术（Differential Privacy）主要应用在对数据集做统计的时候保护用户隐私，通过统计学的方法来模拟一个效果，使得从数据集中去掉（或替换）任何一个个体的数据之后得到的统计结果与不去掉（或不替换）该个体记录时得出的结果在很高的概率上是一样的。差分隐私的具体实现方式是对数据集的统计量输出叠加一个适当的噪声。

数据匿名化算法可以根据具体情况有条件地发布部分数据或是数据的部分属性内容。匿名化算法需要解决的问题包括：隐私性和可用性之间的平衡问题、执行效率问题、度量和评价标准问题、数据动态重发布的匿名化问题等。数据匿名化算法能够在数据发布环境下防止用户的敏感数据泄露，而且可以保证发布数据的真实性。

6. 移动大数据安全审计

对移动大数据平台的各类访问记录、操作行为进行监控，再对这些行为进行审计，分析出系统中是否存在违规访问行为，最后再通过溯源技术，对该违规访问进行追溯，以达到在后台对移动大数据进行安全防护的目的，即实现对移动大数据的安全审计和溯源。

本章小结

大数据是计算机技术融入人类社会生活以及信息积累到一定程度而引发的信息处理技术

变革。大数据具有 4 个特性：海量的数据规模、数据类型繁多、价值密度低、数据流转速度快。大数据通过算法分析海量的数据，寻找其中有价值的信息。移动互联网、社交网络和电子商务等极大地拓展了互联网的边界和应用范围，使各种数据迅速膨胀。移动大数据是大数据技术在移动互联网环境中的应用。移动大数据技术已经广泛应用于交通运输、移动电子商务、政务平台等领域。移动大数据安全主要由移动大数据平台安全、数据安全和个人信息安全 3 个方面组成。

数据的增多使数据安全和隐私保护问题日渐突出，各类安全事件给企业和用户敲响了警钟。在整个数据生命周期里，企业需要遵守更严格的安全标准和保密规定，对数据存储和使用的安全性和隐私性要求越来越高。传统的数据保护方法常常无法满足快速变化的网络和数字化生活的需要，这也使得黑客更容易获得他人信息，拥有了更多不易被追踪和防范的犯罪手段。而现有的法律法规和技术手段还难以解决此类问题。因此，数据安全和隐私保护是移动大数据在应用过程中所面临的重大挑战。

习题

1. 大数据的特性主要有哪些？请简述其含义。
2. 请简述自己对移动大数据的理解。
3. 移动大数据挖掘的基础设施由哪几部分组成？
4. 移动大数据在移动电子商务领域的应用具有哪些优势？
5. 大数据面临哪些安全威胁？移动大数据又面临哪些特有的安全威胁？
6. 请列举几个移动大数据在实际生活中的应用。

第12章　移动互联网的安全管理

随着网络信息技术的不断发展，全球信息化已成为人类社会发展的大趋势。移动通信技术和互联网技术的深度融合推动着移动互联网的快速发展，极大地满足了用户随时随地对于通信及网络服务的需求。但伴随着移动终端的普及和移动互联网业务的不断创新，移动互联网逐渐向网络融合化、终端智能化、应用多样化、平台开发化的方向发展，也造成了监管的复杂化，使用户信息、社会稳定和国家安全都面临新的安全威胁。

本章首先将对移动互联网的信息安全管理进行介绍，包括信息安全风险评估和安全管理标准规范，之后对移动互联网的安全管理技术和与安全相关的政策法规做详细介绍。

12.1　移动互联网信息安全管理

移动互联网已进入爆发式增长阶段，而移动互联网独特的网络环境也对信息安全带来了很多新的挑战。如何打造移动互联网的信息安全保障体系，也成为越来越重要的议题。本节将对移动互联网背景下的信息安全风险进行评估，并介绍相关的安全管理标准与规范。

12.1.1　移动互联网信息安全风险评估

目前，移动通信网络已经开始从4G向5G转变，网络传输速度会变得更快，传输质量会更高。虽然移动互联网已经采用了多种安全机制，但仍然存在很多安全漏洞，面临许多安全威胁，其中窃听、冒充通信参与者、冒充用户和盗取手机身份等都是高危威胁。

1. 通信信息泄密隐患

由于移动互联网传播的广播特性，开放式的无线接口成为移动电话安全的薄弱环节，通过无线接口传送的信息很容易被窃听。虽然移动通信网络在安全保密机制上采用了一系列措施，但尚不健全。其中，窃听和冒充是经常遇到的。在移动通信中面临的主要风险有三个方面：一是获取信息，攻击者选择一个通信链路，非法窃听攻击对象，然后从技术角度伪装成一个合法身份，诱导攻击对象进入陷阱；二是攻击者搜索浏览攻击对象敏感信息的存储位置；三是利用获取到的重要信息，然后与攻击对象敏感信息的存储位置进行链接，以实施破坏活动。

2. 位置信息泄密隐患

移动用户的特点是位置具有不确定性和移动性。在移动通信网络中，必须要跟踪并确定移动台的位置，至少精确到蜂窝小区，才能接通移动台。移动台的位置信息非常重要，虽然通信者对其知之甚少，但对手机用户位置感兴趣的人或组织，可以通过用户随身携带的手机来确定其位置，掌握其活动规律。

3. 身份和个人信息泄密隐患

身份信息在移动互联网系统中属于非常机密的数据，在存储、传输、使用甚至管理上采取了很多技术手段进行保密。身份信息一旦泄露，小到手机卡被克隆造成经济损失，大到被窃听、跟踪和定位。随着用户在智能终端上保存的信息越来越多，包括了用户银行账号、密码等重要信息，甚至公司敏感信息，对智能终端的信息窃取行为也越来越多。而在移动互联网环境下，智能手机的数据更容易面临丢失和泄露风险，例如被盗、未经授权的访问或未经授权的传输。在企业内部，也有越来越多的机密数据通过智能手机以邮件附件或文件传输的方式而丢失、泄露。

4. 恶意软件安全威胁

移动互联网中存在着大量的网络垃圾，影响信息安全，而移动互联网终端应用 App 又可以随意下载安装，带来了一系列不利影响。移动互联网的网站中存在大量的消费陷阱以及不安全、不健康的网络垃圾信息。在移动终端的软件中查看广告时，经常会产生额外的移动流量，网页中的木马病毒等也会直接窃取移动互联网用户的个人信息，经常出现自动定制业务的现象，甚至会有恶意收费的情况发生。而且虚假新闻广告、垃圾信息都可以通过移动客户端进行传播。随着智能终端的普及和操作系统的逐步统一，恶意软件的影响逐步扩大。恶意软件的传播和爆发可能会造成用户信息泄露、信息丢失、设备损坏、经济损失等危害，并对通信网络的运行造成一定的威胁。

12.1.2 移动互联网信息安全标准与规范

随着移动互联网安全问题日益突出，移动互联网安全标准化已经成为我国信息安全保障体系建设的重要内容。秉持采用国际标准与自主研制并重的工作思路，全国信息安全标准化技术委员会积极开展了一系列的移动互联网安全标准的制定工作。

移动互联网信息安全标准体系是支撑移动互联网产业生态，保障个人信息安全、组织机构安全乃至国家安全的重要基础。对比国外的移动互联网安全标准体系，我国移动互联网信息安全国家标准建设尚处于起步阶段，急需在移动智能终端安全架构、移动设备安全保护技术要求等现有国家标准的基础上，补充完善移动设备管理、移动应用 App 等配套标准，形成移动互联网的核心安全标准体系。在此基础上，一方面细化技术领域，深入研究硬件、可信、签名等具体的技术要求，制定安全技术标准；另一方面从产品、产业链入手，推进产品标准和产业标准的制定，从而形成一个完整全面的移动互联网安全标准体系。

1. 移动智能终端安全架构

国家标准《信息安全技术 移动智能终端安全架构》的制定，旨在通过提出硬件、系统软件、应用软件、用户数据、接口等各部分的安全需求，指导、规范移动智能终端涉及的设计、开发、测试、评估工作，降低移动智能终端所面临的风险，提高移动智能终端的安全能力，保障用户个人信息安全、移动办公安全以及国家安全。

标准首先定义了移动智能终端是指能够接入移动通信网，为应用软件提供开发接口，并能够安装和运行应用软件的移动终端。随后又指出，移动智能终端通常由硬件、系统软件、应用软件、用户数据和接口 5 大部分组成。其中硬件包括处理器、存储芯片、输入输出等部件；系统软件包括操作系统、通信协议软件等；应用软件包括预置和安装的第三方应用软件；用户数据通常指位置信息、账户信息、通讯录、照片等所有由用户产生或用户服务的数据等；接口包括蜂窝网络接口、无线外围接口、有线外围接口、外置存储设备等。

移动智能终端的安全目标是通过提出硬件、系统软件、应用软件、用户数据、接口等方面的安全需求，提高移动智能终端的安全能力，降低移动智能终端所面临的网络攻击、恶意软件等风险，保证移动智能终端的保密性、可用性和完整性。为此，标准核心内容分为硬件安全、系统软件安全、应用软件安全、用户数据安全、接口安全 5 个部分，通过安全启动、标识唯一、抗物理攻击机制、芯片安全等安全需求，为移动智能终端提供基础的硬件安全保障；系统级别的安全保障则由访问控制、安全域隔离、加密机制、安全审计、数字签名、可信机制等安全需求组成；最小权限原则、应用安全分级、安全扫描、安全软件等用于保障业务应用的安全可靠；远程保护、会话锁定、状态提示、配置管理、用户确认、密钥管理、用户数据、信息收集、文件分级等为用户数据安全提供保护；接口安全则包括了网络接入安全、话音通信安全、数据通信安全、无线外围接口、有线外围接口、外置存储设备等部分。这 5 个组成部分相互配合，构成了移动智能终端安全架构的主体，用以指导移动智能终端安全设计、开发、测试、评估等工作的开展。

2. 移动终端安全保护技术要求

根据国家标准化管理委员会 2014 年下达的国家标准制修订计划，工业和信息化部电信研究院负责制订了《信息安全技术 移动终端安全保护技术要求》。该标准规定了通用的设计开发安全要求和评估准则，适用于移动智能终端涉及的设计、开发、测试和评估。标准定义移动终端具备以下特征：由硬件平台和系统软件组成，提供无线连接，包括的应用软件可提供安全信息、Email、Web、VPN 连接、VOIP 等功能，可访问受保护的企业网络、企业数据和应用软件等，或者与其他移动终端进行通信。移动终端的类型包含智能手机、平板计算机等具有类似特征的个人手持移动通信终端。

该标准依据《GB/T 18336. 1-2008 信息技术 安全技术 信息技术安全性评估准则》的规定，使用保护轮廓的结构形式，参考了 NIAP 发布的 PP（《Protection Profile of Mobile Fundamentals》）2. 0 版本。标准结合我国当前移动智能终端的发展现状，针对当前存在的问题，在《GB/T 18336. 1-2008 信息技术 安全技术 信息技术安全性评估准则》中规定的 EAL1 级安全要求组件的基础上，适当增加并增强了部分安全要求组件，以有效保证移动终端能够抵御中等强度攻击。该标准的制定旨在为移动终端采购者、生产厂商、评估机构提供一个多方认可的、通用的移动终端设计开发安全要求和评估准则，移动终端厂商可参考本标准进行移动终端的设计、开发，评估机构可依据本标准开展对移动终端的评估，企业等移动终端采购者可采信基于本标准的评估结果。

我国对信息和信息载体按照重要性等级分级别进行保护，形成了信息安全等级保护制度。它是我们国家的基本网络安全制度，也是一套完整和完善的网络安全管理体系。遵循等级保护的相关标准来进行安全建设是目前企事业单位的普遍要求，也是国家关键信息基础措施保护的基本要求。我国的信息安全等级保护对不同等级的信息系统应具备的基本安全保护能力和不同等级的基本要求做出了详细规定。在技术要求方面，分别包括 5 方面，分别是物理安全、网络安全、主机安全、应用安全和数据安全及备份恢复。管理要求方面也包括 5 方面的安全，分别是安全管理制度、安全管理机构、人员安全管理、系统建设管理和系统运维管理。在移动互联网信息和信息载体的建设过程中，应结合我国信息安全等级保护制度中的相关规定，在信息、应用及数据等方面进行相应的保护。

我国在信息安全建设领域，成立了全国信息安全标准化技术委员会。该标委会的成立标志着我国信息安全标准化工作步入了“统一领导、协调发展”的新时期。该标委会是在信息安全的专业领域内，从事信息安全标准化工作的技术工作组织。它的工作任务是向国家标准化管理委员会提出本专业标准化工作的方针、政策和技术措施的建议。

相关的信息安全标准（按照标准颁布的时间先后和序号大小进行排序）如下所示。

GB/T 20275-2013 信息安全技术 网络入侵检测系统技术要求和测试评价方法

GB/T 20278-2013 信息安全技术 网络脆弱性扫描产品安全技术要求

GB/T 20945-2013 信息安全技术 信息系统安全审计产品技术要求和测试评价方法

GB/Z 29830.1-2013 信息技术 安全技术 信息技术安全保障框架 第1部分：综述和框架

GB/Z 29830.2-2013 信息技术 安全技术 信息技术安全保障框架 第2部分：保障方法

GB/Z 29830.3-2013 信息技术 安全技术 信息技术安全保障框架 第3部分：保障方法分析

GB/T 29841.3-2013 卫星定位个人信息位置服务系统 第3部分：信息安全规范

GB/T 30270-2013 信息技术 安全技术 信息技术安全性评估方法

GB/T 30271-2013 信息安全技术 信息安全服务能力评估准则

GB/T 30272-2013 信息安全技术 公钥基础设施 标准一致性测试评价指南

GB/T 30273-2013 信息安全技术 信息系统安全保障通用评估指南

GB/T 30274-2013 信息安全技术 公钥基础设施 电子签名卡应用接口测试规范

GB/T 30275-2013 信息安全技术 鉴别与授权认证中间件框架与接口规范

GB/T 30276-2013 信息安全技术 信息安全漏洞管理规范

GB/T 30277-2013 信息安全技术 公钥基础设施 电子认证机构标识编码规范

GB/T 30278-2013 信息安全技术 政务计算机终端核心配置规范

GB/T 30279-2013 信息安全技术 安全漏洞等级划分指南

GB/T 30280-2013 信息安全技术 鉴别与授权 地理空间可扩展访问控制置标语言

GB/T 30281-2013 信息安全技术 鉴别与授权 可扩展访问控制标记语言

GB/T 30282-2013 信息安全技术 反垃圾邮件产品技术要求和测试评价方法

GB/T 30283-2013 信息安全技术 信息安全服务分类

GB/T 30284-2013 信息安全技术 移动通信智能终端操作系统安全技术要求（EAL2级）

GB/T 30285-2013 信息安全技术 灾难恢复中心建设与运维管理规范

GB/Z 30286-2013 信息安全技术 信息系统保护轮廓和信息系统安全目标产生指南

GB/T 30287.3-2013 卫星定位船舶信息服务系统 第3部分：信息安全规范

GB/T 30290.3-2013 卫星定位车辆信息服务系统 第3部分：信息安全规范

GB/T 30976.1-2014 工业控制系统信息安全 第2部分：评估规范

GB/T 30976.2-2014 工业控制系统信息安全 第2部分：验收规范

GB/T 31167-2014 信息安全技术 云计算服务安全指南

GB/T 31168-2014 信息安全技术 云计算服务安全能力要求

GB/T 20277-2015 信息安全技术 网络和终端隔离产品测试评价方法

GB/T 20279-2015 信息安全技术 网络和终端隔离产品安全技术要求

GB/T 20281-2015 信息安全技术 防火墙安全技术要求和测试评价方法

GB/T 31495.1-2015 信息安全技术 信息安全保障指标体系及评价方法 第1部分：概念和模型

GB/T 31495.2-2015 信息安全技术 信息安全保障指标体系及评价方法 第2部分：指标体系

GB/T 31495.3-2015 信息安全技术 信息安全保障指标体系及评价方法 第3部分：实施指南

GB/T 31496-2015 信息技术 安全技术 信息安全管理体系实施指南

GB/T 31497-2015 信息技术 安全技术 信息安全管理 测量

GB/T 31499-2015 信息安全技术 统一威胁管理产品技术要求和测试评价方法

GB/T 31500-2015 信息安全技术 存储介质数据恢复服务要求

GB/T 31501-2015 信息安全技术 鉴别与授权 授权应用程序判定接口规范

GB/T 31502-2015 信息安全技术 电子支付系统安全保护框架

GB/T 31503-2015 信息安全技术 电子文档加密与签名消息语法

GB/T 31504-2015 信息安全技术 鉴别与授权 数字身份信息服务框架规范

GB/T 31505-2015 信息安全技术 主机型防火墙安全技术要求和测试评价方法

GB/T 31506-2015 信息安全技术 政府门户网站系统安全技术指南

GB/T 31507-2015 信息安全技术 智能卡通用安全检测指南

GB/T 31508-2015 信息安全技术 公钥基础设施 数字证书策略分类分级规范

GB/T 31509-2015 信息安全技术 信息安全风险评估实施指南

GB/T 31722-2015 信息技术安全 技术信息安全风险管理

GB/T 32213-2015 信息安全技术 公钥基础设施 远程口令鉴别与密钥建立规范

GB/T 32351-2015 电力信息安全水平评价指标

GB/T 20276-2016 信息安全技术 具有中央处理器的IC卡嵌入式软件安全技术要求

GB/T 22080-2016 信息技术 安全技术 信息安全管理体系 要求

GB/T 22081-2016 信息技术 安全技术 信息安全控制实践指南

GB/T 22186-2016 信息安全技术 具有中央处理器的IC卡芯片安全技术要求

GB/T 25067-2016 信息技术 安全技术 信息安全管理体系审核和认证机构要求

GB/T 30269.601-2016 信息技术 传感器网络 第601部分：信息安全：通用技术规范

GB/T 32914-2016 信息安全技术 信息安全服务提供方管理要求

GB/T 32915-2016 信息安全技术 二元序列随机性检测方法

GB/T 32917-2016 信息安全技术 WEB应用防火墙安全技术要求与测试评价方法

GB/T 32918.1-2016 信息安全技术 SM2椭圆曲线公钥密码算法 第1部分：总则

GB/T 32918.2-2016 信息安全技术 SM2椭圆曲线公钥密码算法 第2部分：数字签名算法

GB/T 32918.3-2016 信息安全技术 SM2椭圆曲线公钥密码算法 第3部分：密钥交换协议

GB/T 32918.4-2016 信息安全技术 SM2椭圆曲线公钥密码算法 第4部分：公钥加密算法

GB/T 32919-2016 信息安全技术 工业控制系统安全控制应用指南

GB/T 32920-2016 信息技术 安全技术 行业间和组织间通信的信息安全管理

GB/T 32921-2016 信息安全技术 信息技术产品供应方行为安全准则

GB/T 32922-2016 信息安全技术 IPSec VPN安全接入基本要求与实施指南

GB/T 32923-2016 信息技术 安全技术 信息安全治理

GB/T 32924-2016 信息安全技术 网络安全预警指南

GB/T 32925-2016 信息安全技术 政府联网计算机终端安全管理基本要求

GB/T 32926-2016 信息安全技术 政府部门信息技术服务外包信息安全管理规范

GB/T 32927-2016 信息安全技术 移动智能终端安全架构

GB/T 33131-2016 信息安全技术 基于 IPSec 的 IP 存储网络安全技术要求

GB/T 33132-2016 信息安全技术 信息安全风险处理实施指南

GB/T 33133.1-2016 信息安全技术 祖冲之序列密码算法 第 1 部分：算法描述

GB/T 33134-2016 信息安全技术 公共域名服务系统安全要求

GB/T 19668.4-2017 信息技术服务 监理 第 4 部分：信息安全监理规范

GB/T 20985.1-2017 信息技术 安全技术 信息安全事件管理 第 1 部分：事件管理原理

GB/T 29246-2017 信息技术 安全技术 信息安全管理体系 概述和词汇

GB/T 30269.602-2017 信息技术 传感器网络 第 602 部分：信息安全：低速率无线传感器网络网络层和应用支持子层安全规范

GB/T 32918.5-2017 信息安全技术 SM2 椭圆曲线公钥密码算法 第 5 部分：参数定义

GB/T 33560-2017 信息安全技术 密码应用标识规范

GB/T 33561-2017 信息安全技术 安全漏洞分类

GB/T 33562-2017 信息安全技术 安全域名系统实施指南

GB/T 33563-2017 信息安全技术 无线局域网客户端安全技术要求（评估保障级 2 级增强）

GB/T 33565-2017 信息安全技术 无线局域网接入系统安全技术要求（评估保障级 2 级增强）

GB/T 34095-2017 信息安全技术 用于电子支付的基于近距离无线通信的移动终端安全技术要求

GB/T 34942-2017 信息安全技术 云计算服务安全能力评估方法

GB/T 34975-2017 信息安全技术 移动智能终端应用软件安全技术要求和测试评价方法

GB/T 34976-2017 信息安全技术 移动智能终端操作系统安全技术要求和测试评价方法

GB/T 34977-2017 信息安全技术 移动智能终端数据存储安全技术要求与测试评价方法

GB/T 34978-2017 信息安全技术 移动智能终端个人信息保护技术要求

GB/T 34990-2017 信息安全技术 信息系统安全管理平台技术要求和测试评价方法

GB/T 35101-2017 信息安全技术 智能卡读写机具安全技术要求（EAL4 增强）

GB 35114-2017 公共安全视频监控联网信息安全技术要求

GB/T 35273-2017 信息安全技术 个人信息安全规范

GB/T 35274-2017 信息安全技术 大数据服务安全能力要求

GB/T 35277-2017 信息安全技术 防病毒网关安全技术要求和测试评价方法

GB/T 35278-2017 信息安全技术 移动终端安全保护技术要求

GB/T 35279-2017 信息安全技术 云计算安全参考架构

GB/T 35280-2017 信息安全技术 信息技术产品安全检测机构条件和行为准则

GB/T 35281-2017 信息安全技术 移动互联网应用服务器安全技术要求

GB/T 35282-2017 信息安全技术 电子政务移动办公系统安全技术规范

GB/T 35283-2017 信息安全技术 计算机终端核心配置基线结构规范

GB/T 35284-2017 信息安全技术 网站身份和系统安全要求与评估方法

GB/T 35285-2017 信息安全技术 公钥基础设施 基于数字证书的可靠电子签名生成及验证技术要求

GB/T 35286-2017 信息安全技术 低速无线个域网空口安全测试规范

GB/T 35287-2017 信息安全技术 网站可信标识技术指南

GB/T 35288-2017 信息安全技术 电子认证服务机构从业人员岗位技能规范

GB/T 35289-2017 信息安全技术 电子认证服务机构服务质量规范

GB/T 35290-2017 信息安全技术 射频识别（RFID）系统通用安全技术要求

GB/T 35291-2017 信息安全技术 智能密码钥匙应用接口规范

GB/T 35317-2017 公安物联网系统信息安全等级保护要求

GB/T 36968-2018 信息安全技术 IPSec VPN 技术规范

GB/T 37033.1-2018 信息安全技术 射频识别系统密码应用技术要求 第 1 部分：密码安全保护框架及安全级别

GB/T 37033.2-2018 信息安全技术 射频识别系统密码应用技术要求 第 2 部分：电子标签与读写器及其通信密码应用技术要求

GB/T 37033.3-2018 信息安全技术 射频识别系统密码应用技术要求第 3 部分：密钥管理技术要求

GB/T 37092-2018 信息安全技术 密码模块安全要求

12.2 移动互联网安全管理技术

移动互联网的安全策略同传统互联网一样，都需要从两个方面来建设：一是从安全管理体系入手，二是从安全管理技术角度入手。安全管理体系的建设是从政策、法律、质量模型、监管体系、监管措施的角度，将整个移动互联网的安全问题在组织上、策略上、制度上明确下来，以便对破坏移动互联网安全的人或组织实施有效的监管和打击；而安全管理技术则是从技术上实现对移动互联网运行状况以及安全现状的监管，对影响移动互联网安全事件进行有针对性的应对和补救。如果将安全管理技术角度比作治“标”的话，那么安全管理体系则是治“本”，要使移动互联网实现相对安全，必须要“标本兼治”，才能达到应有的效果。

安全管理从技术上涉及 4 个参与方：从事移动互联网安全防护的公司；移动互联网智能终端应用软件生产商；移动互联网的运营商；智能终端使用者。

1. 从事移动互联网安全防护的公司

从移动互联网安全防护公司的角度，可以采用的技术手段有以下几种。

（1）固件（BSP）安全评估技术

针对市场上主流移动智能终端的固件（BSP）代码，采用固件代码完整性检查分析技术和基于固件漏洞的库固件漏洞信息的检查分析技术，判定移动智能终端固件的安全隐患并提供修复建议。安全隐患主要包括检测和分析远程开机隐患、定时开机隐患、Chip Away Virus 隐患、磁盘恢复精灵隐患、Phoenix. Net 隐患、BIOS 木马隐患以及其他未知隐患等。

（2）终端源代码安全分析技术

从根本上来说，漏洞来源于软件的源代码，针对与移动智能终端重点应用行为有关的源代码包括费用相关类（如通信安全付费、网络支付、广告）、恶意访问（如通讯录、记事本）和安全后门（如远程控制、缓冲区溢出）。

在技术特点上，这一安全分析技术又包括动态安全分析和静态安全分析。动态安全分析是通过编译程序或检测用例，以此来检测源代码中语法、词法、功能或结构可能存在的问题，完成后可能仍会存在与安全相关的在编译阶段发现不了而在运行阶段又很难定位的安全问题。静态安全分析是指执行所分析的源代码，扫描源程序正文，对程序中的数据流和控制流等进行分析，以此来发现编译阶段没有发现、运行阶段难以定位的源代码安全问题。

（3）智能终端安全软件

在移动互联网领域，安全厂商早已开始预先布局。自 2009 年互联网安全供应商 360 公司推出 360 手机卫士并进入移动互联网安全领域以来，包括金山、瑞星、卡巴斯基等传统安全厂商也推出了自己的手机安全产品，一时间移动互联网安全市场变得非常活跃。经过各大安全厂商的努力，手机安全软件的用户数量、市场覆盖率有了明显提升，尤其是我国安全软件企业，受到了越来越多用户的认可。

互联网数据中心（Data Center of China Internet，DCCI）也指出了当前移动互联网行业的问题所在，提醒广大安全厂商不可盲目乐观。报告显示，在不使用手机安全软件的移动互联网用户中，约 50%的用户认为手机安全软件达不到预期效果，约 40%的用户担心影响手机速度，并有 25.7%的用户认为手机安全软件本身存在安全问题。

现在，通过手机安全软件的使用，较大程度地降低了移动互联网的安全危害。业内专家认为，在我国互联网已经迈入全民杀毒之际，漏洞相对较多、发展时间较短的移动互联网已经成为木马制造者的新目标，移动互联网安全这场“矛”与“盾”的斗争将是一场持久战，各大安全厂商都应在严于律己的同时，肩负起保护用户手机安全的重任。

2. 移动互联网智能终端应用软件生产商

智能终端操作系统和第三方开发的应用软件，应该在软件设计时就考虑到安全性问题，并随时更新软件中的安全漏洞列表，及时提供包括应用功能和安全功能的软件升级。例如，一位第三方应用软件的开发者认为，针对吸费、吸流量的插件，可以在程序设计时适当控制流量大小，当检测到流量在某段时间内过大时，系统可报警提示用户。又比如，现在很多手机系统中，都带有防盗追踪功能，这种功能可以在手机被盗或丢失时，尽量降低数据泄露的风险。

相关专家呼吁，应提高应用商店对其上架软件履行的审核义务。由于应用商店中的软件多数由开发者提供，他们相当于市场上千千万万的卖家，而应用商店则相当于提供交易平台的市场管理方。所以，应用商店在 App 软件的市场准入审核和管理方面有着义不容辞的责任。

3. 移动互联网的运营商

移动互联网运营商应加强以手机终端和应用软件为主体的整体解决方案研究，建立可信的终端访问服务网站，加强对 ISP/ICP 的共同监管，打造健康良性发展的移动互联网产业链。随着国内无线网络覆盖范围的扩大和移动用户的迅速增长，无线宽带接入服务成为运营商新的增值点。

实际中，应根据注册用户的类型来划分不同的级别并赋予用户不同的访问权限，以此来访问无线信息系统，甚至可以根据用户所运行应用软件的不同，对网络带宽进行智能调配，以此保证因用户应用软件权限、信息敏感程度的不同而提供对应的网络 QoS。同时，应在无线网络的“汇聚层”，部署防火墙、入侵检测、流量负载均衡设备和无线网管监控软件，组成一个完整的业务控制和安全管理平台，确保无线网络可以全网智能管理和运营。

目前，移动支付主要以小额或微支付为主，如公交地铁、食品零售支付等应用模式已比较成熟。随着 4G 的应用普及，基于 RFID 射频识别技术的支付应用将会增长。这些移动支付过程中都需要移动互联网运营商提供的安全保障技术措施。通过身份验证技术、信息加密传输技术、数据的完整性检验技术等安全保障措施，将进一步增强移动支付的安全性，保障业务顺利安全进行。

移动安全市场盈利模式暴露出移动互联网盈利模式的单一性，当前基本上都是通过收取用户端的费用来实现。未来，安全厂商通过与运营商等其他产业链成员合作定制业务服务的模式将成为重要的盈利方式。在增值服务市场规模逐渐做大之后，安全厂商在一些增值服务领域将出现新的盈利模式，如防病毒软件、防恶意软件、防骚扰服务、隐私保护服务、数据的备份恢复服务等。

4. 智能终端使用者

对于移动互联网，移动应用软件安全主要体现在终端的安全可用性、个人信息的私密性以及个人信息的可用性几个方面。个人用户的安全需求主要体现在“四防”：防盗、防骚扰、防泄密和防病毒。

根据 DCCI 手机安全软件市场的调研报告显示，有将近 30%的移动互联网用户遭遇过手机安全威胁，50%以上的用户担心手机安全威胁，但仍有超过 30%的用户认为手机安全威胁并不重要。由此可见，移动用户的手机安全意识亟待提高。

回顾互联网的发展历史可以发现，每次大规模的计算机病毒爆发，都会加速安全软件的普及并使用户安全意识获得巨大提升，如早年的硬件杀手 CIH 以及让网民叫苦不迭的“熊猫烧香”病毒。但是这种安全软件的被动式增长都是以无数用户的损失为代价的。因此，广大智能手机用户一定不能被动处理或应对移动互联网安全问题，而应该做好自身的防护措施，将移动互联网带来的安全危害防患于未然。

中国网于 2018 年 1 月 2 日报道了 2017 年国内移动端十大安全事件，包括：“扫码骑单车”扫丢个人信息；假“共享充电宝”让你秒变透明人；勒索病毒搭上王者荣耀“全军出击”；清理微信僵尸粉竟然是盗号骗局；超九成安卓手机存在漏洞；年度重磅电信诈骗案，内地嫌犯超 500 人；亚马逊被植入钓鱼网站竟成电话诈骗推手；年内最大学生信息泄露案，“趣店”数百万名学生信息被卖；核弹级安卓漏洞爆发，360 加固保紧急救援；指纹解锁神操作，一块胶带实现“人人解锁”。

通过回顾 2017 年度十大安全事件可以发现，个人信息泄露已成为移动安全首要威胁。为应对如此严峻的网络安全形势，国家相关部门、安全厂商、运营商等多方联合，加大对公民个人信息泄露的打击力度，守卫移动安全，共建移动安全产业链，打造更安全的移动生态环境。同时，终端用户在使用移动互联网的过程中，也需要从以下几个方面严加防范。

（1）为手机设置密码

通过一个强健的密码或 PIN 码实现的简单密码保护措施，就能为准备窃取数据的不法分子设置障碍。

（2）利用手机中的各种安全功能

很多人都忽视了手机自带的各种安全功能。用户只需在设置菜单中简单地设置一下，就能大幅提高手机的安全性能和隐私保护水平。

（3）从正规网站下载手机应用程序和升级包

大部分用户在下载手机应用程序时，可能在不知不觉中将恶意软件安装进了手机。用户应该尽可能从可靠的来源获取软件，如手机厂商的官方网站。

（4）为手机安装安全软件

为了防止无孔不入的恶意软件，建议智能手机用户安装一款有效的手机安全软件。

（5）经常为手机做数据同步备份

手机用户应当经常将手机中的数据同步到计算机或云平台，作为安全备份存储起来。

（6）减少手机中的本地分享

不要轻易地将自己的详细位置信息透露给陌生人。

（7）对手机中的 Web 站点提高警惕

与 PC 端一样，智能手机用户在访问不熟悉的 Web 站点时一定要非常谨慎。很多手机用户不加思索就点击网站链接，尤其是通过社交媒体渠道发送来的链接。很多此类链接都会在用户不知情的情况下在用户手机中安装恶意软件。

（8）对程序执行权限加以限制

建议手机用户应尽量注意任何要求输入个人信息或手机设备信息的情况，以及在进行有关操作时跳出来的与该操作无关的任何程序或对话框。

网络安全专家的建议是：从正规渠道购买手机；从大型、可信站点下载手机软件，对第三方应用商店持小心谨慎的态度；使用官方应用商店是较好的安全途径，安装软件时注意观察软件权限；不要轻信不明来源的短信；小心恶意广告直接带入恶意网站并触发恶意程序的自动下载；安装有效手机安全软件为手机保驾护航。病毒是一种具有破坏性的恶意手机程序，一般利用短信、彩信、电子邮件、浏览网站等方式在移动通信网内进行传播，同时利用红外线、蓝牙等方式在手机终端间进行传播，当前可通过安装手机防病毒软件解决移动终端的病毒入侵问题。

随着社会和科技的发展，新的网络安全威胁也“与时俱进”，从互联网向移动互联网、从明目张胆到巧妙潜伏，安全形势不容乐观，因此网络安全专家特别提醒广大手机用户：安全软件只是帮手，增强自身网络安全防范意识才能立于安全之地。

12.3 移动互联网安全相关的政策法规

近年来，我国已制定了关于移动互联网的相关法律法规。这些法律法规如下。

1.《通信网络安全防护管理办法》

2009 年，工信部公布了《通信网络安全防护监督管理办法（征求意见稿）》，其目的是加强对通信网络安全的管理，提高通信网络安全防护能力，保障通信网络安全畅通，防止通信网络阻塞、中断、瘫痪或被非法控制，以及防止通信网络中传输、存储、处理的数据信息丢失、泄露或被非法篡改等。

该管理办法是为建设一个全国通信网络安全防护工作的统一指导、协调、监督和检查体系，建立健全通信网络安全防护体系而制订的通信网络安全防护标准，适用于我国境内的电信业务经营者和互联网域名服务提供者管理和运行的公用通信网和互联网的网络安全防护工作。

《通信网络安全防护管理办法》于2009年12月29日通过，2010年3月1日实施。

2.《移动互联网恶意代码描述规范》

2011年6月9日，中国互联网协会反网络病毒联盟发布了我国首个关于手机病毒命名及描述的技术规范——《移动互联网恶意代码描述规范》。

移动互联网的迅速发展，加速了恶意代码在移动智能终端上的传播与增长。这些恶意代码往往被用于窃取用户个人隐私信息，非法订购各类增值业务，造成用户直接经济损失。移动互联网恶意代码的防范直接关系到我国移动互联网产业的健康发展和广大手机用户的切身利益。目前，各移动运营企业、网络安全组织、安全厂商、研究机构对移动互联网恶意代码的命名规范、描述格式各不相同，导致无法共享除恶意代码样本以外的重要细节信息，成为恶意代码信息交流的屏障。为了加强移动互联网恶意代码信息共享，规范移动互联网恶意代码的认定，增进社会对恶意代码的辨识度，需要统一规范移动互联网恶意代码的认定标准、命名规则和描述格式。本规范定义了移动互联网恶意代码样本的描述方法以解决上述问题。

3.《移动智能终端管理办法》

2011年10月26日上午，国务院新闻办就2011年三季度全国工业通信业运行形势等情况举行新闻发布会。工业和信息化部（简称工信部）通信发展司副司长陈家春在回答记者关于移动智能终端的问题时表示，面对移动智能终端日益突出的安全问题，工信部正会同有关部门制订《移动智能终端管理办法》，完善移动智能终端个人信息的安全管理，切实保护消费者权益。

陈家春指出，伴随着移动互联网和移动智能终端的快速普及，在带给用户丰富多彩应用的同时，移动互联网和移动智能终端的安全问题也日益突出。互联网上原有的恶意程序传播、远程控制、网络攻击等传统互联网安全威胁正在向移动互联网快速蔓延。同时，由于移动互联网终端业务与个人用户利益密切相关，恶意吸费、信息窃取、诱骗软件等恶意行为的影响和危害更加突出。

陈家春表示，工信部已对此开展了以下4方面工作：一是修订进网检测技术要求，采取定期的拨测手段来加强个人信息的保护；二是开展移动互联网恶意程序的治理工作，研究制定移动互联网恶意程序检测处置机制，制定恶意程序认定和命名的标准，指导各省通信管理局和移动通信运营企业开展恶意程序的监测处置试点工作；三是会同有关部门制订《移动智能终端管理办法》，完善移动智能终端个人信息的安全管理，切实保护消费者权益；四是加强宣传工作，提高公民网络安全防范意识，鼓励手机安全产业发展。

4.《移动互联网恶意程序监测与处置机制》

2011年12月9日，工信部印发了《移动互联网恶意程序监测与处置机制》（以下简称《机制》），这是工信部首次出台移动互联网安全管理方面的规范性文件。《机制》于2012年1月1日起执行。

《机制》适用于移动互联网恶意程序及其控制服务器、传播服务器的监测和处置。《机制》规定，依据《移动互联网恶意程序描述格式》行业标准开展移动互联网恶意程序的认定和命名工作，由各单位对恶意程序样本进行初步分析，并将信息汇总到国家互联网应急中心（National Internet Emergency Center，CNCERT），由 CNCERT 统一认定和命名。移动通信运营企业负责本企业网内恶意程序的样本捕获、监测处置和事件通报，CNCERT 负责恶意程序跨网监测、汇总通报和验证企业处置结果。

移动互联网恶意程序是指运行在包括智能手机在内的具有移动通信功能的移动终端上，存在窃听用户电话、窃取用户信息、破坏用户数据、擅自使用付费业务、发送垃圾信息、推送广告或欺诈信息、影响移动终端运行、危害互联网网络安全等恶意行为的计算机程序。移动互联网恶意程序的内涵比手机病毒要广得多，如手机吸费软件不属于手机病毒，但属于移动互联网恶意程序。

5.《信息安全技术公共及商用服务信息系统个人信息保护指南》

2012 年 4 月 12 日，工业和信息化部正式宣布，《信息安全技术公共及商用服务信息系统个人信息保护指南》已编制完成，并作为指导性技术文件通过全国信息安全标准化技术委员会主任办公会审议，后经国家标准化管理委员会批准，于 2013 年 2 月 1 日起正式实施。这项标准由全国信息安全标准化技术委员会提出并归口组织，中国软件测评中心等 30 多家单位参与编制。

这项标准明确要求，处理个人信息应当具有特定、明确和合理的目的，应当在个人信息主体知情的情况下获得个人信息主体的同意，应当在达成个人信息使用目的之后删除个人信息。

这项标准最显著的特点之一是将个人信息分为个人一般信息和个人敏感信息，并提出了默许同意和明示同意的概念。对于个人一般信息的处理可以建立在默许同意的基础上，只要个人信息主体没有明确表示反对，便可收集和利用。但对于个人敏感信息，则需要建立在明示同意的基础上，在收集和利用之前，必须首先获得个人信息主体明确的授权。

这项标准还正式提出了处理个人信息时应当遵循的 8 项基本原则，即目的明确、最少够用、公开告知、个人同意、质量保证、安全保障、诚信履行和责任明确，划分了收集、加工、转移、删除 4 个环节，并针对每一个环节提出了落实 8 项基本原则的具体要求。

6.《网络安全法》

2015 年 6 月 24 日，为保障网络安全，维护网络空间主权和国家安全，促进经济社会信息化健康发展，不断完善网络安全保护方面的法律法规，十二届全国人大常委会第十五次会议审议了网络安全法草案，从保障网络产品和服务安全、保障网络运行安全、保障网络数据安全、保障网络信息安全等方面进行了具体的制度设计。

网络主权是国家主权在网络空间的体现和延伸，网络主权原则是我国维护国家安全和利益，参与网络国际治理与合作所坚持的重要原则。为此，草案将“维护网络空间主权和国家安全”作为立法宗旨。同时，按照安全与发展并重的原则，设专门章节对国家网络安全战略和重要领域网络安全规划、促进网络安全的支持措施做了规定。

为加强国家的网络安全监测预警和应急制度建设，提高网络安全保障能力，草案要求国务院有关部门建立健全网络安全监测预警和信息通报制度，加强网络安全信息收集、分析和情况通报工作；建立网络安全应急工作机制，制定应急预案；规定预警信息的发布及网络安全事件应急处置措施。

2016 年 11 月，《网络安全法》由全国人大常委会发布，并于 2017 年 6 月 1 日起开始实施。

7.《移动互联网应用程序信息服务管理规定》

2016 年 6 月 28 日，国家互联网信息办公室发布《移动互联网应用程序信息服务管理规定》，该规定的出台旨在加强对移动互联网应用程序（App）信息服务的规范管理，促进行业健康有序发展，保护公民、法人和其他组织的合法权益。该规定自 2016 年 8 月 1 日起实施。

8.《电子商务法》

2018 年 8 月 31 日，我国在电子商务领域的首部综合性法律——《中华人民共和国电子商务法》（以下简称《电子商务法》），在第十三届全国人大常委会第五次会议中表决通过，并于 2019 年 1 月 1 日起施行。

《电子商务法》是一部关乎我国互联网电子商务行业格局的法律，旨在为我国电子商务行业发展奠定一个基本法律框架。《电子商务法》主要面向的对象是中华人民共和国境内的电子商务活动，涉及电子商务经营主体、经营行为、合同、快递物流、电子支付等多项内容，在电商经营资质、纳税、知识产权、责任划定、处罚标准、跨境电商等多个方面对我国电子商务行业进行了立法。除了各大电子商务平台外，代购和微商等都需遵守《电子商务法》。而且，法律条款中对搭售、押金、大数据杀熟、个人信息保护等与消费者息息相关的内容做出了明确的规定，使得线上交易过程都可以有法可依。

《电子商务法》的立法目的就是为了更好地保护消费者权益和促进电商行业的健康发展，并力求平衡电子商务平台经营者、电子商务经营者和消费者的三方利益，营造一个良性的市场运作体系，让电子商务保持一个健康的可持续发展的状态。

9. 网络安全评估标准

网络安全评估利用大量安全性行业经验和漏洞扫描的先进技术，从内部到外部两个角度，对系统进行全面的评估。下面列举的这些标准虽然是互联网的安全评估标准，但同样可以在移动互联网中借鉴使用。

（1）TCSEC 标准

TCSEC 标准是计算机系统安全评估的第一个正式标准，具有划时代的意义。该标准于 1970 年由美国国防科学委员会提出，并于 1985 年 12 月由美国国防部发布。

TCSEC 安全要求由策略（Policy）、保障（Assurance）类和可追究性（Accountability）类构成。TCSEC 将计算机系统按照安全要求由低到高分为 4 个等级，即 D、C、B、A，这些等级下面又分为 7 个级别：D1、C1、C2、B1、B2、B3 和 A1，每一级别要求涵盖安全策略、责任、保证、文档 4 个方面。TCSEC 安全概念仅仅涉及防护，而缺乏对安全功能检查和如何应对安全漏洞方面问题的研究和探讨，因此 TCSEC 有很大的局限性。它运用的主要安全策略是访问控制机制。

（2）ITSEC 标准

ITSEC 标准在 1990 年由德国信息安全局发起。该标准的制定，有利于欧洲共同体标准一体化，也有利于各国在评估结果上的互认。该标准在 TCSEC 的基础上，首次提出了信息安全 CIA 概念，即保密性、完整性和可用性。ITSEC 的安全功能要求从 F1～F10 共分为 10 级，其中 1～5 级与 TCSEC 的 D～A 对应，6～10 级的定义如下：F6 为数据和程序的完整性；F7 为系统可用性；F8 为数据通信完整性；F9 为数据通信保密性；F10 包括机密性和完整性。

（3）CC 标准

CC 标准是由美国政府同加拿大及欧共体共同参与制定的，是当前信息系统安全认证方面最权威的标准之一。CC 标准由 3 部分组成：见解和一般模型、安全功能要求和安全保证要求。CC 标准提出了从低到高的 7 个安全保证等级，从 EAL1 到 EAL7。该标准主要保护信息的保密性、完整性和可用性 3 大特性。评估对象包括信息技术产品或系统，不论其实现方式是硬件、固件还是软件。

本章小结

移动互联网所具有的网络融合化、终端智能化、应用多样化、平台开发化的特点，造成的监管复杂化给用户信息保护、社会稳定和国家安全带来了新的安全风险。移动互联网背景下的信息安全面临通信信息泄露、位置信息泄露、个人信息泄露和恶意软件等安全威胁。

移动互联网的安全策略同传统互联网一样，都需要从两个方面来建设：一是立足于安全管理体系，二是从安全管理技术的角度入手。安全管理体系的建设是从政策、法律、质量模型、监管体系、监管措施的角度，将整个互联网的安全问题在组织上、策略上、制度上明确下来，以便对破坏移动互联网安全的个人或组织实施有效的监管和打击；而安全管理技术则是从技术上实现对移动互联网运行状况以及安全现状的监管，对影响移动互联网安全的事件进行有针对性的应对和补救。

习题

1. 请简述在移动互联网背景下，移动用户的信息安全面临哪些威胁和挑战。
2. 移动互联网的安全管理从技术角度可分为哪几个方面？
3. 请列举两部以上与移动互联网安全相关的政策法规。
4. 网络安全的评估标准主要有哪些？
5. 为了将移动互联网信息安全风险降到最低，我们应该怎样做？

参 考 文 献

[1] Stallings W. 无线通信与网络 [M]. 何军，等译 . 2 版 . 北京：清华大学出版社，2006.

[2] Stallings W. 密码编码学与网络安全——原理与实践 [M]. 王后珍，等译 . 7 版 . 北京：电子工业出版社，2017.

[3] 黄晓庆，王梓 . 移动互联网之智能终端安全揭秘 [M]. 北京：电子工业出版社，2012.

[4] 李晖，牛少彰 . 无线通信安全理论与技术 [M]. 北京：北京邮电大学出版社，2014.

[5] 隋爱芬 . 移动接入的安全性与可靠性研究 [D]. 北京：北京邮电大学，2003.

[6] 马建峰，朱建民 . 无线局域网安全——方法与技术 [M]. 北京：机械工业出版社，2005.

[7] 傅洛伊，王新兵 . 移动互联网导论 [M]. 北京：清华大学出版社，2016.

[8] Dwivedi H，Clark C，Thiel D. 移动应用安全 [M]. 李祥军，罗熊，译 . 北京：电子工业出版社，2012.

[9] 张传福 . 移动互联网技术及业务 [M]. 北京：电子工业出版社，2012.

[10] 郑凤，杨旭，胡一闻，等 . 移动互联网技术架构及其发展 [M]. 北京：2013.

[11] 移动终端操作系统架构概览 [OL]. https://wenku.baidu.com/view/e26ccc72571252d380eb6294dd88d0d233d43ccc.html.

[12] 肖云鹏，刘宴兵，徐光侠 . 移动互联网安全技术解析 [M]. 北京：科学出版社，2015.

[13] 移动终端应用的安全问题及对策建议 [OL]. http://www.doc88.com/p-4405693042401.html.

[14] 梅宏，王千祥，张路，王戟 . 软件分析技术进站 [J]. 计算机学报，2009 (9).

[15] 刘权，王涛 . 云计算环境下移动互联网安全问题研究 [J]. 中兴通信技术，2015 (3)：4-6.

[16] 移动安全接入平台的安全机制 [OL]. https://wenku.baidu.com/view/364f2fb0cec789eb172ded630b1c59eef8c79abb.

[17] 浅议安卓客户端移动应用加固技术 [OL]. http://news.ifeng.com/a/20171103/52928902_0.shtml.

[18] 李长云 . 移动互联网技术 [M]. 西安：西北工业大学出版社，2016.

[19] 张滨，冯运波，王庆丰，等 . 移动网络安全体系架构与防护技术 [M]. 北京：人民邮电出版社，2016.

[20] 杨正军，落红卫 . 移动应用软件安全风险度量化研究 [J]. 互联网天地，2014 (3)：30-33.

[21] 董霁，袁广翔，马鑫 . 数字认证在移动互联网中的应用研究 [J]. 互联网天地，2014 (3)：41-44.

[22] 林鹏，潘洁，黄芳，等 . 移动互联网及大数据模式下信息安全框架研究 [J]. 电信技术，2015 (9)：14-19.

[23] 齐向东，胡振勇，石晓红 . 云计算应用模式下移动互联网安全问题研究 [J]. 电子科学技术，2015 (7)：438-447.

[24] 二维码的发展及现状，安全隐患及应对策略建议 [OL]. http://www.elecfans.com/d/671102.html.

[25] 腾讯移动安全实验室 2014 年 1 月份手机安全报告 [OL]. https://m.qq.com/security_lab/newsdetail_238.html.

[26] 首展科技：5G 时代来临，移动支付将如何变革 [OL]. https://www.sohu.com/a/285195722_100189352.

[27] OMA DRM 技术与标准研究 [OL]. https://wenku.baidu.com/view/219a39d684254b35eefd349e.html.

[28] 郎为民 . 移动云计算架构研究 [J]. 电信快报，2015 (2)：3-6.

[29] 王华平，廖芮 . 云计算技术在移动互联网中的应用 [J]. 计算机产品与流通，2016 (8)：15.

[30] 毕妍．移动云计算数据安全问题［J］．电子技术与软件工程，2018，000（012）：229.
[31] 三五网络-IDC综合服务提供商［OL］．http://www.35ip.com/mobile.asp.
[32] 云计算未来发展主要面临哪些威胁［OL］．http://dy.163.com/v2/article/detail/E9JKMSU10511G6CR.html.
[33] Viktor Mayer-Schnberger. 大数据时代［M］．盛杨燕，周涛，译．杭州：浙江人民出版社，2015.
[34] 浅析大数据在移动电子商务中的应用［OL］．https://max.book118.com/html/2019/0131/8125121115002004.shtm.
[35] 海天电商金融研究中心．一本书读懂"移动大数据"［M］．北京：清华大学出版社，2016.
[36] 李晖．隐私计算——面向隐私保护的新型计算［J］．信息通信技术，2018，12（06）：6-8.
[37] 李凤华，李晖，贾焰，等．隐私计算的研究范畴及发展趋势［J］．通信学报，2016，37（4）.
[38] 危光辉．移动互联网概论［M］．北京：机械工业出版社，2016.
[39] 郭红满．浅析移动互联网金融［J］．科技经济导刊，2017（20）：12-13.
[40] 吕晓峰，周蓓．移动互联网的信息安全管理［J］．中国新通信，2014（21）：24-25.
[41] 牛少彰，崔宝江，李剑．信息安全概论［M］．3版．北京：北京邮电大学出版社，2016.
[42] 宁华，潘娟．移动互联网信息安全标准综述［J］．信息安全研究，2016，V.2；No.8（05）：49-54.